张驰清　王　均　吕玉强　编著
飞思科技产品研发中心　监制

# Web璀璨

## ——Silverlight

## 应用技术完全指南

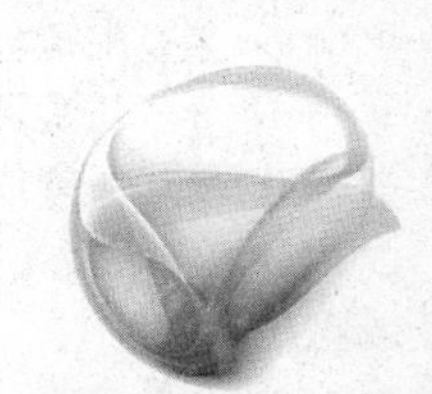

電子工業出版社
Publishing House of Electronics Industry
北京·BEIJING

# 内容简介

Silverlight 是微软最新的 Web 用户界面技术，能够跨浏览器、跨平台运行。借助该技术可以创建丰富用户体验的富互联网应用（Rich Internet Application，简称 RIA）。Silverlight 使用 XAML 来创建用户界面元素，比如图形、渐变、动画等，另外 Silverlight 通过 C#或 Visual Basic 编写程序逻辑，控制呈现形式。

全书以循序渐进的方式，全方位介绍 Silverlight 中的各项技术特性，包括基础的 Silverlight 技术体系架构、项目开发环境、XAML 语法、Expression Blend 使用技巧、图形绘制、Silverlight 布局机制、形状变换、制作动画、事件机制、内建控件的使用方法、音/视频播放、数据绑定机制、样式与模板、创建自定义控件、使用独立存储、LINQ 查询语句、处理 XML 和 JSON 数据、使用 WCF、ASMX 服务访问服务器、DeepZoom 技术等。在介绍技术特性的同时，本书还配有丰富的实例和大量截图，通过这些基础的实例和直观的截图，可以帮助读者快速掌握开发技巧。

相信读者可以通过本书的学习，掌握 Silverlight 的开发技巧，并将其应用到自己的 Web 开发工作中。本书适合 Web 应用程序开发人员和 RIA 应用程序设计人员阅读，也可作为高等院校相关专业师生的教学参考书。



**图书在版编目（CIP）数据**

Web 璀璨：Silverlight 应用技术完全指南 / 张驰清，王均，吕玉强编著.—北京：电子工业出版社，2009.6

（网站开发专家）

ISBN 978-7-121-08618-2

I. W… Ⅱ.①张…②王…③吕… Ⅲ.主页制作—程序设计 Ⅳ.TP393.092

中国版本图书馆 CIP 数据核字（2009）第 049337 号

责任编辑：杨　鸲
印　　刷：北京天竺颖华印刷厂
装　　订：三河市鑫金马印装有限公司
出版发行：电子工业出版社
　　　　　北京市海淀区万寿路 173 信箱　　邮编 100036
开　　本：787×980　1/16　印张：29.75　字数：768 千字
印　　次：2009 年 6 月第 1 次印刷
印　　数：4 000 册　　　定　价：46.00 元

凡所购买电子工业出版社图书有缺损问题，请向购买书店调换。若书店售缺，请与本社发行部联系，联系及邮购电话：（010）88254888。

质量投诉请发邮件至 zlts@phei.com.cn，盗版侵权举报请发邮件至 dbqq@phei.com.cn。

服务热线：（010）88258888。

# 前 言

互联网的前端 Web 开发技术，在过去的十几年里经历了快速的变革。目前虽然传统的 ASP、PHP、JSP 等动态页面技术仍普遍应用于各种网站的开发，但随着用户对于用户体验和界面效果的要求越来越高，传统技术已不能满足具有丰富用户体验、富媒体网络应用程序的开发需要。

随着技术的发展，出现了 AJAX、Flash 等 RIA 技术，使得开发人员能创建出功能更为丰富的 Web 应用程序，甚至已经能够提供与桌面软件类似的用户体验。这些技术使 Web 应用程序能够更加动态地响应用户输入，例如，加载数据时只需要刷新界面的一部分，并不需要重新加载所有内容，从而加快了用户界面的响应，进一步改善了用户体验。

虽然 AJAX 与 Flash 等技术已经得到了广泛的普及，但依旧存在着一些不足。例如 AJAX 没有形成行业标准的技术规范，并且缺少功能强大的开发环境支持，过于灵活的特性使得开发人员在调试时往往很难理清头绪。而掌握 Flash 技术需要学习 ActionScript 语言并且使用新的开发环境，不能使用自己熟悉的编程语言进行开发，这对不少开发人员来说也是一个不小的门槛。

2007 年，微软推出了 Silverlight 技术，与 Flash 类似，Silverlight 也是一种跨浏览器、跨平台的开发技术，为网络带来具有丰富体验与交互的 Web 应用程序。它的显著不同在于它能用很多.NET 程序员常用的语言（如 C#、Visual Basic.NET、Ruby 或 Python）编程。对运行在 Macintosh 和 Windows 上的主流浏览器，Silverlight 应用程序提供了统一而丰富的用户体验。通过 Silverlight 浏览器插件，使得用户界面、视频、交互性内容，以及其他各种应用能良好地融合在一起。

Silverlight 还为 Web 应用程序开发人员和设计人员提供了一种全新的合作模式。过去，设计人员会使用设计工具来设计网站和用户体验，但在实现这些设计时，开发人员需要依照设计方案重新进行开发。而在 Silverlight 提供的合作模式中，设计人员可以使用专用设计工具 Expression Blend 构建所需的用户界面与交互，并将其表示为 XAML，然后开发人员可以直接使用 XAML 创建 Silverlight 应用程序。因此，两者的合作会比以往任何时候都更加紧密，可以更快速地创建有丰富用户体验的 Web 应用程序，有效地缩短开发周期。

本书将立足于 Silverlight 技术本身，全面介绍 Silverlight 技术特点，配合丰富的实例讲解技术的原理和使用方法，帮助读者快速掌握开发 Silverlight 应用程序的方法。

**预备知识**

本书涉及 Silverlight 应用程序开发的部分，需要读者对 C#编程有一定的了解，如果读者对这方面知识还不熟悉，可以先阅读相关介绍 C#编程基础的书籍。

## 软件需求

要使用本书中的示例，需要安装以下几款软件：

- Silverlight 2 RTM 或更新版本，您可以从 http://silverlight.net 免费下载。
- 操作系统：Windows XP 或更新版本，Mac OS X 或更新版本。
- 浏览器：Internet Explorer 6.0 或更新版本，Firefox 1.5 或更新版本，Safari 2.0.4 或更新版本。
- 开发工具：Microsoft Visual Studio 2008 SP1 或更新版本。
- 设计工具：Microsoft Expression Studio 2 或更新版本（包含 Expression Blend、Expression Design、Expression Encoder）。

## 本书内容

- 第 1 章 Silverlight 入门，介绍了 Silverlight 的概况，并介绍了 Silverlight 2 中新增的特性与优秀的 Silverlight 实例网站，最后使用一个实例详细演示了如何制作一个 Silverlight Hello world 程序。
- 第 2 章 Silverlight 开发入门，介绍了 Silverlight 的技术体系架构及各组成部分的详细特性，分析了一个典型的 Silverlight 的工程是由哪些文件组成的，最后介绍了将 Silverlight 嵌入到 ASP.NET 与 HTML 网页中的方法。
- 第 3 章 使用 Expression Blend，介绍了 Blend 的特点与安装方法，详细介绍了 Blend 软件的整体布局及各个面板的功能，最后通过另一个实例演示了 Blend 是如何与 Visual Studio 协同工作的。
- 第 4 章 Silverlight 与 XAML，介绍了可扩展应用程序标记语言 XAML 的基本概念、语法。
- 第 5 章 形状与笔刷，介绍了绘制形状、应用笔刷创建效果的方法，并且分别讨论了以 XAML 和 C#绘制形状及应用笔刷的方法。
- 第 6 章 布局对象，介绍如何在 Silverlight 中使用布局对象控制对象元素（如形状、文本、图像等）的位置，还介绍了如何控制 Silverlight 应用程序在 HTML 等网页中的定位。
- 第 7 章 变换，讨论了使用变换类为对象设置形变的方法。
- 第 8 章 动画，详细介绍 Silverlight 关键帧动画系统，以及如何控制动画的播放。
- 第 9 章 事件，讨论 Silverlight 中的事件机制，以鼠标事件和键盘事件为例，介绍如何处理事件，以及如何为控件创建自定义的事件。
- 第 10 章 控件，逐一介绍了 Silverlight 内建的控件的使用方法，讨论了这些控件的常用属性和常用事件的使用方法，最后介绍了如何创建用户控件，并为用户控件添加自定义属性和事件。

- 第 11 章 多媒体，探讨了 Silverlight 中对多媒体的支持，以及如何创建一个视频播放器控制视频数据的播放，此外还介绍了如何使用 Microsoft Expression Encoder 创建多媒体数据。
- 第 12 章 数据绑定，介绍数据绑定的概念，使用数据绑定的方法和场景，如何绑定到集合数据源，如何在数据绑定中使用值转换，以及如何对数据进行校验。
- 第 13 章 样式与模板，介绍了如何使用样式定制控件的外观，同时探讨了样式的应用域，讲解了模板的概念及模板中的状态管理，介绍了如何定义模板中的状态，以及状态间的过渡，如何使用模板改变控件的外观和状态间的过渡。
- 第 14 章 高级开发技巧，探讨使用独立存储 IsolatedStorage 保存应用程序数据和创建自定义控件等高级开发技巧。
- 第 15 章 访问数据与服务器，介绍了使用 Silverlight 与服务器端通信时经常使用的数据格式，这些格式包括 XML、JSON 等，以及它们序列化和反序列化的方法，接下来还介绍了 Silverlight 所支持的 Web 通信服务，这些服务包括 WebClient、ASMX 服务、WCF 服务等，以及如何使用这些服务实现客户端与服务器端之间的数据交换。
- 第 16 章 Deep Zoom，介绍了 Deep Zoom 的技术特点，介绍如何使用 Deep Zoom Composer 创建一个含有 Deep Zoom 效果的 Silverlight 应用程序，同时探讨了 DeepZoom 效果中的关键类 MultiScaleImage 的常用属性和常用方法。
- 第 17 章 综合实例，以目前流行的网上商店为例，综合利用前面各章节讲述的内容，介绍如何建立一个简单的在线商店系统。

**读者对象**

本书适合 Web 应用程序开发人员和 RIA 应用程序设计人员阅读，也可作为高等院校相关专业师生的教学参考书。

**致谢**

感谢所有推动 Silverlight 发展的技术人员，没有你们的努力，就没有 Silverlight 的生长和发展的土壤。感谢过宇峰负责编写了部分内容，感谢胡峰对本书的帮助。

感谢电子工业出版社的田小康先生对我们的耐心指导与不断鼓励，他对稿件提出了很多切实细致的修改建议；也感谢本书的责编和美编，还有为本书付出大量心血的朋友。

感谢微软亚洲研究院的张海东、侯智涛、王敏、朱向未、杨潇等同事给予的鼓励和帮助，和你们共同开发 Silverlight 项目的工作中，积累了很多实践经验，深入理解了 Silverlight 的技术细节。

张驰清：感谢我的父母一直以来对我的关心和鼓励，父亲阅读了初稿中的所有章节，帮助纠正了一些表述不当之处，同时在我最辛苦的时候不断鼓励我，给予我坚持到底的精神动力，我要感谢您们，并把这本书献给您们。

王均：感谢父母给我一如既往的鼓励，做你们的孩子真的很幸福。感谢我的新婚妻子王贞，你总能在我失落的时候鼓舞我。我爱你。

吕玉强：感谢我的父母对我无偿的付出，感谢微软亚洲研究院卓越的 Silverlight 研发环境，以及导师刘宁对我的悉心指导，感谢王均、张驰清两位作者对我的帮助，他俩在这本书上的努力给了我莫大的鼓舞。

我们 E-mail 是 zhangchiqing@gmail.com、patrickwj@gmail.com，盼望和读者朋友们交流，并得到你们的批评和指正。

编　著　者

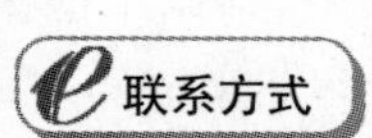


咨询电话：（010）68134545　　88254160

电子邮件：support@fecit.com.cn

服务网址：http://www.fecit.com.cn　　http://www.fecit.net

通用网址：计算机图书、飞思、飞思教育、飞思科技、FECIT

# 目 录

Contents

Contents

# 第 1 章 Silverlight 入门

Silverlight 是微软公司推出的基于.NET 平台的一种跨浏览器、跨平台技术，主要用于在网络和移动设备平台上创建并发布具有丰富交互功能的下一代多媒体应用程序。Silverlight 是一种功能强大表现层技术，能够结合音频、视频、动画、美观的用户界面等特点，开发出界面丰富、有创意、并且容易使用的网络应用程序，能够给用户带来全新的使用体验。

本章将带领读者快速了解 Silverlight 的概况，介绍 Silverlight 2.0 中新增的特性与优秀的 Silverlight 实例网站，最后详细演示如何制作一个 Silverlight Hello World 程序。

## 1.1 Silverlight 简介

Silverlight 是一种新的 Web 呈现技术，能在各种平台上运行。借助该技术，你将拥有内容丰富、视觉效果绚丽的交互式体验。而且，无论是在浏览器内、在多个设备上还是在桌面操作系统（如 Apple Macintosh）中，你都可以获得这种体验。Microsoft .NET Framework 3.0/3.5 中的呈现技术 XAML（可扩展应用程序标记语言）遵循 WPF（Windows Presentation Foundation），它是 Silverlight 呈现功能的基础。

### 1.1.1 开发内容丰富的界面

Silverlight 最吸引开发者的地方，就是能方便快捷地开发出具有良好用户体验的应用程序。我们先来看几个 Silverlight 应用。图 1-1 展示了一个完全使用 Silverlight 开发的俄罗斯方块游戏，除了使用流畅、界面美观大方外，还具有成绩上传的功能。

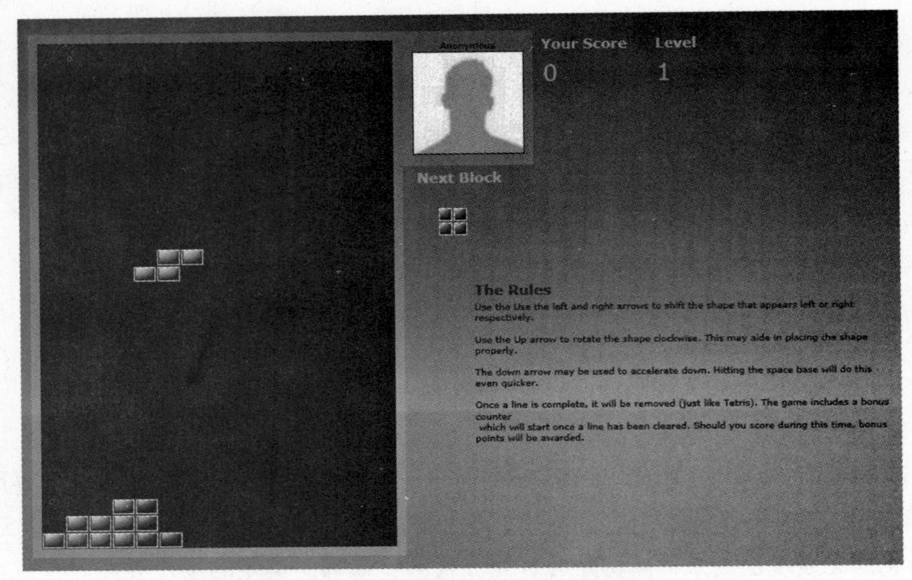


图 1-1　俄罗斯方块游戏界面

如图 1-2 所示为一个南美地区的汽车社区网站，主要包含了最新汽车新闻、视频、图片及事件播报。首页上有一个醒目的视频播放器，可以流畅地播放最新的汽车视频。

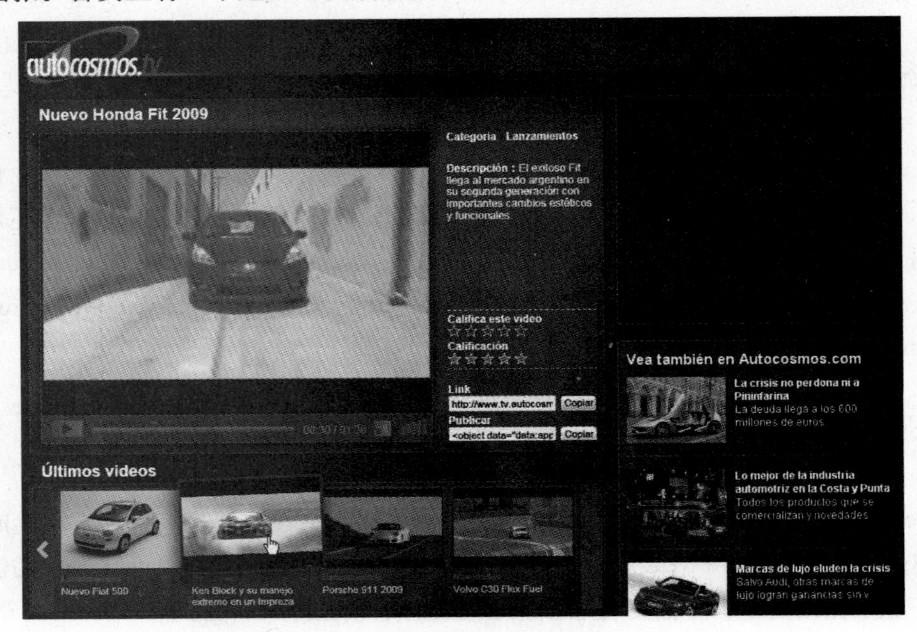


图 1-2　南美汽车社区网站

通过上面的例子，我们可以看出 Silverlight 能够整合音频、视频、动画等特性，开发出具有丰富交互、界面美观的应用程序。这些特点也与 Silverlight 基于 WPF 有关。

Silverlight 继承于 WPF 的一个子集。WPF 是微软公司的下一代用户界面表示技术，除了在界面上具有丰富的表现力外，WPF 使用基于 DirectX 的 API 进行用户界面的开发，这使其能够充分地利用计算机显卡的性能。

Silverlight 与 WPF 同样使用强大的公开标记语言 XAML 作为创建界面的接触。因此使用 Silverlight，可以充分地继承 WPF 的优点，在界面上添加很多丰富的内容，包括视频、动画、文字、图像、常用界面控件和动态效果。这些特性可以在任何浏览器中工作，比单纯使用 HTML 能带来更丰富的用户体验。

### 1.1.2　支持跨浏览器、跨平台

为了在浏览器中使用 Silverlight 应用程序，客户端需要安装 Silverlight 插件，文件只有 2MB 左右，支持 Windows、Mac OS 等操作系统，支持多种主流浏览器，并且运行效果没有差别，能够为用户带来一致的用户体验。Silverlight 的具体支持情况如表 1-1 所示。

表 1-1　Silverlight 支持的操作系统与浏览器

| 操作系统 | Internet Explorer 7 | Internet Explorer 6 | Firefox 1.5、2、3 | Safari |
|---|---|---|---|---|
| Windows Vista | 支持 | - | 支持 | - |
| Windows XP SP2 | 支持 | 支持 | 支持 | - |
| Windows XP SP3 | 支持 | 支持 | 支持 | - |
| Windows 2000 | - | 支持 | - | - |
| Windows Server 2003 | 支持 | 支持 | 支持 | - |
| Mac OS 10.4.8+（PowerPC） | - | - | 支持 | 支持 |
| Mac OS 10.4.8+（Intel-based） | - | - | 支持 | 支持 |

### 1.1.3　强大的开发工具

Silverlight 的主要开发环境为 Visual Studio 2008，微软提供了一个用于在 Visual Studio 中开发 Silverlight 的插件，安装后就可以在 Visual Studio 中开发 Silverlight 应用程序，主要特点有以下几个方面。

- 提供了 Silverlight 应用程序的模板，可以快捷地新建 Silverlight 应用程序，以及相

应的网站与配置文件。

- 具有编写 XAML 代码与后台代码时的智能提示和代码生成功能。
- 为开发 Silverlight 提供了与开发其他.NET 应用程序类似的调试功能，可以在代码中设置断点，单步运行应用程序，监控变量运行情况等。
- 与 Expression Blend 整合，共同开发 Silverlight 应用程序。当安装了 Expression Blend 后，可以直接在项目管理器中的 XAML 文件上单击鼠标右键，在弹出的快捷菜单中选择“Open in Expression Blend”命令，就可以在 Expression Blend 中可视化地进行用户界面的设计了。

在发布 Silverlight 技术的同时，微软还新推出了 Microsoft Expression 套装软件，包括了界面交互设计工具 Exprssion Blend、图形设计工具 Expression Design、网页设计工具 Expression Web 等多套软件。想了解此套软件的详细情况，请访问站点 http://www.microsoft.com/expression/。

其中开发 Silverlight 应用程序时最常用的是 Expression Blend，它专门用于可视化的设计 Silverlight 或 WPF 应用程序的用户界面。第 3 章会对 Expression Blend 的安装与使用做详细介绍。

### 1.1.4 丰富的基础类库与网络数据支持

Silverlight 含有很多实用的基础类库，如实现集合功能的 System.Collections，包含文件访问、路径操作与独立存储的 System.IO，提供线程处理系统的 System.Windows.Threading，以及用于处理 XML 的 System .XML 等。

此外 Silverlight 还包含了大量的类库，提供对网络数据的支持，可以连接至 WCF、SOAP、ASP.NET AJAX 服务，获取 XML、JSON、RSS 等类型数据。特别是 Silverlight 还支持使用集成查询语言（LINQ），能够方便地从数据源获得所需要的数据。

## 1.2 Silverlight 2 的新特性

Silverlight 在过去两年左右的时间里发展迅速，曾推出了多个版本，最著名的有 Silverlight 1、Silverlight 1.1 和 Silverlight 2 这 3 个版本，但同时也给打算学习 Silverlight 的开发人员造成一些困扰和误解，不少初学者都以为需要从 Silverlight 1 学起，从而错失了 Silverlight 2 所带来的全新特性。下面就对这几个版本的特点进行详细说明。

### 1.2.1　Silverlight 1 的特性

在 2007 年 9 月，微软发布了 Silverlight 1，其主要特点如下所示。

- JavaScript 编程模型。在 Silverlight 1 中，开发者需要使用 JavaScript 和 XAML 创建基于 Silverlight 的应用。Silverlight 1 中所有的对象都可以通过 JavaScript 对象模型进行访问。
- 二维矢量图像动画。通过添加移动和交互性，动画能够增强作品的图形效果。通过变换背景颜色或者进行动态变换，可以创造出戏剧性的屏幕变换效果或者有益的视觉暗示。我们可以创建基本的动画，也可以使用关键帧创建更复杂、更强大的动画。此外，通过附加事件，可以实现动画的交互。
- AJAX 支持。XAML 与 ASP.NET AJAX 无缝集成，比单独使用 ASP.NET AJAX 能够提供更丰富的表现能力。
- 输入和事件。Silverlight 提供了一套响应行为的事件，如 Silverlight 中状态的改变和用户的输入（例如鼠标行为）。
- Canvas 画布布局。只能使用 Canvas 作为布局对象，使用绝对坐标定位元素在舞台上的位置，布局手段相对有限。
- Silverlight ASP.NET 控件。用于 Silverlight 的 ASP.NET 控件允许你使用熟悉的 ASP.NET 服务器控件模型来提供各种 Silverlight 支持，从基本的安装支持到处理用户交互，以及处理媒体。
- 图像与音视频支持。Silverilght 1 支持 PNG 和 JPG 格式的图像，Windows Media Video（WMV）、Windows Media Audio（WMA）和 MP3 格式的音频文件。特别值得一提的是，Silverlight 1 还支持高清视频（720P）。

### 1.2.2　Silverlight 2 的主要新增特性

- 支持.NET 框架。开发人员可以使用 C#、VB.NET、Ruby 和 Python 等语言来编写 Silverlight 应用程序。
- 可使用 Thread、Timer 等类实现多线程开发。
- StackPanel 和 Grid 等布局控件。
- 整套常用控件。Silverlight 2 将包含一套丰富的控件，包含了常见的控件，如文本框、复选框、滚动条、标签控件及数据控件 DataGrid 等。能够让开发人员开发功能丰富的网络应用程序。

- 支持模板与皮肤。
- 视觉状态管理。Silverlight 2 中引入了视觉状态的概念来处理事件和用户交互，使创建控件模板更为容易。
- 客户端独立存储。这是 Silverlight 2 中提供的一个可以向客户端存储文件的技术，它提供了一个虚拟的文件系统供应用程序存储读取文件。
- Deep Zoom 技术。这是 Silverlight 2 中集成的一个可以无缝、平滑地对图片进行缩放处理的技术。你不需要花时间下载你不看或者不被注意的图片和区域，Deep Zoom 会自动判断和下载所需的图片和区域。
- 支持跨域网络访问。
- 应用程序能够通过 Web Services 获取服务器端数据。
- 支持 XML、JSON、RSS 和 Atom 等数据格式。
- 支持 LINQ，包括 LINQ to XML、LINQ to JSON 和 LINQ to Entities。

## 1.3 优秀 Silverlight 网站实例

Silverlight 可以实现的效果与大家熟悉的 Flash 技术比较相似，可以创建出交互丰富，界面美观的网络应用程序或插件。但同时也具有一些独有的特性，如支持高清视频、Deep Zoom 技术等。本节向读者介绍几个有特色的 Silverlight 实例网站，帮助读者更好地了解 Silverlight 的技术特点。

### 1.3.1 Windows Vista 模拟网站

网址 http://www.windowsvista.si/是由微软官方制作的一个模拟 Windows Vista 的 Silverlight 网站，界面的模拟程度非常高，包括了媒体播放器、时钟 Gadget、控制面板、任务栏、快捷工具、半透明窗口、3D 模型展示等效果，如图 1-3 所示。

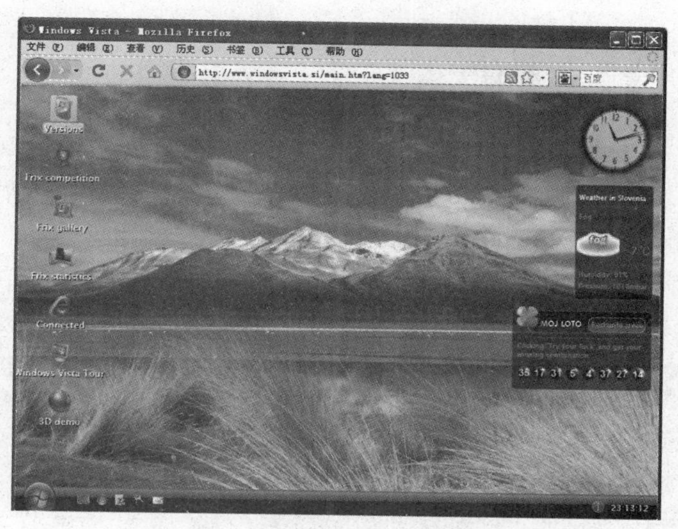


图 1-3　Windows Vista 模拟网站主界面

此网站不仅模拟了 Vista 美观的界面，而且在交互上也有很高的模拟度。如支持拖曳窗口、改变窗口大小、鼠标移入移出事件等效果，同时也支持使用键盘控制桌面图标、菜单的选择，表现了 Silverlight 支持很多常见的鼠标、键盘的输入操作。

Silverlight 中不仅已经包含了一些常用控件，还可以开发自定义的控件。这个网站中就用内嵌控件和自定义控件很好地模拟了 Vista 中左侧树菜单的效果。此外还使用 Silverlight 的媒体控件和自定义的一些按钮模拟了一个媒体播放器，效果也非常不错，如图 1-4 所示。

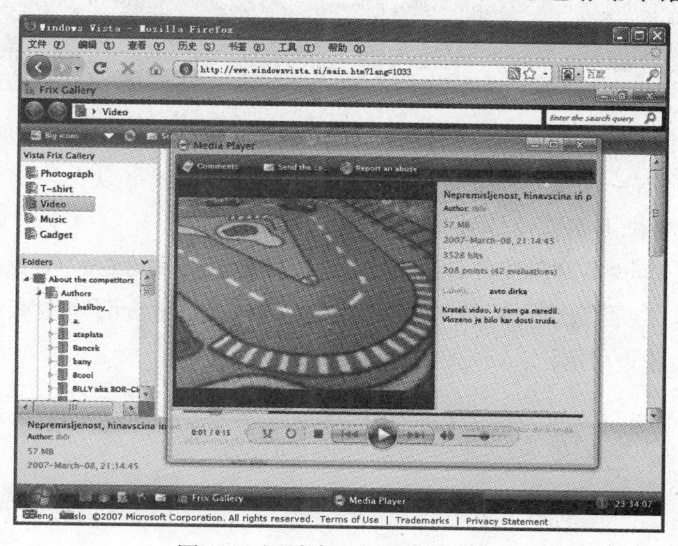


图 1-4　网站内嵌的媒体播放器

### 1.3.2 Hard Rock memorabilia 网站

网站 http://memorabilia.hardrock.com/着重展现了 Silverlight 对 Deep Zoom 技术的支持，它能让你在查看很大的一副图片时，仅仅将当前显示的部分发送到你的浏览器里，而不必花时间来下载大量的图片数据，也可以对图片进行平滑地缩放和平移。

如图 1-5、图 1-6、和图 1-7 所示的 3 幅图片分别展示了在同一个页面中 3 个层级的放大效果。首先是一张整个网站的全景图，里面有很多乐器或物品的图片，如图 1-5 所示。

图 1-5　网站首页

然后我们以中间的一把吉它为中心，对图片进行放大，就可以看到放大的部分被迅速更新，由刚放大时的模糊逐步变得清晰，如图 1-6 所示。

然后我们以琴头为中心再进行一次放大，被放大的部分同样由模糊变得清晰，显示出图片更深一层的细节。这两次放大后载入的图片数据，在未被放大时是没有载入的，合理地利用了网络资源，如图 1-7 所示。

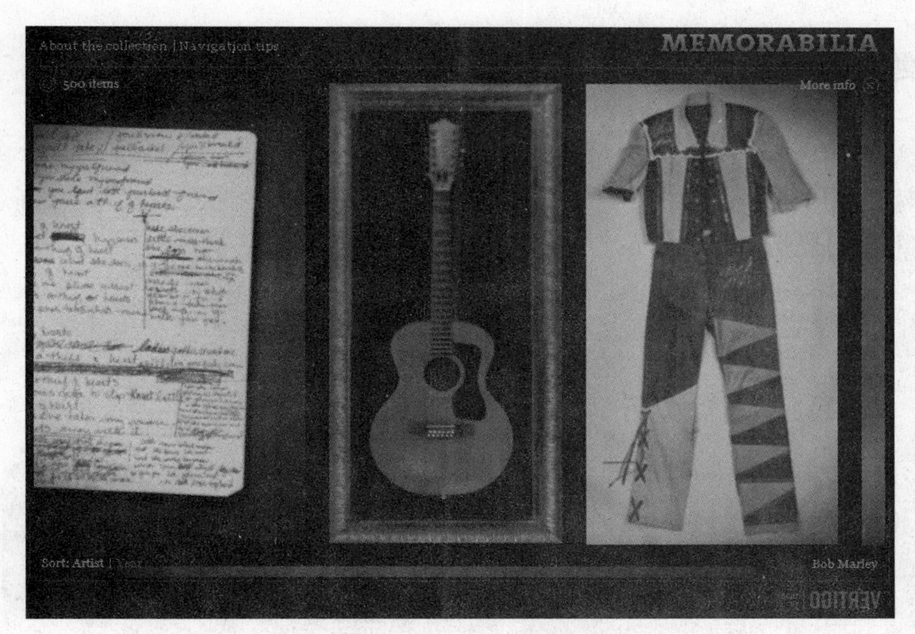


图 1-6　进行一次放大后的图片

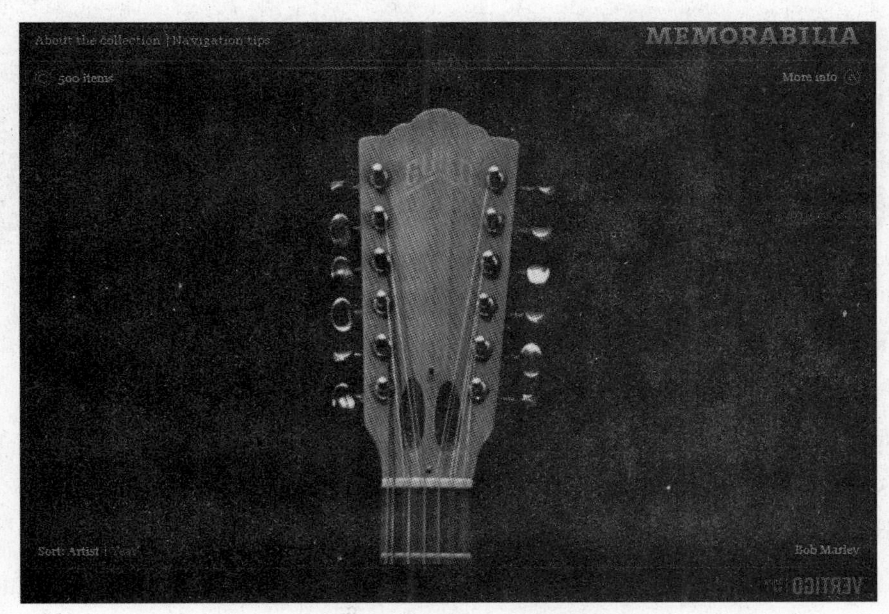


图 1-7　进行二次放大后的图片

### 1.3.3 更多 Silverlight 技术的应用演示

微软官方的 Silverlight 站点 www.silverlight.net 中包含了大量的演示，其中的 Showcase 案例演示栏目列举了很多比较有特色的应用了 Silverlight 技术的网站，如图 1-8 所示，感兴趣的读者可以自己访问体验一下。

图 1-8 www.silverlight.net 网站的 Showcase 栏目

## 1.4 下载并安装 Silverlight

为了正常运行用 Silverlight 技术开发的应用程序，用户需要安装一个 Silverlight 浏览器插件，即 Silverlight 客户端。而开发 Silverlight 应用程序，还需要安装开发工具 Visual Studio 与界面设计软件 Expression Blend。

### 1.4.1　安装 Silverlight 客户端（Runtime）

普通用户需要安装 Silverlight 客户端来浏览 Silverlight 应用程序，这是一个浏览器插件，可以通过下面的地址安装：

http://www.microsoft.com/silverlight/resources/install.aspx

如果未安装 Silverlight 或安装了以前的版本，该网页中会提示安装最新版本，大小为 4MB 左右，如图 1-9 所示。

安装成功后，会显示成功信息，以及当前的版本号，如图 1-10 所示。

图 1-9　Silverlight 客户端安装界面

图 1-10　Silverlight 客户端安装成功

### 1.4.2　安装 Visual Studio 2008

开发 Silverlight 需要使用 Visual Studio 2008 正式版，也可以到以下网址下载试用版：

http://msdn.microsoft.com/zh-cn/vstudio/products/default.aspx

安装完 Visual Studio 2008 后，需要安装 Microsoft Silverlight Tools for Visual Studio 2008，这是一个 Visual Studio 的插件，安装后就可以从 Visual Studio 中的模板新建 Silverlight 应用程序，如图 1-11 所示，并且提供相应开发、调试等功能。此外还包括了 Silverlight SDK，下载网址如下：

http://go.microsoft.com/?linkid=9394666

需要注意的是，Silverlight Tools 的语言版本（例如，英语）必须与你所使用的 Visual Studio 2008 的语言版本相一致。

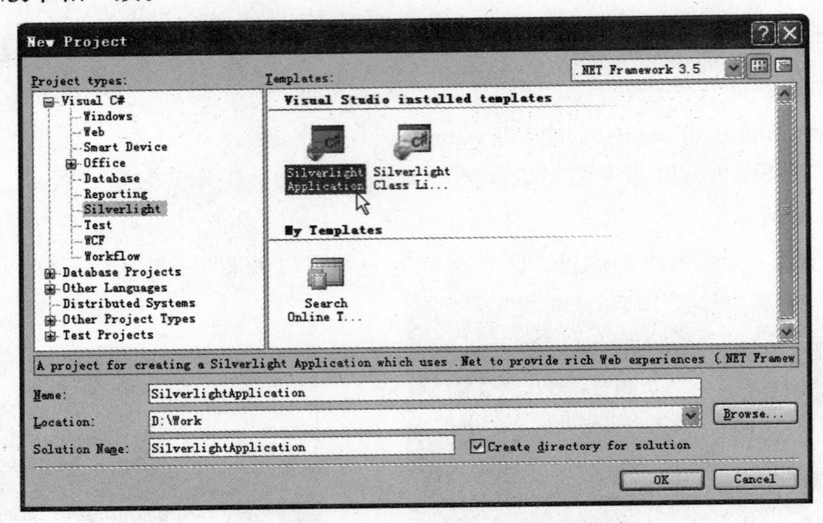


图 1-11　从 Visual Studio 中新建应用程序

Silverlight SDK 也可单独下载，其中包括了开发文档、工具、Silverlight ASP.NET 控件，以及编译 Silverlight 应用程序需要的类库。

### 1.4.3　安装 Expression Blend 2

针对 Silverlight、WPF 的开发需求，微软推出了一套全新的设计工具 Expression Studio 2。目前包括 4 款软件：Expression Blend、Expression Design、Expression Media 和 Expression Web。

Expression Blend 2 是 Expression Studio 2 中最为重要的一个多功能设计工具，专用于为 Silverlight 或 WPF 创造丰富、复杂的用户界面。可以提供更出色的应用软件并提升客户的体验度和满意度。并且 Blend 能够与 Visual Studio 很好地结合，共同应用程序。Blend 负责用户界面层的设计，在 Visual Studio 中编写程序逻辑。下载地址如下：

http://www.microsoft.com/expression/

安装完成后，就可以创建 Silverlight 应用程序了，如图 1-12 所示。关于使用 Blend 的进一步介绍，请参见后续实例和第 2 章。

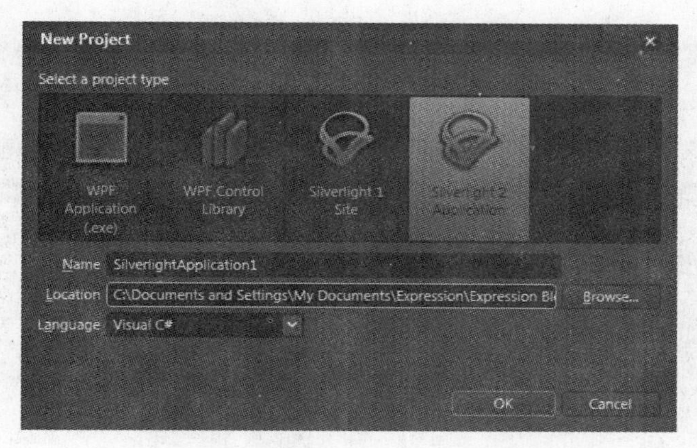


图 1-12　从 Expression Blend 中新建应用程序

## 1.5　实现一个 Hello World 应用程序

本节演示如何使用 Visual Studio 新建一个 Silverlight 应用程序的解决方案，具体操作步骤如下所示。

（1）打开 Visual Studio 2008，新建项目，选择 Silverlight→Silverlight Application，设置应用程序名称与路径，单击“OK”按钮。

（2）系统弹出对话框。由于 Silverlight 必须在网页中运行，此时需要选择运行 Silverlight 应用程序的环境，第 1 项为新建一个 ASP.NET 网络应用程序，第 2 项为新建一个简单的 HTML 测试页面。默认选择第 1 项即可，如图 1-13 所示，单击“OK”按钮。

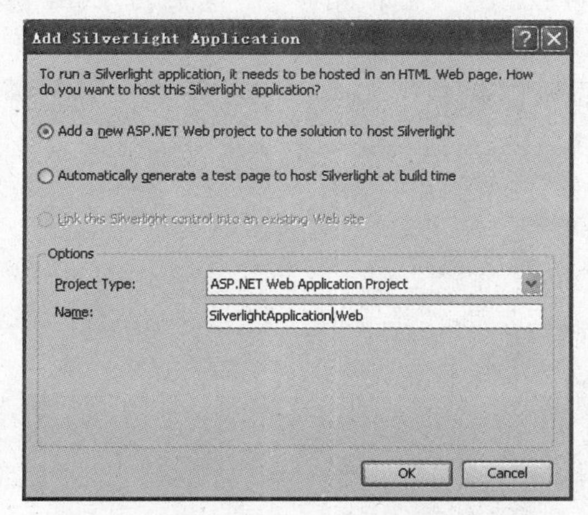


图 1-13　选择 Silverlight 应用程序的运行环境

（3）这样就新建了一个 Silverlight 应用程序，如图 1-14 所示。目前此程序的界面还是一片空白，我们可以在 Visual Studio 或 Blend 中编辑主文件 Page.xaml 来设计界面。这里我们直接在 Visual Studio 中编辑。

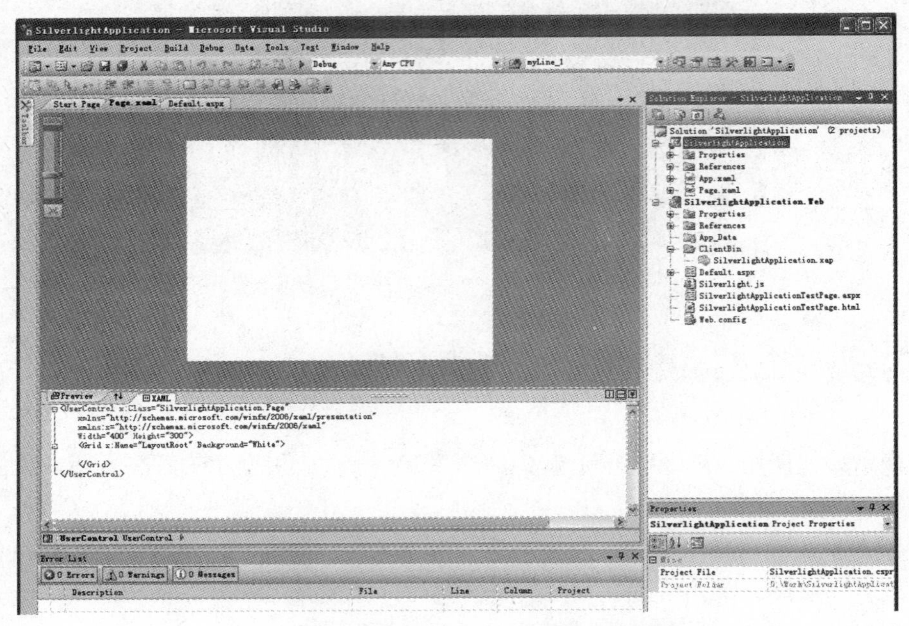

图 1-14　从 Expression Blend 中新建应用程序

（4）在右侧的项目文件列表中双击 Page.xaml 文件，编辑其中的代码，使界面中加入一个名为 myTextBox 的 TextBox 文本框和一个命名为 myButton 的 Button 按钮，如例程 1-1 所示。

例程 1-1　Page.xaml 的示例代码

```
<UserControl x:Class="SilverlightApplication.Page"
   xmlns="http://schemas.microsoft.com/winfx/2006/xaml/presentation"
   xmlns:x="http://schemas.microsoft.com/winfx/2006/xaml"
   Width="400" Height="300">
   <Grid x:Name="LayoutRoot" Background="White">
      <!--以下为加入的代码-->
      <Button x:Name="myButton" Width="100" Height="24" Margin="0, 200, 0, 0" Content="Show"/>
      <TextBox x:Name="myTextBox" Width="200" Height="35"  Margin="0, 0, 0, 60" FontFamily=
"Arial" FontSize="24"/>
   </Grid>
</UserControl>
```

（5）在右侧的项目文件列表中双击Page.xaml对应的Page.xaml.cs文件，为myButton的Click事件添加响应代码，如例程1-2所示。

例程1-2 Page.xaml.cs的示例代码

```
namespace SilverlightApplication
{
    public partial class Page : UserControl
    {
        public Page ()
        {
            InitializeComponent () ;
            //为myButton的Click事件添加响应函数
            myButton.Click += new RoutedEventHandler (myButton_Click) ;
        }
        //事件响应函数，为myTextBox赋值
        void myButton_Click (object sender, RoutedEventArgs e)
        {
            myTextBox.Text = "Hello World";
        }
    }
}
```

（6）按“F5”键编译此应用程序，弹出一个对话框，提示需要修改Web.config文件，使得工程支持调试，单击“OK”按钮，如图1-15所示。

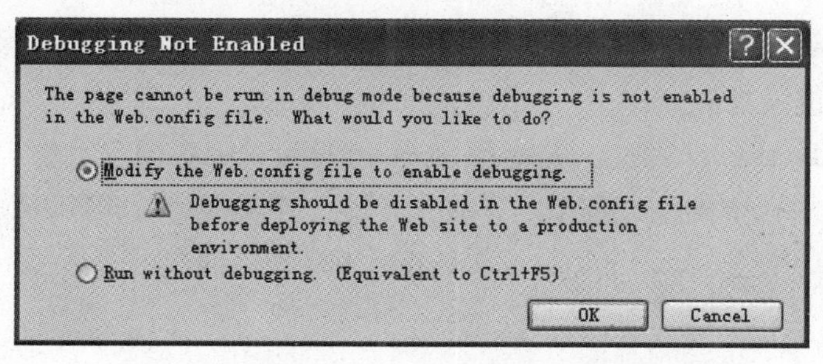


图1-15 修改Web.config文件使工程支持调试

（7）浏览器中显示运行结果为一个文本框和一个按钮，单击按钮，文本框的文字显示“Hello World”，如图1-16所示。到这里，一个Silverlight的Hello World应用程序就创建完成了。

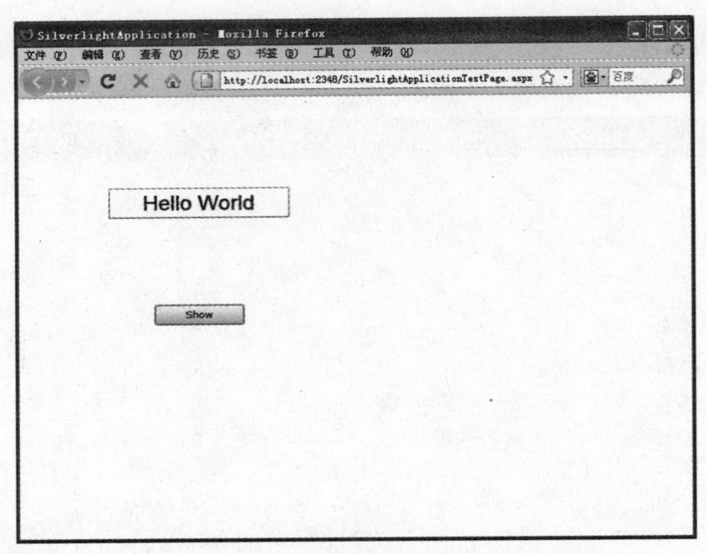


图 1-16 运行效果

## 1.6 小结

Silverlight 是一个与 Flash、Flex 非常类似的技术，能够开发具有丰富交互功能的、跨平台的多媒体应用程序。其主要特点是基于.NET 平台，开发过程非常符合.NET 程序员的习惯，容易上手。并且 Silverlight 拥有强大的开发工具 Visual Studio 和 Expression Blend 的支持，提供了丰富的开发、调试功能。

本章介绍了 Silverlight 的概况，并介绍了 Silverlight 2 中新增的特性与优秀的 Silverlight 实例网站，最后使用一个实例详细演示了如何制作一个 Silverlight Hello World 程序。通过本章的介绍，相信读者对 Silverlight 有了大概的了解，为后面学习开发 Silverlight 做好准备。

# 第 2 章

# Silverlight 开发入门

本章将介绍开发 Silverlight 的基本知识。为使读者对 Silverlight 技术有一个整体的了解，首先介绍了 Silverlight 的技术体系架构及各组成部分的详细特性。然后列举了使用 Visual Studio 开发 Silverlight 的便捷特性，分析了一个典型的 Silverlight 的工程是由哪些文件组成的。最后介绍了将 Silverlight 嵌入到 ASP.NET 与 HTML 网页中的方法。

## 2.1 Silverlight 的技术体系架构

Silverlight 是一种新的 Web 呈现技术，能在各种平台上运行。本节主要介绍 Silverlight 的技术体系架构。

### 2.1.1 Silverlight 技术体系介绍

#### 1．Silverlight 技术体系组成

Silverlight 技术体系主要由以下两部分组成。

1）Silverlight .NET 框架

Silverlight 技术中包含一个.NET 框架组件和库的子集，包括数据整合、可扩展 Windows 控件、网络访问、基础类库、资源回收，以及公共语言运行时（CLR）。

Silverlight .NET 框架中的部分类是随 Silverlight 应用程序一同部署的，因为这些类并没有包含在 Silverlight 浏览器插件即 Runtime 中，而是在 Silverlight 的 SDK 里。当它们被用到的时候才会部署在应用程序中。这包括新增的 UI 控件、XLINQ、Syndication（RSS/Atom）、XML 序列化和动态语言运行时（DLR）等。

2）核心展现框架

核心展现框架由面向用户界面和交互的组件与服务组成，包括用户输入、简单的网络应用程序 UI 控件、媒体播放、数字版权管理、数据绑定。展现层的基本特性为支持矢量图形、文本、动画和图像，当然还包括了具有强大的界面表现功能的可扩展应用程序标记语言（XAML）。Silverlight 技术体系如图 2-1 所示。

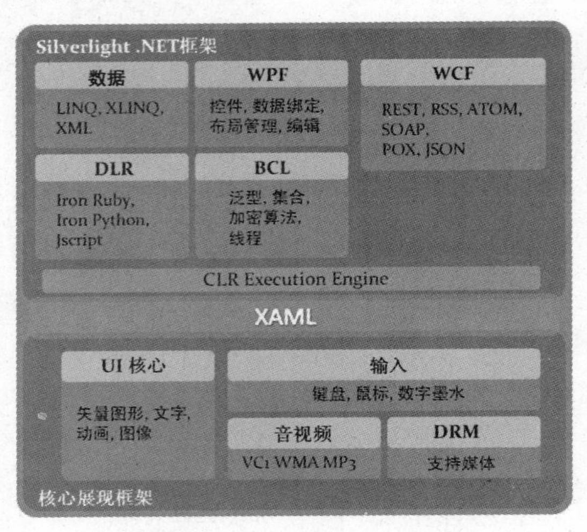


图 2-1　Silverlight 技术体系

2．Silverlight 技术体系特性

Silverlight 平台中融合了各种工具、技术与服务，它们使开发者能更容易地开发内容丰富、交互性强、并且给予网络的应用程序。虽然使用目前的网络技术与工具也可以建立这样的应用程序，但平台间的不兼容、种类繁多的文件格式与协议，以及各种浏览器处理页面与脚本的差异，给开发者们带来了很多困扰，而 Silverlight 平台内的技术可以解决这些问题。Silverlight 技术体系有如下几个特性。

- 应用程序在各个平台、浏览器之间拥有相同的用户体验，无论在任何地方运行，都有一致的表现。
- 使用.NET 框架的类与工具，能将处于多个位置的数据与服务便捷地整合起来。
- 创建具有视觉冲击力、可用性强的多媒体用户界面。

## 2.1.2　Silverlight .NET 框架

如表 2-1 所示描述了 Silverlight 中.NET 框架的特性。

表 2-1　Silverlight .NET 框架特性

| 特　性 | 说　明 |
| --- | --- |
| 数据 | 支持语言集成查询（LINQ），使获得各个数据源的数据更容易，并且在处理数据时还支持 XML 类 |
| 基础类库 | 一组支持常用编程功能的类库，如字符串处理、正则表达式、集合等 |
| WCF | 提供了连接远程数据的便捷方法，包括 HTTP request 和 response 对象，支持 HTTP 跨域请求，支持 RSS/Atom，以及支持 JSON、POX 与 SOAP 服务 |
| CLR | 提供了内存管理、垃圾回收、类型检查与异常处理 |
| WPF | 提供了一组丰富的控件：Button、Calendar、CheckBox、DataGrid、DatePicker、HyperlinkButton、ListBox、RadioButton、ScrollViewer 等 |
| DLR | 支持 JavaScript、IronPython 等脚本语言的动态编译与执行，以创建 Silverlight 应用程序 |

### 2.1.3　核心展现框架

开发者可以使用 XAML 语言定义表现层的细节效果，并通过托管代码动态地控制界面对象。如表 2-2 所示描述了 Silverlight 中核心展现框架的特性。

表 2-2　Silverlight 核心展现框架特性

| 特　性 | 说　明 |
| --- | --- |
| 输入 | 处理来自键盘、鼠标、绘图或者其他硬件设备的输入响应 |
| 界面渲染 | 支持渲染矢量图、位图、动画与文本等 |
| 媒体 | 支持播放并管理多种类型的音频、视频文件，如 WMV 文件和 MP3 文件 |
| 控件 | 可扩展的控件，可通过样式与模板自定义 |
| 布局 | 能使界面元素动态布局 |
| 数据绑定 | 支持数据与界面对象的绑定 |
| DRM | 媒体资源的数字版权保护 |
| XAML | 提供了 XAML 标记的解析器 |

### 2.1.4　其他 Silverlight 开发特性

除以上的特性外，Silverlight 还提供了一些其他特性，以辅助开发者创建功能丰富的应用，如表 2-3 所示。

表 2-3　其他常用 Silverlight 特性

| 特　　性 | 说　　明 |
| --- | --- |
| 独立存储 | 提供了从 Silverlight 客户端到本地文件系统的安全访问，能够针对特定用户建立本地存储与数据缓存 |
| 异步编程 | 后台线程独立完成任务，同时用户能够自由地与程序前端界面交互 |
| 文件管理 | 提供了一个安全的打开文件对话框，使上传文件更容易 |
| HTML 与托管代码交互 | 允许.NET 程序员通过托管代码直接控制 HTML 中的界面元素，Web 页面程序员也能够通过 JavaScript 直接访问托管代码里的对象、属性、事件与函数 |
| 串行化 | 支持 CLR 类型串行化至 JSON 与 XML |
| 包装与部署 | 提供应用程序类以创建.xap 文件，其中包括了 Silverlight 应用程序和使 Silverlight 插件运行此应用程序的入口 |
| XML 库 | XmlReader 和 XmlWriter 类简化了操作 XML 数据的步骤，并且 XLinq 允许开发者在.NET 框架内直接编程在 XML 数据中查询 |

## 2.2　使用 Visual Studio 2008 开发 Silverlight

Visual Studio 2008 是微软的最新集成开发环境，我们建议使用它作为主要的 Silverlight 开发工具。在安装了插件 Silverlight Tools for Visual Studio 2008 后，同开发其他应用程序一样，Visual Studio 2008 也为开发 Silverlight 提供了所需要的编辑器、项目管理和调试等功能。

### 2.2.1　Visual Studio 开发 Silverlight 的优势

Visual Studio 开发 Silverlight 的优势有以下几点。

- 为 Visual Basic 和 C#语言提供了 Silverlight 新建项目模板。
- 为 XAML 提供了智能感应与代码提示器，代码提示器如图 2-2 所示。
- XAML 设计预览功能。编辑 XAML 文件后，可以直接在 Visual Studio 中预览设计的效果，如图 2-3 所示。
- 支持调试 Silverlight 应用程序。
- 支持创建 Web 引用。
- 与 Expression Blend 整合协同工作，如图 2-4 所示。在 Visual Studio 中可以启动 Expression Blend，打开指定的 XAML 文件进行编辑。

```
Preview   ⇅   XAML
<UserControl x:Class="SilverlightApplication.Page"
    xmlns="http://schemas.microsoft.com/winfx/2006/xaml/presentation"
    xmlns:x="http://schemas.microsoft.com/winfx/2006/xaml"
    Width="400" Height="300">
    <Grid x:Name="LayoutRoot" Background="White">
        <!--以下为加入的代码-->
        <Button x:Name="myButton" Width="100" Height="24" Margin="0,200,0,0" Content="Show"  />
        <TextBox x:Name="myTextBox" Width="200" Height="35" Foreground="" TextAlignment="Center" Margin="0,0,0,60"
    </Grid>
</UserControl>
                                    AliceBlue
                                    AntiqueWhite
                                    Aqua
                                    Aquamarine
                                    Azure
                                    Beige
                                    Bisque
                                    Black
                                    BlanchedAlmond
                                    Blue
```

图 2-2　Visual Studio 中的代码提示器

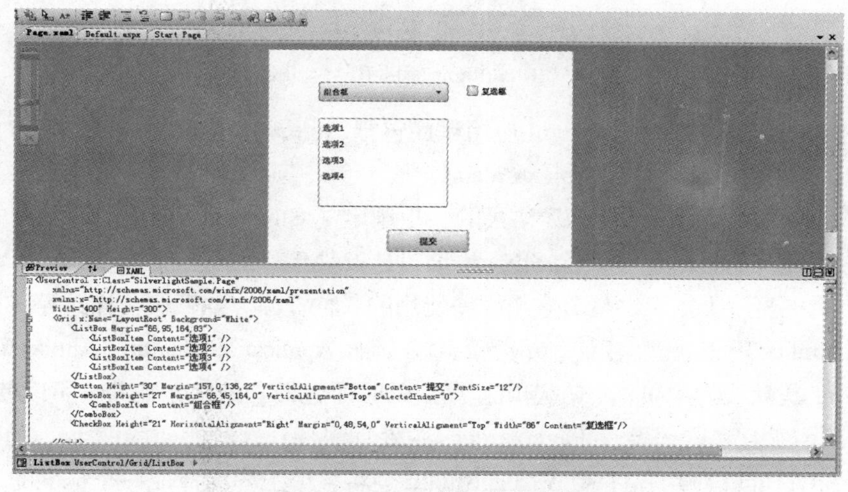


图 2-3　XAML 设计预览功能

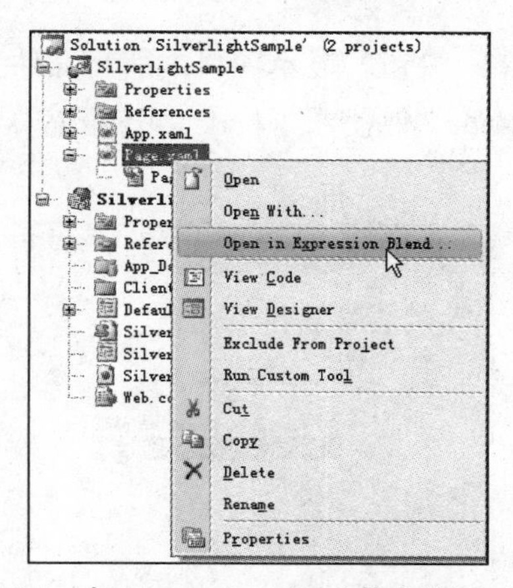


图 2-4　与 Expression Blend 整合协同工作

### 2.2.2 Silverlight 项目的文件组成

以第 1 章的 Hello World 应用程序为例，解决方案管理器中列出了所包含的文件，如图 2-5 所示。

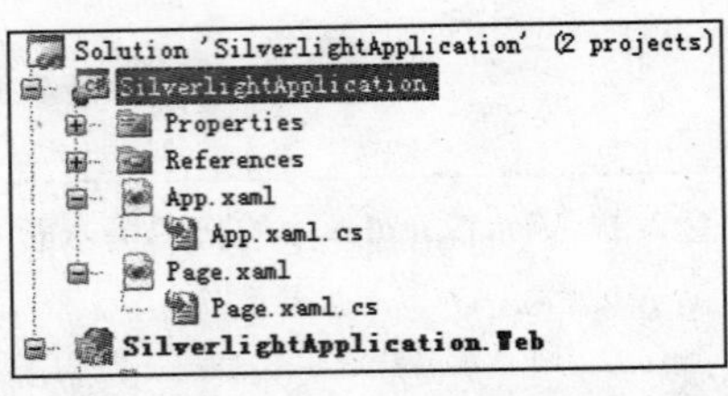


图 2-5　Silverlight 项目中包含的文件

在默认情况下，新建的 Silverlight 应用程序包括 Page.xaml 和 App.xaml 两个文件，以及相应的代码文件 Page.xaml.cs 和 App.xaml.cs。

XAML 类型的文件是基于 XML 格式的、用于定义 Silverlight 应用程序界面的文件，是 Silverlight 应用程序的核心之一。除 Silverlight 外，XAML 文件也可用于定义 WPF 的界面。

App.xaml 主要用于定义供整个应用程序使用的各种资源，如笔刷、样式等。其对应的代码文件 App.xaml.cs 用于处理应用程序级别的事件，如 Application_Startup、Application_Exit 等。

Page.xaml 是默认的主页面，在应用程序启动时即进行初始化，在其中可以使用各种 UI 组件定义界面，并且在代码文件 Page.xaml.cs 中处理事件。

当编译 Silverlight 应用程序时，Visual Studio 会将整个工程编译成一个标准的.NET 组件，并将其他用到的资源封装至一个 .xap 文件中。

单击解决方案管理器上方的按钮，显示项目内所有文件，可看到 Bin\Debug 文件夹下的.xap 文件，如图 2-6 所示。.xap 文件使用了标准 ZIP 压缩算法以减少客户端下载的大小，最小仅为 4KB 左右。

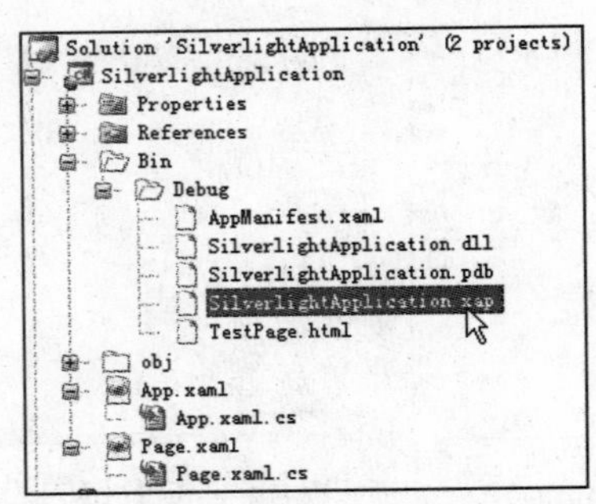


图 2-6　Silverlight 工程编译生成的.xap 文件

.xap 文件不能单独存在于浏览器中，必须依托于网页。下面分别介绍 Silverlight 在 ASP.NET 和 HTML 中的承载方式。

### 2.2.3　在 ASP.NET 网站中嵌入 Silverlight 项目

在第 1 章的 Hello World 程序中，伴随 Silverlight 应用程序还创建了一个用于承载 Silverlight 应用程序的 ASP.NET 应用程序，我们看到的运行后的效果就是依托这个应用程序承载的。双击右侧管理器中 ASP.NET 项目中的.aspx 文件，查看其中的代码，如图 2-7 所示。

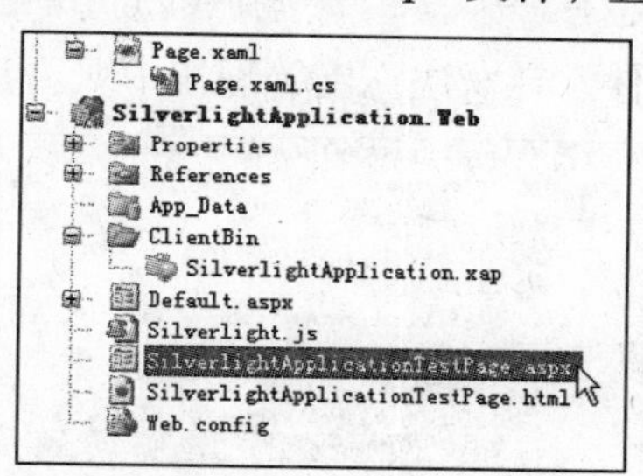


图 2-7　用于承载 Silverlight 应用程序的.aspx 文件

在.aspx 文件中，通过<asp:Silverlight>标签在页面相应位置加入 Silverlight 应用程序，设置 Source 属性定义.xap 文件的位置，定义运行所需的最小版本号 MinimumVersion，以及宽、高等属性即可，非常简单。文件源代码如例程 2-1 所示。

**例程 2-1　SilverlightApplicationTestPage.aspx 文件的示例代码**

```
<%@ Page Language="C#" AutoEventWireup="true" %>

<%@ Register Assembly="System.Web.Silverlight" Namespace="System.Web.UI.SilverlightControls"
   TagPrefix="asp" %>

<!DOCTYPE html PUBLIC "-//W3C//DTD XHTML 1.0 Transitional//EN" "http://www.w3.org/TR/xhtml1/
DTD/xhtml1-transitional.dtd">

<html xmlns="http://www.w3.org/1999/xhtml" style="height:100%;">
<head runat="server">
   <title>SilverlightApplication</title>
</head>
<body style="height:100%;margin:0;">
   <form id="form1" runat="server" style="height:100%;">
      <asp:ScriptManager ID="ScriptManager1" runat="server"></asp:ScriptManager>
      <div  style="height:100%;">
```

```
        <asp:Silverlight ID="Xaml1" runat="server" Source="~/ClientBin/ SilverlightApplication.xap"
MinimumVersion="2.0.31005.0" Width="100%" Height="100%" />
        </div>
      </form>
    </body>
    </html>
```

### 2.2.4 在普通 HTML 页面中嵌入 Silverlight 项目

在 ASP.NET 应用程序中，还有一个与.aspx 同名的.html 文件，演示了如何在 .html 页面中加入 Silverlight 应用程序.xap 文件。在解决方案管理器中双击打开这个文件，如图 2-8 所示。

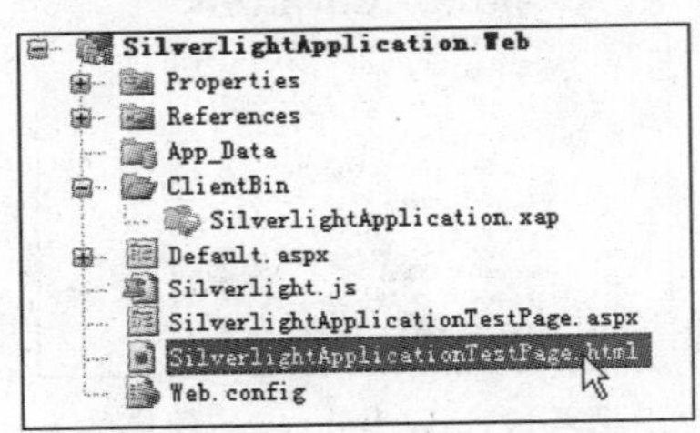


图 2-8　用于承载 Silverlight 应用程序的.html 文件

在这个.html 文件中，使用<object>标签在页面相应位置加入 Silverlight 应用程序，并通过<param>标签设置了 Source 定义.xap 文件的位置，以及其他常用的属性，如背景色、宽、高是否自动更新等。此外，页面中还用 JavaScript 定义了当 Silverlight 应用程序发生各种错误时，相应的处理函数。文件源代码如例程 2-2 所示。

**例程 2-2　SilverlightApplicationTestPage.aspx 文件的示例代码**

```
    <!DOCTYPE html PUBLIC "-//W3C//DTD XHTML 1.0 Transitional//EN" "http://www.w3.org/TR/xhtml1/
DTD/xhtml1-transitional.dtd">
    <html xmlns="http://www.w3.org/1999/xhtml" >
    <!-- saved from url= (0014) about:internet -->
    <head>
       <title>SilverlightApplication</title>

       <style type="text/css">
       html, body {
           height: 100%;
           overflow: auto;
       }
       body {
           padding: 0;
```

```
        margin: 0;
    }
    #silverlightControlHost {
        height: 100%;
    }
    </style>
    <script type="text/javascript" src="Silverlight.js"></script>
    <script type="text/javascript">
      function onSilverlightError (sender, args) {

        var appSource = "";
        if (sender != null && sender != 0) {
          appSource = sender.getHost () .Source;
        }
        var errorType = args.ErrorType;
        var iErrorCode = args.ErrorCode;

        var errMsg = "Unhandled Error in Silverlight 2 Application " + appSource + "\n" ;

        errMsg += "Code: "+ iErrorCode + "    \n";
        errMsg += "Category: " + errorType + "      \n";
        errMsg += "Message: " + args.ErrorMessage + "    \n";

        if (errorType == "ParserError")
        {
          errMsg += "File: " + args.xamlFile + "    \n";
          errMsg += "Line: " + args.lineNumber + "    \n";
          errMsg += "Position: " + args.charPosition + "    \n";
        }
        else if (errorType == "RuntimeError")
        {
          if (args.lineNumber != 0)
          {
            errMsg += "Line: " + args.lineNumber + "    \n";
            errMsg += "Position: " + args.charPosition + "    \n";
          }
          errMsg += "MethodName: " + args.methodName + "    \n";
        }

        throw new Error (errMsg) ;
      }
    </script>
</head>
```

```
<body>
    <!-- Runtime errors from Silverlight will be displayed here.
     This will contain debugging information and should be removed or hidden when debugging
is completed -->
     <div id='errorLocation' style="font-size: small;color: Gray;"></div>

    <div id="silverlightControlHost">
        <object data="data:application/x-silverlight-2," type="application/x-silverlight-2
" width="100%" height="100%">
            <param name="source" value="ClientBin/SilverlightApplication.xap"/>
            <param name="onerror" value="onSilverlightError" />
            <param name="background" value="white" />
            <param name="minRuntimeVersion" value="2.0.31005.0" />
            <param name="autoUpgrade" value="true" />
            <a                      href="http://go.microsoft.com/fwlink/?LinkID=124807"
style="text-decoration: none;">
            <img src="http://go.microsoft.com/fwlink/?LinkId=108181" alt="Get Microsoft
Silverlight" style="border-style: none"/>
            </a>
        </object>
        <iframe style='visibility:hidden;height:0;width:0;border:0px'></iframe>
    </div>
</body>
</html>
```

## 2.3 小结

本章介绍了开发 Silverlight 的基础知识。首先介绍了 Silverlight 的技术体系架构，并详细介绍了其特性。然后介绍了 Visual Studio 开发 Silverlight 时的便捷特性，并通过一个实例分析了典型 Silverlight 应用程序的文件组成。最后介绍了将 Silverlight 嵌入到 ASP.NET 与 HTML 网页中的方法。通过本章的学习，读者能较深入地了解 Silverlight 技术的框架与应用程序的构成。

# 第 3 章

# 使用 Expression Blend

Microsoft Expression Blend（以下简称 Blend）是一个界面设计软件，其本质为 XAML 可视化编辑器，可以很直观地为 Silverlight 应用程序设计出美观实用的用户界面，包括对象的绘制、布局制作动画等功能，能够更容易地提供出色的用户体验度和满意度。

Blend 能够与开发工具 Visual Studio 很好地结合，共同开发 Silverlight 应用程序。Blend 负责用户界面层的设计，在 Visual Studio 中编写程序逻辑，让设计者和开发者能够更紧密地作为一个团队一起工作。

## 3.1 初识 Blend

Blend 操作起来与常见的绘图软件很相似，但也有很多独特的地方，使用起来也非常简单。下面我们就详细介绍一下 Blend 的特点、安装方法，以及如何创建一个应用程序。

### 3.1.1 Blend 的特点

使用 Expression Blend 可以很方便地为 Silverlight 应用程序创建用户界面，其功能主要体现在以下几个方面。

- 完整的基于向量的绘图工具，包括文本和控件的使用。
- 容易使用，采用较常见的界面风格，与主流平面设计软件类似。
- 可视化编辑时间轴动画。
- 支持添加多媒体的内容。
- 支持自定义控件，并可为各个控件提供易用、可重用的样式定义。

- 可使数据源和外部资源与 Silverlight 应用程序全面地整合。
- 实时的设计、标记语言对比视图。
- 支持从其他设计软件导入图形。

### 3.1.2 安装 Blend

Blend 的安装过程非常简单，从 http://www.microsoft.com/expression 上下载最新版本的 Expression Blend 安装文件，然后双击开始安装。按照提示，经过一些简单的选择，以及单击“下一步”、“确认”等按钮，软件就安装成功了。

### 3.1.3 使用 Blend 新建一个 Silverlight 的 Hello World

Blend 安装完成后，我们通过一个 Hello World 实例来演示如何在 Blend 中新建一个 Silverlight 应用程序，具体操作步骤如下。

(1)从“开始”菜单中运行 Blend,运行后出现如图 3-1 所示的欢迎界面。界面中的 Projects、Help 和 Samples 3 栏分别代表打开或新建项目、帮助文档和示例程序。我们现在要新建一个项目，单击下方的“New Project”，建立新项目。

(2) 然后会弹出建立新项目窗口，如图 3-2 所示。其中有 4 种项目可供选择，分别是 WPF 应用程序、WPF 控件库、Silverlight 1 站点和 Silverlight 2 应用程序。这里我们选择“Silverlight 2 Application”，单击“OK”按钮，新建一个 Silverlight 2 应用程序项目。

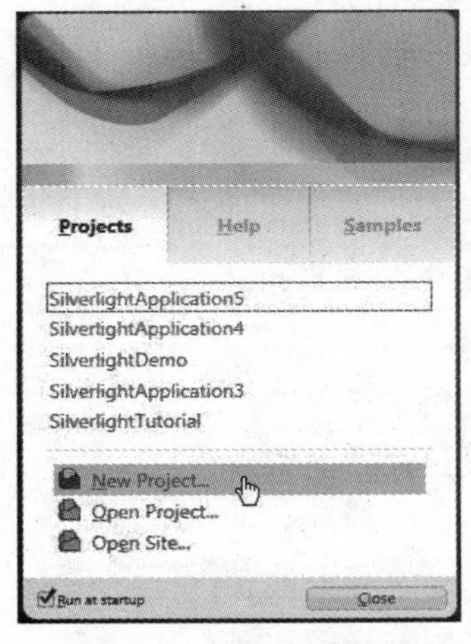


图 3-1　Blend 欢迎界面

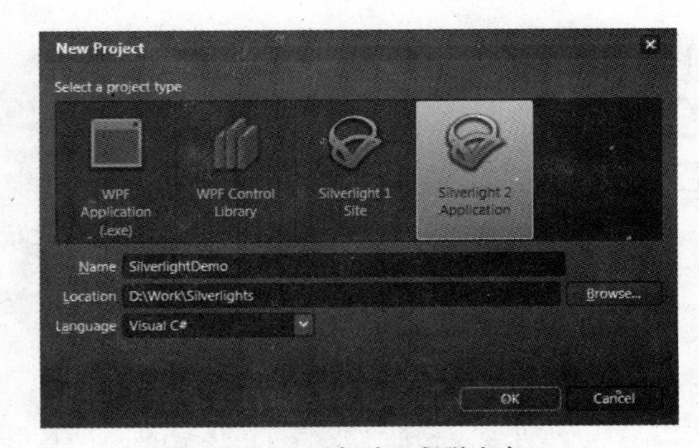


图 3-2　Blend 新建工程弹出窗口

(3) 这样就成功新建了一个 Silverlight 2 的项目，并进入了 Blend 的主界面，如图 3-3 所示，其中各部分的功能将在后面做详细介绍。

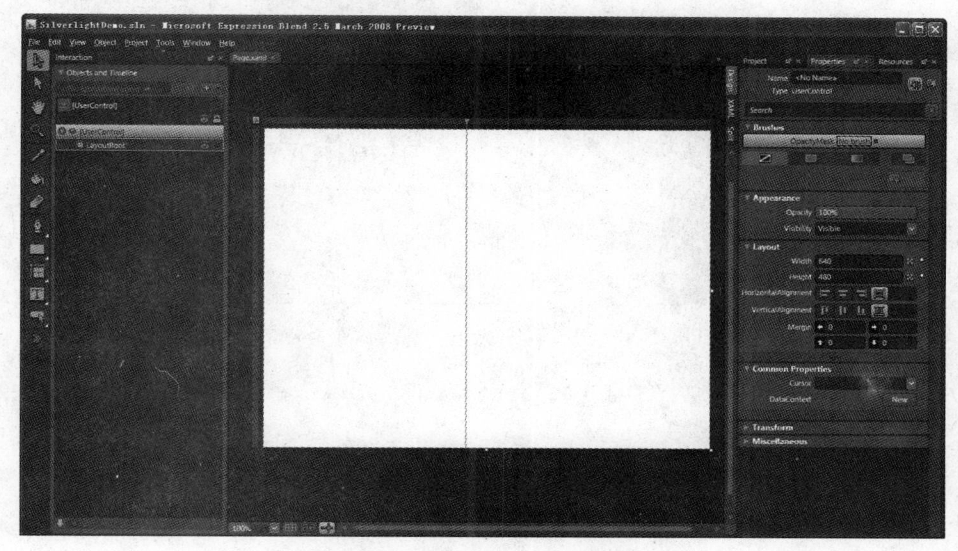

图 3-3　Blend 默认工作界面

(4) 左侧的工具栏列出了 Blend 中常用的工具，如画笔、油漆桶、常用控件等。我们在其中选择“TextBlock”文本框控件，如图 3-4 所示。

(5) 选中文本框控件后，用鼠标在中间的工作区中拖动一个矩形区域，这样就在工作区上绘制了一个文本框控件，在其中输入文字“Hello World”，如图 3-5 所示。

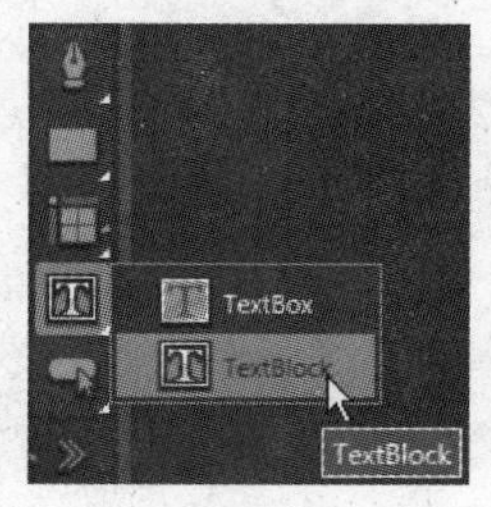


图 3-4　选择“TextBlock”控件

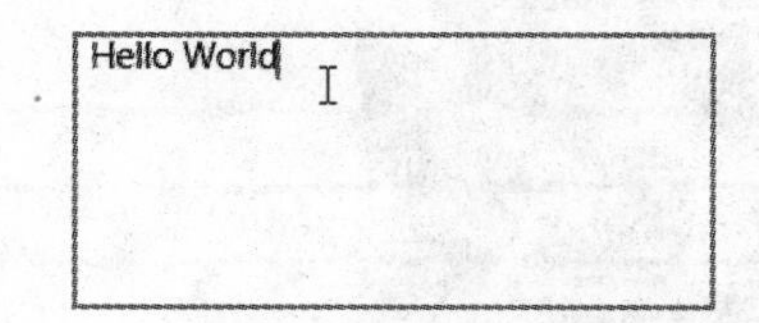


图 3-5　在 TextBlock 控件中输入文字

(6) 工作区的右侧有一个 Text 面板，可以设置控件文本的字体、字号、行距等。我们在其中设置文本框的字号为 36 号，如图 3-6 所示。

(7) 完成以上操作后，按“F5”键，Blend 会自动编译此 Silverlight 应用程序，并在浏览器中运行，效果如图 3-7 所示。

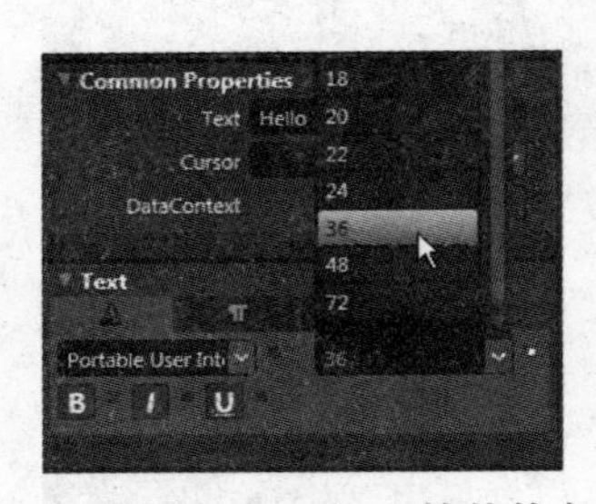


图 3-6　设置 TextBlock 控件的字号

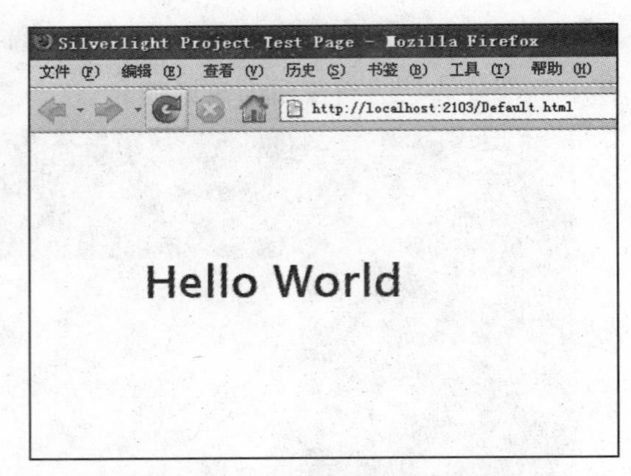


图 3-7　本 Silverlight 工程的运行效果

（8）至此，一个简单的 Silverlight 应用程序就制作完成了，很简单吧！

# 3.2　Blend 工作环境介绍

本节我们来了解一下 Blend 工作环境由哪些部分组成。Blend 的界面包含了很多种软件的元素，既与很多平面设计软件类似，包括工具栏、图层、绘图工作区等部分，也有 Flash 等动画制作软件中的时间轴面板。更具特色的是，Blend 工作环境中还有类似 Visual Studio 中的工程、属性、编译结果等面板，如图 3-8 所示。

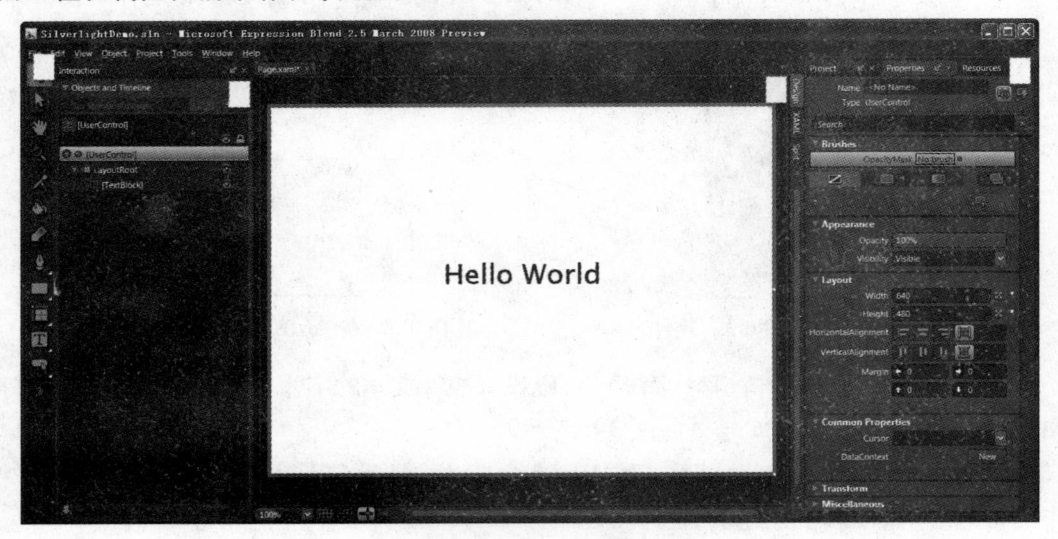


图 3-8　Blend 工作环境

由此也可以看出，Blend 与以往的任何平面设计软件不同，它并不只是单纯的设计软件，而是集多种功能于一体的综合开发环境。

下面我们来简要介绍各个面板的组成与功能。

### 3.2.1　工具箱

我们可以使用工具箱建立或操作应用程序中的对象，常用的有绘图工具、选择工具、油漆桶工具和各种控件工具等，工具箱及其各按钮的功能如图 3-9 所示。

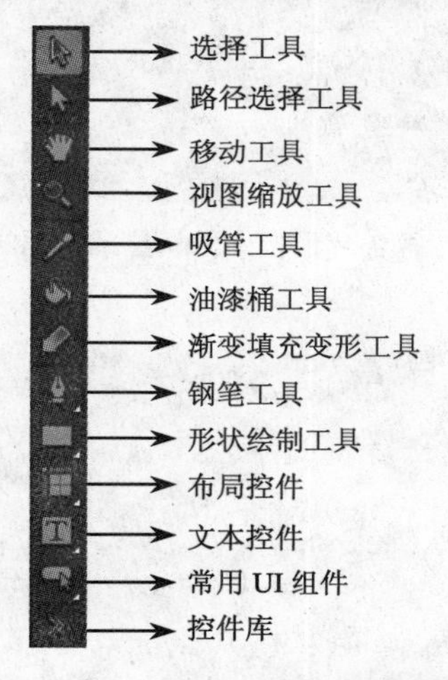


图 3-9　工具箱及各按钮的功能

### 3.2.2　控件库

控件库是工具箱中相对比较重要的一个面板，其中包含了 Silverlight 内建的系统控件，以及用户自定义的控件。由于 Silverlight 的控件功能很强大，因此控件库是很常用的。控件库中默认显示了常用的系统控件，如 Button（按钮）、CheckBox（复选框）、RadioButton（单选单钮）、ListBox（列表框）、Ellipse（圆形）、Rectangle（矩形）、Scrollbar（滚动条）、TextBox（文本输入框）等控件，如图 3-10 所示。

单击右上角的“Show All”按钮后，会显示出所有的系统控件，如图 3-11 所示。有常用的 Canvas（画布）、Grid（网格）等布局控件，以及 Image（图像）、MediaElement（音频、视频）等媒体控件，关于这些控件的详细使用方法，会在后面的章节中做详细介绍。

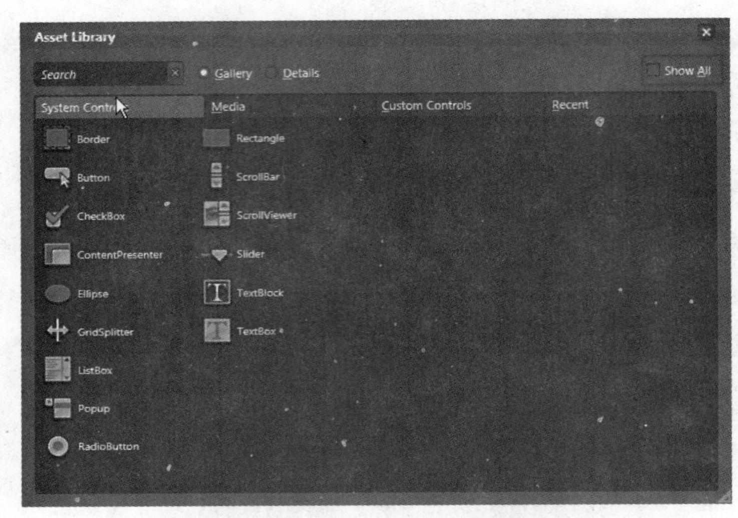


图 3-10　控件库面板中默认显示常用的控件

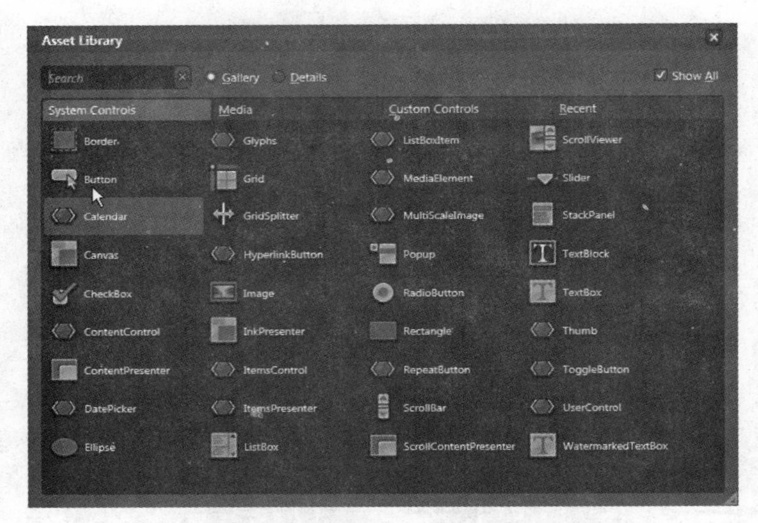


图 3-11　控件库面板中默认显示所有的系统控件

### 3.2.3　工作区

工作区是 Blend 的主舞台，在这里可以完成各类绘制界面、布局对象等工作，如图 3-12 所示。各区域的功能如下。

- 区域 1：文件标签，显示已打开的文件与当前选中的文件。

- 区域 2：视图切换区，可选择当前视图模式——设计视图、XAML 视图或两者兼有。
- 区域 3：属性区，设置当前工作区的网格、对齐，以及显示比例等属性。

图 3-12　工作区

### 3.2.4　对象与时间轴面板

对象与时间轴面板由两种状态组成，其中一个部分是对象面板，以图层的形式显示出已有对象及相互之间的包含关系等，如图 3-13 所示。

在使用对象面板时，要注意激活对象与选中对象的区别。如图 3-14 所示，激活对象会有一个黄色的框，而当前选中对象则为高亮显示。激活对象指的是当前选中的布局对象，新增、修改、删除对象等操作都会只作用于此布局对象中。因此，在绘图或添加对象前需要注意先激活一个布局对象，使图形或对象添加在其内部。

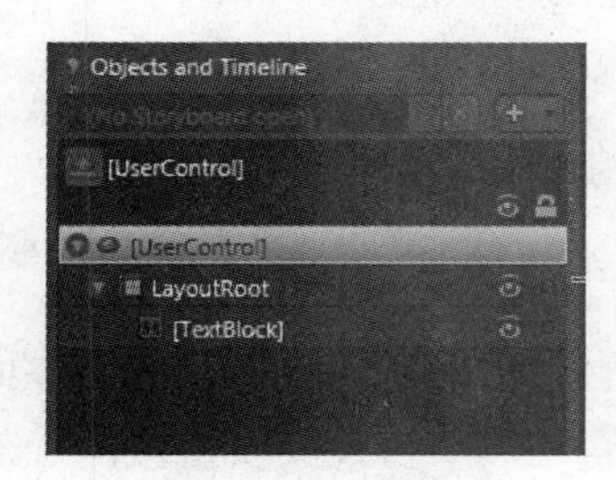


图 3-13　对象面板

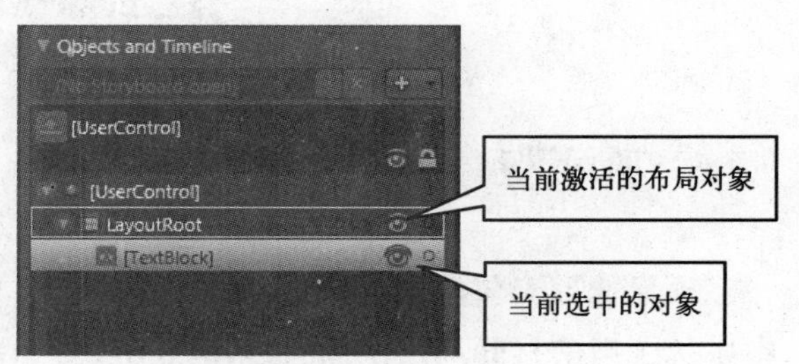


图 3-14　激活对象与选中对象

另一部分是时间轴面板，如图 3-15 的右半部分所示，可以使用它为对象添加以时间轴为基础的动画。关于此面板的具体使用方法，会在第 8 章的实例中详细介绍。

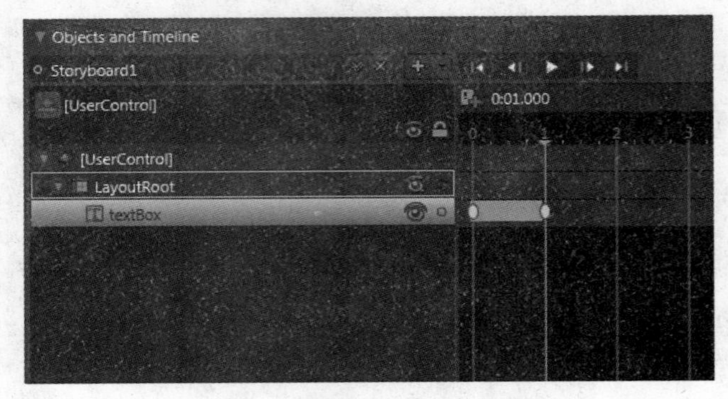


图 3-15　对象与时间轴面板

### 3.2.5　状态面板

状态面板可以方便地为对象添加不同状态时的显示效果，如为按钮添加鼠标经过、按下、激活等状态时的效果。编辑时状态面板的界面如图 3-16 所示，状态面板的具体使用方法将在第 13 章中做详细介绍。

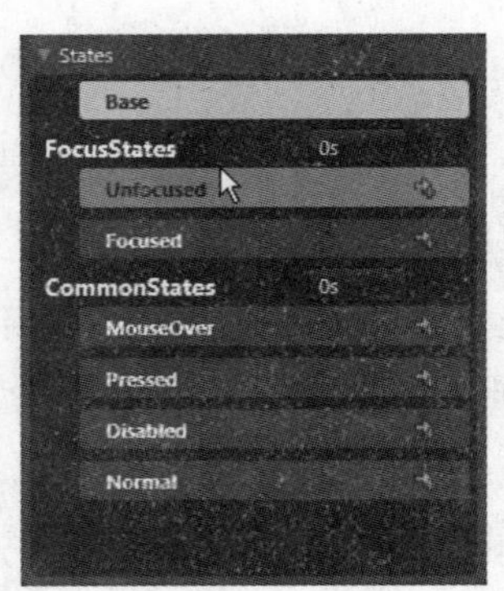


图 3-16　状态面板

### 3.2.6　项目选项卡

项目选项卡包含了 Files（文件）与 Data（数据）两个面板，如图 3-17 所示。文件面板中显示了当前打开项目中所有包含或与项目有关的文件。数据面板中可设置要链接的外部数据源，为应用程序中的控件绑定数据。

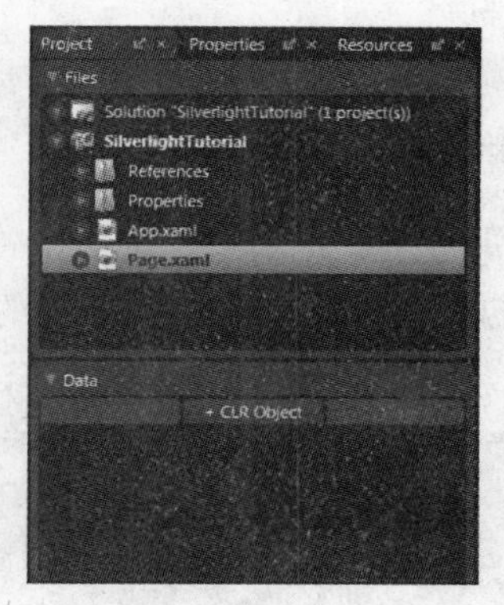


图 3-17　项目选项卡

### 3.2.7　属性选项卡

属性选项卡中包含了各种为对象进行属性设置的面板：在 Brushes（笔刷）中可以设置对象的边框颜色和填充颜色；在 Appearance（外观）面板中可设置对象的透明度并且透明度是否可见；在 Layout（布局）面板可设置对象的大小、对齐、边距等属性；在 Transform（变换）面板中可设置对象的形变、旋转等属性。属性选项卡比较常用，如图 3-18 所示，详细的使用方法已贯穿至后面各个章节中。

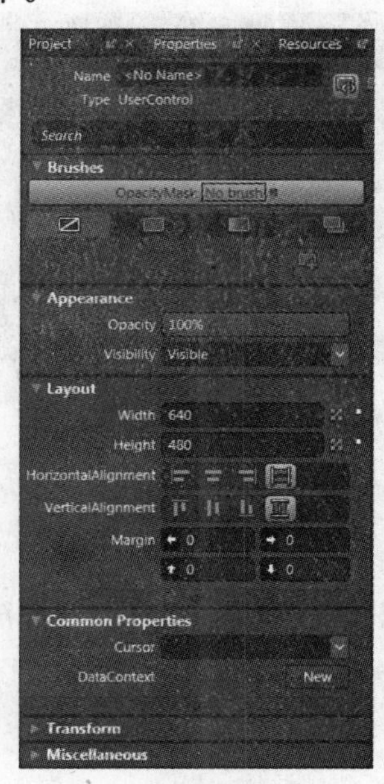


图 3-18　属性选项卡

### 3.2.8 资源选项卡

资源选项卡中列出了当前项目所有的资源与样式及相关文件，如图 3-19 所示。资源与样式是 Silverlight 技术中比较重要的概念，为对象外观样式的重用和统一管理提供了便捷的管理机制，关于资源与样式的详细说明请参见第 13 章中的示例。

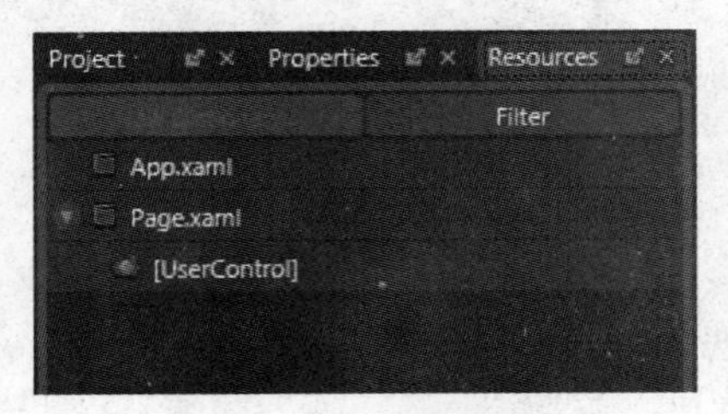


图 3-19 资源选项卡

### 3.2.9 编译结果面板

编译结果面板可为开发者提供编译报告、输出结果等各种实用信息，与 Visual Studio 中的功能有些类似。比如图 3-20 报告了文件 Page.xaml 中的一个 XAML 的错误。

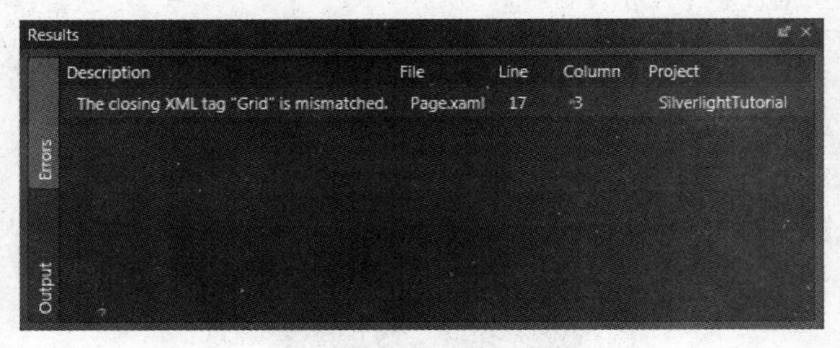


图 3-20 编译结果面板

### 3.2.10 设置 Blend 工作环境

在使用 Blend 之前，可以根据个人习惯，对 Blend 进行一些基本设置，使它更符合你的工作习惯。选择菜单中的“Tools”→“Options”命令，如图 3-21 所示，打开 Options（选项）对话框，如图 3-22 所示。

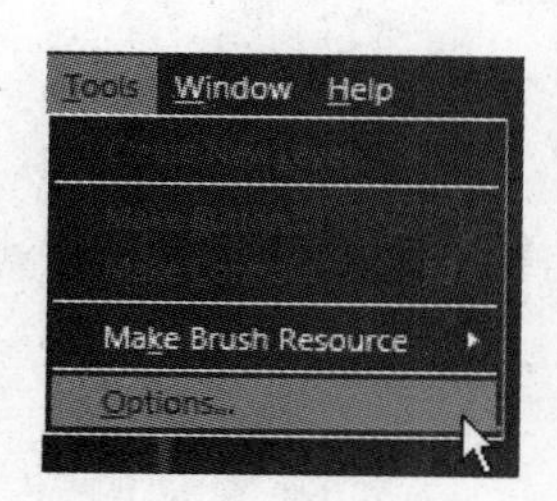


图 3-21　选择“Options”（选项）命令

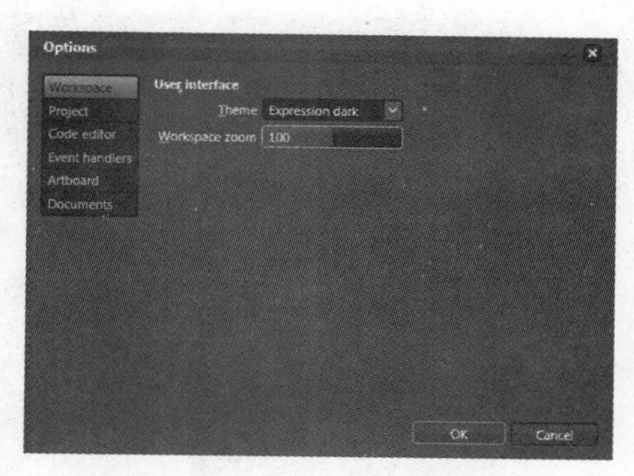


图 3-22　“Options”（选项）对话框

在 Blend 的选项对话框中可以对 Blend 的工作区、项目管理和代码编辑器等部分的界面效果进行设置。Blend 中提供了两种工作环境 Theme（主题）方案：Expression dark（黑色）和 Expression light（浅色），默认为黑色。若选择浅色，界面颜色变为较浅的主题配色，如图 3-23 所示。

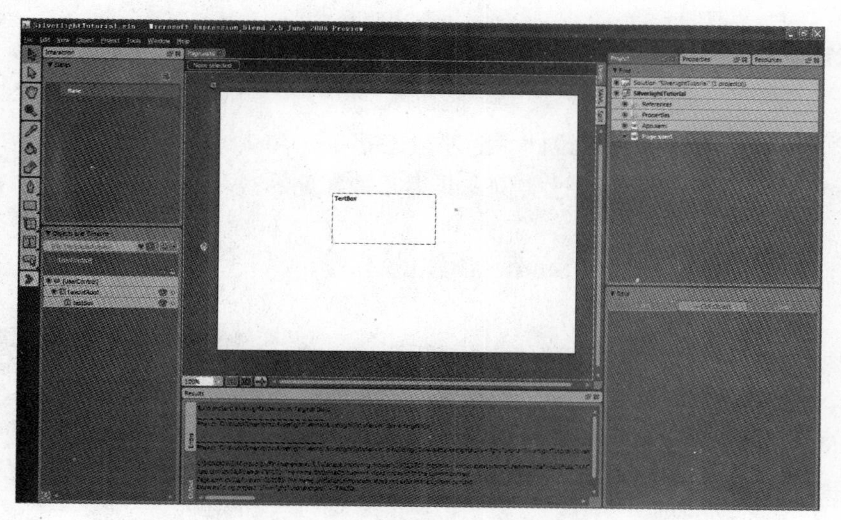

图 3-23　设置为浅色的主题颜色

另外，调整 Workspace zoom 属性的值可设置工作环境面板的缩放，设置范围为 50～150，数字越大表示各面板的尺寸越大，反之越小，如图 3-24 所示。

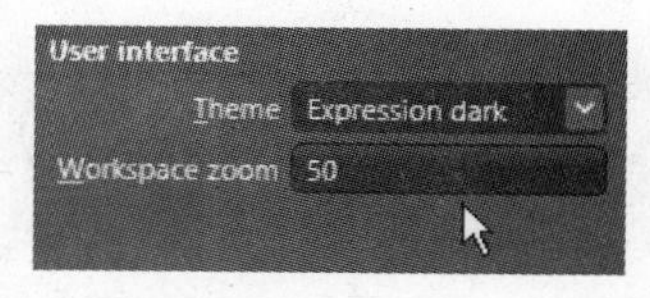


图 3-24　Workspace zoom 属性值的设置

若设为最小值 50，则面板尺寸减小，工作环境为中心工作区留出了较多的空间，如图 3-25 所示。

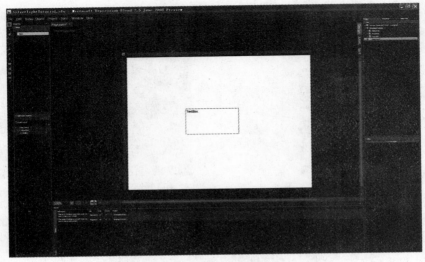

图 3-25 减小面板尺寸后的工作区

# 3.3 Blend 与 Visual Studio 2008 协同工作

Blend 除了自身具有丰富界面设计功能外，还能与 Visual Studio 2008 很好地结合，协同开发 Silverlight 应用程序，下面通过实例来介绍几种常见的应用。

## 3.3.1 使用 Blend 编辑 Visual Studio 新建的工程

使用 Visual Studio 新建一个 Silverlight 应用程序，并选择新建一个 ASP.NET 应用程序用于承载 Silverlight 应用程序。接下来，我们要用 Blend 为此应用程序制作一个简单的界面。在解决方案面板中用鼠标右键单击 Page.xaml 文件，在弹出的快捷菜单中选择“Open in Expression Blend”命令，如图 3-26 所示。

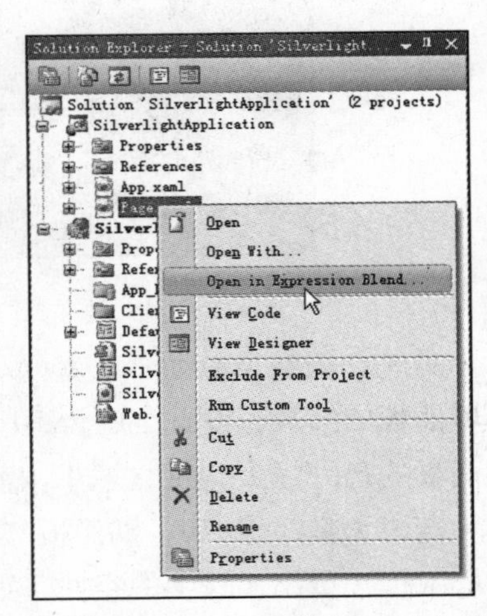


图 3-26 运行 Blend 编辑.xaml 文件

此时 Blend 会自动运行并打开刚才的工程，并在舞台中添加一个白色椭圆和一个滑块控件，在属性标签页中将它们分别命名为 myEllipse 和 mySlider。然后修改舞台的尺寸为宽 640，高 480，如图 3-27 所示。

选中滑块控件，在属性标签页的常规属性面板中，设置 Minimum（最小值）为 10，Maximum（最大值）为 200，如图 3-28 所示。

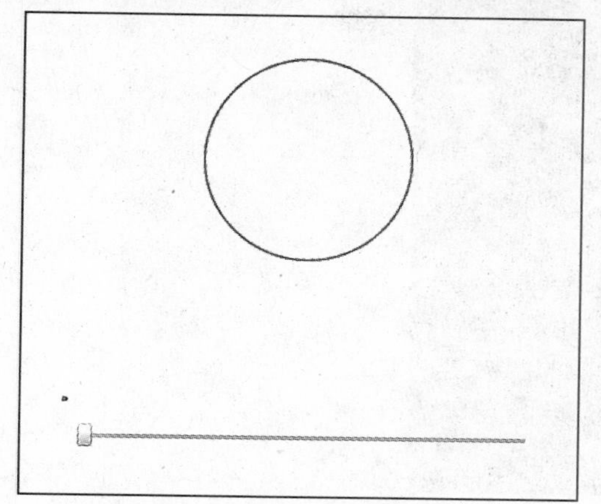

图 3-27　在 Blend 中设计界面

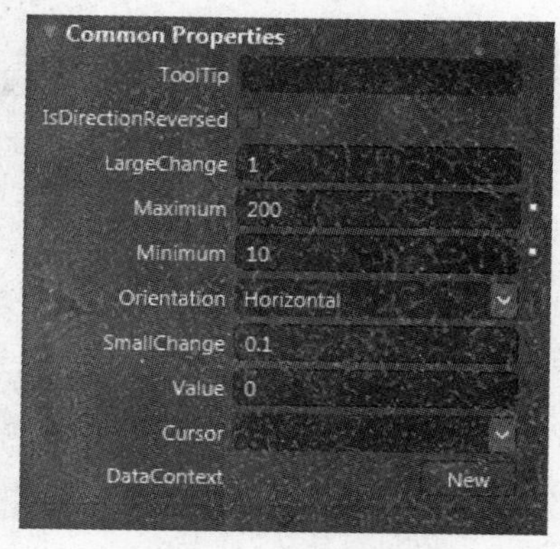


图 3-28　设置滑块控件属性

完成编辑后的 Page.xaml 文件代码如例程 3-1 所示。代码中的<UserControl>标签为 Silverlight 应用程序的根节点，其中设置了一些基本属性，如 x:Class 设置了 Page.xaml 文件对应的类名，Width 和 Height 设置了应用程序的宽和高。<Grid>标签是应用程序默认添加的一个根布局对象，名字 x:Name 为 LayoutRoot，其中包含了两个对象，分别是我们要添加到舞台上的 Ellipse（椭圆）和 Slider（滑块控件）。

例程 3-1　Page.xaml 文件的示例代码

```
<UserControl x:Class="SilverlightApplication.Page"
   xmlns="http://schemas.microsoft.com/winfx/2006/xaml/presentation"
   xmlns:x="http://schemas.microsoft.com/winfx/2006/xaml"
   Width="640" Height="480">
   <Grid x:Name="LayoutRoot" Background="White">
    <Ellipse Margin="248, 94, 236, 230" Fill="#FFFFFFFF" Stroke="#FF000000" x:Name="myEllipse" />
      <Slider Height="36" Margin="156, 0, 144, 76" VerticalAlignment="Bottom" x:Name="mySlider"
              Maximum="200" Minimum="10" />
   </Grid>
</UserControl>
```

然后我们要编辑 Page.xaml.cs 文件，为控件的事件添加交互响应。一般情况下我们可以直接切换至 Visual Studio 2008 进行编辑，但如果有时我们先在 Blend 中进行编辑，Visual Studio 还未运行，就可以直接在 Blend 中项目面板中的 Page.xaml.cs 上单击鼠标右键，在弹出的快捷菜单中选择“Edit in Visual Studio”命令。这样就可以直接运行并跳转至 Visual Studio 2008，同时编辑 Page.xaml.cs 的状态，如图 3-29 所示。

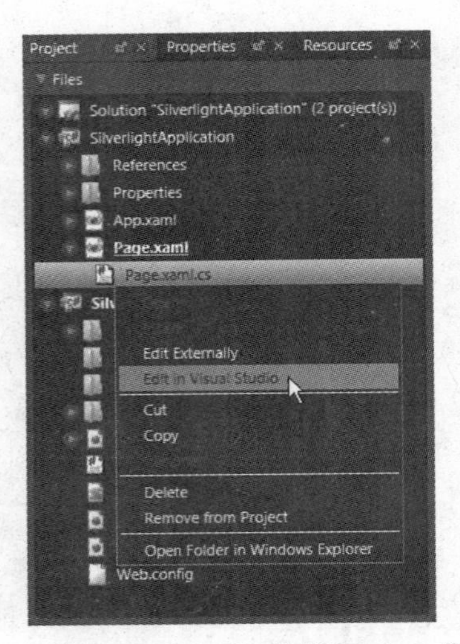


图 3-29　运行 Visual Studio 编辑 xaml.cs 代码文件

编辑 Page.xaml.cs 文件，为 mySlider 添加事件响应，使其拖动时椭圆的大小发生变化，长和宽等于 mySlider 的当前值。编辑后的代码如例程 3-2 所示。

例程 3-2　Page.xaml.cs 文件的示例代码

```
using System;
using System.Collections.Generic;
using System.Linq;
using System.Net;
using System.Windows;
using System.Windows.Controls;
using System.Windows.Documents;
using System.Windows.Input;
using System.Windows.Media;
using System.Windows.Media.Animation;
using System.Windows.Shapes;

namespace SilverlightApplication
{
    public partial class Page : UserControl
    {
        public Page ()
        {
            // Required to initialize variables
            InitializeComponent () ;
            mySlider.ValueChanged +=
                        new RoutedPropertyChangedEventHandler<double> (mySlider_ValueChanged) ;
```

```
        }

        void mySlider_ValueChanged (object sender, RoutedPropertyChangedEventArgs<double> e)
        {
            myEllipse.Width = mySlider.Value;
            myEllipse.Height = mySlider.Value;
        }
    }
}
```

按“F5”键编译并运行此应用程序，即可看到效果，椭圆的尺寸随滑块控件的拖动而变化，如图 3-30 所示。

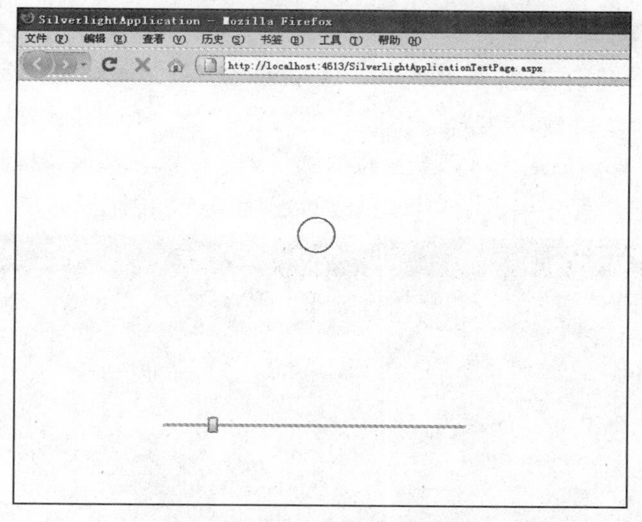


图 3-30　运行效果

### 3.3.2　使用 Blend 添加事件响应

上一节演示了直接在 Page.xaml.cs 中设置控件响应，除此之外，还可以直接在 Blend 中添加事件响应，方法演示如下。

在 Blend 中打开上一节中编辑的工程，选中舞台上的椭圆，单击事件按钮，进入事件设置面板，为 MouseEnter 事件填入响应函数名称 myEllipse_MouseEnter，如图 3-31 所示。

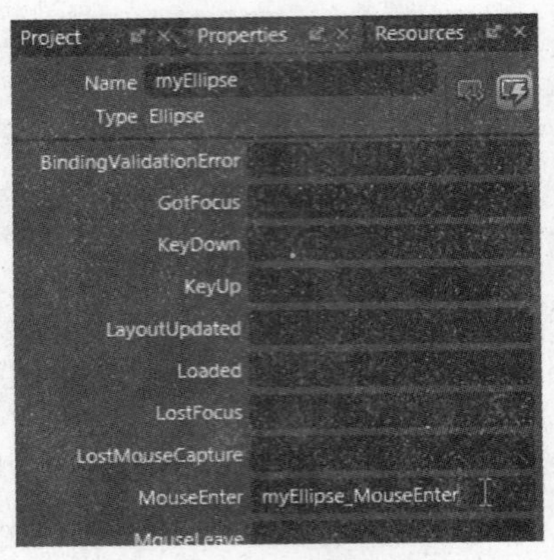


图 3-31 添加事件响应

输入完毕按回车键确定后，Visual Studio 会自动打开 Page.xaml.cs 文件，并且添入了 myEllipse_MouseEnter 函数。然后使用同样的方法，为 MouseLeave 函数添加响应函数 myEllipse_MouseLeave。最后为这两个函数添加代码，使鼠标移入和移出椭圆时，颜色分别变为蓝色和红色。应用程序编辑后的代码分别如例程 3-3 和例程 3-4 所示。

例程 3-3 Page.xaml 文件的示例代码

```
<UserControl x:Class="SilverlightApplication.Page"
  xmlns="http://schemas.microsoft.com/winfx/2006/xaml/presentation"
  xmlns:x="http://schemas.microsoft.com/winfx/2006/xaml"
  Width="640" Height="480">
  <Grid x:Name="LayoutRoot" Background="White">
    <Ellipse Margin="248, 94, 236, 230" Width="200" Height="200" Fill="#FFFFFFFF"
             Stroke="#FF000000" x:Name="myEllipse" MouseEnter="myEllipse_MouseEnter"
             MouseLeave="myEllipse_MouseLeave"/>
    <Slider Height="36" Margin="150, 0, 144, 76" VerticalAlignment="Bottom" x:Name="mySlider"
             Maximum="200" Minimum="10"/>
  </Grid>
</UserControl>
```

例程 3-4 Page.xaml.cs 文件的示例代码

```
using System;
using System.Collections.Generic;
using System.Linq;
using System.Net;
using System.Windows;
using System.Windows.Controls;
using System.Windows.Documents;
```

```
using System.Windows.Input;
using System.Windows.Media;
using System.Windows.Media.Animation;
using System.Windows.Shapes;

namespace SilverlightApplication
{
  public partial class Page : UserControl
  {
    public Page ()
    {
      InitializeComponent () ;
      mySlider.ValueChanged +=
            new RoutedPropertyChangedEventHandler<double> (mySlider_ValueChanged) ;
    }

    void mySlider_ValueChanged (object sender, RoutedPropertyChangedEventArgs<double> e)
    {
      myEllipse.Width = mySlider.Value;
      myEllipse.Height = mySlider.Value;
    }

    private void myEllipse_MouseEnter (object sender, MouseEventArgs e)
    {
      myEllipse.Fill = new SolidColorBrush (Colors.Blue) ;

    }

    private void myEllipse_MouseLeave (object sender, MouseEventArgs e)
    {
      myEllipse.Fill = new SolidColorBrush (Colors.Red) ;
    }
  }
}
```

当使用 Blend 和 Visual Studio 共同编辑 Silverlight 工程时，如果在其中一个工具中对某个文件进行了编辑并保存，而另一个工具中当前也打开了此文件，就会出现类似如图 3-32 所示的提示信息。通常情况下单击“Yes”按钮，确认修改即可。

如图 3-33 所示为在 Blend 中修改了文件，在 Visual Studio 中会出现的提示信息。此处比 Blend 中的提示信息增加了两个选项，如果对多个文件进行了修改，可以单击“Yes to All”按钮或者“No to All”按钮来批量确认修改或取消修改。

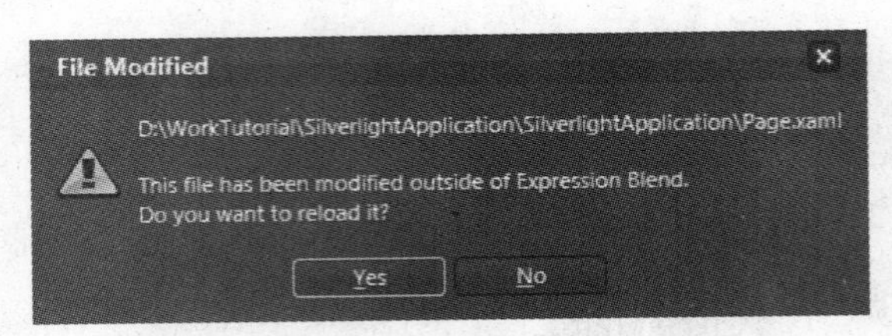


图 3-32　Blend 中出现的提示对话框

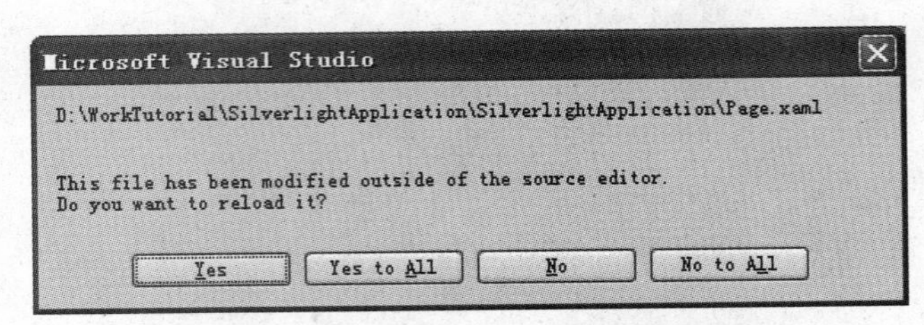


图 3-33　Visual Studio 中出现的提示对话框

## 3.4　小结

本章首先介绍了 Blend 的特点与安装方法，并通过一个实例演示了如何在 Blend 中新建 Silverlight 应用程序。然后详细介绍了 Blend 软件的整体布局及各个面板的功能。最后通过另一个实例演示了 Blend 是如何与 Visual Studio 协同工作的。

通过第 2 章和第 3 章的学习，读者应对 Visual Studio 写代码、Blend 制作界面的开发模式有了完整的了解。接下来通过后面的章节，我们逐步学习 Silverlight 中各元素、控件的使用方法，就能全面地掌握 Silverlight 开发技术了。

# 第 4 章

# Silverlight 与 XAML

XAML 是 eXtensible Application Markup Language 的缩写，也就是可扩展的应用程序标记语言，是用来描述界面的。与 HTML、CSS 相比，它具有更统一、更规范的描述，并且其中的各种标记元素与.NET 语言相对应，能使开发人员和设计人员运用同一种语言进行交流，减少额外的工作量。

本章介绍可扩展应用程序标记语言 XAML 的基本概念，然后专门介绍在 Silverlight 中使用的 XAML，及其中的基础组成元素，并演示如何使用 XAML 编写 Silverlight 应用程序的界面。建议在 Visual Studio 2008 中学习本章，利用其中的代码自动感应功能可以提高 XAML 编写的效率。

## 4.1 什么是 XAML

XAML 是一种非常直观的描述应用程序界面的语言，简化了为.NET Framework 编程模型创建界面的过程。你可以使用 XAML 标记创建可见的 UI 元素，然后使用代码隐藏文件(如.xaml.cs 或.xaml.vb)，通过类定义与 XAML 标记衔接，从而使 UI 定义与运行时逻辑相分离。基于 XML 的声明性语言非常直观，可以创建从原型到产品的各种界面。与其他大多数标记语言不同，XAML 中的标记即为.NET Framework 中相应对象的实例，这种设计原则简化了使用 XAML 创建对象的代码并支持编译时调试访问。

### 4.1.1 一个 Silverlight XAML 文件实例

现在就来创建一个基本的 XAML 文件，具体步骤如下。

（1）打开 Visual Studio 2008，新建一个 Silverlight 应用程序项目。

（2）在弹出的对话框上保持默认选项，单击“OK”按钮，这样就会新建一个 Silverlight 项目。

（3）在解决方案浏览器中可以看到文件 Page.xaml，使用第 3 章中介绍的方法，在 Blend 中编辑此文件，在里面添加一个矩形、一个文本框和一个按钮控件，如图 4-1 所示。

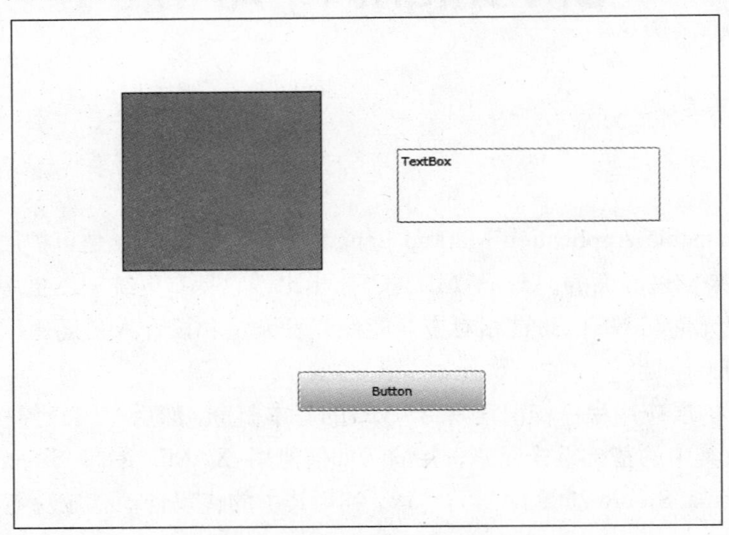


图 4-1　添加矩形、文本框和按钮控件

完成编辑后的 Page.xaml 代码如例程 4-1 所示。

例程 4-1　Page.xaml 文件的代码

```
<UserControl x:Class="SilverlightApplication.Page"
  xmlns="http://schemas.microsoft.com/winfx/2006/xaml/presentation"
  xmlns:x="http://schemas.microsoft.com/winfx/2006/xaml"
  Width="640" Height="480">
  <Canvas x:Name="LayoutRoot" Background="White">
    <Rectangle Height="169" Width="181" Canvas.Left="99" Canvas.Top="68" Fill="#FF69CBD4"
        Stroke="#FF000000"/>
    <Button Height="37" Width="170" Canvas.Left="257" Canvas.Top="334" Content="Button"/>
    <TextBox Height="70" Width="238" Canvas.Left="348" Canvas.Top="123" Text="TextBox"
          TextWrapping="Wrap"/>
    </Canvas>
</UserControl>
```

与 HTML 类似，XAML 中的元素以成对标记的形式来表示界面，有并列或嵌套两种关系。例如，在以上的代码中包含了以下几种元素。

- UserControl（根元素）：Silverlight 应用程序的根节点。
- Canvas（画板元素）：布局对象的一种，用于放置并定位各种对象。
- Rectangle（矩形元素）：形状对象的一种。
- Button（按钮控件）：点击可触发事件。
- TextBox（文本框控件）：可显示并编辑文本。

其中 Rectangle（矩形元素）、Button（按钮控件）与 TextBox（文本框控件）包含在 Canvas（画板元素）中。

通过前面几章的介绍我们知道，Silverlight 的基础类库是基于.NET 框架的，而 XAML 中的元素与.NET 框架中的类是一一对应的。在 XAML 有一组规则，这些规则将 XAML 对象元素映射为 Silverlight 的类或结构：XAML 元素映射为程序集中定义的 Silverlight 类，而 Attribute 属性映射为这些类型的成员。

如上面的示例中的 XAML 对象元素为<UserControl>和<Grid>。UserControl 和 Grid 都将映射为某个类的名称，该类由 Silverlight 定义并且是 Silverlight .NET 框架程序集的一部分，如表 4-1 所示。

表 4-1　XAML 对象元素与 Silverlight 中对应的类

| XAML 对象元素 | Silverlight 中对应的类 |
|---|---|
| <UserControl /> | UserControl ystem.Windows.Controls.UserControl |
| <Grid /> | UserControl ystem.Windows.Controls.Grid |

### 4.1.2　常见 XAML 对象元素的种类

在 Silverlight 中常见的 XAML 元素有以下几种。

**1. 布局元素**

布局元素主要用来处理页面的定位，并且可以作为容器来包含其他的元素，例如几何图形、控件或子面板。一些特殊的面板元素，可以在设计时方便地创造特定的布局方案。常见的布局元素有以下几种。

- Grid（网格面板）。
- Canvas（画板面板）。
- StackPanel（堆栈面板）。
- Border（边框面板）。
- ScrollViewer（可滚动查看面板）。

### 2. 图形和几何元素

Silverlight 中图形和几何元素比较多，主要用于创建常见的几何图形、颜色和笔刷等。常见的图形和几何元素有以下几种。

- Ellipse（椭圆）。
- Rectangle（矩形）。
- Line（线段）。
- Path（路径）。
- Polygon（多边形）。
- SolidColorBrush（纯色笔刷）。
- LinearGradientBrush（线性渐变笔刷）。
- ImageBrush（图像笔刷）。
- VideoBrush（视频笔刷）。

### 3. 动画元素

Silverlight 中提供了强大的创建动画功能，使程序能够方便地应用各种数值、颜色动画，增强应用程序的表现力。因此也包含了多种动画元素，常见的动画元素有以下几种。

- Storyboard（故事板）。
- ColorAnimation（颜色动画）。
- DoubleAnimation（浮点数动画）。
- PointAnimation（坐标点动画）。
- ColorAnimationUsingKeyFrames（颜色关键帧动画）。
- DoubleAnimationUsingKeyFrames（浮点数关键帧动画）。
- PointAnimationUsingKeyFrames（坐标点关键帧动画）。

### 4. 控件元素

Silverlight 最吸引人的特性之一就是提供丰富的控件库，控件库可以提供很多常用的控件元素，以及有相应类库供使用，常见的控件元素有以下几种。

- Button（按钮）。
- TextBox（本文框）。
- RadioButton（单选按钮）。
- CheckBox（复选框）。
- ListBox（列表框）。

### 4.1.3 设置对象元素的属性

XAML 中对象元素根据所设置属性的不同，表现出不同的功能与外观，各种属性使用的语法也有所不同，对象元素实例的初始状态由默认的构造函数决定。XAML 中对象元素的属性有以下 4 种设置方法。

- 使用 Attribute 属性语法。
- 使用 Property 属性元素语法。
- 使用内容元素（content element）的语法。
- 使用隐式集合语法。

需要注意的是，并不是任何一种属性都可以按上面的所有方法进行设置，有的属性只支持其中的一种方法，有的支持多种方法，有的属性甚至不能直接在 XAML 中直接设置，必须通过代码才能设置，这取决于属性类型及使用此属性的对象元素类型。

这 4 种方法中最常用的是前两种，下面依次对它们进行介绍。

**1. 使用 Attribute 属性语法**

Attribute 属性语法是最简单的属性设置语法，并将成为过去使用标记语言的开发人员可以使用的最直观的语法：

```
<objectName propertyName ="propertyValue" .../>
```

其中 objectName 代表被设置的对象元素，propertyName 代表被设置的属性名称，propertyValue 为被设置的属性值。例如以下代码创建了一个具有蓝色背景的 Grid 对象元素，宽和高分别为 100 和 200。

```
<Grid Background="Blue" Width="100" Height="200" />
```

此段 XAML 的效果如图 4-2 所示。

图 4-2　XAML 代码生成的 Grid 对象

2. 使用 Property 属性元素语法

对于一个对象元素的某些属性，Attribute 属性语法是不可能实现的，因为提供属性值所需的对象或信息不能充分地表示为简单的字符串。对于这些情况，可以使用另一个语法，即 Property 属性元素语法。属性元素语法用标记的内容设置包含元素的引用的属性。一般而言，内容就是作为属性值的类型的某个对象（值设置实例通常被指定为另一个对象元素）。属性元素本身的语法为<类型名称.属性>（<objectName.property>）。指定内容之后，必须用一个结束标记结束属性元素，就像其他任何元素（语法为</类型名称.属性>）一样。对于同时支持 Attribute 属性和 Property 属性元素语法的属性来说，尽管这两种语法的细微之处（如空白处理）略有不同，但它们的结果通常是一样的。如果可以使用 Attribute 属性语法，那么使用 Attribute 属性语法通常更方便，且能够实现更为精简的标记，但这只是一个风格的问题，而不属于技术限制。代码如下：

```
<objectName >
    <objectName.property>
        作为属性值的类型的某个对象
    </objectName.property>
</objectName >
```

下面的示例演示了在前面的 Attribute 属性语法示例中设置的相同属性，但这次对 Grid 的 Background 属性使用了 Property 属性元素语法：

```
<Grid Width="100" Height="200">
    <Grid.Background>
        <SolidColorBrush Color="Blue" />
    </Grid.Background>
</Grid>
```

以上使用 Property 属性元素语法将 Grid 的 Background 属性设置为 SolidColorBrush 对象元素，然后使用 Attribute 属性语法将 SolidColorBrush 的 Color 设置为“Blue”。

**注：** XAML 的 Property 属性元素语法与基本的 XML 之间有较大差异。对于 XML，<类型名称.属性>（<TypeName.Property>）代表了另一个元素，该元素仅表示一个子元素，而与父级“类型名称（TypeName）”之间没有必然的隐含关系。而在 XAML 中，<类型名称.Property>直接表示 Property 是类型名称的属性（由属性元素内容设置），而绝不会是一个名称相似的全新元素。

3. 如何选择使用哪种属性设置方法

所有支持在 XAML 直接被设置的属性，都至少支持“Attribute 属性语法”或“Property 属性元素语法”中的一种，但不一定两种都支持。有些属性会两者都支持，有些还会支持更多的方法，如内容元素语法或省略集合语法（详见 4.2 节中的介绍）。一个属性支持哪种类型，部分由这个属性的值类型决定，如果属性的值类型是一种简单类型（如 double、integer，或者 string），那么这个属性总是支持 Attribute 属性语法。

下面的例子使用 Attribute 属性语法设置了 Rectangle 的宽 Width，因为 Width 的值类型是 double，所以支持 Attribute 属性语法。

```
<Rectangle Width="100" />
```

下面的例子使用 Attribute 属性语法来设置 Rectangle 的填充（Fill）属性，Fill 之所以支持 Attribute 属性语法，是因为其下的 Brush 对象支持一种类型转换语法，可以由一个初始的 string 字符串（如“Blue”）新建一个 SolidColorBrush 对象。

```
<Rectangle  Width="100" Height="100" Fill="Blue" />
```

如果被设置的属性是一种对象元素，则其属性支持使用“Property 属性元素语法”来设置。如下面的例子，使用 Property 属性元素语法设置 Rectangle 的 Fill 属性。Fill 属性需要被设置为 Brush 类型的对象，而 SolidColorBrush 是一种对象元素，并且满足了 Fill 的类型需求，因此 Fill 属性支持用 SolidColorBrush 等笔刷以 Property 属性元素语法进行设置，如下面的代码所示。

```
<Rectangle Width="100" Height="100">
  <Rectangle.Fill>
    <SolidColorBrush Color="Blue"/>
  </Rectangle.Fill>
</Rectangle>
```

SolidColorBrush 是唯一一种可以选择 Attribute 属性语法或是 Property 属性元素语法的笔刷（Brush），因为其他类型的笔刷都没有简单的类型转换可以把 string 字符串转换为特定类型的笔刷。因此，如果想要使用一个 ImageBrush 设置 Fill 属性，必须使用 Property 属性元素语法来设置，定义一个新的 ImageBrush 对象元素，然后赋值给 Fill，而不能使用 Attribute 属性语法，如下面的代码：

```
<Rectangle Width="100" Height="100">
  <Rectangle.Fill>
    <ImageBrush ImageSource="forest.jpg"/>
  </Rectangle.Fill>
</Rectangle>
```

## 4.2 XAML 深入研究

XAML 是一种非常灵活的语言，在 4.1 节中介绍了 XAML 的基本结构、常见元素与属性基本设置方法。本节将简要介绍一些 XAML 的进阶知识，这些内容虽不是学习 Silverlight 开发的必备知识，但学习后可增加对 XAML 语法的理解以帮助读者灵活运用。

### 4.2.1 使用内容元素（content element）语法

有些 Silverlight 的对象元素定义了一个属性支持一种叫做内容元素的语法，这种语法可以忽略属性名字，用比较简单的方式设置该属性。

例如，我们如果需要设置一个 Button 对象元素的 Content 属性为 Click Here，就可以使用 Attribute 属性语法，设置如下：

```
<Button Content="Click Here"/>
```

也可设置为：

```
<Button>Click Here</Button>
```

这种语法看起来有些奇怪，但却是可行的，因为 Content 是 Button 基类 ContentControl 的 XAML 内容属性。元素中的字符串根据 Content 属性的属性类型（即 Object）进行计算。Object 不会尝试任何字符串类型转换，因此 Content 属性的值变成了文本字符串值。

### 4.2.2 使用省略集合语法

对于需要赋与一个集合对象的属性，通常可以省略掉集合对象元素，而直接把集合中的元素设置到该属性上，这就是“省略集合语法”。下面的代码举例说明了详细用法：可以忽略 LinearGradientBrush 中的 GradientStopCollection 对象元素，直接设置每个 GradientStop。我们先来看一段使用常规属性设置方法的代码,未省略 GradientStopCollection 对象元素标签：

```
<Rectangle Width="100" Height="100"
 Canvas.Left="0" Canvas.Top="30">
 <Rectangle.Fill>
  <LinearGradientBrush>
   <LinearGradientBrush.GradientStops>
    <!-此处使用了 GradientStopCollection 标记-->
    <GradientStopCollection>
     <GradientStop Offset="0.0" Color="Red" />
     <GradientStop Offset="1.0" Color="Blue" />
    </GradientStopCollection>
   </LinearGradientBrush.GradientStops>
  </LinearGradientBrush>
```

```
    </Rectangle.Fill>
  </Rectangle>
  <Rectangle Width="100" Height="100"
    Canvas.Left="100" Canvas.Top="30">
    <Rectangle.Fill>
      <LinearGradientBrush>
        <LinearGradientBrush.GradientStops>

          <!--此处忽略了 GradientStopCollection 标记-->
          <GradientStop Offset="0.0" Color="Red" />
          <GradientStop Offset="1.0" Color="Blue" />
        </LinearGradientBrush.GradientStops>
      </LinearGradientBrush>
    </Rectangle.Fill>
  </Rectangle>
```

以上的代码绘制了一个矩形 Rectangle 对象，并设置其填充 Fill 为线性渐变笔刷 LinearGradientBrush，并且设置了两个渐变点 GradientStop，起点颜色为 Red，终点为 Blue。关于绘制矩形和笔刷的详细使用方法，请参加后续章节的详细介绍。

下面的代码省略了集合对象元素 GradientStopCollection，直接将渐变点 GradientStop 赋值给线性渐变笔刷的 LinearGradientBrush.GradientStops 属性。

```
<Rectangle Width="100" Height="100"
  Canvas.Left="100" Canvas.Top="30">
  <Rectangle.Fill>
    <LinearGradientBrush>
      <LinearGradientBrush.GradientStops>
      <!--此处忽略了 GradientStopCollection 标记-->
        <GradientStop Offset="0.0" Color="Red" />
        <GradientStop Offset="1.0" Color="Blue" />
      </LinearGradientBrush.GradientStops>
    </LinearGradientBrush>
  </Rectangle.Fill>
</Rectangle>
```

如果一个属性是一个 content 内容属性，并且接受 collection 集合属性，则可以同时省略属性标签及 collection 集合属性对象，下面的代码为以上代码省略了 GradientStops 标签后的压缩版本。

```
<Rectangle Width="100" Height="100"
 Canvas.Left="200" Canvas.Top="30">
 <Rectangle.Fill>
   <LinearGradientBrush>
     <!-省略了 LinearGradientBrush.GradientStops 标签; -->
```

```
<!-省略了 GradientStopCollection 对象元素-->
        <GradientStop Offset="0.0" Color="Red" />
        <GradientStop Offset="1.0" Color="Blue" />
      </LinearGradientBrush>
    </Rectangle.Fill>
  </Rectangle>
```

### 4.2.3 XAML 内容属性值独立设置

XAML 内容属性的值必须独立设置，即在该对象元素的其他任何属性元素之前或之后指定。不论内容属性的值是字符串、还是一个或多个对象都是如此。例如，下面的 XAML 代码无法进行编译：

```
<Button>This is a
<Button.Background>Red</Button.Background>
red button</Button>
```

这种设置方法是不正确的，如果将此语法转为通过使用内容元素设置的语法，则可以发现内容属性将被设置两次。

```
<Button>
 <Button.Content>I am a </Button.Content>
 <Button.Background>Blue</Button.Background>
 <Button.Content> blue button</Button.Content>
</Button>
```

另一种类似的错误设置方法是，内容属性是一个集合，而内容元素与属性元素设置是交错的。例如以下的代码，堆栈面板 StackPanel 中包含了两个 Button 对象，但与其 Fill 属性是交错设置的，则无法通过编译：

```
<StackPanel>
  <Button>This Button</Button>
  <StackPanel.Fill>
    <SolidColorBrush Color="Red"/>
  </StackPanel.Fill>
  <Button>... is in a red Panel</Button>
</StackPanel>
```

从语法上讲，可能支持将类用做 XAML 元素，但只有放置到整体内容模型或元素树中所需的位置时，该元素才能在应用程序或页面上正常运行。例如，MenuItem 通常只应作为 MenuBase 派生类（如 Menu）的子级放置。特定元素的内容模型在可用做 XAML 元素的控件和其他 WPF 类的类页面上的备注进行说明。对于具有更复杂内容模型的某些控件来说，内容模型可以作为单独的概念主题进行说明。

### 4.2.4 XAML 中的大小写和空白

XAML 是一种区分大小写的语言，当通过名称使用程序集中的基础类型或者基础类型的成员时，必须使用正确的大小写，以正确指定相应的对象元素、属性（Property）元素和属性（Attribute）名称。然而属性的值并不总是区分大小写的，值是否区分大小写将取决于与采用该值的属性关联的类型转换器行为，或取决于属性值类型。比如采用 Boolean 类型的属性，true 与 True 是等效的，但只是因为 Boolean 的默认字符串类型转换已经允许这些值作为等效值。

XAML 处理器和序列化程序将忽略或删除所有无意义的空白，并规范化有意义的空白。也就是说，XAML 处理器会将将空格、换行符和制表符转化为空格，如果它们出现在一个连续字符串的任一端，则保留一个空格。

### 4.2.5 支持类型转换的属性值

大部分的属性值必须能够使用字符串进行设置。字符串如何转换为其他对象类型取决于 String 类型本身，然而 XAML 中的不少类型或这些类型的成员，扩展了字符串属性处理行为，因此许多复杂的对象类型的实例可通过字符串为其设置属性值。

例如，常用于指示矩形区域尺寸（如 Margin）的 Thickness 结构类型就是这样一个类型的示例：它具有针对采用该类型的所有属性值（Property）公开的一个支持类型转换器的属性（Attribute）语法，以便于在 XAML 标记中使用。下面的示例使用支持类型转换器的语法来为 Margin 设置值：

```
<Button Margin="10,20,10,30" Content="Click me"/>
```

上面的语法示例与下面更为详细的语法示例是等价的，在下面的示例中，Margin 首先包含了一个 Thickness 对象，然后设置 Thickness 对象的 Left 等 4 个属性。显然不如上面的设置方法更为简洁。

```
<Button Content="Click me">
  <Button.Margin>
    <Thickness Left="10" Top="20" Right="10" Bottom="30"/>
  </Button.Margin>
```

```
</Button>
```

是使用支持类型转换器的语法，还是使用更详细的等效语法，通常只是编码风格的选择问题，但支持转换器的语法有助于生成更简洁的标记。

## 4.3 小结

XAML 是 Silverlight 中用于描述界面的语言，除了可以灵活地定义界面布局外，还内嵌了许多常用控件，以及图形、动画等元素。通过 XAML 文件定义界面后，再通过相应代码文件（xaml.cs 或 xaml.vb）定义界面元素的事件和响应函数，使得界面与逻辑相分离。

本章首先以一个实例介绍了 XAML 的大致概况与结构，然后列举了常见的 XAML 对象元素，并且分别详细阐述了几种常见的属性设置方法，这些方法根据需求适用于不同的场合，需要读者灵活掌握。通过后面几章的学习，相信读者会更加熟悉 XAML 中各种对象元素的使用方法。

# 第 5 章

# 形状与笔刷

在Silverlight 中提供了形状对象用于在界面中绘制各种形状，可用的形状对象包括椭圆、矩形、线段、路径和多边形等。笔刷用于为各种形状、控件填充颜色，也是界面设计中的常用技术。Silverlight 中包括了多种常用的纯色、渐变笔刷。本章将详细介绍各种形状、笔刷的使用方法。

## 5.1 形状（Shape）

各个形状对象都拥有以下几种通用属性。

- 边框（Stroke）：设置形状边框颜色。
- 边框粗细（StrokeThickness）：设置形状边框的粗细值。
- 填充（Fill）：设置形状的填充色。
- 用于指定坐标和顶点的数据属性（Data properties），以与设备无关的像素来度量。

由于形状对象派生于 UIElement，因此可以在大多数布局控件中使用，如 Grid、Canvas、StackPanel。由于 Canvas 支持对其子对象的绝对定位，本章所有实例均以在 Canvas 中使用为例。在其他布局控件中的定位方法请参考第 6 章布局对象。

### 5.1.1 椭圆（Ellipse）

椭圆是最基本的形状之一，绘制椭圆时要依靠属性 Width 和 Height 设置大小，若 Width 和 Height 相等则为圆型，如表 5-1 所示为椭圆的基本属性。

表 5-1　椭圆的基本属性

| 属　性 | 说　明 |
| --- | --- |
| Width | 设置椭圆的宽度 |
| Height | 设置椭圆的高度 |

### 1. 使用 XAML 绘制椭圆

我们在 Blend 中绘制一个 Canvas 对象，并在其中添加了 3 个椭圆，其中第 1 个没有边框，第 2 个设置了宽度为 5 的边框，第 3 个使用了渐变色填充。绘制后的对象面板如图 5-1 所示，Canvas（画布）布局对象里包含了 3 个 Ellipse（椭圆）对象。

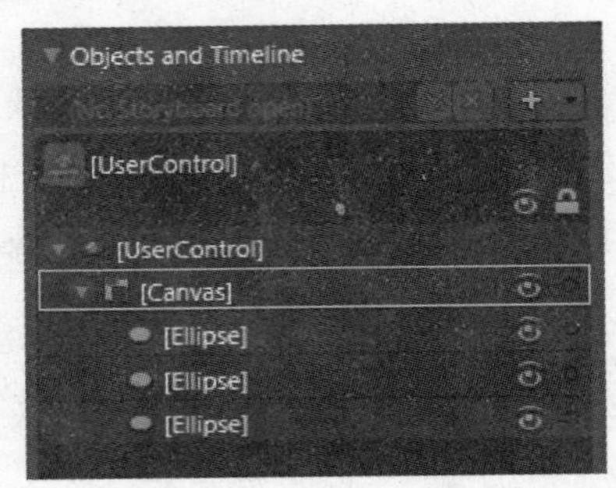


图 5-1　在 Canvas（画布）中添加 3 个椭圆

相应的 XAML 代码如例程 5-1 所示，最外面的一层是 Canvas（画布）布局对象的 Canvas 标签，它设置了属性 Height（高度）和 Width（宽度）都为 Auto（自动）大小，以及 Background（背景色）为#FFFFFFFF，即白色。Canvas 标签的里面包含了 3 个 Ellipse（椭圆）对象的标签，都设置了 Height（高度）和 Width（宽度）、Canvas.Left（左边距）、Canvas.Top（上边距）、Fill（填充）等属性。其中第 3 个椭圆使用 Ellipse.Fill 属性标签设置了渐变色。

例程 5-1　椭圆的 XAML 示例代码

```
    <Canvas Height="Auto" Width="Auto" Background="#FFFFFFFF">
        <Ellipse Height="95" Width="95" Canvas.Left="40" Canvas.Top="27" Fill="#FFE44545"/>
        <Ellipse  Height="69"  Width="155"  Canvas.Left="219"  Canvas.Top="42"  Fill="#FF48EDC0"
Stroke="#FF000000" StrokeThickness="5"/>
        <Ellipse Height="133" Width="133" Canvas.Left="134" Canvas.Top="159" Stroke="#FF000000"
StrokeThickness="0">
            <Ellipse.Fill>
                <RadialGradientBrush>
                    <GradientStop Color="#FF0045A9" Offset="0"/>
                    <GradientStop Color="#FFFFFFFF" Offset="1"/>
                </RadialGradientBrush>
```

```
            </Ellipse.Fill>
        </Ellipse>
</Canvas>
```

效果如图 5-2 所示，Canvas（画布）中放置了 3 个椭圆。

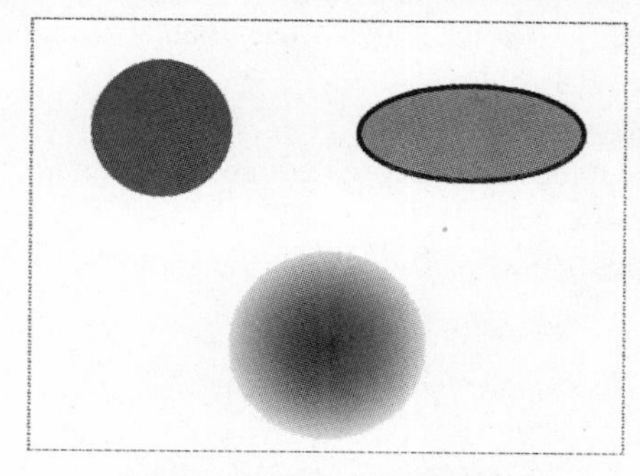

图 5-2　绘制出的 3 个椭圆

2. 使用 C#绘制椭圆

在 C#中使用创建以上效果的代码，逻辑上与 XAML 是基本相似的：首先舞台上默认有一个布局对象 LayoutRoot，然后分别使用椭圆类（Ellipse）创建 3 个椭圆对象，并添加到根节点 LayoutRoot 中。如例程 5-2 所示。

例程 5-2　椭圆的 C#示例代码

```
//创建椭圆
Ellipse myEllipse_1 = new Ellipse ();
myEllipse_1.Width = 95; //设置宽
myEllipse_1.Height = 95; //设置高
myEllipse_1.SetValue (Canvas.LeftProperty, 40.0); //设置左边距
myEllipse_1.SetValue (Canvas.TopProperty, 27.0); //设置上边距
myEllipse_1.Fill = new SolidColorBrush (Color.FromArgb (255, 228, 69, 69)); //设置填充颜色
LayoutRoot.Children.Add (myEllipse_1); //将椭圆加入到根节点 LayoutRoot 中
//创建椭圆
Ellipse myEllipse_2 = new Ellipse ();
myEllipse_2.Width = 155;
myEllipse_2.Height = 69;
myEllipse_2.SetValue (Canvas.LeftProperty, 219.0);
myEllipse_2.SetValue (Canvas.TopProperty, 42.0);
myEllipse_2.Fill = new SolidColorBrush (Color.FromArgb (255, 72, 237, 192));
myEllipse_2.Stroke = new SolidColorBrush (Color.FromArgb (255, 0, 0, 0));
myEllipse_2.StrokeThickness = 3.0;
LayoutRoot.Children.Add (myEllipse_2);
//创建椭圆
```

```
    Ellipse myEllipse_3 = new Ellipse ();
    myEllipse_3.Width = 133;
    myEllipse_3.Height = 133;
    myEllipse_3.SetValue (Canvas.LeftProperty, 134.0);
    myEllipse_3.SetValue (Canvas.TopProperty, 159.0);
    RadialGradientBrush rgBrush = new RadialGradientBrush (Color.FromArgb (255, 0, 69, 169),
Color.FromArgb (255, 255, 255, 255));
    myEllipse_3.Fill = rgBrush;
    myEllipse_3.Stroke = new SolidColorBrush (Color.FromArgb (255, 0, 0, 0));
    myEllipse_3.StrokeThickness = 0.0;
    LayoutRoot.Children.Add (myEllipse_3);
```

### 5.1.2 矩形（Rectangle）

矩形也是最基本的形状之一，决定矩形大小的是宽和高。此外 Silverlight 中支持绘制圆角矩形，因此它的基本属性如表 5-2 所示。

表 5-2　矩形的基本属性

| 属　性 | 说　明 |
|---|---|
| Width | 设置矩形的宽度 |
| Height | 设置矩形的高度 |
| RadiusX、RadiusY | 设置用于使矩形的角变圆的椭圆的 X、Y 轴半径 |

#### 1. 使用 XAML 绘制矩形

在 XAML 中绘制矩形的代码如例程 5-3 所示。与椭圆的例子类似，最外面的一层是 Canvas（画布）布局对象的 Canvas 标签，其中绘制了 3 个矩形，一个是圆角矩形，另一个有较粗的边框，再一个使用了渐变色填充。

例程 5-3　矩形的 XAML 示例代码

```
      <Canvas Height="Auto" Width="Auto" Background="#FFFFFFFF">
          <Rectangle Height="80" Width="128" Canvas.Left="30" Canvas.Top="41" Fill="#FF25D09E"
Stroke="#FF000000" StrokeThickness="1" RadiusX="10" RadiusY="10"/>
          <Rectangle Height="80" Width="146" Canvas.Left="232" Canvas.Top="41" Fill="#FFFC3600"
Stroke="#FF000000" StrokeThickness="1"/>
         <Rectangle Height="83" Width="135" Canvas.Left="127" Canvas.Top="186" Stroke="#FF000000"
StrokeThickness="1">
              <Rectangle.Fill>
                  <RadialGradientBrush>
                      <GradientStop Color="#FF055186"/>
```

```
                <GradientStop Color="#FFD1ECFF" Offset="1"/>
            </RadialGradientBrush>
        </Rectangle.Fill>
    </Rectangle>
</Canvas>
```

以上代码的效果如图 5-3 所示，Canvas（画布）中添加了 3 个矩形。

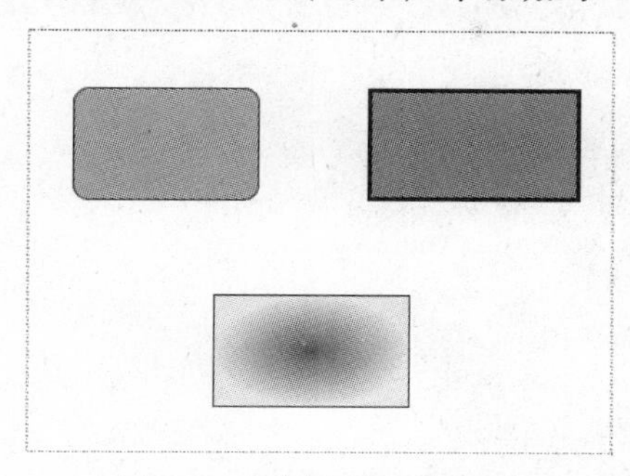

图 5-3　绘制出的 3 个矩形

### 2. 使用 C#绘制矩形

在 C#中添加矩形的方法与椭圆的方法类似，这里是使用 Rectangle 类来生成一个矩形对象，然后分别设置属性，并添加到根节点 LayoutRoot 中，代码如例程 5-4 所示。

**例程 5-4　矩形的 C#示例代码**

```
//创建矩形
Rectangle myRectangle_1 = new Rectangle ();
myRectangle_1.Height = 80; //设置高
myRectangle_1.Width = 128; //设置宽
myRectangle_1.SetValue (Canvas.LeftProperty, 30.0); //设置左边距
myRectangle_1.SetValue (Canvas.TopProperty, 40.0); //设置上边距
myRectangle_1.Fill = new SolidColorBrush (Color.FromArgb (255, 37, 208, 158)); //设置填充色
myRectangle_1.Stroke = new SolidColorBrush (Color.FromArgb (255, 0, 0, 0)); //设置边框色
myRectangle_1.StrokeThickness = 1.0; //设置边框宽度
myRectangle_1.RadiusX = 10; //设置圆角 X 方向半径
myRectangle_1.RadiusY = 10; //设置圆角 Y 方向半径
LayoutRoot.Children.Add (myRectangle_1); //将矩形加入到根节点中

//创建矩形
Rectangle myRectangle_2 = new Rectangle ();
myRectangle_2.Height = 80;
myRectangle_2.Width = 146;
myRectangle_2.SetValue (Canvas.LeftProperty, 232.0);
myRectangle_2.SetValue (Canvas.TopProperty, 40.0);
```

```
    myRectangle_2.Fill = new SolidColorBrush (Color.FromArgb (255, 252, 54, 0)) ;
    myRectangle_2.Stroke = new SolidColorBrush (Color.FromArgb (255, 0, 0, 0)) ;
    myRectangle_2.StrokeThickness = 3.0;
    LayoutRoot.Children.Add (myRectangle_2) ;

    //创建矩形
    Rectangle myRectangle_3 = new Rectangle () ;
    myRectangle_3.Height = 83;
    myRectangle_3.Width = 135;
    myRectangle_3.SetValue (Canvas.LeftProperty, 127.0) ;
    myRectangle_3.SetValue (Canvas.TopProperty, 186.0) ;
    RadialGradientBrush rgBrush = new RadialGradientBrush(Color.FromArgb(255, 0, 69, 169), Color.FromArgb
(255, 209, 236, 255)) ;
    myRectangle_3.Fill = rgBrush;
    myRectangle_3.Stroke = new SolidColorBrush (Color.FromArgb (255, 0, 0, 0)) ;
    myRectangle_3.StrokeThickness = 1.0;
    LayoutRoot.Children.Add (myRectangle_3) ;
```

### 5.1.3 线段（Line）

线段用于绘制舞台上两点之间的连线，它的基本属性如表 5-3 所示。

表 5-3 线段的基本属性

| 属　性 | 说　明 |
| --- | --- |
| X1、Y1 | 线段起点的坐标 |
| X2、Y2 | 线段终点的坐标 |

#### 1. 使用 XAML 绘制线段

Line 能在两点之间，也就是（X1,Y1）和（X2,Y2）之间画一条直线，同时也可以设置其在 Canvas 中的整体坐标。

另外，虽然 Line 中也提供了 Fill 属性，但是设置后是没有效果的，因为线段中没有封闭的填充区域。例程 5-5 中的代码演示了绘制线段，设置坐标及设置线条颜色的方法。设置坐标的方法其实就是设置 X1、Y1、X2、Y2 这 4 个值，除此以外，也可以为线段设置左边距和上边距，使线段整体发生位移。

例程 5-5 线段的 XAML 示例代码

```
<Canvas Height="Auto" Width="Auto" Background="#FFFFFFFF">
      <Line Stroke="Blue" StrokeThickness="5" X1="50" Y1="50" X2="200" Y2="150" />
```

```
        <Line Stroke="Black"  Canvas.Left="50" Canvas.Top="200" StrokeThickness="5" X1="50"
Y1="50" X2="300" Y2="50" />
    </Canvas>
```

效果如图 5-4 所示，在舞台中绘制了两条线段。

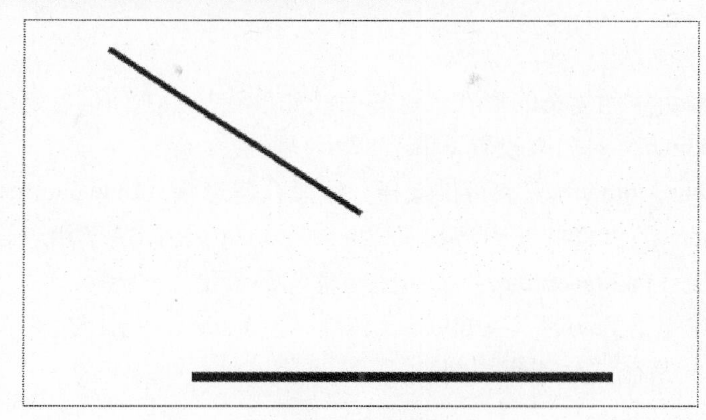

图 5-4　绘制出的线段

2. **使用 C#绘制线段**

在 C#中绘制线段的方法也很简单，只要为线段设置起、终点坐标即可，代码如例程 5-6 所示。

**例程 5-6　线段的 C#示例代码**

```
//创建线段
Line myLine_1 = new Line ();
myLine_1.Stroke = new SolidColorBrush (Colors.Blue);  //设置线段色
myLine_1.StrokeThickness = 3;  //设置线段宽度
myLine_1.X1 = 50;  //设置起点坐标
myLine_1.Y1 = 50;
myLine_1.X2 = 200;  //设置终点坐标
myLine_1.Y2 = 150;
LayoutRoot.Children.Add (myLine_1);  //将线段添加到根节点 LayoutRoot 中

//创建线段
Line myLine_2 = new Line ();
myLine_2.SetValue (Canvas.LeftProperty, 50.0);
myLine_2.SetValue (Canvas.TopProperty, 200.0);
myLine_2.Stroke = new SolidColorBrush (Colors.Black);
myLine_2.StrokeThickness = 5;
myLine_2.X1 = 50;
myLine_2.Y1 = 50;
```

```
myLine_2.X2 = 300;
myLine_2.Y2 = 50;
LayoutRoot.Children.Add (myLine_2);
```

### 5.1.4 路径（Path）

Path 可以用来画曲线和复杂的形状，这些曲线和形状是由几何形状（Geometry）对象描述的，使用一个 Geometry 对象来设置 Path 的 Data 属性。

XAML 中有几种 Geometry 对象可供选择：线段几何形状（LineGeometry）、矩形几何形状（RectangleGeometry）和椭圆几何形状（EllipseGeometry）描述了相应简单的几何形状。并可用路径几何形状（PathGeometry）描述曲线或复杂形状。

这里要简单研究一下 Path 路径中的 Data 属性，在 XAML 中可以使用一种简短的语句很灵活地描述一个 Path 路径。如下面的例子：

```
<Canvas Background="White">
   <Path Stroke="Blue" StrokeThickness="5"
        Data="M 50, 200 C 10, 300 250, 100 250, 200 H 350 L 200, 10" />
</Canvas>
```

效果如图 5-5 所示。

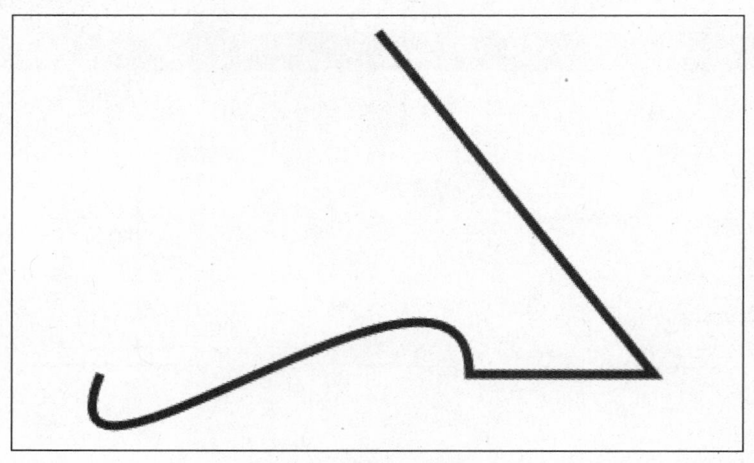

图 5-5　绘制出的路径

你可能会发现，本例中 Data 属性的值看上去跟以前介绍过的其他属性有点不一样：

```
Data="M 50, 200 C 10, 300 250, 100 250, 200 H 350 L 200, 10"
```

这是因为 Data 属性使用的是一种简化的语法。它由移动（Move）命令作为起点，为 Path

在 Canvas 的坐标系中建立一个起始点，以参数 *M*/*m* 表示。注意在 Data 属性中是区分大小写的，大写的 *M* 会建立一个 Canvas 中的绝对坐标，小写的 *m* 则是相对坐标。

Data 的第 1 段是一条从点（50,200）到点（250,200）的 Bezier 曲线（Curve），弧度由控制点（10,300）和控制点（250,100）定义，以参数 *C*/*c* 表示。同样，大写的 *C* 会建立一个绝对坐标，小写 *c* 为相对坐标。

Data 的第 2 段是一条由点（250,200）到点（350,200）的水平线段（Horizontal），以参数 *H* 表示，因为是水平线，因此只需提供终点的 X 坐标 350 即可。

Data 的最后一段是一条由点（350,200）到点（200,10）的线段 Line，以参数 *L* 表示。

### 5.1.5　多边形（Polygon）/ 连续线段（Polyline）

这节我们将多边形（Polygon）与连续线段（Polyline）一起介绍给读者。因为在 Silverlight 中，多边形与连续线段非常接近，主要的差别在于多边形必须是一个闭合的区域，即使输入的点没有闭合，处理时也会将其强行的闭合。而连续线段可以为不闭合的线段组合。

多边形与连续线段的基本属性只有一个，即属性 Points，是一组坐标的集合，如表 5-4 所示。

表 5-4　多边形与连续线段的基本属性

| 特　性 | 说　明 |
|---|---|
| Points | 设置多边形或连续线段的端点坐标 |

1. **使用 XAML 绘制**

下面的代码将绘制一个由点（250,100）、点（350,125）、点（300,275），以及点（50,200）为端点的多边形。

```
<Canvas Background="White">
    <Polygon Points="250，100 350，125 300，275 50，200" Stroke="Purple" StrokeThickness="2" Fill="Yellow" />
</Canvas>
```

效果如图 5-6 所示。

如果我们将同样的设置应用于 Polyline，则会绘制出一个不封闭的连续线段。

```
<Canvas Background="White">
    <Polyline Points="250，100 350，125 300，275 50，200" Stroke="Purple" StrokeThickness="2" />
</Canvas>
```

效果如图 5-7 所示。

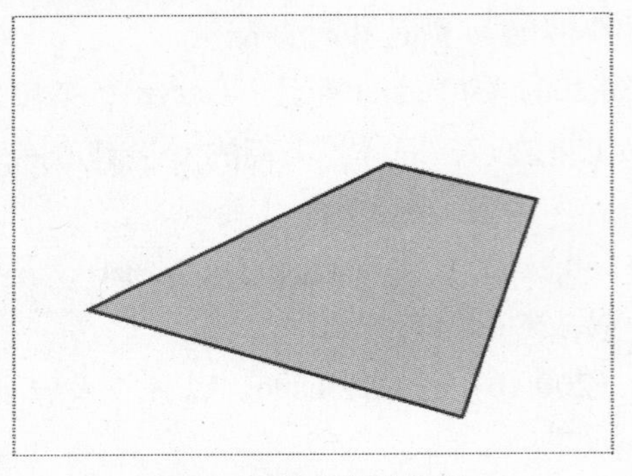

图 5-6　绘制出的路径

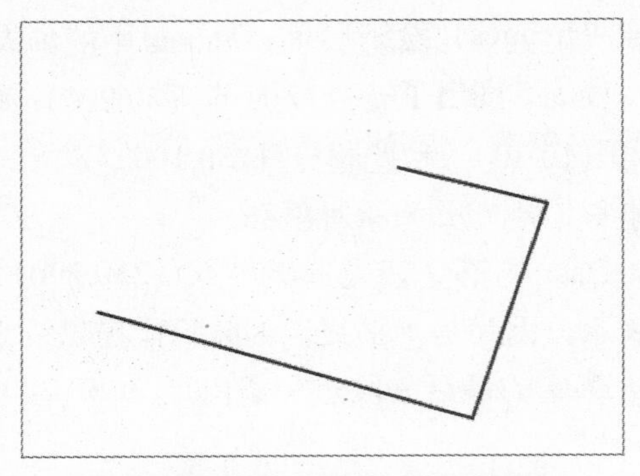

图 5-7　绘制出的不封闭连续线段

**2. 使用 C#绘制**

在 C#中绘制多边形或连续线段也是很方便的。需要注意的是，要新建一个点集合 PointCollection 对象，在其中添加端点坐标，然后将其赋予多边形的 Point 属性即可。代码如例程 5-7 所示。

例程 5-7　多边形的 C#示例代码

```
//新建多边形
Polygon myPolygon = new Polygon();
PointCollection ptColletion = new PointCollection(); //新建点集合 PointCollection 对象
ptColletion.Add (new Point (250,100) ); //在点集合中添加端点坐标
ptColletion.Add (new Point (350,125) );
ptColletion.Add (new Point (300,275) );
ptColletion.Add (new Point (50,200) );

myPolygon.Points = ptColletion; //将点集合赋予多边形的 Points 属性
myPolygon.Stroke = new SolidColorBrush (Colors.Purple); //设置多边形边框色
myPolygon.StrokeThickness = 2; //设置多边形边框宽度
myPolygon.Fill = new SolidColorBrush (Colors.Yellow); //设置多边形填充色
LayoutRoot.Children.Add (myPolygon); //将多边形添加至根节点 LayoutRoot
```

# 5.2　笔刷（Brush）

屏幕上的所有人们可以看见的内容之所以可见，是因为它们是由笔刷对象（Brush）绘制的。例如，可以使用笔刷来描述按钮的背景、文本的前景和形状的填充内容。

本节介绍如何使用 Silverlight 中的笔刷对象（Brush）进行绘制并提供了示例。包括如何

使用纯色（Solid Colors）、线性渐变（Linear Gradients）、径向渐变（Radial Gradients），以及图像（Images）绘制形状（Shape）、几何图形（Geometry）等用户界面对象。

表 5-5 列出了一些常见对象和属性，可以对这些对象的相应笔刷属性使用笔刷（Brush）。

表 5-5　可使用笔刷的属性

| 类 | 属　性 |
|---|---|
| Control | Background、Foreground |
| Panel | Background |
| Shape | Fill、Stroke |

### 5.2.1　使用纯色（Solid Colors）进行绘制

使用纯色填充形状是最常见的绘图方式，在 Silverlight 中提供了 SolidColorBrush 类来实现纯色填充，下面介绍几种不同的使用方法。

**1. 使用 XAML 进行纯色填充**

XAML 中提供了十分灵活的填充描述方式，大致有如下 3 种。

1）通过颜色名字调用预定义的 SolidColorBrush

例如，可以设置 Rectangle 的 Fill 属性为 Red 或 Green，这样 Silverlight 就会直接调用相应的系统已经预定义好的纯色笔刷 SolidColorBrush。如下面的例子：

```
<Canvas>
     <Rectangle Width="100" Height="100" Fill="Red" />
</Canvas>
```

效果如图 5-8 所示。

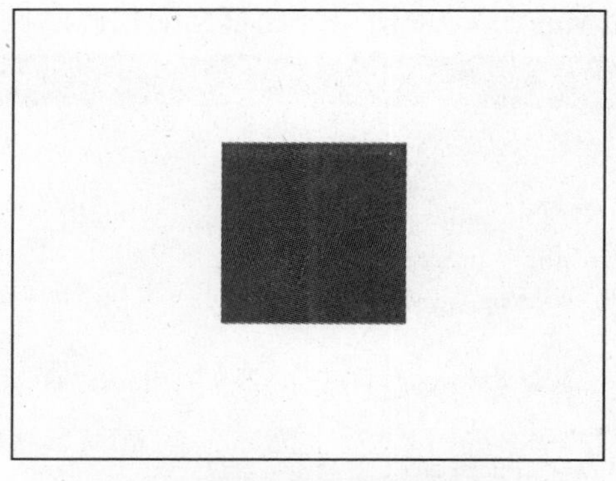

图 5-8　纯色笔刷绘制的矩形

2）通过 R、G、B 的值在 32 位色中选择颜色

基本的设置格式为：#rrggbb。其中 rr 为 2 位十六进制的数字代表红色值（R），gg 代表绿色值（G），bb 代表蓝色值（B）。此外，还可以使用格式#aarrggbb 来设置颜色，其中 aa 代表 alpha 值，也就是颜色的透明度，使笔刷能使用透明的颜色。在下面的例子中，Rectangle 对象的 Fill 属性被设置为有一定透明度的蓝色。

```
<Canvas>
   <Rectangle Width="100" Height="100" Fill="#990000FF" />
</Canvas>
```

3）使用 Property 属性元素语法描述 SolidColorBrush

这种方法虽然语句比较长，但可以设置笔刷（Brush）更多的属性，比如笔刷的透明度（注意与#aarrggbb 中的 aa 颜色透明度不同）、笔刷的形变（Transform）等。下面的代码展示了一个例子。

```
<Canvas>
   <Rectangle Width="100" Height="100">
      <Rectangle.Fill>
         <SolidColorBrush Opacity="1" Color="Red" />
      </Rectangle.Fill>
   </Rectangle>
</Canvas>
```

### 2. 在 C#中进行纯色填充

在 C#里需要使用 SolidColorBrush 建立笔刷实例，然后填充于需要使用的对象上。可以使用 SolidColorBrush 的构造函数直接对其初始化，如：

```
SolidColorBrush SCBrush = new SolidColorBrush (Color.FromArgb (255, 255, 0, 0)) ;
```

例程 5-8 所示为一个完整的在 C#中使用纯色填充的代码示例。

例程 5-8　纯色填充的 C#示例代码

```
Rectangle myRectangle = new Rectangle () ;
myRectangle.Width = 100;
myRectangle.Height = 100;
myRectangle.SetValue (Canvas.LeftProperty, 100.0) ;
myRectangle.SetValue (Canvas.TopProperty, 100.0) ;

SolidColorBrush SCBrush = new SolidColorBrush (Color.FromArgb (255, 255, 0, 0)) ; //设置纯色填充
myRectangle.Fill = SCBrush;
LayoutRoot.Children.Add (myRectangle) ;
```

### 5.2.2　使用线性渐变笔刷（Linear Gradients）进行绘制

渐变笔刷将多个颜色混合在一条轴上，可以用来创建出光影的感觉，给用户界面添加 3D 效果，也可以用来模拟玻璃、金属、水等材料。Silverlight 中提供了两种渐变笔刷：线性渐变笔刷（LinearGradientBrush）和径向渐变笔刷（RadialGradientBrush）。首先介绍一下线性渐变笔刷（LinearGradientBrush）。

1. 使用 XAML 进行线性渐变填充

线性渐变笔刷将颜色混合在一条直线的渐变轴上，使用 GradientStop 对象的 Color 和 Offset 属性分别定义颜色和位置，并通过设置 StartPoint 和 EndPoint 来控制渐变轴方向。在默认情况下，渐变轴为一条从左上角到右下角的对角线，如例程 5-9 所示。

例程 5-9　线性渐变填充的 XAML 示例代码

```
<Canvas Background="White">
      <Rectangle Canvas.Left="100" Canvas.Top="100" Width="200" Height="100">
         <Rectangle.Fill>
            <LinearGradientBrush>
               <GradientStop Color="Blue" Offset="0.0" />
               <GradientStop Color="Aqua" Offset="0.25" />
               <GradientStop Color="Orange" Offset="0.75" />
               <GradientStop Color="Red" Offset="1.0" />
            </LinearGradientBrush>
         </Rectangle.Fill>
      </Rectangle>
</Canvas>
```

效果如图 5-9 所示。

图 5-9　线性渐变笔刷绘制的矩形

### 2. 在 C#中进行线性渐变填充

与在 XAML 中实现的原理类似，只是在 C#中进行线性渐变填充需要新建一个 GradientStopCollection 渐变点集合对象，在其中依次添加渐变点，使得渐变笔刷产生相应的变化效果。如例程 5-10 所示。

**例程 5-10　线性渐变笔刷的 C#示例代码**

```
Rectangle myRectangle = new Rectangle ();
myRectangle.Width = 200;
myRectangle.Height = 100;
myRectangle.SetValue (Canvas.LeftProperty, 100.0);
myRectangle.SetValue (Canvas.TopProperty, 100.0);

GradientStopCollection GSCollection = new GradientStopCollection (); //新建渐变点集合对象

GradientStop GStop_1 = new GradientStop (); //新建渐变点对象
GStop_1.Color = Colors.Blue; //设置渐变点颜色
GStop_1.Offset = 0.0;  //设置渐变点位置
GSCollection.Add (GStop_1); //将渐变点添加到渐变点集合对象中

GradientStop GStop_2 = new GradientStop ();
GStop_2.Color = Colors.Cyan;
GStop_2.Offset = 0.25;
GSCollection.Add (GStop_2);

GradientStop GStop_3 = new GradientStop ();
GStop_3.Color = Colors.Orange;
GStop_3.Offset = 0.75;
GSCollection.Add (GStop_3);

GradientStop GStop_4 = new GradientStop ();
GStop_4.Color = Colors.Red;
GStop_4.Offset = 1.0;
GSCollection.Add (GStop_4);

//使用GSCollection创建LinearGradientBrush渐变笔刷
LinearGradientBrush LGBrush = new LinearGradientBrush (GSCollection, 0);
LGBrush.StartPoint = new Point (0, 0); //设置渐变起始点
LGBrush.EndPoint = new Point (1, 1);  //设置渐变结束点

myRectangle.Fill = LGBrush;
LayoutRoot.Children.Add (myRectangle);
```

渐变点 GradientStop 是渐变笔刷的基本组成部分，每个 GradientStop 都定义了颜色值和渐变轴上的相对位置。

- GradientStop 的 Color 属性定义了渐变点的颜色，既可以通过颜色名字调用预定义的颜色值，也可以使用#rrggbb 或#aarrggbb 的格式设置颜色值。
- GradientStop 的 Offset 属性定义了渐变点在渐变轴上的位置偏移量。Offset 是一个类型为 double，从 0～1 的值。Offset 的值越小，代表渐变点越接近渐变轴的起点；反之，越大则代表越接近渐变轴的终点。

渐变点之间的颜色按两个渐变点指定的颜色进行线性插值产生。如图 5-10 所示突出显示了上个例子中的渐变点。圆圈标记是渐变点的位置，直线代表渐变轴。

第 1 个渐变点指定偏移量 0.0 处的颜色为蓝色（Blue）；第 2 个渐变点指定偏移量 0.25 处的颜色为浅绿色（Aqua）；第 3 个渐变点指定偏移量 0.75 处的颜色的为橙色（Orange）；第 4 个渐变点指定偏移量 1.0 处的颜色的为红色（Red）。

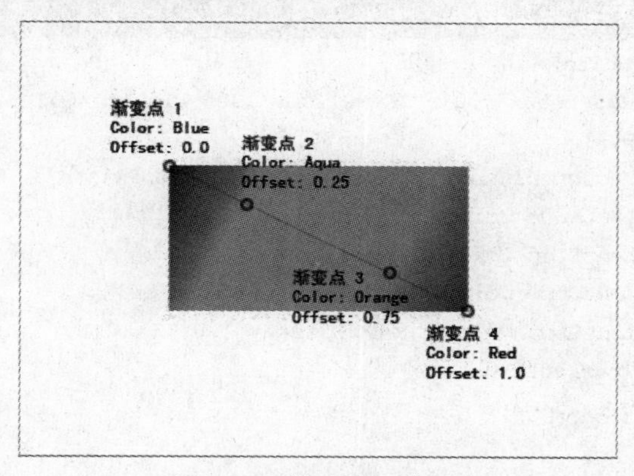


图 5-10　渐变点示意图

### 5.2.3　渐变轴（Gradient Axis）

如前所述，线性渐变笔刷的渐变点位于一条直线上，即渐变轴（Gradient Axis）上。可以使用笔刷的起始点（StartPoint）和终止点（EndPoint）属性更改直线的方向和长短，可以创建水平和垂直渐变、反转渐变方向及压缩渐变的范围等。

在默认情况下，线性渐变笔刷（LinearGradientBrush）的默认 StartPoint 为绘制区域的左上角（0,0），其默认 EndPoint 为绘制区域的右下角（1,1），这就创建了一个从绘制区域的左上角开始延伸到右下角的对角线渐变。如图 5-11 所示为带有默认 StartPoint 和 EndPoint 的线性渐变笔刷的渐变轴。

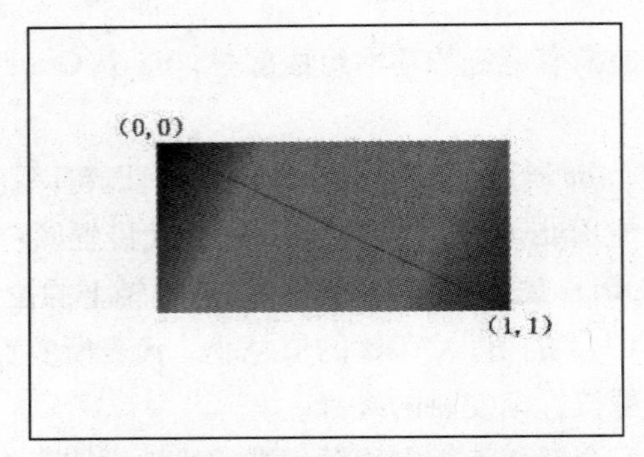


图 5-11　渐变起始点和终止点示意图

例程 5-11 所示的 XAML 示例演示了如何通过指定笔刷的 StartPoint 和 EndPoint 来创建水平渐变。请注意，渐变停止点与前面的示例相同，只是更改了 StartPoint 和 EndPoint，就将对角线渐变更改为水平渐变。

例程 5-11　水平渐变的 XAML 示例代码

```
<Canvas Background="White">
    <Rectangle Canvas.Left="100" Canvas.Top="100" Width="200" Height="100" >
        <Rectangle.Fill>
            <LinearGradientBrush StartPoint="0, 0.5" EndPoint="1, 0.5">
                <GradientStop Color="Blue" Offset="0.0" />
                <GradientStop Color="Aqua" Offset="0.25" />
                <GradientStop Color="Orange" Offset="0.75" />
                <GradientStop Color="Red" Offset="1.0" />
            </LinearGradientBrush>
        </Rectangle.Fill>
    </Rectangle>
</Canvas>
```

效果如图 5-12 所示，圆圈标记是渐变点的位置，直线代表渐变轴。

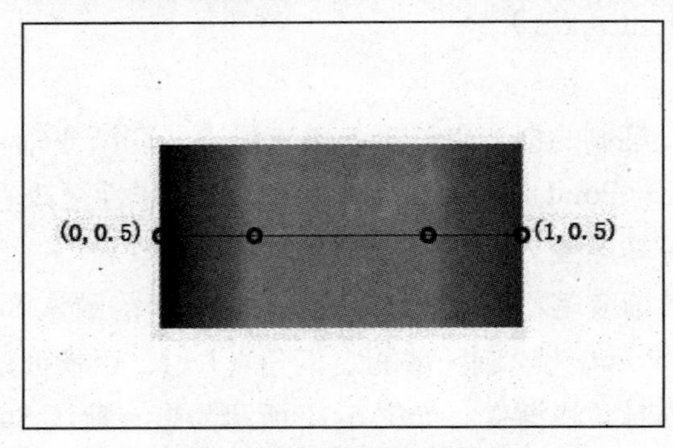


图 5-12　更改为水平渐变

若创建垂直渐变，把 LinearGradientBrush 中的属性 StartPoint 和属性 EndPoint 设置为如下代码即可。

```
<LinearGradientBrush StartPoint="0.5, 0" EndPoint="0.5, 1">
```

### 5.2.4　使用径向渐变笔刷（Radial Gradients）进行绘制

与线性渐变笔刷（LinearGradientBrush）类似，径向渐变笔刷（RadialGradientBrush）使用沿渐变轴混合在一起的颜色绘制区域。在前面的例子中演示线性渐变笔刷的轴是一条直线，而径向渐变笔刷的轴是由一个圆圈定义，其颜色由圆圈的原点向外扩散。

例程 5-12 所示为径向渐变在 XAML 中的示例代码。

**例程 5-12　径向渐变的 XAML 示例代码**

```
<Canvas>
  <Rectangle Width="100" Height="100">
    <Rectangle.Fill>
      <RadialGradientBrush  GradientOrigin="0.5,0.5"  Center="0.5,0.5"  RadiusX="0.5"
RadiusY="0.5">
        <GradientStop Color="LightYellow" Offset="0" />
        <GradientStop Color="Red"  Offset="0.25" />
        <GradientStop Color="Orange" Offset="0.75" />
        <GradientStop Color="White" Offset="1" />

      </RadialGradientBrush>
    </Rectangle.Fill>
  </Rectangle>
</Canvas>
```

如图 5-13 所示为以上代码绘制的径向渐变，并标出了每个渐变点。请注意，虽然渐变效果不同，但径向渐变和线性渐变中渐变点（GradientStop）的用法是一致的。

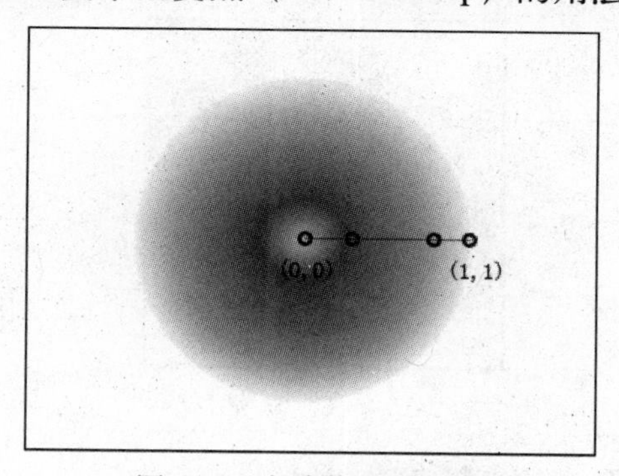


图 5-13　径向渐变效果图

在径向渐变笔刷中，有 4 个主要属性，如表 5-6 所示。

表 5-6　径向渐变笔刷的属性

| 特　性 | 说　明 |
|---|---|
| GradientOrigin | 渐变轴起始点的位置 |
| Center | 渐变笔刷范围的中心位置 |
| RadiusX | 渐变范围的 X 轴半径 |
| RadiusY | 渐变范围的 Y 轴半径 |

请注意 GradientOrigin 与 Center 的区别，将上面例子中 Center 保持不变，GradientOrigin 改为"0.75，0.25"，即：

```
GradientOrigin="0.75, 0.25" Center="0.5, 0.5"
```

则渐变轴起始点的位置发生改变，向右上角（0.75,0.25）移动，效果如图 5-14 所示。

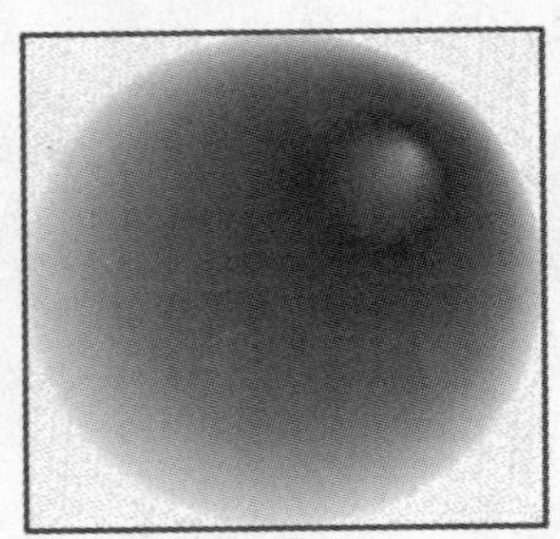

图 5-14　修改渐变起始点

若保持 GradientOrigin 不变，Center 改为"0.75，0.25"，即：

```
GradientOrigin="0.5, 0.5" Center="0.75, 0.25"
```

则渐变的中心位置发生改变，移至偏左下方，效果如图 5-15 所示。

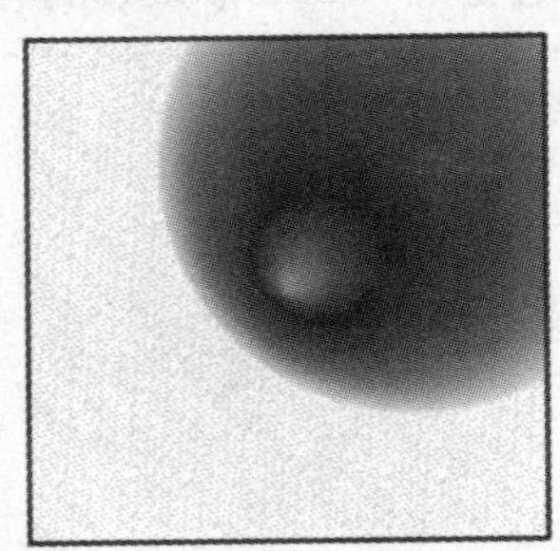

图 5-15　修改渐变中心

RadiusX 与 RadiusY 为渐变的半径范围，如：

```
GradientOrigin="0.5, 0.5" Center="0.5, 0.5" RadiusX="0.6" RadiusY="0.3"
```

效果如图 5-16 所示。

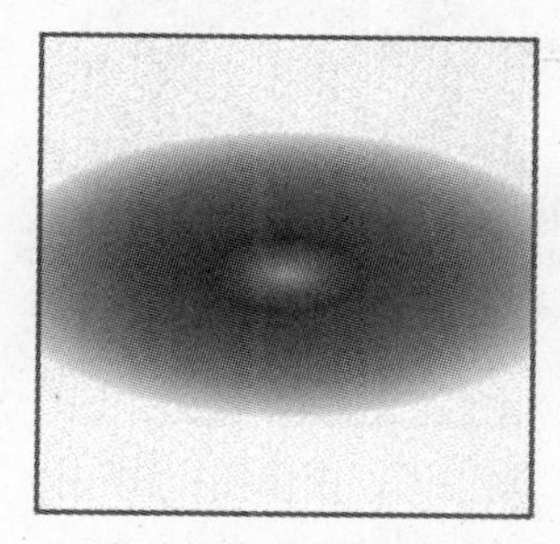

图 5-16　修改渐变的半径

在渐变点(GradientStop)中没有设置透明度的 Opacity 属性,因此如果想设置 GradientStop 的颜色值为透明或部分透明，需要使用之前介绍过的格式#aarrggbb 来设置颜色，其中 aa 代表 alpha 值。如下面的代码所示。

```
<RadialGradientBrush>
<GradientStop Color="#A0FF3300" Offset="0" />
<GradientStop Color="#009933C3"  Offset="0.25" />
<GradientStop Color="Orange" Offset="0.75" />
<GradientStop Color="White" Offset="1" />
</RadialGradientBrush>
```

其中第 1 个渐变点设置透明度为 A0；第 2 个设置为 00，即完全透明；后面的两个点仍通过颜色名字使用预设的颜色值，透明度相当于 FF，即完全不透明。

### 5.2.5　使用图像笔刷（ImageBrush）进行绘制

图像笔刷(ImageBrush)可使用 JPEG 或 PNG 图像,绘制形状、控件中的 Fill、Background 等属性。通过设置 ImageSource 属性指定要载入的图像文件。下面的代码即为一个使用图像笔刷的例子。

```
    <Rectangle Stroke="Black" Width="150" Height="200" Canvas.Left="125" Canvas.Top="50">
        <Rectangle.Fill>
            <ImageBrush Stretch="Fill" ImageSource="Media/Bomb2.jpg" />
        </Rectangle.Fill>
</Rectangle>
```

效果如图 5-17 所示。

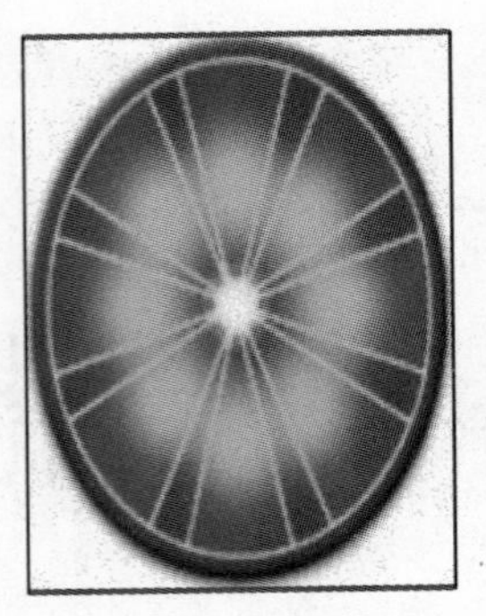

图 5-17　图像笔刷效果

在默认情况下，图像笔刷会拉伸图像，以完全填充被绘制的区域。因此如果图像的长宽比与被绘制区域的长宽比不同，则图像有可能会压缩变形。可以设置 Stretch（拉伸）属性来改变其默认值 Fill 为 None、Uniform，或 UniformToFill。图像笔刷 Stretch 属性值及说明如表 5-7 所示。

表 5-7　图像笔刷 Stretch（拉伸）属性值列表

| Stretch 属性值 | 说　明 |
| --- | --- |
| Fill | 拉伸填充全部区域 |
| None | 图像保持原大小，笔刷位置居中 |
| Uniform | 保持图像长宽比，按区域的最短边填充 |
| UniformToFill | 保持图像长宽比，按区域的最长边填充 |

Fill 的效果如图 5-17 所示，其余各属性值的效果分别如图 5-18 的 3 个图所示。

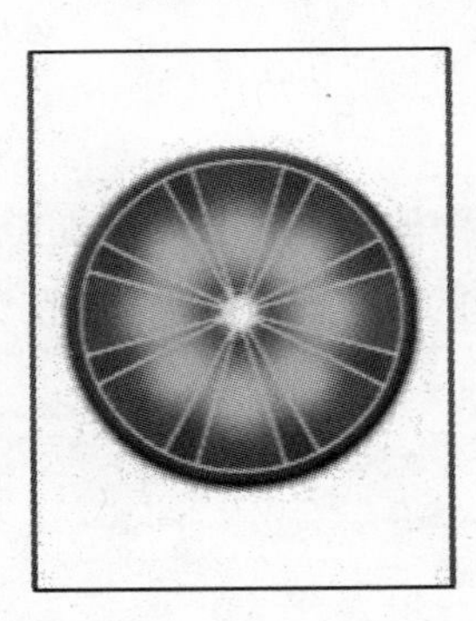

None

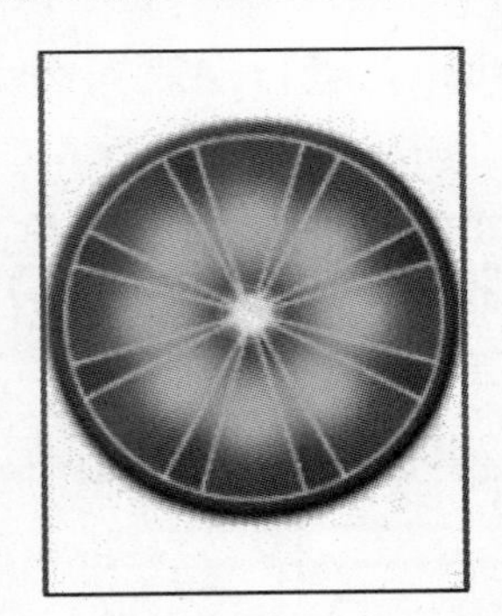

Uniform

UniformToFill

图 5-18　None、Uniform、UniformToFill 属性值的效果

### 5.2.6　使用视频笔刷（VideoBrush）进行绘制

VideoBrush 类似于 LinearGradientBrush 和 ImageBrush，也是笔刷的一种。它的用法类似于前两种笔刷，但又有所区别。VideoBrush 填充的是视频内容，并且需要指定 MediaElement 作为 Source。

下面以一个简单的示例进行说明，XAML 代码如例程 5-13 所示。

例程 5-13　视频笔刷的 XAML 示例代码

```
        <Grid x:Name="LayoutRoot" Background="White">
            <Canvas>
                <MediaElement x:Name="myMedia" Source="Silverlight.wmv" Opacity="0" IsHitTestVisible=
"False" />
                <TextBlock  Canvas.Left="5"  Canvas.Top="40"  FontSize="70"  FontWeight="Bold"
Text="VideoBrush" >
                    <TextBlock.Foreground>
                        <VideoBrush SourceName="myMedia" Stretch="UniformToFill" />
                    </TextBlock.Foreground>
                </TextBlock>
            </Canvas>
        </Grid>
```

这段 XAML 代码首先加入了一个 MediaElement 对象 myMedia，并设置 Opacity="0"将其隐藏。然后加入了一个 TextBlock 对象，并将其 Foreground 属性设置为 VideoBrush。在加入 VideoBrush 对象时，将 SourceName 设置为我们前面加入的 MediaElement 对象 myMedi，即 SourceName="myMedia"。

运行效果如图 5-19 所示，在 TextBlock 文本中填充了一个正在播放的视频对象。

图 5-19　视频笔刷效果

## 5.3　小结

形状与笔刷是 Silverlight 开发中最常用的元素之一，各种丰富且复杂的 Silverlight 界面往往是由这些基本形状和填充绘制而成的。

本章分别介绍了各种形状的特点和属性，并且分别以 XAML 和 C#为例分析了其使用方法，尤其是灵活使用 C#代码开发，可以创造出很多较复杂的效果，比如可以使用 Polyline 不封闭连续线段，方便地创建出报表中连续折线的效果。本章还介绍了各种纯色、渐变笔刷的使用方法，特别是对渐变点与渐变轴做了详细说明。

XAML 中各种对象元素的语法结构非常相似，读者掌握本章的内容后，会对学习后面的章节有举一反三的作用。

# 第 6 章

# 布局对象

本章介绍如何在 Silverlight 中使用布局对象控制对象元素（如形状、文本、图像等）的位置，还介绍如何控制 Silverlight 应用程序在 HTML 等网页中的定位。

Panel 类是在 Silverlight 中提供布局支持的所有元素的基类，其派生出的对象 Canvas、Grid 和 Stackpanel 可用于定位与布局 XAML 中的用户界面对象元素。ScrollViewer 对象和 Border 对象也具有类似的布局定位功能，并还有各自的特点。因为都用于放置布局对象元素，所以它们一般也被叫做“布局对象”。布局对象及其说明如表 6-1 所示。

表 6-1　布局对象及其说明

| 布局对象 | 说　明 |
| --- | --- |
| Grid | Gird 中定义了由行和列组成的灵活网格区域，并可以使用 Margin 属性精确定位 Grid 的内部元素 |
| Canvas | 在 Canvas 所定义的区域内，可以使用 Canvas 区域内的绝对坐标定位内部元素 |
| StackPanel | 将内部的子元素排列成一行，可沿水平或垂直方向 |
| ScrollViewer | 为内部子元素创建一个可滚动的区域 |
| Border | 为内部的子元素添加一个带边框的区域 |

在 Blend 中，单击工具栏上的布局对象按钮，即可选择使用这几种布局对象，如图 6-1 所示。下面依次介绍各个布局对象。

**小提示：**为了方便观察布局效果，可以给各个容器对象赋予不同的 Background（背景色），在达到需要的布局效果后，再去掉这些背景色。

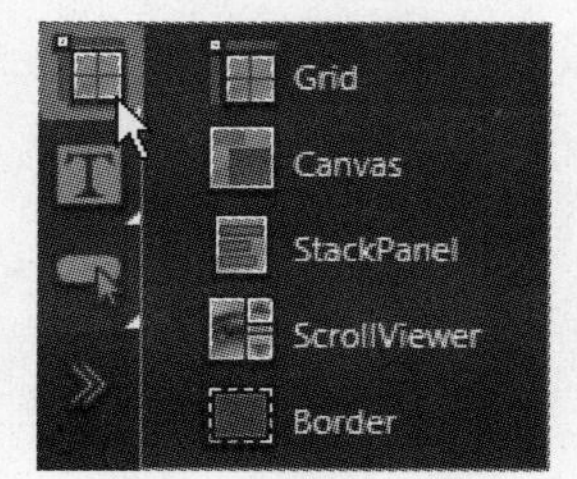

图 6-1　工具栏布局对象面板

# 6.1 画布（Canvas）布局对象

画布是最常用的布局对象，在画布内部的对象元素，可以依据 *X* 轴和 *Y* 轴的绝对坐标进行定位。Canvas 内部对象元素常见的属性如表 6-2 所示。

表 6-2 Canvas 内部对象元素常见属性及其说明

| 属　性 | 说　明 |
|---|---|
| Canvas.Left | 定义对象元素距 Canvas 左端的距离，即 X 坐标 |
| Canvas.Top | 定义对象元素距 Canvas 顶端的距离，即 Y 坐标 |
| Canvas.ZIndex | 定义对象元素的图层顺序 |

Canvas 的 Height 和 Width 属性用于定义画布的区域，而画布内部的元素则可以使用两个附加的属性（Canvas.Left 和 Canvas.Top）在 Canvas 内精确地控制对象的 *X* 和 *Y* 坐标，从而允许开发人员在屏幕上精确地定位和排列元素。

## 6.1.1 在 XAML 中使用 Canvas

在 Expression Blend 中新建一个工程，绘制一个 Canvas，宽和高分别设为 400 和 300，如下面的代码定义了一个 Canvas，其中放了两个矩形，长和宽都是 50，一个坐标为（50,50），另一个为（200,150），绘制后的对象面板如图 6-2 所示。

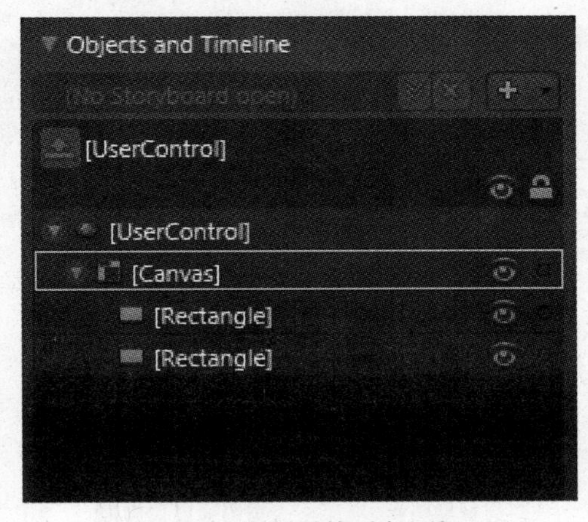


图 6-2 绘制后的对象面板

相应代码如例程 6-1 所示，最外面的一层就是画布（Canvas）标签，设置了宽、高、背景色等属性。其中包含了两个 Rectangle 矩形对象，每个对象都通过 Canvas.Left 和 Canvas.Top 属性分别设置了矩形的 *X* 坐标和 *Y* 坐标。

例程 6-1　画布（Canvas）的 XAML 示例代码

```
    <Canvas Width="400" Height="300" Background="LightGray">
        <Rectangle Width="50" Height="50"
Canvas.Left="50" Canvas.Top="50" Fill=" LightYellow" />
        <Rectangle Width="50" Height="50"
Canvas.Left="200" Canvas.Top="150" Fill="Blue" />
</Canvas>
```

效果如图 6-3 所示。

如果多个元素产生重叠，则使用 Canvas.ZIndex 属性用于设置 Canvas 内部对象的图层顺序。例如在下面的代码中绘制了一个较小的矩形和一个较大的圆形，尺寸分别为 50×50 和 200×200。ZIndex 较大的会遮住比 ZIndex 小的其他图形，为了使矩形不被圆形遮挡，将矩形的 ZIndex 设为 1，圆形的 ZIndex 设为 0，代码如例程 6-2 所示。

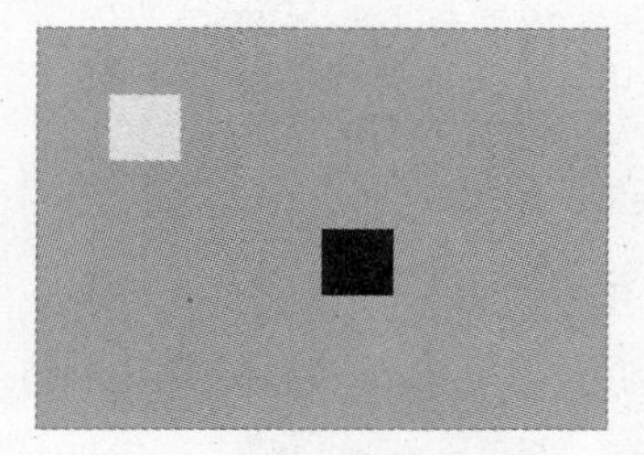

图 6-3　画布布局效果图

例程 6-2　画布 Canvas 的 XAML 示例代码

```
<Canvas Width="400" Height="300" Background="LightGray">
    <Rectangle Width="50" Height="50"
        Canvas.Left="100" Canvas.Top="100" Canvas.ZIndex="1" Fill="LightBlue" />
<Ellipse Width="200" Height="200"
        Canvas.Left="50" Canvas.Top="50" Canvas.ZIndex="0" Fill="Blue" />
</Canvas>
```

效果如图 6-4 所示。

图 6-4　画布布局效果图

如前所述，容器对象可以相互嵌套，置于内部的容器对象同样使用 Canvas.Left 和

Canvas.Top 定位，坐标同样是相对于其父容器对象。在下面的例子中，画布（Canvas）里嵌套了一个画布（Canvas），内层的 Canvas 里包含了一个圆形对象，代码如例程 6-3 所示。

例程 6-3　画布（Canvas）嵌套的 XAML 示例代码

```
    <Canvas Width="400" Height="300" Background="White">
       <Canvas Width="370" Height="270"
Canvas.Left="30" Canvas.Top="30" Background="LightGray">
          <Ellipse Width="100" Height="100"
Canvas.Left="50" Canvas.Top="50" Canvas.ZIndex="0" Fill="Blue" />
       </Canvas>
</Canvas>
```

效果如图 6-5 所示。

图 6-5　画布嵌套效果图

**小提示：** Silverlight 应用程序是嵌入在 HTML 页面中的，其中承载 Silverlight 的 HTML 对象通常会设置 Silverlight 的尺寸。因此，Silverlight 中的对象有可能会超出 HTML 中设置的尺寸，超出的部分是无法显示出来的。

### 6.1.2　在 C#中使用 Canvas

下面我们演示如何在 C#中使用 Canvas 定位内部对象，我们使用 C#代码完成在上面 XAML 实例中实现的效果，如例程 6-4 所示。

例程 6-4　画布（Canvas）的 C#示例代码

```
Canvas myCanvas = new Canvas (); //新建画布对象
myCanvas.Width = 400;
myCanvas.Height = 300;
myCanvas.Background = new SolidColorBrush (Colors.LightGray);
LayoutRoot.Children.Add (myCanvas); //将画布对象添加到根节点中
```

```
Rectangle myRectangle_1 = new Rectangle () ; //新建矩形对象
myRectangle_1.Width = 50;
myRectangle_1.Height = 50;
myRectangle_1.SetValue (Canvas.LeftProperty, 50.0) ; //设置矩形对象的Canvas.Left 属性，即 X 坐标
myRectangle_1.SetValue (Canvas.TopProperty, 50.0) ; //设置矩形对象的Canvas.Top 属性，即 Y 坐标
myRectangle_1.Fill = new SolidColorBrush (Colors.Yellow) ;
myCanvas.Children.Add (myRectangle_1) ; //将矩形添加到画布对象中

Rectangle myRectangle_2 = new Rectangle () ;
myRectangle_2.Width = 50;
myRectangle_2.Height = 50;
myRectangle_2.SetValue (Canvas.LeftProperty, 200.0) ;
myRectangle_2.SetValue (Canvas.TopProperty, 150.0) ;
myRectangle_2.Fill = new SolidColorBrush (Colors.Blue) ;
myCanvas.Children.Add (myRectangle_2) ;
```

## 6.2　网格（Grid）布局对象

使用 Grid （网格）布局对象能够轻松定位元素和设置元素的样式，可以定义灵活的行和列分组。而且 Grid 提供了一种机制，在代码端共享多个 Grid 元素之间的尺寸变化事件，使创建动态布局变得尤为方便。定义 Grid 时常用的属性如表 6-3 所示。

表 6- 3　Array 类的常用方法

| 属性 | 说明 |
| --- | --- |
| RowDefinition | 定义 Grid 的行元素 |
| ColumnDefinition | 定义 Grid 的列元素 |
| ShowGridLines | 设置是否显示 Grid 的边框线 |

Grid 可以使用 RowDefinition 和 ColumnDefinition 定义行和列，然后其内部对象元素可以设置 Grid.Row 和 Grid.Column 属性定义其所属的行和列。

### 6.2.1　在 XAML 中使用 Grid

在 Expression Blend 中新建一个工程，在对象与时间轴面板中双击默认的 LayoutRoot 控件以将其激活。在其中绘制一个 Grid，宽和高分别设置为 400 和 300，其中定义了三行和两列，放置了文本框、矩形、椭圆等对象，绘制完成后的对象面板如图 6-6 所示。

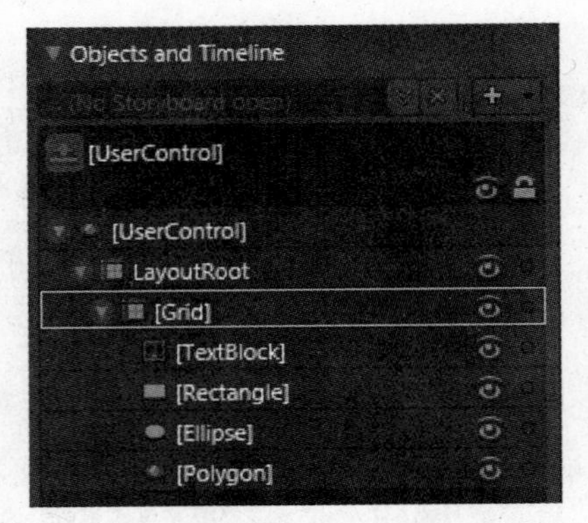


图 6-6　在 Grid 中添加多个对象

首先将 Grid 宽和高分别设置为 400 和 300，然后在 Grid 标签中定义 Grid.ColumnDefinitions 节点和 Grid.RowDefinitions 节点，把 Grid 控件划分为两列三行。并且对其内部的文本框、圆形、矩形等对象元素设置了 Grid.Row 属性和 Grid.Column 属性，确定了每个对象元素所在的行和列，代码如例程 6-5 所示。

例程 6-5　Grid 的 XAML 示例代码

```
<Grid Background="#CCCCCC"
      Width="400"
      Height="300"
      HorizontalAlignment="Left"
      VerticalAlignment="Top"
      ShowGridLines="True">

      <Grid.ColumnDefinitions>
         <ColumnDefinition Width="150" />
         <ColumnDefinition Width="*" />
      </Grid.ColumnDefinitions>
      <Grid.RowDefinitions>
         <RowDefinition Height="*" />
         <RowDefinition Height="2*" />
         <RowDefinition Height="*" />
      </Grid.RowDefinitions>

      <TextBlock Margin="5" Grid.Column="0" Grid.Row="0" TextWrapping="Wrap" Text=" This is
a TextBlock" />
      <Rectangle  HorizontalAlignment="Right"  VerticalAlignment="Top"  Grid.Column="1"
Grid.Row="1" Margin="0 10 20 0" Fill="Red" Width="150" Height="50"/>
      <Ellipse Grid.Column="0" Grid.Row="2" Width="50" Height="50" Fill="Gray" />
      <Polygon Grid.Column="1" Grid.Row="2" Points="80, 10 130, 70 180, 10" Fill="White" />
```

```
    </Grid>
```

以上代码的效果如图 6-7 所示，Grid（网格）布局对象被划分成了两列三行，4 个对象元素被放置到了不同的网格中。

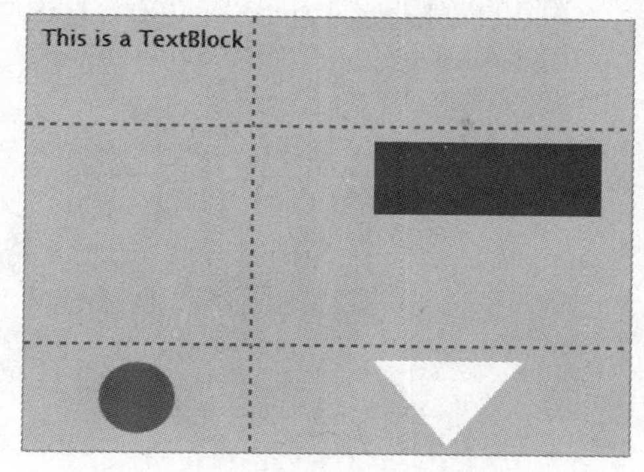


图 6-7　在 Grid 中定义网格布局

上图中 Grid 的 ShowGridLines 属性设置为 True，因此能看到 Grid 的网格。显示出网格能方便地排版，通常排版完成后就会把这些网格隐去。

Margin 属性可用于在 Grid 中定位内部对象元素，结合 HorizontalAlignment 和 VerticalAlignment 属性可以更方便地进行定位，具体使用方法请参见后面的详细介绍。

### 6.2.2 通过 RowDefinition 与 ColumnDefinition 动态定义 Grid 的行列尺寸

通过 RowDefinition 和 ColumnDefinition 定义 Grid 时，可以使用星号（*）设置高度或宽度，所有用*设置的行或列会平均分配未被指定数值的空间，设置多星号（如“3*”）则分配多份，这样就可以使界面随着整体尺寸的变化，动态地自动布局。同时 Grid 也是唯一可以这样自动布局的容器对象。如下面的例子中 Grid 宽为 400，定义了 3 列，宽度分别为 100、2*和*，如例程 6-6 所示。

例程 6-6　在 Grid 中定义列

```
<Grid Background="#CCCCCC"
   Width="400"
   Height="300"
   ShowGridLines="True">
   <Grid.ColumnDefinitions>
      <ColumnDefinition Width="100" />
      <ColumnDefinition Width="2*" />
      <ColumnDefinition Width="*" />
```

```
        </Grid.ColumnDefinitions>
    </Grid>
```

后两列会依比例分配剩下的宽度：400-100，即 300。后两列则将 300 划为 3 份，分别分配了两份和一份。则计算后，实际的宽应分别为 100、200、100，效果如图 6-8 所示。

图 6-8　被划分的网格布局

### 6.2.3　在 C#中使用 Grid

下面的代码演示了如何在 C#中新建 Grid（网格）布局对象、定义行列网格，并向其中添加各种对象元素，如例程 6-7 所示。

**例程 6-7　在 Grid 中定义列**

```
Grid myGrid = new Grid（）; //新建Grid（网格）对象元素
myGrid.Background = new SolidColorBrush（Color.FromArgb（255， 204， 204， 204））;
myGrid.Width = 400;
myGrid.Height = 300;
myGrid.HorizontalAlignment = HorizontalAlignment.Left; //设置水平对齐方式为左对齐
myGrid.VerticalAlignment = VerticalAlignment.Top; //设置垂直对齐方式为上对齐
myGrid.ShowGridLines = true; //设置显示网格线

ColumnDefinition colDef_1 = new ColumnDefinition（）; //定义一个列
colDef_1.Width = new GridLength（150）; //设置列的宽为150
myGrid.ColumnDefinitions.Add（colDef_1）; //将此列添加到Grid的列组合中

ColumnDefinition colDef_2 = new ColumnDefinition（）; //定义一个列
colDef_2.Width = new GridLength（1， GridUnitType.Star）; //设置列的宽度为一个星，即XAML中的“*”
myGrid.ColumnDefinitions.Add（colDef_2）; //将此列添加到Grid的列组合中

RowDefinition rowDef_1 = new RowDefinition（）; //定义一个行
rowDef_1.Height = new GridLength（1， GridUnitType.Star）; //设置行的宽度为一个星
myGrid.RowDefinitions.Add（rowDef_1）; //将此行添加到Grid的行组合中
```

```
RowDefinition rowDef_2 = new RowDefinition ();
rowDef_2.Height = new GridLength (2, GridUnitType.Star);
myGrid.RowDefinitions.Add (rowDef_2);

RowDefinition rowDef_3 = new RowDefinition ();
rowDef_3.Height = new GridLength (1, GridUnitType.Star);
myGrid.RowDefinitions.Add (rowDef_3);

TextBlock myTextBlock = new TextBlock (); //定义一个TextBlock（文本框）
myTextBlock.Margin = new Thickness (5);
myTextBlock.SetValue (Grid.ColumnProperty, 0);
myTextBlock.SetValue (Grid.RowProperty, 0);
myTextBlock.TextWrapping = TextWrapping.Wrap;
myTextBlock.Text = "This is a TextBlock";
myGrid.Children.Add (myTextBlock); //将此文本框添加到Grid（布局）对象中

Rectangle myRectangle = new Rectangle (); //定义一个Rectangle（矩形）
myRectangle.Width = 150;
myRectangle.Height = 50;
myRectangle.HorizontalAlignment = HorizontalAlignment.Right;
myRectangle.VerticalAlignment = VerticalAlignment.Top;
myRectangle.SetValue (Grid.ColumnProperty, 1);
myRectangle.SetValue (Grid.RowProperty, 1);
myRectangle.Margin = new Thickness (0, 10, 20, 0);
myRectangle.Fill = new SolidColorBrush (Colors.Red);
myGrid.Children.Add (myRectangle); //将此矩形添加到Grid布局对象中

Ellipse myEllipse = new Ellipse (); //定义一个Ellipse（圆形）对象
myEllipse.Width = 50;
myEllipse.Height = 50;
myEllipse.Fill = new SolidColorBrush (Colors.Gray);
myEllipse.SetValue (Grid.RowProperty, 2);
myEllipse.SetValue (Grid.ColumnProperty, 0);
myGrid.Children.Add (myEllipse); //将此圆形对象添加到Grid布局对象中

Polygon myPolygon = new Polygon (); //定义一个Polygon（多边形）
myPolygon.Fill = new SolidColorBrush (Colors.White);

PointCollection ptCollection = new PointCollection ();
ptCollection.Add (new Point (80, 10));
ptCollection.Add (new Point (130, 70));
ptCollection.Add (new Point (180, 10));
```

```
myPolygon.Points = ptCollection;

myPolygon.SetValue (Grid.ColumnProperty, 1);
myPolygon.SetValue (Grid.RowProperty, 2);
myGrid.Children.Add (myPolygon); //将多边形添加至Grid布局对象中

LayoutRoot.Children.Add (myGrid); //将Grid布局对象添加至根节点中
```

## 6.3 堆栈面板（StackPanel）容器对象

使用 StackPanel 可以方便地将内部元素按行或按列整齐、顺序地排列，完成这类工作要比 Canvas 和 Grid 简单得多。只需将子对象元素添加到 StackPanel 中即可，不需要为它们设置 x、y 坐标，StackPanel 会自动为它们设置坐标。

### 6.3.1 在 XAML 中使用 StackPanel

同样地，我们在 Expression Blend 中新建一个工程，在工具栏中选中 StackPanel 工具，然后在根节点 LayoutRoot 中绘制一个 StackPanel，并把宽和高都设为 300，如图 6-9 所示。

然后在 StackPanel 中绘制两个矩形和两个圆形，分别设置上一些颜色，并在 Layout（布局）面板中将 Margin 设置为如图 6-10 所示，使这 4 个图形之间有一定的间距。

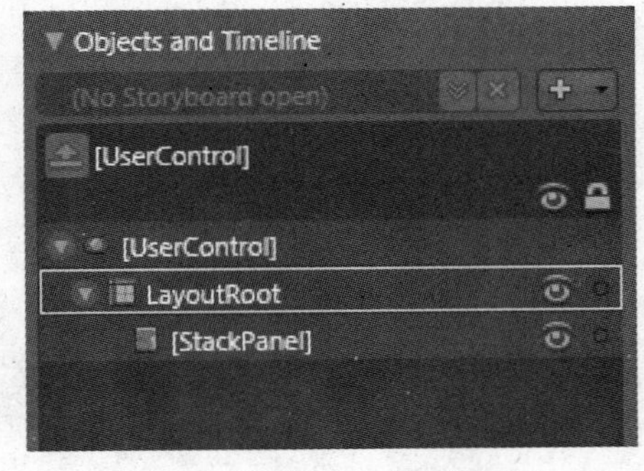


图 6-9　添加一个 StackPanel

图 6-10　设置 StackPanel 的 Margin 属性

完成设置后的 XAML 代码如例程 6-8 所示。

**例程 6-8　在 Grid 中定义列**

```
<StackPanel Orientation="Vertical" Width="300" Height="300" Background="White">
    <Rectangle Margin="0,10,0,10" Width="50" Height="50" Fill="#FF0000" />
    <Ellipse Margin="0,10,0,10" Width="50" Height="50" Fill="#0000FF" />
```

```
        <Rectangle Margin="0,10,0,10" Width="50" Height="50" Fill="#808080" />
        <Ellipse Margin="0,10,0,10" Width="50" Height="50" Fill="#FFFF00" />
    </StackPanel>
```

效果如图 6-11 所示，我们并没有为这 4 个对象设置坐标，就能够自动实现由上到下的依次排列。

在默认情况下，Orientation 排列方向属性的默认值为 Vertical，即垂直排列，如图 6-12 所示。

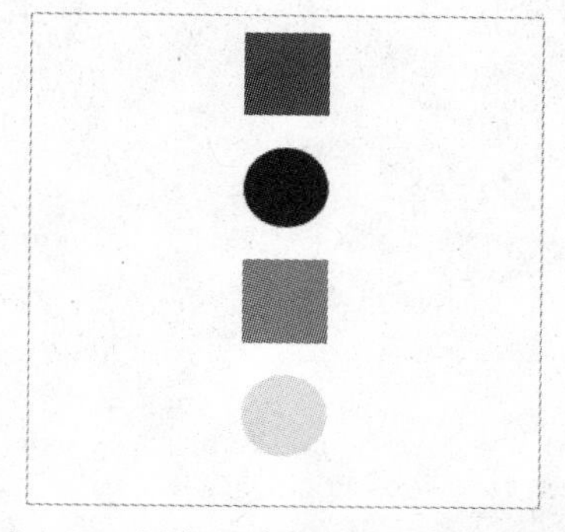

图 6-11　添加一个 StackPanel 的效果

图 6-12　垂直排列

如果把排列方向 Orientation 设置为 Horizontal，即添加了 StackPanel 中的对象元素依据在 XAML 的顺序，由左到右以水平方向排列，如图 6-13 所示。

效果如图 6-14 所示。

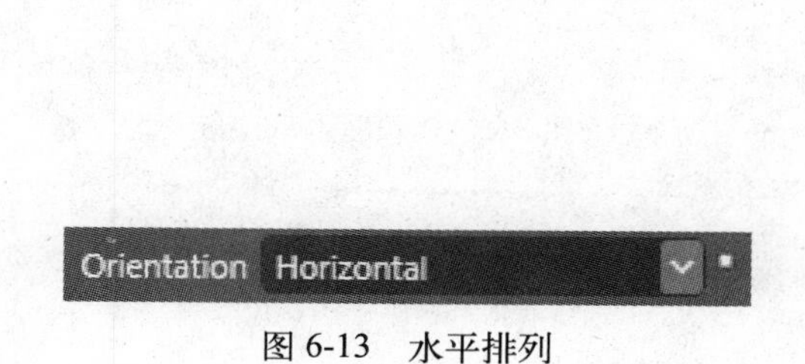


图 6-13　水平排列

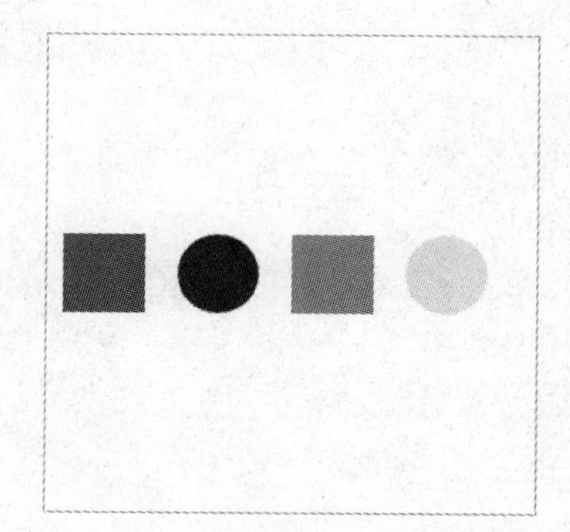

图 6-14　更改为水平方向排列的效果

### 6.3.2　在 C#中使用 StackPanel

例程 6-9 演示了如何在 C#中使用 StackPanel 对象，并向其中添加各种对象元素。

例程 6-9　在 Grid 中定义列

```
StackPanel myStackPanel = new StackPanel () ; //定义堆栈面板（StackPanel）
myStackPanel.Width = 300;
myStackPanel.Height = 300;
myStackPanel.Orientation = Orientation.Vertical; //设置排列方向为垂直排列

Rectangle myRectangle_1 = new Rectangle () ; //定义 Rectangle（矩形）对象
myRectangle_1.Width = 50;
myRectangle_1.Height = 50;
myRectangle_1.Margin = new Thickness (0, 10, 0, 10) ;
myRectangle_1.Fill = new SolidColorBrush (Colors.Red) ;
myStackPanel.Children.Add (myRectangle_1) ; //将矩形添加到 StackPanel 中

Ellipse myEllipse_1 = new Ellipse () ; //定义 Ellipse（圆形）对象
myEllipse_1.Width = 50;
myEllipse_1.Height = 50;
myEllipse_1.Margin = new Thickness (0, 10, 0, 10) ;
myEllipse_1.Fill = new SolidColorBrush (Colors.Blue) ;
myStackPanel.Children.Add (myEllipse_1) ; //将圆形添加到 StackPanel 中

Rectangle myRectangle_2 = new Rectangle () ; //定义 Rectangle（矩形）对象
myRectangle_2.Width = 50;
myRectangle_2.Height = 50;
myRectangle_2.Margin = new Thickness (0, 10, 0, 10) ;
myRectangle_2.Fill = new SolidColorBrush (Colors.Gray) ;
myStackPanel.Children.Add (myRectangle_2) ; //将矩形添加到 StackPanel 中

Ellipse myEllipse_2 = new Ellipse () ;//定义 Ellipse（圆形）对象
myEllipse_2.Width = 50;
myEllipse_2.Height = 50;
myEllipse_2.Margin = new Thickness (0, 10, 0, 10) ;
myEllipse_2.Fill = new SolidColorBrush (Colors.Yellow   ) ;
myStackPanel.Children.Add (myEllipse_2) ; //将圆形添加到 StackPanel 中

LayoutRoot.Children.Add (myStackPanel) ; //将 StackPanel 添加到根节点中
```

## 6.4　边距与对齐

在 Silverlight 中可以使用多种方式来定位对象元素。但是，获得理想的布局不仅要选择正确的 Panel 元素，还可以使用一些精确定位的属性。

本节将介绍其中 3 个最重要的属性：HorizontalAlignment、VerticalAlignment 和 Margin。这些属性是控制对象元素在 Silverlight 应用程序中位置的基础。为了方便在对象元素上标注文字，本节中都使用 Button 作为子元素。

### 6.4.1　在 XAML 中使用 Alignment 属性

Alignment 包括 HorizontalAlignment（水平对齐）和 VerticalAlignment（垂直对齐）属性，描述了应如何在父元素的布局空间中定位。

1．HorizontalAlignment（水平对齐）

HorizontalAlignment 属性声明了应用于子元素的水平对齐特性。表 6-4 列出了其每个可使用的值。

表 6-4　水平对齐的属性值及其说明

| 属性值 | 说　明 |
| --- | --- |
| Left | 在父元素的布局空间中左端对齐 |
| Center | 在父元素的布局空间中居中 |
| Right | 在父元素的布局空间中右端对齐 |
| Stretch | 拉伸子元素以填充父元素的布局空间。Width 值优先于此属性 |

例程 6-10 演示了各个属性的使用方法，最外层是一个 Grid（网格）布局对象，其中放置了 5 个（Button）按钮对象，分别设置了 HorizontalAlignment（水平对齐）属性为 Center（居中）、Left（左对齐）、Right（右对齐）和 Stretch（拉伸）等。

例程 6-10　水平对齐的 XAML 示例代码

```
    <Grid Height="300" Width="400" Background="White">
            <Button HorizontalAlignment="Center" Content="Center 居中对齐" Height="30" Margin=
"150, 0, 150, 0" VerticalAlignment="Top" />
            <Button HorizontalAlignment="Left" Content="Left 左对齐" Width="100" Height="30"
Margin="0, 50, 0, 0" VerticalAlignment="Top" />
            <Button HorizontalAlignment="Right" Content="Right 右对齐" Width="100" Height="30"
Margin="0, 100, 0, 0" VerticalAlignment="Top" />
            <Button HorizontalAlignment="Stretch" Content="Stretch 伸展" Margin="0, 150, 0, 100" />
            <Button HorizontalAlignment="Stretch" Content="Stretch 伸展并设置宽度" Height="30"
Margin="0, 0, 0, 25" VerticalAlignment="Bottom" Width="200" />
        </Grid>
```

值得注意的是，虽然最后一个 Button（按钮）的 HorizontalAlignment 属性被设置为 Stretch，但也设置了 Width 属性的值，依据规则 Stretch 失效，变为默认值 Center，效果如图 6-5 所示。

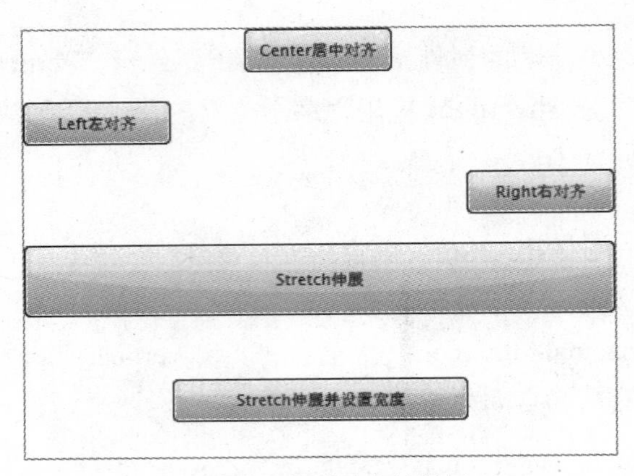


图 6-15　水平对齐效果图

2．VerticalAlignment（垂直对齐）

VerticalAlignment 属性声明了应用于子元素的垂直对齐特性。表 6-5 列出了其每个可使用的值。

表 6-5　垂直对其的属性值及其说明

| 属性值 | 说　明 |
| --- | --- |
| Top | 在父元素的布局空间中上端对齐 |
| Center | 在父元素的布局空间中垂直居中 |
| Bottom | 在父元素的布局空间中下端对齐 |
| Stretch | 拉伸子元素以填充父元素的布局空间。Height 值优先于此属性 |

例程 6-11 所示的例子演示了各个属性的使用效果，此例中将 ShowGridLines 属性设置为 True，使用带有网格线的 Grid，以便更好地观察各个属性值的布局行为。

例程 6-11　垂直对齐的 XAML 示例代码

```
<Grid Background="White" Height="400" Width="400" ShowGridLines="True">
      <Grid.RowDefinitions>
         <RowDefinition Height="80"/>
         <RowDefinition Height="80"/>
         <RowDefinition Height="80"/>
         <RowDefinition Height="80"/>
         <RowDefinition Height="80"/>
      </Grid.RowDefinitions>
      <Button Grid.Row="0" Grid.Column="0" Height="50" Width="150" VerticalAlignment="Top"
Content="Top 顶部对齐" />
      <Button Grid.Row="1" Grid.Column="0" Height="50" Width="150" VerticalAlignment="Bottom"
Content="Top 底部对齐" />
```

```
        <Button Grid.Row="2" Grid.Column="0" Height="50" Width="150" VerticalAlignment="Center"
Content="Top 中间对齐" />
        <Button Grid.Row="3" Grid.Column="0" Width="150" VerticalAlignment="Stretch" Content=
"Stretch 伸展" />
        <Button  Grid.Row="4"  Grid.Column="0"  Height="50"  Width="150"  VerticalAlignment=
"Stretch" Content="Stretch 伸展并设置高度" />
    </Grid>
```

与上例类似，其中最后一个 Button 的 VerticalAlignment 属性虽被设置为 Stretch，但由于设置了 Height 属性的值，Stretch 失效，变为默认值 Center，效果如图 6-16 所示。

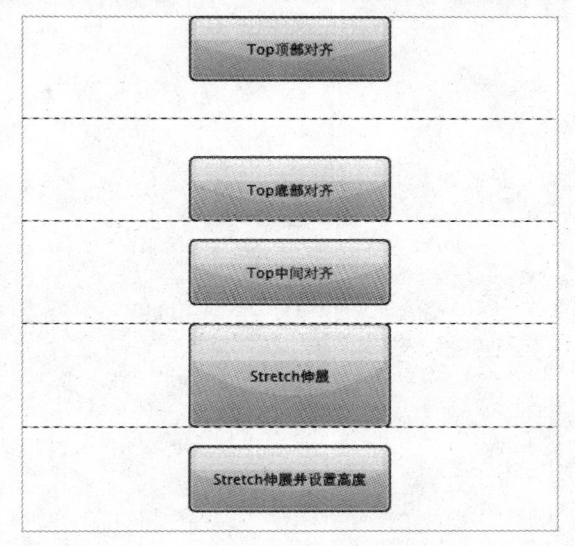


图 6-16　垂直对齐效果图

## 6.4.2　在 C#中使用 Alignment 属性

在 C#中使用 Alignment 属性的代码如例程 6-12 所示。

例程 6-12　Alignment 对齐的 C#示例代码

```
Grid myGrid = new Grid () ; //定义一个 Grid 布局对象
myGrid.Background = new SolidColorBrush (Colors.White) ;
myGrid.Width = 400;
myGrid.Height = 300;

Button Button_1 = new Button () ; //定义一个按钮对象
Button_1.Width = 100;
Button_1.Height = 30;
```

```
Button_1.Margin = new Thickness (150, 0, 150, 0) ;
Button_1.HorizontalAlignment=HorizontalAlignment.Center; //设置按钮对象的水平对齐属性为居中对齐
Button_1.VerticalAlignment = VerticalAlignment.Top; //设置按钮对象的垂直对齐属性为上对齐
Button_1.Content = "Center居中对齐";
myGrid.Children.Add (Button_1) ;

Button Button_2 = new Button () ;
Button_2.Width = 100;
Button_2.Height = 30;
Button_2.Margin = new Thickness (0, 50, 0, 0) ;
Button_2.HorizontalAlignment = HorizontalAlignment.Left; //设置按钮的水平对齐属性为左对齐
Button_2.VerticalAlignment = VerticalAlignment.Top;
Button_2.Content = "Left左对齐";
myGrid.Children.Add (Button_2) ;

Button Button_3 = new Button () ;
Button_3.Width = 100;
Button_3.Height = 30;
Button_3.Margin = new Thickness (0, 100, 0, 0) ;
Button_3.HorizontalAlignment = HorizontalAlignment.Right; //设置按钮的水平对齐属性为右对齐
Button_3.VerticalAlignment = VerticalAlignment.Top;
Button_3.Content = "Right右对齐";
myGrid.Children.Add (Button_3) ;

Button Button_4 = new Button () ;
Button_4.Height = 30;
Button_4.Margin = new Thickness (0, 150, 0, 100) ;
Button_4.HorizontalAlignment = HorizontalAlignment.Stretch; //设置按钮的水平对齐属性为拉伸
Button_4.VerticalAlignment = VerticalAlignment.Top;
Button_4.Content = "Stretch伸展";
myGrid.Children.Add (Button_4) ;

Button Button_5 = new Button () ;
Button_5.Width = 200;
Button_5.Height = 30;
Button_5.Margin = new Thickness (0, 0, 0, 25) ;
Button_5.HorizontalAlignment = HorizontalAlignment.Stretch;
Button_5.VerticalAlignment = VerticalAlignment.Bottom;
Button_5.Content = "Stretch伸展并设置宽度";
myGrid.Children.Add (Button_5) ;

LayoutRoot.Children.Add (myGrid) ;
```

### 6.4.3　使用 Margin（边距）属性

Margin 属性描述对象元素与其父项或并列元素之间的距离，恰当地使用 Margin 属性，将可以非常精确地控制元素的呈现位置，以及元素的并列元素呈现的位置。

Margin 属性的几种设置格式如表 6-6 所示。

表 6-6　Margin 属性的设置格式及其说明

| 属性格式 | 说　明 |
| --- | --- |
| A | 对象四周 Left、Top、Right、Bottom 的边距都设置为 A |
| A、B | 对象 Left 和 Right 的边距设置为 A，对象 Top 和 Bottom 的边距设置为 B |
| A、B、C、D | 对象四周 Left、Top、Right、Bottom 的边距都设置为 A |

例程 6-13 具体演示了 Margin 的使用方法，首先定义了一个 Grid 布局对象，并且将 Grid 划分为 5 行。然后在其中放入了 5 个 Button（按钮），分别通过设置 Grid.Row 属性放入到 5 个行中。

例程 6-13　Margin 属性的 XAML 示例代码

```
<Grid Background="White" Height="400" Width="400" ShowGridLines="True">
          <Grid.RowDefinitions>
               <RowDefinition Height="80"/>
               <RowDefinition Height="80"/>
               <RowDefinition Height="80"/>
               <RowDefinition Height="80"/>
               <RowDefinition Height="80"/>
          </Grid.RowDefinitions>
      <Button Grid.Row="0" Grid.Column="0" Margin="20" />
      <Button Grid.Row="1" Grid.Column="0" Margin="5 30" />
      <Button Grid.Row="2" Grid.Column="0" Margin="5 30 100 0" />
      <Button Grid.Row="3" Grid.Column="0" Margin="20" Height="40" Width="100" />
      <Button   Grid.Row="4"   Grid.Column="0"   Margin="20"   Height="40"   Width="100"
HorizontalAlignment="Left" />
</Grid>
```

效果如图 6-17 所示，当对象未设置 Height 和 Width 时，对象的大小由 Margin 的值决定；当设置后，对象的大小由 Height 或 Width 决定。

在 C#中使用 Thinkness 类设置 Margin 属性，构造函数为 Thinkness（Left， Top， Right， Bottom），如：

```
Button_1.Margin = new Thickness (150, 0, 150, 0);
```

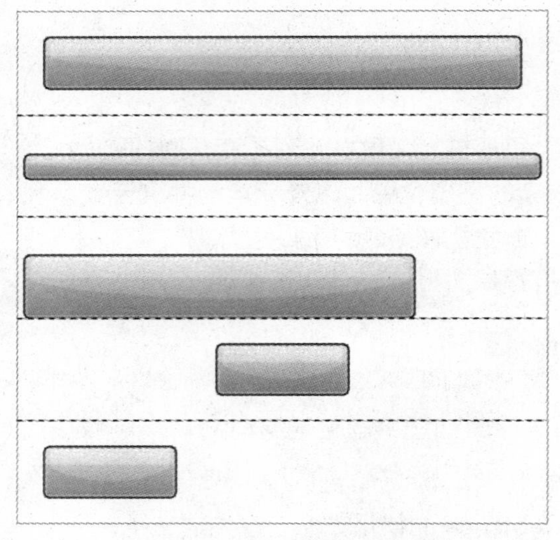

图 6-17　Margin 属性示例图

## 6.5　Silverlight 在网页中的定位

HTML 中的 Silverlight 插件对象定义了 Silverlight 应用程序的显示位置。你既可以通过该插件对象将 Silverlight 应用程序放入 HTML 中的任意位置，也可以使插件对象充满整个 HTML 页面，使应用程序在浏览器中全屏显示。因此当你在 HTML 中布局 Silverlight 时，有两种可参考的代码结构。

### 6.5.1　局部嵌入 Silverlight

这是比较常用的一种嵌入方式，可以在网页的 HTML 代码中选定一个区域放置 Silverlight 应用程序，使用起来比较灵活。应用程序的位置取决于容器元素（通常为 DIV）的位置，例程 6-14 演示了如何将 Silverlight 插入到网页表格的单元格中。只需要在 HTML 中加入 object 标签，并在 param 标签中设置 source 属性的值为 Silverlight 应用程序的.xap 文件地址即可。

例程 6-14　在 HTML 网页中局部嵌入 Silverlight 的示例代码

```
<p>
  第一行
</p>
<object data="data:application/x-silverlight," type="application/x-silverlight-2-b1"
```

```
                width="120" height="90">
        <param name="source" value="ClientBin/SilverlightBrushes.xap" />
    </object>
    <p>
        第三行
    </p>
```

效果如图 6-18 所示，矩形区域为嵌入的 Silverlight 应用程序，“第一行”和“第三行”分别为 Silverlight 上、下方的普通 HTML 标签，这表示了 Silverlight 应用程序可以很容易地嵌入到任何网页中。

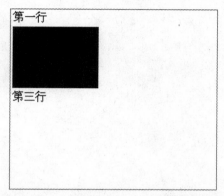


图 6-18　Silverlight 局部嵌入 HTML 示例图

## 6.5.2　全屏显示 Silvelight

如果想让 Silverlight 程序占有全部 HTML 页面，即在浏览器中全屏显示，Silverlight 的 Width 和 Height 属性需要设置为 100%，并且对包含程序的 Body 或 DIV 标记进行相应设置。此外，与上面的例子不同，本例中通过一个 javascript 函数 createSilverlight()来建立 Silverlight 应用程序，这种方式可以更方便地定位 Silverlight 的位置，如例程 6-15 所示。

例程 6-15　在 HTML 网页中全屏显示 Silverlight 的示例代码

```
<html>
<head>
    <title>Silverlight Project Test Page </title>

    <script type="text/javascript" src="Silverlight.js"></script>
    <script type="text/javascript">
        // Contains calls to silverlight.js, example below loads the application from the xap
file
```

```
        // built by this project
        function createSilverlight ()
        {
        Silverlight.createObjectEx ({
        source: "margin_and_alignment_properties.xap",
        parentElement: document.getElementById ("SilverlightControlHost"),
        id: "SilverlightControl",
        properties: {
        width: "100%",
        height: "100%",
        version: "1.1",
        enableHtmlAccess: "true"
        },
        events: {}
        }) ;
        }
    </script>
    </style>
</head>

<body>
    <div id="silverlightControlHost" >
        <script type="text/javascript">
            createSilverlight () ;
        </script>
    </div>
</body>
</html>
```

## 6.6 小结

本章以实例分别介绍了几种常用布局对象的使用方法。Silverlight 中的每种布局对象都有各自的特色，以适用于各种不同的需求。我们可以在 Canvas 中使用 x、y 坐标来绝对定位对象元素，也可以使用 Grid 或 StackPanel 建立一个动态布局，并配合着 Margin 和 Alignment 使用，对象元素可以根据布局尺寸的改变动态地更新。尤其在 Silverlight 应用程序尺寸变化（如用户改变浏览器窗口大小）时，需相应更新布局。此外，布局对象相互之间支持嵌套，一个容器对象可以包含多个容器对象。本章最后还介绍了在 HTML 中嵌入 Silverlight 的方法。

# 第 7 章

# 变 换

使用变换（Transform）可以旋转、缩放、扭曲和移动对象。Silverlight 提供了许多 Transform 类，你可以使用这些类来变换对象。例如，利用 ScaleTransform 类，你可以通过设置对象的 ScaleX 和 ScaleY 属性来按比例缩放对象。同样，利用 RotateTransform 类，你只需通过设置对象的 Angle 属性即可旋转对象。

Silverlight 为变换操作提供了如表 7-1 所示的几个变换类。

表 7-1　Silverlight 中包含的变换类

| Transform 类 | 说　明 |
| --- | --- |
| TranslateTransform | 位移变换 |
| RotateTransform | 旋转变换 |
| ScaleTransform | 缩放变换 |
| SkewTransform | 扭曲变换 |

在 Blend 中使用变换非常容易：选中一个对象，即可在工作区右侧的 Transform 面板中为其设置各种变换属性，如图 7-1 所示。

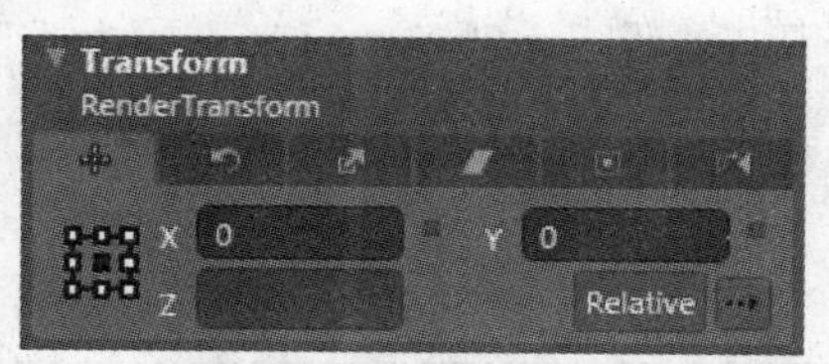


图 7-1　Transform 面板

图中的 6 个标签分别代表位移变换（TranslateTransform）、旋转变换（RotateTransform）、缩放变换（ScaleTransform）、扭曲变换（SkewTransform）、中心点（Center Point）与翻转（Flip）。下面依次介绍各变换属性的特点与使用方法。

# 7.1 位移变换（TranslateTransform）

位移变换是最简单的一种变换，可以使对象的位置发生移动。它包括 X 和 Y 两个属性，如表 7-2 所示。

表 7-2 TranslateTransform 的属性

| 属　性 | 说　明 |
| --- | --- |
| X | 对象水平位移量，默认值为 0 |
| Y | 对象垂直位移量，默认值为 0 |

## 7.1.1 在 XAML 中使用 TranslateTransform

在 Blend 中新建一个工程，绘制两个大小、位置相同的矩形。选中其中一个，在右侧打开 Transform 面板，设置其 Translate 标签内的 X、Y 属性，水平向左位移 30，垂直向下位移 20，如图 7-2 所示。

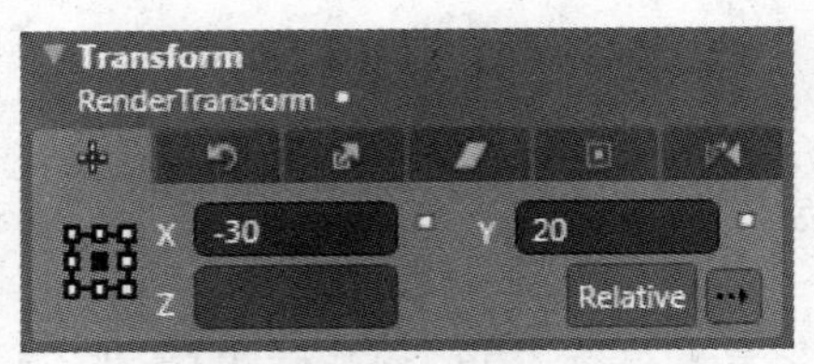


图 7-2 在 Transform 面板中设置属性

生成的 XAML 代码如例程 7-1 所示，Canvas（画布）中有两个 Rectangle（矩形），第 1 个没有设置变换，第 2 个设置了变换。此外 Blend 会对添加了变换的对象增加一个 RenderTransformOrigin 属性，这个属性代表了变换的中心点，是个比例值，默认值为对象的中心，即取值“0.5,0.5”。

例程 7-1 TranslateTransform 示例代码

```
<Canvas x:Name="LayoutRoot" Background="White">
    <Rectangle  Stroke="#FF000000"  RadiusX="5"  RadiusY="5"  Height="200"  Width="200"
Canvas.Left="200" Canvas.Top="100"/>
    <Rectangle Stroke="#FF000000" RadiusX="5" RadiusY="5" RenderTransformOrigin="0.5,0.5"
Height="200" Width="200" Canvas.Left="200" Canvas.Top="100">
        <Rectangle.RenderTransform>
            <TransformGroup>
```

```
                <ScaleTransform/>
                <SkewTransform/>
                <RotateTransform/>
                <TranslateTransform X="-30" Y="20"/>
            </TransformGroup>
        </Rectangle.RenderTransform>
    </Rectangle>
</Canvas>
```

需要注意的是，这段代码并没有直接使用 TranslateTransform 应用于矩形的 RenderTransform 属性。而是生成了 4 种变换属性，并封装在 TransformGroup 中，然后再应用于矩形的 RenderTransform 属性。这是因为通过 Blend 设置任意一个 Transform 属性，为了便于多种变换的管理，避免冲突，Blend 都会生成一个封装有 4 种变换属性的 TransformGroup。其实直接写成这样也是可行的：

```
    <Rectangle.RenderTransform>
        <TranslateTransform X="-30" Y="20"/>
    </Rectangle.RenderTransform>
```

为了读者在使用 Blend 练习时与书上的代码统一，笔者在此不对代码进行简化。

运行这段代码的效果如图 7-3 所示。

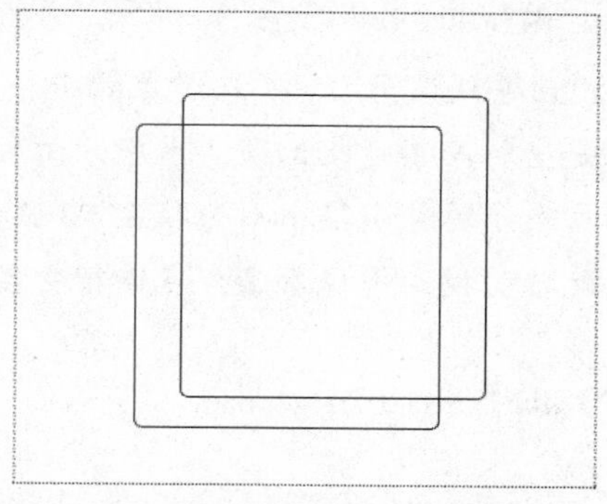

图 7-3　位移变换应用效果

### 7.1.2　在 C#中使用 TranslateTransform

在 C#中使用 TranslateTransform，需要用 TranslateTransform 类新建一个实例，然后设置其属性并赋值给目标对象的 RenderTransform 属性，如例程 7-2 所示。

**例程 7-2　在 C#中使用 TranslateTransform 的示例代码**

```
Rectangle myRectangle = new Rectangle();//新建矩形对象
```

```
myRectangle.Width = 200;
myRectangle.Height = 200;
LayoutRoot.Children.Add(myRectangle);

TranslateTransform myTranslateTransform = new TranslateTransform();//新建位移变换对象
myTranslateTransform.X = -30;//设置X轴位移量
myTranslateTransform.Y = 20;//设置Y轴位移量
myRectangle.RenderTransform = myTranslateTransform;//将位移变换赋值给矩形对象
```

## 7.2 旋转变换（RotateTransform）

旋转变换可以使对象产生一定角度的旋转。包括 Angle、CenterX 和 CenterY 3 个属性，如表 7-3 所示。

表 7-3 RotateTransform 的属性

| 属　性 | 说　明 |
|---|---|
| Angle | 旋转的角度，正数为顺时针转动，负数为逆时针 |
| CenterX | 中心点水平坐标，默认值为 0 |
| CenterY | 中心点垂直坐标，默认值为 0 |

**注意：** CenterX 与 CenterY 的默认值为 0，是在对象的 RenderTransformOrigin 属性基础上对中心点坐标的修正，单位是坐标而不是比例值。水平方向负数为左，正数为右；垂直方向负数为上，正数为向下。如需表示对象变换中心为往左 50 像素，往下 30 像素的点，即为 CenterX=－50、CenterY=30，旋转变换是围绕着这个点进行变换，而不是默认的对象中心。

### 7.2.1 在 XAML 中使用 RotateTransform

在 Blend 中绘制两个矩形，分别放在舞台的两侧。选中右边的矩形后，打开 Transform 面板，选择 Rotate 标签，设置其中的角度为 30，如图 7-4 所示。

图 7-4 在 Transform 面板中设置属性

生成的源代码如例程 7-3 所示，Canvas（画布）中有两个 Rectagle（矩形），其中第 2 个设置了 RotateTransform（旋转变换），Angle 角度为 30。

例程 7-3 RotateTransform 的示例代码

```
<Canvas x:Name="LayoutRoot" Background="White">
    <Rectangle Stroke="#FF686868" RadiusX="5" RadiusY="5" Height="200" Width="200" Canvas.Left=
"80" Canvas.Top="100" Fill="#FFD0D0D0"/>
    <Rectangle Stroke="#FF686868" RadiusX="5" RadiusY="5" Height="200" Width="200" Canvas.Left=
"370" Canvas.Top="100" Fill="#FFD0D0D0" RenderTransformOrigin="0.5,0.5">
        <Rectangle.RenderTransform>
            <TransformGroup>
                <ScaleTransform/>
                <SkewTransform/>
                <RotateTransform Angle="30" CenterX="0" CenterY="0"/>
                <TranslateTransform/>
            </TransformGroup>
        </Rectangle.RenderTransform>
    </Rectangle>
</Canvas>
```

运行效果如图 7-5 所示。

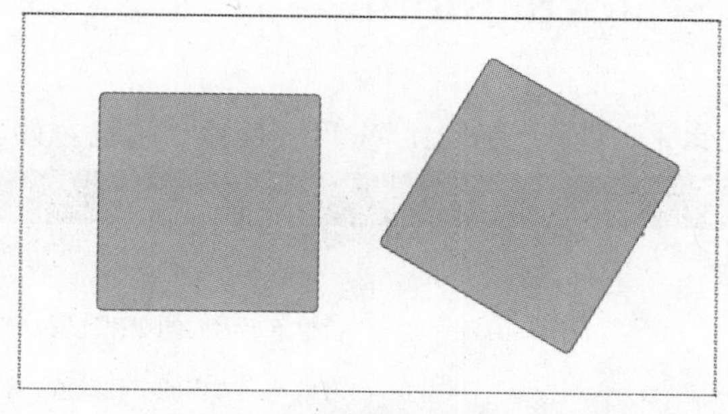

图 7-5 旋转变换应用效果

此时旋转变换是以对象的中心，即对象 RenderTransformOrigin 属性的默认值"0.5,0.5"发生变换的，如果我们想以其他点为中心发生变换，可以手动设置旋转变换的 CenterX 与 CenterY 属性，如：

```
<RotateTransform CenterX="50" CenterY="100" Angle="50"/>
```

### 7.2.2 在 C# 中使用 RotateTransform

在 C#中使用 RotateTransform 的代码如例程 7-4 所示，通过 RotateTransform 类新建旋转

变换的对象。

例程 7-4　在 C#中使用 RotateTransform 的示例代码

```
Rectangle myRectangle = new Rectangle();//新建矩形对象
myRectangle.Width = 200;
myRectangle.Height = 200;
myRectangle.Stroke = new SolidColorBrush(Colors.Black);
myRectangle.StrokeThickness = 1;
myRectangle.Fill = new SolidColorBrush(Colors.Gray);
LayoutRoot.Children.Add(myRectangle);
LayoutRoot.SetValue(Canvas.LeftProperty, 100.0);
LayoutRoot.SetValue(Canvas.TopProperty, 100.0);

RotateTransform myRotateTransform = new RotateTransform();//新建旋转变换对象
myRotateTransform.Angle = 30;//设置旋转角度
myRotateTransform.CenterX = 50;//设置中心点水平坐标
myRotateTransform.CenterY = 100; //设置中心点垂直坐标

myRectangle.RenderTransform = myRotateTransform;//将旋转变换对象赋给矩形的变换属性
```

## 7.3 缩放变换（ScaleTransform）

缩放变换能使对象在水平、垂直方向上产生尺寸变换，它包含如表 7-4 所示的 4 个属性。

表 7-4　ScaleTransform 的属性

| 属　性 | 说　明 |
|---|---|
| ScaleX | 对象水平方向的变化比值，默认值为 1 |
| ScaleY | 对象垂直方向的变化比值，默认值为 1 |
| CenterX | 中心点水平坐标，默认值为 0 |
| CenterY | 中心点垂直坐标，默认值为 0 |

### 7.3.1 在 XAML 中使用 ScaleTransform

同样的，在 Blend 中绘制两个矩形，分别放在舞台的两侧。选中右边的矩形后，打开 Transform 面板，选择 Scale 标签，设置其中的 ScaleX 为 0.6，ScaleY 为 1.5，如图 7-6 所示。

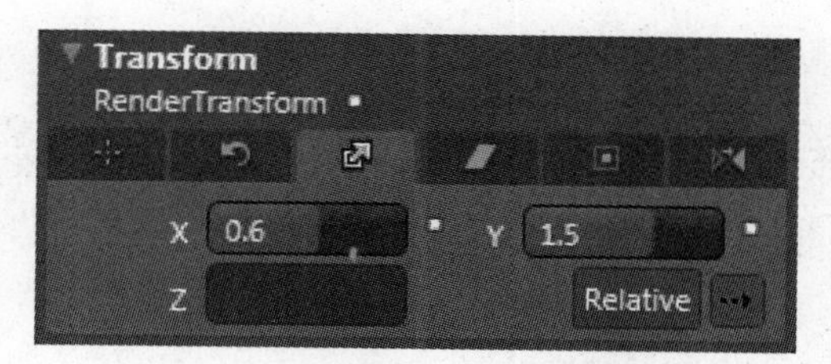


图 7-6　在 Transform 面板中设置属性

源代码如例程 7-5 所示，Canvas（画布）中包含了两个矩形，第 2 个矩形设置了缩放变换。

**例程 7-5　ScaleTransform 的示例代码**

```
<Canvas x:Name="LayoutRoot" Background="White">
    <Rectangle Stroke="#FF686868" RadiusX="5" RadiusY="5" Height="200" Width="200" Canvas.Left=
"80" Canvas.Top="100" Fill="#FFD0D0D0" />
    <Rectangle Stroke="#FF686868" RadiusX="5" RadiusY="5" Height="200" Width="200" Canvas.Left=
"370" Canvas.Top="100" Fill="#FFD0D0D0" RenderTransformOrigin="0.5,0.5">
        <Rectangle.RenderTransform>
            <TransformGroup>
                <ScaleTransform ScaleX="0.6" ScaleY="1.5"/>
                <SkewTransform/>
                <RotateTransform/>
                <TranslateTransform/>
            </TransformGroup>
        </Rectangle.RenderTransform>
    </Rectangle>
</Canvas>
```

效果如图 7-7 所示，第 2 个即右侧的矩形发生了相应的缩放变换，变换的中心就是矩形的几何中心。

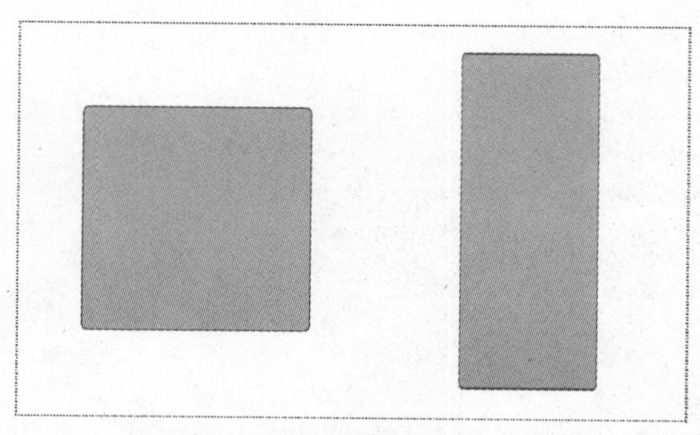

图 7-7　缩放变换应用效果

如果想让矩形以顶部为中心发生变换，则可以设置变换的 CenterY 属性，使变换中心点升高 100 像素，移至矩形顶部中心。代码如下：

```
<ScaleTransform CenterX="0" CenterY="-100" ScaleX="0.6" ScaleY="1.5"/>
```

效果如图 7-8 所示，矩形从顶部为中心发生缩放变换。

图 7-8　改变中心点后的应用效果

## 7.3.2　在 C#中使用 ScaleTransform

在 C#中使用 ScaleTransform，要使用 ScaleTransform 类新建缩放变换对象，并赋值给发生变换对象的 RenderTransform 属性，如例程 7-6 所示。

**例程 7-6　在 C#中使用 ScaleTransform 的示例代码**

```
Rectangle myRectangle = new Rectangle();//新建一个矩形对象
myRectangle.Width = 200;
myRectangle.Height = 200;
myRectangle.Stroke = new SolidColorBrush(Colors.Black);
myRectangle.StrokeThickness = 1;
myRectangle.Fill = new SolidColorBrush(Colors.Gray);
LayoutRoot.Children.Add(myRectangle);
LayoutRoot.SetValue(Canvas.LeftProperty, 100.0);
LayoutRoot.SetValue(Canvas.TopProperty, 100.0);

ScaleTransform myScaleTransform = new ScaleTransform();//新建缩放变换对象
myScaleTransform.ScaleX = 0.6;//设置 X 轴缩放变换比例为 0.6
myScaleTransform.ScaleY = 1.5; //设置 Y 轴缩放变换比例为 1.5
myScaleTransform.CenterX = 0; //设置 X 轴变换中心为 0
myScaleTransform.CenterY = -100;//设置 Y 轴变换中心为-100

myRectangle.RenderTransform = myScaleTransform; //将变换对象赋值给矩形的变换属性
```

# 7.4 扭曲变换（SkewTransform）

扭曲变换可以使对象在水平、垂直方向上发生一定角度的扭曲，包括如表 7-5 所示的 4 个属性。

表 7-5 SkewTransform 的属性

| 属 性 | 说 明 |
|---|---|
| AngleX | 对象水平方向的扭曲角度，默认值为 0 |
| AngleY | 对象垂直方向的扭曲角度，默认值为 0 |
| CenterX | 中心点水平坐标，默认值为 0 |
| CenterY | 中心点垂直坐标，默认值为 0 |

## 7.4.1 在 XAML 中使用 SkewTransform

在 Blend 中绘制两个矩形，分别放在舞台的两侧。先选中左边的矩形，打开 Transform 面板，选择 Skew 标签，设置其中的 AngleX 为 20，AngleY 为 0。类似地，设置右边的矩形 AngleX 为 0，AngleY 为-20。这样就分别对两个矩形进行了 X 轴和 Y 轴的扭曲变换。

生成的 XAML 代码如例程 7-7 所示，每个矩形都包含了一组变换属性，其中 SkewTransform 属性被设置了相应的值。

例程 7-7 SkewTransform 的示例代码

```
    <Canvas x:Name="LayoutRoot" Background="White">
       <Rectangle   Stroke="#FF686868"   RadiusX="5"   RadiusY="5"   Height="200"   Width="200"
Canvas.Left="80" Canvas.Top="100" Fill="#FFD0D0D0" RenderTransformOrigin="0.5,0.5">
          <Rectangle.RenderTransform>
             <TransformGroup>
                <ScaleTransform/>
                <SkewTransform AngleX="20" AngleY="0"/>
                <RotateTransform/>
                <TranslateTransform/>
             </TransformGroup>
          </Rectangle.RenderTransform>
       </Rectangle>
       <Rectangle   Stroke="#FF686868"   RadiusX="5"   RadiusY="5"   Height="200"   Width="200"
Canvas.Left="370" Canvas.Top="100" Fill="#FFD0D0D0" RenderTransformOrigin="0.5,0.5">
          <Rectangle.RenderTransform>
```

```
            <TransformGroup>
                <ScaleTransform/>
                <SkewTransform AngleX="0" AngleY="-20"/>
                <RotateTransform/>
                <TranslateTransform/>
            </TransformGroup>
        </Rectangle.RenderTransform>
    </Rectangle>
</Canvas>
```

效果如图 7-9 所示，两个矩形都发生了扭曲，左侧的为沿 X 轴水平方向的扭曲，右侧的为沿 Y 轴垂直方向的扭曲，请读者对比观察其中的差别。

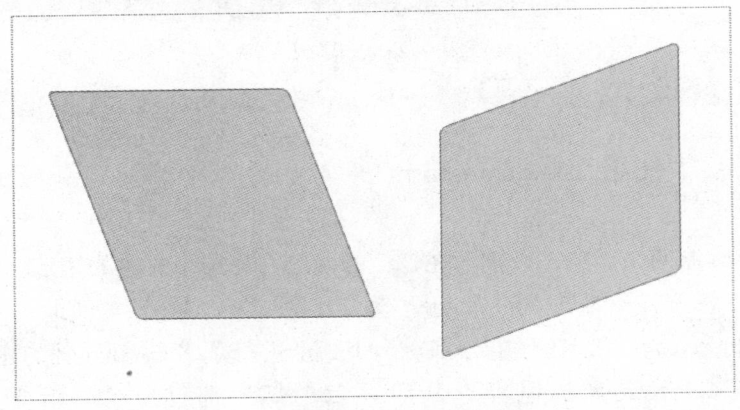

图 7-9　扭曲变换应用效果

CenterX 与 CenterY 的设置与作用和前几个变换类似，这里不再赘述。

### 7.4.2　在 C# 中使用 SkewTransform

在 C#中使用 SkewTransform 的方法也与前几个变换类似，如例程 7-8 所示。

例程 7-8　在 C#中使用 SkewTransform 的示例代码

```
Rectangle myRectangle = new Rectangle();
myRectangle.Width = 200;
myRectangle.Height = 200;
myRectangle.Stroke = new SolidColorBrush(Colors.Black);
myRectangle.StrokeThickness = 1;
myRectangle.Fill = new SolidColorBrush(Colors.Gray);
LayoutRoot.Children.Add(myRectangle);
LayoutRoot.SetValue(Canvas.LeftProperty, 100.0);
```

```
LayoutRoot.SetValue(Canvas.TopProperty, 100.0);

SkewTransform mySkewTransform = new SkewTransform();//新建扭曲变换对象
mySkewTransform.AngleX = 30;//设置X轴扭曲角度为30
mySkewTransform.AngleY = -20; //设置Y轴扭曲角度为-20
mySkewTransform.CenterX = 0;
mySkewTransform.CenterY = 0;

myRectangle.RenderTransform = mySkewTransform;//将变换对象赋值给矩形的变换属性
```

# 7.5　变换组合（TransformGroup）

在前面的例子中我们已经知道，变换组合可以使多种变换共同运用到一个对象上，操作起来也比较简单，只需要给 XAML 中<TransformGroup>标签内的每种变换设置上相应的属性即可。

但需要注意的是，变换组合内包含变换的顺序不同，产生的效果往往也不同。如例程 7-9 所示的代码，两个矩形含有相同的变换和设置，但包含的顺序不一样，就产生了完全不同的效果。

**例程 7-9　使用 TransformGroup 的示例代码**

```
<Canvas x:Name="LayoutRoot" Background="White">
    <Rectangle  Stroke="#FF686868"  RadiusX="5"  RadiusY="5"  Height="200"  Width="200"
Canvas.Left="80" Canvas.Top="100" Fill="#FFD0D0D0" RenderTransformOrigin="0.5,0.5">
        <Rectangle.RenderTransform>
            <TransformGroup>
                <ScaleTransform ScaleX="0.8" ScaleY="1" />
                <SkewTransform AngleX="20" AngleY="0"/>
                <RotateTransform Angle="100"/>
                <TranslateTransform/>
            </TransformGroup>
        </Rectangle.RenderTransform>
    </Rectangle>
    <Rectangle  Stroke="#FF686868"  RadiusX="5"  RadiusY="5"  Height="200"  Width="200"
Canvas.Left="370" Canvas.Top="100" Fill="#FFD0D0D0" RenderTransformOrigin="0.5,0.5">
        <Rectangle.RenderTransform>
            <TransformGroup>
                <RotateTransform Angle="100"/>
                <SkewTransform AngleX="20" AngleY="0"/>
                <ScaleTransform ScaleX="0.8" ScaleY="1" />
```

```
            </TransformGroup>
        </Rectangle.RenderTransform>
    </Rectangle>
</Canvas>
```

效果如图 7-10 所示，两个组合变换产生了不同的效果。

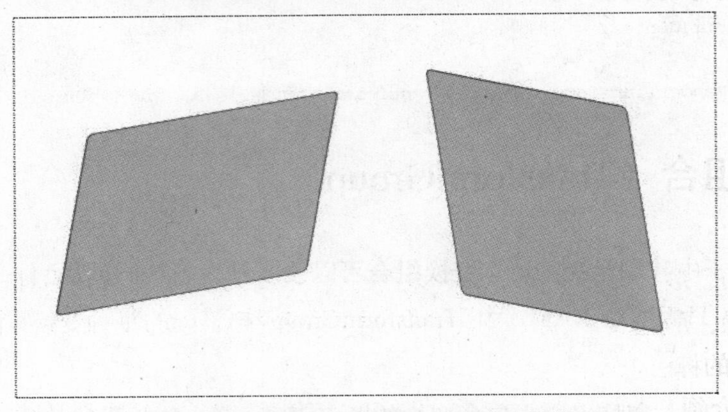

图 7-10　使用 TransformGroup 应用效果

## 7.6　小结

Silverlight 中提供了多种变换类，能够根据需求使用相应的类来变换对象。Blend 中有 Transform（变换）面板可以很方便地为对象添加变换并且设置参数。

在 C#中使对象产生变换的方法，是声明适当的 Transform 类型，并将其应用于对象的 RenderTransform 属性。如果需要对一个对象使用多个变换，可以使用 TransformGroup 类将多种变换封装，然后将其应用于需要产生变换的对象。

# 第 8 章

# 动 画

动画使用运动、形状变化和交互性增加应用程序的画面表现力。通过使用动画，如改变对象的位置、形状或颜色，可以向用户传达有用的视觉提示，提高用户体验。同时动画功能也是 RIA 的标志性功能之一。

本章将首先介绍一个使用 Silvelight 动画的实例，然后对 Silverlight 的普通动画和关键帧动画系统分别做详细介绍。

## 8.1 动画实例：使椭圆淡入或淡出

在 Silverlight 中，Storyboard（故事板）是各种动画的载体，其中可以包装一个或多个动画。控制故事板的开始与结束可以实现运行动画的效果。

我们先通过一个例子演示如何制作改变透明度的 Storyboard，其中嵌入了一个动画，通过改变椭圆对象的 Opacity（透明度）属性，使其实现淡入或淡出的效果。

### 8.1.1 在 Blend 中创建故事板与动画

首先建立一个 Rectangle（矩形）对象，命名为 myRectangle，设置长宽均为 200，透明度为 1，然后放在 Grid 中，如例程 8-1 所示。

例程 8-1 XAML 文件示例代码

```
<UserControl
xmlns="http://schemas.microsoft.com/winfx/2006/xaml/presentation"
xmlns:x="http://schemas.microsoft.com/winfx/2006/xaml"
x:Class="SilverlightAnimation.Page"
```

```
Width="640" Height="480">

<Grid x:Name="LayoutRoot" Background="White">
    <Rectangle x:Name="myRectangle" Width="200" Height="200" Fill="Blue" Opacity="1" />
</Grid>

</UserControl>
```

代码的运行效果如图 8-1 所示。

图 8-1　在舞台上添加一个矩形对象

单击对象和时间轴面板中的 + 按钮，添加一个新的故事板，命名为 mouseLeaveStoryboard，如图 8-2 所示。

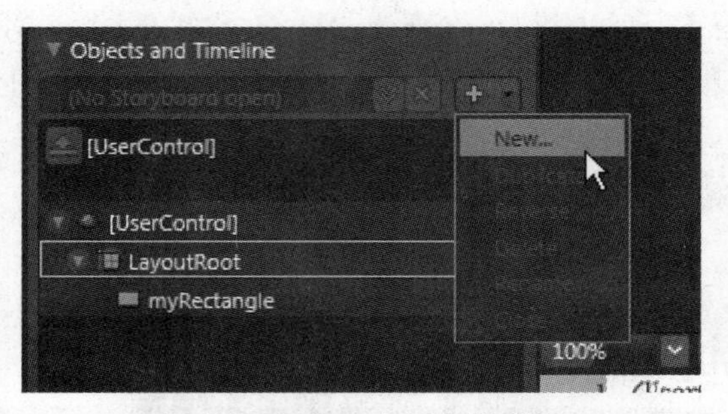


图 8-2　添加一个新的故事板

命名完成后，面板自动展开显示时间轴，如图 8-3 所示。左侧显示当前选中的对象，右边的时间轴用于添加关键帧创建动画，时间轴上的黄色的线是播放头，代表当前选中的时间点，默认在 0:00.000 秒的起始位置。

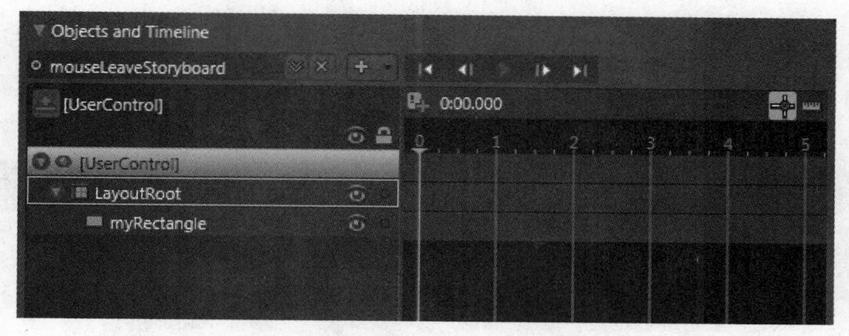


图 8-3　新建故事板的时间轴

选中矩形 myRectangle，拖动播放头至 1 即 1 秒的位置，如图 8-4 所示。

图 8-4　拖动至 1 秒处

打开属性面板，设置 Opactiy 属性为 50，即 50%的透明度，舞台上的矩形也呈现半透明的状态。同时时间轴上矩形在播放头即 1 秒的位置，出现了一个灰色的椭圆点，这代表在此位置上添加了一个关键帧，如图 8-5 所示。

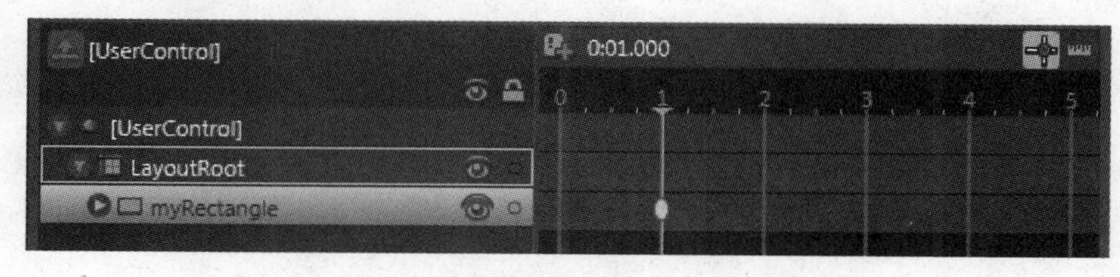


图 8-5　在 1 秒处添加了一个关键帧

单击中的播放按钮，即可在舞台中观察此动画的效果。单击关闭按钮，结束这个故事板的编辑，如图 8-6 所示。

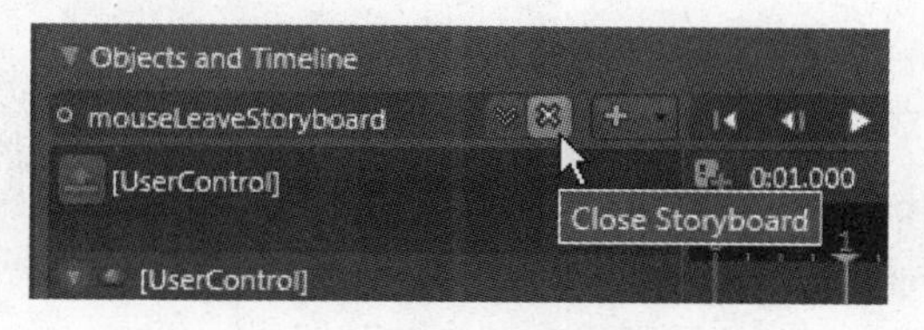


图 8-6　关闭故事板的编辑

至此，我们就完成了一个故事板 mouseLeaveStoryboard 的编辑，这个故事板中包含了一个动画，效果是使矩形 myRectangle 的透明度变为 50%。打开 XAML 面板，可以显示添加故事板后的代码，如例程 8-2 所示。

**例程 8-2　添加故事板后的 XAML 文件示例代码**

```
<UserControl
    xmlns="http://schemas.microsoft.com/winfx/2006/xaml/presentation"
    xmlns:x="http://schemas.microsoft.com/winfx/2006/xaml"
    x:Class="SilverlightAnimation.Page"
    Width="640" Height="480">
    <UserControl.Resources>
        <Storyboard x:Name="mouseLeaveStoryboard">
            <DoubleAnimationUsingKeyFrames
                    BeginTime="00:00:00"
                    Storyboard.TargetName="myRectangle"
                    Storyboard.TargetProperty="(UIElement.Opacity)">
                <SplineDoubleKeyFrame KeyTime="00:00:01" Value="0.5"/>
            </DoubleAnimationUsingKeyFrames>
        </Storyboard>
    </UserControl.Resources>

    <Grid x:Name="LayoutRoot" Background="White">
     <Rectangle x:Name="myRectangle" Width="200" Height="200" Fill="Blue" Opacity="1" />
    </Grid>

</UserControl>
```

### 8.1.2　在 XAML 中直接编辑故事板与动画

如 XAML 代码所示，其中比之前的例程 8-2 增加了 UserControl.Resources 资源标签，它包含了一个 Storyboard 故事板标签，里面有一个 DoubleAnimationUsingKeyFrames 动画（以下简称为 Double 动画）标签，Double 标签里有一个 SplineDoubleKeyFrame 关键帧标签。这些标签共同定义了由一个 Double 动画组成的 Storyboard 故事版。

如这个 XAML 文件所示，其中的 Double 动画定义了应用动画的对象为 myRectangle，应用的属性为 UIElement.Opacity，关键帧定义了关键帧的时间点为 00:00:01（即 1 秒），值为 0.5（即 50%），与刚才制作动画时的设置一致。

类似地，再来创建一个故事板 mouseEnterStoryboard，我们既可以使用刚才的步骤进行创建，也可以直接在 XAML 中添加。方法很简单，复制已有的 Storyboard 标签，然后与其并列地粘贴至 UserControl.Resources 中，然后修改 Storyboard 的 x:Name 名字属性为 mouseEnterStoryboard，并修改关键帧的 Value 值为 1。添加后的代码如例程 8-3 所示。

例程 8-3　添加两个故事板后的 XAML 文件示例代码

```
<UserControl
    xmlns="http://schemas.microsoft.com/winfx/2006/xaml/presentation"
    xmlns:x="http://schemas.microsoft.com/winfx/2006/xaml"
    x:Class="SilverlightAnimation.Page"
    Width="640" Height="480">
    <UserControl.Resources>
        <Storyboard x:Name="mouseLeaveStoryboard">
            <DoubleAnimationUsingKeyFrames
                    BeginTime="00:00:00"
                    Storyboard.TargetName="myRectangle"
                    Storyboard.TargetProperty="(UIElement.Opacity)">
                <SplineDoubleKeyFrame KeyTime="00:00:01" Value="0.5"/>
            </DoubleAnimationUsingKeyFrames>
        </Storyboard>
        <Storyboard x:Name="mouseEnterStoryboard">
            <DoubleAnimationUsingKeyFrames
                    BeginTime="00:00:00"
                    Storyboard.TargetName="myRectangle"
                    Storyboard.TargetProperty="(UIElement.Opacity)">
                <SplineDoubleKeyFrame KeyTime="00:00:01" Value="1"/>
            </DoubleAnimationUsingKeyFrames>
        </Storyboard>
    </UserControl.Resources>

    <Grid x:Name="LayoutRoot" Background="White">
     <Rectangle x:Name="myRectangle" Width="200" Height="200" Fill="Blue" Opacity="1" />
    </Grid>

</UserControl>
```

### 8.1.3　为故事板添加响应事件

我们要使已创建的两个故事板与舞台上矩形的两个事件关联：当鼠标移入矩形时，运行故事板 mouseEnterStoryboard；当移出时，运行 mouseLeaveStoryboard。

用 Visual Studio 调用此工程，双击打开 Page.xaml 文件，在 Rectangle 标签中加入 MouseEnter 事件。此时会出现代码智能感应，提示新建事件响应函数，如图 8-7 所示。

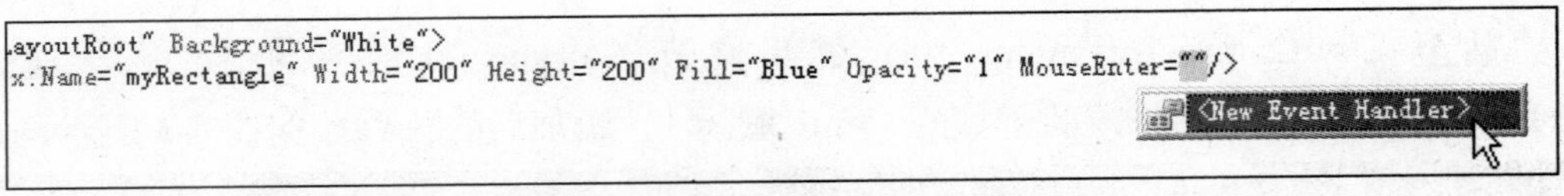

```
.ayoutRoot" Background="White">
x:Name="myRectangle" Width="200" Height="200" Fill="Blue" Opacity="1" MouseEnter=""/>
                                                          <New Event Handler>
```

图 8-7　提示新建响应函数

此时会自动为 MouseEnter 事件添加响应函数，名称为 myRectangle_MouseEnter，并且在 Page.xaml.cs 中自动生成此函数，如图 8-8 所示。

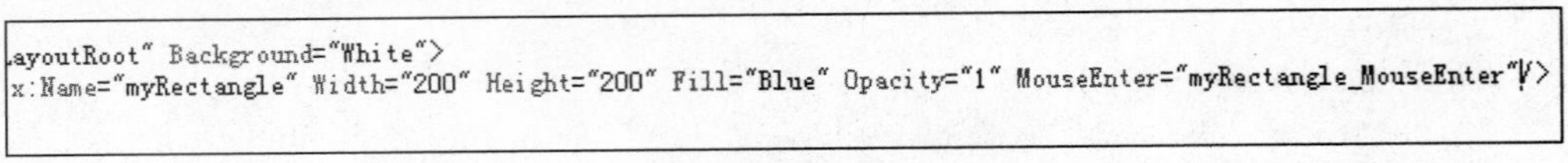

```
.ayoutRoot" Background="White">
x:Name="myRectangle" Width="200" Height="200" Fill="Blue" Opacity="1" MouseEnter="myRectangle_MouseEnter"/>
```

图 8-8　自动生成函数名称

打开 Page.xaml.cs，会使鼠标移入矩形时运行 mouseEnterStoryboard 故事板，在函数 myRectangle_MouseEnter 中添加代码：

```
mouseEnterStoryboard.Begin();
```

类似地，在 XAML 中为 Rectangle 标签添加 MouseLeave 标签，添加响应函数名称为 myRectangle_MouseLeave，并在函数中运行 mouseLeaveStoryboard 故事板。

至此，动画实例制作完毕，按“F5”键编译运行，效果应为当鼠标移入矩形时，透明度变为 50%；当移出时，矩形透明度恢复正常。完成后的 Page.xaml 与 Page.xaml.cs 的代码分别如例程 8-4 与例程 8-5 所示。

**例程 8-4　Page.xaml 文件示例代码**

```
<UserControl
    xmlns="http://schemas.microsoft.com/winfx/2006/xaml/presentation"
    xmlns:x="http://schemas.microsoft.com/winfx/2006/xaml"
    x:Class="SilverlightAnimation.Page"
    x:Class="AnimationSample.Page"
    <UserControl.Resources>
        <Storyboard x:Name="mouseLeaveStoryboard">
            <DoubleAnimationUsingKeyFrames
                    BeginTime="00:00:00"
                    Storyboard.TargetName="myRectangle"
                    Storyboard.TargetProperty="(UIElement.Opacity)">
                <SplineDoubleKeyFrame KeyTime="00:00:01" Value="0.5"/>
            </DoubleAnimationUsingKeyFrames>
        </Storyboard>
        <Storyboard x:Name="mouseEnterStoryboard">
            <DoubleAnimationUsingKeyFrames
                    BeginTime="00:00:00"
```

```
                    Storyboard.TargetName="myRectangle"
                    Storyboard.TargetProperty="(UIElement.Opacity)">
                <SplineDoubleKeyFrame KeyTime="00:00:01" Value="1"/>
            </DoubleAnimationUsingKeyFrames>
        </Storyboard>
    </UserControl.Resources>

    <Grid x:Name="LayoutRoot" Background="White">
     <Rectangle x:Name="myRectangle" Width="200" Height="200"
                Fill="Blue" Opacity="0.5" MouseEnter="myRectangle_MouseEnter"
                MouseLeave="myRectangle_MouseLeave"/>
    </Grid>

</UserControl>
```

**例程 8-5　Page.xaml.cs 文件示例代码**

```
using System;
using System.Windows;
using System.Windows.Controls;
using System.Windows.Documents;
using System.Windows.Ink;
using System.Windows.Input;
using System.Windows.Media;
using System.Windows.Media.Animation;
using System.Windows.Shapes;

namespace AnimationSample
{
    public partial class Page : UserControl
    {
        public Page()
        {
            // Required to initialize variables
            InitializeComponent();
        }

    private void myRectangle_MouseEnter(object sender, MouseEventArgs e)
        {
            mouseEnterStoryboard.Begin();
        }

        private void myRectangle_MouseLeave(object sender, MouseEventArgs e)
        {
```

```
                    mouseLeaveStoryboard.Begin();
                }

            }
        }
```

以上我们用较为详尽的例子介绍了 Silverlight 动画的制作方法，下面将详细介绍 Silverlight 的动画系统与主要组成部分。

# 8.2 Silverlight 动画介绍

在 Silverlight 中，可以对 Double、Color 和 Point 类型的属性建立动画，针对不同类型 Silverlight 提供了对应的动画类与关键帧动画类，如表 8-1 所示为这几种动画类型对应的类和简要说明。

表 8-1 动画类型对应的类及其说明

| 属性类型 | 对应的常规动画类 | 对应的关键帧动画类 | 说　明 |
| --- | --- | --- | --- |
| Color | ColorAnimation | ColorAnimationUsingKeyFrames | 使具有 Color 类型属性的笔刷或者渐变点的颜色产生动画 |
| Double | DoubleAnimation | DoubleAnimationUsingKeyFrames | 使具有 Double 类型的属性产生动画，如矩形等界面对象的长和宽 |
| Point | PointAnimation | PointAnimationUsingKeyFrames | 使具有 Point 类型的属性产生动画，如对象的位置坐标 |

每类属性都对应着普通动画和关键帧动画两种动画类，本节将详细介绍如何使用普通动画类，关键帧动画类的使用介绍请见下一节。

## 8.2.1 常规动画类的公共属性

在 Silverlight 中实现动画效果，需要新建一个动画对象，先设置应用该动画的对象元素的名称和相应的属性，然后设置动画的时间、变化值等参数来产生动画。在动画中常用的属性如表 8-2 所示。

除以上属性外，还要使用 From、To、和 By 属性设置动画开始、结束点的目标值，如表 8-3 所示。

表 8-2　动画中常用属性及其说明

| 属　性 | 说　明 |
| --- | --- |
| Duration | 设置动画时间长度，如“3:40:3.5”代表 3 小时 40 分 3.5 秒 |
| RepeatBehavior | 当动画播放完成时，是否自动向反方向播放 |
| AutoReverse | 设置动画播放的重复次数或重复行为的特性 |
| Storyboard.TargetName | 设置使用该动画的对象 |
| Storyboard.TargetProperty | 设置使用该动画的属性 |

表 8-3　其他属性及其说明

| 属　性 | 说　明 |
| --- | --- |
| From | 设置动画开始时的起始值 |
| To | 设置动画完成时的结束值 |
| By | 动画完成时相对于起始值的偏移值 |

以上 3 个属性均只可单独设置其中一个，也可配合使用，当同时设置了 From 与 To 时，即为简单的由 From 到 To 的动画；当同时设置了 From 与 By 时，动画效果为相对于 From 发生了 By 的偏移；当同时设置了 To 与 By 时，则采用 To 的设置，忽略 By。

## 8.2.2　使用 DoubleAnimation 动画

DoubleAnimation 动画是最常用的动画，用于使 Double 类型的属性在指点时间内两点之间发生线性变化，以形成动画的效果。

以本章第 1 节的效果为例，如果使用 DoubleAnimation，则代码更新如例程 8-6 所示。

例程 8-6　DoubleAnimation 示例代码

```
<UserControl
    xmlns="http://schemas.microsoft.com/winfx/2006/xaml/presentation"
    xmlns:x="http://schemas.microsoft.com/winfx/2006/xaml"
    x:Class="DoubleAnimationSample.Page"
    Width="640" Height="480">
    <UserControl.Resources>
        <Storyboard x:Name="mouseLeaveStoryboard">
            <DoubleAnimation
                BeginTime="00:00:00"  To="0.5"
                Storyboard.TargetName="myRectangle"
                Storyboard.TargetProperty="(UIElement.Opacity)"/>
```

```
        </Storyboard>
        <Storyboard x:Name="mouseEnterStoryboard">
            <DoubleAnimation
                BeginTime="00:00:00"  To="1"
                Storyboard.TargetName="myRectangle"
                Storyboard.TargetProperty="(UIElement.Opacity)"/>
        </Storyboard>
    </UserControl.Resources>

    <Grid x:Name="LayoutRoot" Background="White">
     <Rectangle  x:Name="myRectangle"  Width="200"  Height="200"  Fill="Blue"  Opacity="0.5"
MouseEnter="myRectangle_MouseEnter" MouseLeave="myRectangle_MouseLeave"/>
   </Grid>

</UserControl>
```

同样的效果如果用 C#实现，就需要使用 Storyboard 类新建故事板、用 DoubleAnimation 类新建动画，如例程 8-7 所示。

**例程 8-7　DoubleAnimation 示例代码**

```
using System;
using System.Windows;
using System.Windows.Controls;
using System.Windows.Documents;
using System.Windows.Ink;
using System.Windows.Input;
using System.Windows.Media;
using System.Windows.Media.Animation;
using System.Windows.Shapes;

namespace DoubleAnimationCSharpSample
{
    public partial class Page : UserControl
    {
     private Storyboard mouseEnterStoryboard;
     private Storyboard mouseLeaveStoryboard;
     private DoubleAnimation mouseEnterDoubleAnimaition;
     private DoubleAnimation mouseLeaveDoubleAnimaition;
        public Page()
        {
            // Required to initialize variables
            InitializeComponent();
```

```
            mouseEnterStoryboard = new Storyboard();
            mouseEnterDoubleAnimaition = new DoubleAnimation();
            Storyboard.SetTarget(mouseEnterDoubleAnimaition, myRectangle);
            Storyboard.SetTargetProperty(mouseEnterDoubleAnimaition,
                                      new PropertyPath("(Rectangle.Opacity)"));
            mouseEnterDoubleAnimaition.To = 1;
            mouseEnterStoryboard.Duration = new Duration(new TimeSpan(0, 0, 1));
            mouseEnterStoryboard.Children.Add(mouseEnterDoubleAnimaition);

            mouseLeaveStoryboard = new Storyboard();
            mouseLeaveDoubleAnimaition = new DoubleAnimation();
            Storyboard.SetTarget(mouseLeaveDoubleAnimaition, myRectangle);
            Storyboard.SetTargetProperty(mouseLeaveDoubleAnimaition,
                                      new PropertyPath("(Rectangle.Opacity)"));
            mouseLeaveDoubleAnimaition.To = 0.5;
            mouseEnterStoryboard.Duration = new Duration(new TimeSpan(0, 0, 1));
            mouseLeaveStoryboard.Children.Add(mouseLeaveDoubleAnimaition);

        }

        private void myRectangle_MouseEnter(object sender, MouseEventArgs e)
        {
            mouseEnterStoryboard.Begin();
        }

        private void myRectangle_MouseLeave(object sender, MouseEventArgs e)
        {
            mouseLeaveStoryboard.Begin();
        }
    }
}
```

### 8.2.3 使用 ColorAnimation 动画

ColorAnimation 可以使界面对象在两个时间点间发生颜色的渐变动画。如绘制一个矩形，当鼠标单击时由灰色变为红色，制作步骤如下。

新建 Silverlight 工程，在舞台中绘制一个矩形，命名为 myRectangle，并加入以下 ColorAnimation 动画代码，其中设置了动画起始和结束时的颜色分别为#FFBDBDBD 和#FFBF0808。

```
    <UserControl.Resources>
```

```
        <Storyboard x:Name="colorStoryboard">
            <ColorAnimation From="#FFBDBDBD" To="#FFBF0808" BeginTime="00:00:00"
                        Storyboard.TargetName="myRectangle"
                        Storyboard.TargetProperty="(Shape.Fill).(SolidColorBrush.Color)"/>
        </Storyboard>
    </UserControl.Resources>
```

然后为矩形添加一个 MouseLeftButtonUp 鼠标左键单击事件，并设置响应函数为 myRectangle_MouseLeftButtonUp，然后在文件 Page.xaml.cs 里为此函数添加控制动画运行的代码：

```
colorStoryboard.Begin();
```

完成后的 Page.xaml 文件如例程 8-8 所示。

**例程 8-8　ColorAnimation 示例代码**

```
<UserControl
    xmlns="http://schemas.microsoft.com/winfx/2006/xaml/presentation"
    xmlns:x="http://schemas.microsoft.com/winfx/2006/xaml"
    x:Class="ColorAnimationXAMLSample.Page"
    Width="640" Height="480">
    <UserControl.Resources>
        <Storyboard x:Name="colorStoryboard">
            <ColorAnimation From="#FFBDBDBD" To="#FFBF0808" BeginTime="00:00:00"
                        Storyboard.TargetName="myRectangle"
                        Storyboard.TargetProperty="(Shape.Fill).(SolidColorBrush.Color)"/>
        </Storyboard>
    </UserControl.Resources>

    <Grid x:Name="LayoutRoot" Background="White">
        <Rectangle x:Name="myRectangle" Width="200" Height="200" Fill="Blue" Opacity="1"
                        MouseLeftButtonUp="myRectangle_MouseLeftButtonUp"/>
    </Grid>
</UserControl>
```

同样的效果用 C#实现的方法如例程 8-9 所示。

**例程 8-9　ColorAnimation 示例代码**

```
using System;
using System.Windows;
using System.Windows.Controls;
using System.Windows.Documents;
using System.Windows.Ink;
using System.Windows.Input;
```

```
using System.Windows.Media;
using System.Windows.Media.Animation;
using System.Windows.Shapes;

namespace ColorAnimationCSharpSample
{
   public partial class Page : UserControl
   {
      private Storyboard colorStoryboard;
      private ColorAnimation colorDoubleAnimaition;
      public Page()
      {
         // Required to initialize variables
         InitializeComponent();

         colorStoryboard = new Storyboard();
         colorDoubleAnimaition = new ColorAnimation();
         Storyboard.SetTarget(colorDoubleAnimaition, myRectangle);
         Storyboard.SetTargetProperty(colorDoubleAnimaition,
                   new PropertyPath("(xShape.Fill).(SolidColorBrush.Color)"));
         colorDoubleAnimaition.From = Color.FromArgb(255, 189, 189, 189);
         colorDoubleAnimaition.To = Color.FromArgb(255, 191, 8, 8);
         colorStoryboard.Duration = new Duration(new TimeSpan(0, 0, 1));
         colorStoryboard.Children.Add(colorDoubleAnimaition);
      }

      private void myRectangle_MouseLeftButtonUp(object sender, MouseButtonEventArgs e)
      {
         colorStoryboard.Begin();
      }
   }
}
```

### 8.2.4　使用 PointAnimation 动画

PointAnimation 可以使界面对象在两个时间点间发生位置移动的渐变动画。如绘制一个路径，对其中的椭圆形状应用此动画，当鼠标单击时发生移动，制作步骤如下。

新建 Silverlight 工程，编辑 Page.xaml，加入以下代码，在舞台中加入一个路径，其中包含了一个叫做 myEllipse 的黄色椭圆形状。

```
<Path Fill="Yellow" >
```

```
        <Path.Data>
            <EllipseGeometry
                x:Name="myEllipseGeometry" Center="200,100" RadiusX="60" RadiusY="45" />
        </Path.Data>
    </Path>
```

加入以下 ColorAnimation 动画代码，其中设置了动画起始和结束时的坐标位置，分别为（100,100）和（400,300）。

```
<UserControl.Resources>
    <Storyboard x:Name="pointStoryboard">
        <PointAnimation From="100,100" To="400,300" BeginTime="00:00:00"
            Storyboard.TargetName="myEllipseGeometry"
            Storyboard.TargetProperty="Center"/>
    </Storyboard>
</UserControl.Resources>
```

然后为路径添加一个 MouseLeftButtonUp 鼠标左键单击事件，并设置响应函数为 myRectangle_Path_MouseLeftButtonDown，然后在文件 Page.xaml.cs 里为此函数添加控制动画运行的代码：

```
pointStoryboard.Begin();
```

完成后的 Page.xaml 文件如例程 8-10 所示。

**例程 8-10　PointAnimation 示例代码**

```
<UserControl
    xmlns="http://schemas.microsoft.com/winfx/2006/xaml/presentation"
    xmlns:x="http://schemas.microsoft.com/winfx/2006/xaml"
    x:Class="PointAnimationXAMLSample.Page"
    Width="640" Height="480">
    <UserControl.Resources>
        <Storyboard x:Name="pointStoryboard">
            <PointAnimation From="100,100" To="400,300" BeginTime="00:00:00"
                Storyboard.TargetName="myEllipseGeometry"
                Storyboard.TargetProperty="Center"/>
        </Storyboard>
    </UserControl.Resources>

    <Grid x:Name="LayoutRoot" Background="White">
     <Path Fill="Yellow" MouseLeftButtonDown="Path_MouseLeftButtonDown">
        <Path.Data>
            <!-- Describes an ellipse. -->
            <EllipseGeometry x:Name="myEllipseGeometry" Center="200,100"
```

```
                    RadiusX="60" RadiusY="45" />
        </Path.Data>
      </Path>
    </Grid>
</UserControl>
```

同样的效果用 C#实现的方法如例程 8-11 所示。

**例程 8-11　PointAnimation 示例代码**

```
using System;
using System.Windows;
using System.Windows.Controls;
using System.Windows.Documents;
using System.Windows.Ink;
using System.Windows.Input;
using System.Windows.Media;
using System.Windows.Media.Animation;
using System.Windows.Shapes;

namespace PointAnimationCSharpSample
{
    public partial class Page : UserControl
    {
        private Storyboard pointStoryboard;
        private PointAnimation pointDoubleAnimaition;
        public Page()
        {
            // Required to initialize variables
            InitializeComponent();

            pointStoryboard = new Storyboard();
            pointDoubleAnimaition = new PointAnimation();
            Storyboard.SetTarget(pointDoubleAnimaition, myEllipseGeometry);
            Storyboard.SetTargetProperty(pointDoubleAnimaition, new PropertyPath("Center"));
            pointDoubleAnimaition.From = new Point(100.0, 100.0);
            pointDoubleAnimaition.To = new Point(400.0, 300.0);
            pointStoryboard.Duration = new Duration(new TimeSpan(0, 0, 1));
            pointStoryboard.Children.Add(pointDoubleAnimaition);

        }

        private void Path_MouseLeftButtonDown(object sender, MouseButtonEventArgs e)
        {
```

```
            pointStoryboard.Begin();
        }
    }
}
```

## 8.3 使用 Silverlight 关键帧动画

如前文所述，Double、Color、Point 属性都对应着普通动画和关键帧动画两种动画类。它们之间主要的区别就在于普通动画只能实现两个时间点之间的变化，而关键帧动画可以实现一组时间点上的连续变化，使用时比普通动画复杂一点，但也更灵活。关键帧动画与普通动画在设置属性方面有很多相似之处，包括如表 8-4 所示的几种属性。

表 8-4　关键帧动画的属性及其说明

| 属　性 | 说　明 |
|---|---|
| Duration | 设置动画时间长度，如“3:40:3.5”代表 3 小时 40 分 3.5 秒 |
| RepeatBehavior | 当动画播放完成时，是否自动向反方向播放 |
| AutoReverse | 设置动画播放的重复次数或重复行为的特性 |
| Storyboard.TargetName | 设置使用该动画的对象 |
| Storyboard.TargetProperty | 设置使用该动画的属性 |

但是，在设置关键时间点方面关键帧动画与普通动画有很大不同，关键帧动画中不是使用 From、To、By 设置的，下面就对这几种关键帧动画进行分别介绍。

### 8.3.1 使用 DoubleAnimationUsingKeyFrames 关键帧动画

DoubleAnimationUsingKeyFrames 动画是针对 Double 类型属性的关键帧动画。实际上，在第 1 节中的动画实例中，我们使用 Blend 创建出来的就是 Double 关键帧动画。里面只包含了一个关键帧，即结束时的属性值。下面我们来看一个包括多个关键帧的动画，如例程 8-12 所示。

例程 8-12　DoubleAnimationUsingKeyFrames 示例代码

```
<UserControl
    xmlns="http://schemas.microsoft.com/winfx/2006/xaml/presentation"
    xmlns:x="http://schemas.microsoft.com/winfx/2006/xaml"
    x:Class="DoubleAnimationKeyFrameXAMLSample.Page"
    Width="640" Height="480">
```

```
    <UserControl.Resources>
      <Storyboard x:Name="doubleKeyFrameStoryboard">
           <DoubleAnimationUsingKeyFrames BeginTime="00:00:00"
           Storyboard.TargetName="myRectangle"
           Storyboard.TargetProperty="(UIElement.Opacity)">
                <SplineDoubleKeyFrame KeyTime="00:00:00.2" Value="0.3"/>
                <SplineDoubleKeyFrame KeyTime="00:00:00.5" Value="0.7"/>
                <SplineDoubleKeyFrame KeyTime="00:00:00.7" Value="0.2"/>
                <SplineDoubleKeyFrame KeyTime="00:00:01" Value="0.8"/>
           </DoubleAnimationUsingKeyFrames>
      </Storyboard>
    </UserControl.Resources>

    <Grid x:Name="LayoutRoot" Background="White">
       <Rectangle x:Name="myRectangle" Width="200" Height="200" Fill="Blue" Opacity="1" />
    </Grid>

</UserControl>
```

与之前的 Double 普通动画类似，这个关键帧动画在 1 秒内改变了矩形的透明度，这个动画中共改变了 4 次，即包含了 4 个关键帧，分别如表 8-5 所示。

表 8-5　关键帧时间点与其对应的值

| 时间点 | 值（矩形的透明度） |
| --- | --- |
| 0.2 秒 | 0.3 |
| 0.5 秒 | 0.7 |
| 0.7 秒 | 0.2 |
| 1 秒 | 0.8 |

可以明显地发现，Double 关键帧动画中是使用 SplineDoubleKeyFrame 标签定义关键帧，并通过 KeyTime 和 Value 属性分别设置时间点和对应的值。

使用 C#实现同样效果的代码如例程 8-13 所示。

例程 8-13　DoubleAnimationUsingKeyFrames 示例代码

```
using System;
using System.Collections.Generic;
using System.Linq;
using System.Net;
using System.Windows;
using System.Windows.Controls;
using System.Windows.Documents;
```

```
using System.Windows.Input;
using System.Windows.Media;
using System.Windows.Media.Animation;
using System.Windows.Shapes;

namespace DoubleAnimationKeyFrameCSharpSample
{
    public partial class Page : UserControl
    {
        public Page()
        {
            InitializeComponent();

            Storyboard doubleKeyFrameStoryboard = new Storyboard();
            DoubleAnimationUsingKeyFrames myAnimation = new DoubleAnimationUsingKeyFrames();

            Storyboard.SetTarget(myAnimation, myRectangle);
            Storyboard.SetTargetProperty(myAnimation,
                    new PropertyPath("(Rectangle.Opacity)"));

            SplineDoubleKeyFrame keyFrame_1 = new SplineDoubleKeyFrame();
            keyFrame_1.KeyTime = KeyTime.FromTimeSpan(new TimeSpan(0, 0, 0, 0, 200));
            keyFrame_1.Value = 0.3;

            SplineDoubleKeyFrame keyFrame_2 = new SplineDoubleKeyFrame();
            keyFrame_2.KeyTime = KeyTime.FromTimeSpan(new TimeSpan(0, 0, 0, 0, 500));
            keyFrame_2.Value = 0.7;

            SplineDoubleKeyFrame keyFrame_3 = new SplineDoubleKeyFrame();
            keyFrame_3.KeyTime = KeyTime.FromTimeSpan(new TimeSpan(0, 0, 0, 0, 700));
            keyFrame_3.Value = 0.2;

            SplineDoubleKeyFrame keyFrame_4 = new SplineDoubleKeyFrame();
            keyFrame_4.KeyTime = KeyTime.FromTimeSpan(new TimeSpan(0, 0, 0, 0, 1000));
            keyFrame_4.Value = 0.8;

            myAnimation.KeyFrames.Add(keyFrame_1);
            myAnimation.KeyFrames.Add(keyFrame_2);
            myAnimation.KeyFrames.Add(keyFrame_3);
            myAnimation.KeyFrames.Add(keyFrame_4);

            doubleKeyFrameStoryboard.Children.Add(myAnimation);
            doubleKeyFrameStoryboard.Begin();
```

```
        }
    }
}
```

### 8.3.2　使用 ColorAnimationUsingKeyFrames 关键帧动画

ColorAnimationUsingKeyFrames 动画是针对 Color 类型属性的关键帧动画，能够使应用该动画的颜色属性在一系列的时间点上不断变化。采用与第 1 节类似的制作方法，就能很方便地在 Blend 中创建出包括多个颜色关键帧的动画，如图 8-9 所示。

图 8-9　包含多种颜色的关键帧动画

如图 8-9 所示，在 Blend 中建立了一个叫做 colorKeyFrameStoryboard 的故事板，其中有一个应用于 myRectangle 的关键帧动画，包含 5 个关键帧，此动画的代码如例程 8-14 所示。

**例程 8-14　ColorAnimationUsingKeyFrames 示例代码**

```
<UserControl
    xmlns="http://schemas.microsoft.com/winfx/2006/xaml/presentation"
    xmlns:x="http://schemas.microsoft.com/winfx/2006/xaml"
    x:Class="ColorAnimationKeyFrameXAMLSample.Page"
    Width="640" Height="480">
    <UserControl.Resources>
        <Storyboard x:Name="colorKeyFrameStoryboard">
            <ColorAnimationUsingKeyFrames
                    BeginTime="00:00:00"
                    Storyboard.TargetName="myRectangle"
                    Storyboard.TargetProperty="(Shape.Fill).(SolidColorBrush.Color)">
                <SplineColorKeyFrame KeyTime="00:00:00.2" Value="#FF11C2B9"/>
                <SplineColorKeyFrame KeyTime="00:00:00.4" Value="#FF11C236"/>
                <SplineColorKeyFrame KeyTime="00:00:00.6" Value="#FFC2118D"/>
                <SplineColorKeyFrame KeyTime="00:00:00.8" Value="#FFC26A11"/>
                <SplineColorKeyFrame KeyTime="00:00:01" Value="#FF2311C2"/>
            </ColorAnimationUsingKeyFrames>
        </Storyboard>
```

```
    </UserControl.Resources>

  <Grid x:Name="LayoutRoot" Background="White">
     <Rectangle x:Name="myRectangle" Width="200" Height="200" Fill="Blue" Opacity="1" />
  </Grid>

</UserControl>
```

这个关键帧动画在 1 秒内改变了 5 次矩形的颜色，关键帧分别如表 8-6 所示。

表 8-6　关键帧时间点及其对应的值

| 时间点 | 值（矩形的颜色） |
|---|---|
| 0.2 秒 | #FF11C2B9 |
| 0.4 秒 | #FF11C236 |
| 0.6 秒 | #FFC2118D |
| 0.8 秒 | #FFC26A11 |
| 1 秒 | #FF2311C2 |

Color 关键帧动画中是使用 SplineColorKeyFrame 标签定义关键帧，并通过 KeyTime 和 Value 属性分别设置时间点和对应的颜色值。

使用 C#实现同样效果的代码如例程 8-15 所示。

例程 8-15　ColorAnimationUsingKeyFrames 示例代码

```
using System;
using System.Collections.Generic;
using System.Linq;
using System.Net;
using System.Windows;
using System.Windows.Controls;
using System.Windows.Documents;
using System.Windows.Input;
using System.Windows.Media;
using System.Windows.Media.Animation;
using System.Windows.Shapes;

namespace ColorAnimationKeyFrameCSharpSample
{
   public partial class Page : UserControl
   {
      public Page()
      {
```

```
            InitializeComponent();

            Storyboard colorKeyFrameStoryboard = new Storyboard();
            ColorAnimationUsingKeyFrames myAnimation = new ColorAnimationUsingKeyFrames();

            Storyboard.SetTarget(myAnimation, myRectangle);
            Storyboard.SetTargetProperty(myAnimation,
                        new PropertyPath("(Shape.Fill).(SolidColorBrush.Color)"));

            SplineColorKeyFrame keyFrame_1 = new SplineColorKeyFrame();
            keyFrame_1.KeyTime = KeyTime.FromTimeSpan(new TimeSpan(0, 0, 0, 0, 200));
            keyFrame_1.Value = Color.FromArgb(255,17,194,185);

            SplineColorKeyFrame keyFrame_2 = new SplineColorKeyFrame();
            keyFrame_2.KeyTime = KeyTime.FromTimeSpan(new TimeSpan(0, 0, 0, 0, 400));
            keyFrame_2.Value = Color.FromArgb(255, 17, 194, 54);

            SplineColorKeyFrame keyFrame_3 = new SplineColorKeyFrame();
            keyFrame_3.KeyTime = KeyTime.FromTimeSpan(new TimeSpan(0, 0, 0, 0, 600));
            keyFrame_3.Value = Color.FromArgb(255, 184, 17, 141);

            SplineColorKeyFrame keyFrame_4 = new SplineColorKeyFrame();
            keyFrame_4.KeyTime = KeyTime.FromTimeSpan(new TimeSpan(0, 0, 0, 0, 800));
            keyFrame_4.Value = Color.FromArgb(255, 194, 106, 17);

            SplineColorKeyFrame keyFrame_5 = new SplineColorKeyFrame();
            keyFrame_5.KeyTime = KeyTime.FromTimeSpan(new TimeSpan(0, 0, 0, 0, 1000));
            keyFrame_5.Value = Color.FromArgb(255, 35, 17, 194); ;

            myAnimation.KeyFrames.Add(keyFrame_1);
            myAnimation.KeyFrames.Add(keyFrame_2);
            myAnimation.KeyFrames.Add(keyFrame_3);
            myAnimation.KeyFrames.Add(keyFrame_4);
            myAnimation.KeyFrames.Add(keyFrame_5);

            colorKeyFrameStoryboard.Children.Add(myAnimation);
            colorKeyFrameStoryboard.Begin();
        }
    }
}
```

### 8.3.3 使用 PointAnimationUsingKeyFrames 关键帧动画

PointAnimationUsingKeyFrames 动画是针对 Point 类型属性的关键帧动画，能够使应用该动画的点坐标属性在一系列的时间点上不断变化。我们通过以下示例来了解 Point 关键帧动画的使用方法。在新建工程中的 Page.xaml 文件里添加如下代码，手动创建一个具有 Point 属性的 EllipseGeometry 对象。

```
<Path Fill="Yellow" >
   <Path.Data>
      <EllipseGeometry x:Name="myEllipseGeometry"
                                  Center="200,100" RadiusX="60" RadiusY="45" />
   </Path.Data>
</Path>
```

然后添加动画代码，完成后的 Page.xaml 文件如例程 8-16 所示。

**例程 8-16　PointAnimationUsingKeyFrames 示例代码**

```
<UserControl
    xmlns="http://schemas.microsoft.com/winfx/2006/xaml/presentation"
    xmlns:x="http://schemas.microsoft.com/winfx/2006/xaml"
    x:Class="PointAnimationKeyFrameXAMLSample.Page"
    Width="640" Height="480">
    <UserControl.Resources>
         <Storyboard x:Name="pointKeyFrameStoryboard">
              <PointAnimationUsingKeyFrames BeginTime="00:00:00"
                        Storyboard.TargetName="myEllipseGeometry"
                        Storyboard.TargetProperty="Center">
                   <SplinePointKeyFrame KeyTime="00:00:01" Value="10,20"/>
                   <SplinePointKeyFrame KeyTime="00:00:02" Value="300,30"/>
                   <SplinePointKeyFrame KeyTime="00:00:03" Value="20,50"/>
                   <SplinePointKeyFrame KeyTime="00:00:04" Value="150,400"/>
                   <SplinePointKeyFrame KeyTime="00:00:05" Value="600,320"/>
              </PointAnimationUsingKeyFrames>
         </Storyboard>
    </UserControl.Resources>

   <Grid x:Name="LayoutRoot" Background="White">
      <Path Fill="Yellow" >
         <Path.Data>
            <EllipseGeometry
                  x:Name="myEllipseGeometry" Center="200,100" RadiusX="60" RadiusY="45" />
```

```
            </Path.Data>
         </Path>
      </Grid>
   </UserControl>
```

这个关键帧动画在 5 秒内改变了 5 次椭圆几何形状的中心坐标点，形成了一连串的位移动画，其中的关键帧分别如表 8-7 所示。

表 8-7　关键帧时间点及其对应的值

| 时间点 | 值（矩形的颜色） |
|---|---|
| 1 秒 | (10,20) |
| 2 秒 | (300,30) |
| 3 秒 | (20,50) |
| 4 秒 | (150,400) |
| 5 秒 | (600,320) |

Point 关键帧动画中是使用 SplinePointKeyFrame 标签定义关键帧，并通过 KeyTime 和 Value 属性分别设置时间点和对应的坐标值。

使用 C#实现同样效果的代码如例程 8-17 所示。

例程 8-17　PointAnimationUsingKeyFrames 示例代码

```
using System;
using System.Collections.Generic;
using System.Linq;
using System.Net;
using System.Windows;
using System.Windows.Controls;
using System.Windows.Documents;
using System.Windows.Input;
using System.Windows.Media;
using System.Windows.Media.Animation;
using System.Windows.Shapes;

namespace PointAnimationKeyFrameCSharpSample
{
   public partial class Page : UserControl
   {
      public Page()
      {
         InitializeComponent();
```

```
            Storyboard pointKeyFrameStoryboard = new Storyboard();
            PointAnimationUsingKeyFrames myAnimation = new PointAnimationUsingKeyFrames();

            Storyboard.SetTarget(myAnimation, myEllipseGeometry);
            Storyboard.SetTargetProperty(myAnimation, new PropertyPath("Center"));

            SplinePointKeyFrame keyFrame_1 = new SplinePointKeyFrame();
            keyFrame_1.KeyTime = KeyTime.FromTimeSpan(new TimeSpan(0, 0, 0, 1));
            keyFrame_1.Value = new Point(10, 20);

            SplinePointKeyFrame keyFrame_2 = new SplinePointKeyFrame();
            keyFrame_2.KeyTime = KeyTime.FromTimeSpan(new TimeSpan(0, 0, 0, 2));
            keyFrame_2.Value = new Point(300, 30);

            SplinePointKeyFrame keyFrame_3 = new SplinePointKeyFrame();
            keyFrame_3.KeyTime = KeyTime.FromTimeSpan(new TimeSpan(0, 0, 0, 3));
            keyFrame_3.Value = new Point(20, 50);

            SplinePointKeyFrame keyFrame_4 = new SplinePointKeyFrame();
            keyFrame_4.KeyTime = KeyTime.FromTimeSpan(new TimeSpan(0, 0, 0, 4));
            keyFrame_4.Value = new Point(150, 400);

            SplinePointKeyFrame keyFrame_5 = new SplinePointKeyFrame();
            keyFrame_5.KeyTime = KeyTime.FromTimeSpan(new TimeSpan(0, 0, 0, 5));
            keyFrame_5.Value = new Point(600, 320);

            myAnimation.KeyFrames.Add(keyFrame_1);
            myAnimation.KeyFrames.Add(keyFrame_2);
            myAnimation.KeyFrames.Add(keyFrame_3);
            myAnimation.KeyFrames.Add(keyFrame_4);
            myAnimation.KeyFrames.Add(keyFrame_5);

            pointKeyFrameStoryboard.Children.Add(myAnimation);
            pointKeyFrameStoryboard.Begin();
        }
    }
}
```

## 8.4 小结

Silverlight 中的动画系统是 Silverlight 技术中最具特色的功能之一，适当地添加动画可以为应用程序添加各种绚丽、平滑的效果。Blend 中提供了十分方便的故事板和时间轴编辑器，可以制作较为复杂的关键帧动画，还能对各种属性进行详细设置。

在动画类型方面，根据变换对象属性的不同，分为 Double、Color、Point 3 类动画。然后根据动画复杂程度不同，又可分为普通动画和关键帧动画两种。它们之间主要区别就在于普通动画只能实现两个时间点之间的变化，而关键帧动画可以实现一组时间点上连续的变化，使用关键帧动画会比普通动画复杂一点，但也更灵活。

# 第 9 章

# 事　件

要创建交互式的应用程序，离不开使用事件。Silverlight 中最常用的事件包括鼠标事件、键盘事件、常用控件的事件、动画事件等。本章以鼠标事件和键盘事件为例，讲解 Silverlight 中的事件机制。Silverlight 中常用控件的事件及与动画相关的事件将在后面相应的章节中介绍。本章的最后将介绍如何为控件创建自定义的事件。

## 9.1　事件概述

Silverlight 事件是在 Silverlight 应用程序运行时触发的一个消息，这个消息可以由用户行为触发，或单击鼠标触发，或者是通过其他程序逻辑触发。触发事件的对象被称为事件产生者，响应并处理事件的对象被称为事件接受者。

Silverlight 中有这样两类事件：输入事件和非输入事件。

所谓输入事件是指事件的产生是由用户输入所触发的，比如鼠标事件。由于 Silverlight 在浏览器插件体系中，因此用户输入事件的触发首先由浏览器响应，然后事件被传递给 Silverlight 插件，从而产生 Silverlight 对象模型中的输入事件。

非输入事件通常是某个特定的对象报告其状态的变化，比如当 TextBox 控件中的输入文字发生变化时，会报告 TextChanged 事件；Button 控件的被按下时会报告 Click 事件。最常用的非输入事件便是 FrameworkElement.Loaded，所有继承自 FrameworkElement 的类在加载完毕后，都会触发 Loaded 事件。

还有少数一些事件只能由插件实例本身响应，比如 OnError 事件。这些事件是 HTML DOM 中真正的事件，需要对外暴露，这样可以让其他脚本语言处理 DOM 中的插件实例，所以这些事件不会传递到 Silverlight 编程模型中，因此无法在 Silverlight 内响应这些事件，只能通过 JavaScript 来处理。

### 9.1.1 添加事件响应的方式

Silverlight 提供了一系列的事件，对一些 Silverlight 对象状态和用户输入等变化作出响应。要给事件添加响应，有以下两种方式。

**1．在 XAML 中添加事件响应**

例如，要给一个 Canvas 对象添加 Loaded 事件响应，可以在 XAML 中添加如下语句：

```
<Canvas Loaded="OnLoaded"/>
```

上面语句的作用是声明了一个事件响应，即当 Canvas 的 Loaded 事件触发后执行事件响应函数 OnLoaded。因此，接下来就需要在托管代码中给出事件响应函数 OnLoaded 的实现，在 cs 代码中添加如下代码：

```
void OnLoaded(object sender, RoutedEventArgs e)
{
    //TODO:
}
```

**2．在托管代码中添加事件响应**

声明事件响应和事件响应函数都可以在托管代码中完成。同样地，如果要给 Canvas 添加 Loaded 事件响应，可以按照以下步骤操作。

(1) 在 XAML 中给 Canvas 添加 x:Name 属性，使得该 Canvas 对象可以在代码中被访问：

```
<Canvas x:Name="parentCanvas"/>
```

(2) 在 Page.cs 中添加事件响应：

```
public Page()
{
    InitializeComponent();
    this.parentCanvas.Loaded += new RoutedEventHandler(parentCanvas_Loaded);
}
```

(3) 编写事件响应函数：

```
    void OnLoaded(object sender, RoutedEventArgs e)
{
        //TODO:
}
```

**小技巧：** 使用 Visual Studio 的智能提示功能可以快速添加事件响应

当用户在托管代码中给对象添加事件响应时，可以在 Visual Studio 出现如图 9-1 所示的提示时，连续按两下“Tab”键，Visual Studio 将自动完成事件处理函数的代码框架。

```
public Page()
{
    InitializeComponent();
    this.MouseMove+=
                new MouseEventHandler(Page_MouseMove);    (Press TAB to insert)
```

图 9-1　Visual Studio 中的代码智能提示功能

## 9.1.2　使用事件数据

尽管 Silverlight 中有着各式各样的事件，以及相应的事件参数类，但是它们有个共同的特征，就是对于一个 Silverlight 事件的响应函数总是会引用以下两个参数。

- sender：表明产生事件的 Silverlight 对象。你可以通过访问该对象的 API 来获取信息。sender 是一个 object 类型的对象，因此，在通常情况下，你需要将其转换为你所期望的类型。
- e（或者是 args）：表明该事件的事件数据。事件数据通常包含事件在触发时的信息。

例如：让一个蓝色的矩形在鼠标移入后变成红色，具体的操作步骤如下。

（1）在 Page.xaml 中添加如下代码，添加一个蓝色矩形。

```
<Grid x:Name="LayoutRoot" Background="White">
    <Rectangle x:Name="myRect" Width="100" Height="30" Fill="#FF0000FF" />
</Grid>
```

（2）在 Page.cs 中添加事件响应，如例程 9-1 所示。

**例程 9-1　使用事件数据中的 sender 参数**

```
public Page()
{
 InitializeComponent();

    //添加事件响应
 this.myRect.MouseEnter += new MouseEventHandler(myRect_MouseEnter);
    this.myRect.MouseLeave += new MouseEventHandler(myRect_MouseLeave);
}

//事件响应函数
void myRect_MouseEnter(object sender, MouseEventArgs e)
```

```
    {
        Rectangle rect = sender as Rectangle;            //获取矩形对象
        rect.Fill = new SolidColorBrush(Colors.Red);     //将矩形对象的颜色变成红色
    }

    void myRect_MouseLeave(object sender, MouseEventArgs e)
    {
    Rectangle rect = sender as Rectangle;            //获取矩形对象
     rect.Fill = new SolidColorBrush(Colors.Blue);  //将矩形对象的颜色还原成蓝色
    }
```

运行后的效果如图 9-2 所示。当鼠标移入矩形后，矩形由蓝色变成了红色。

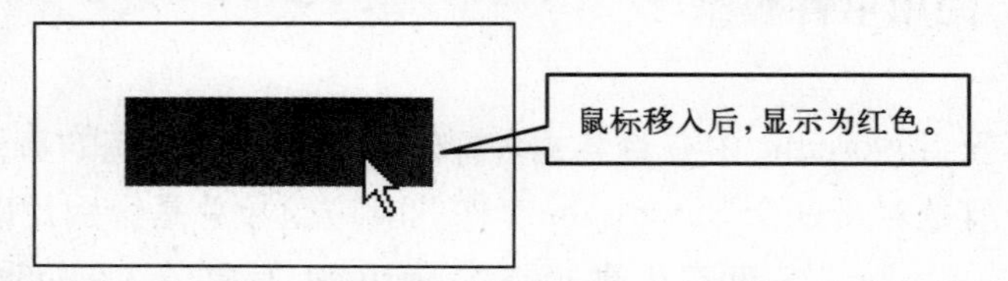


图 9-2　鼠标移入矩形后，触发 MouseEnter 事件

当鼠标移出矩形后，矩形颜色变回蓝色，如图 9-3 所示。

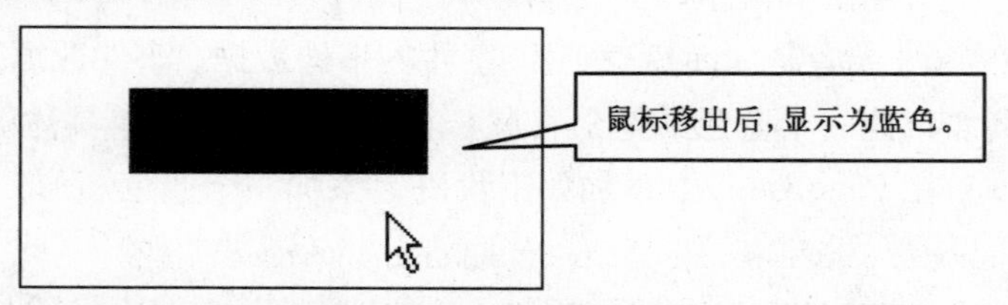


图 9-3　鼠标移入矩形后，触发 MouseLeave 事件

### 9.1.3　在托管代码中移除事件响应

事件响应的移除必须编写在托管代码中，使用“-=”操作符移除事件响应。

在上例的基础上，添加一段代码，让矩形在被单击后移除 MouseEnter 事件响应。

在 Page.cs 中添加如例程 9-2 所示的代码。

例程 9-2　移除鼠标事件

```
using System;
using System.Collections.Generic;
using System.Linq;
using System.Net;
using System.Windows;
```

```
using System.Windows.Controls;
using System.Windows.Documents;
using System.Windows.Input;
using System.Windows.Media;
using System.Windows.Media.Animation;
using System.Windows.Shapes;

namespace RemoveEventSample
{
    public partial class Page:UserControl
    {
        public Page()
        {
            InitializeComponent();
            this.myRect.MouseEnter += new MouseEventHandler(myRect_MouseEnter);
            this.myRect.MouseLeave += new MouseEventHandler(myRect_MouseLeave);

                //给矩形添加鼠标左键单击事件响应
            this.myRect.MouseLeftButtonDown +=
                new MouseButtonEventHandler(myRect_MouseLeftButtonDown);
        }

        void myRect_MouseLeftButtonDown(object sender, MouseButtonEventArgs e)
        {
//移除MouseEnter事件响应
            Rectangle rect = sender as Rectangle;
                rect.MouseEnter -= myRect_MouseEnter;
        }

        void myRect_MouseEnter(object sender, MouseEventArgs e)
        {
            Rectangle rect = sender as Rectangle;
            rect.Fill = new SolidColorBrush(Colors.Red);
        }

        void myRect_MouseLeave(object sender, MouseEventArgs e)
        {
            Rectangle rect = sender as Rectangle;
            rect.Fill = new SolidColorBrush(Colors.Blue);
        }
    }
}
```

运行效果如图 9-4 所示，鼠标单击矩形后，鼠标移入事件被移除，从而当鼠标再次移入矩形内时，矩形的颜色不再发生变化。

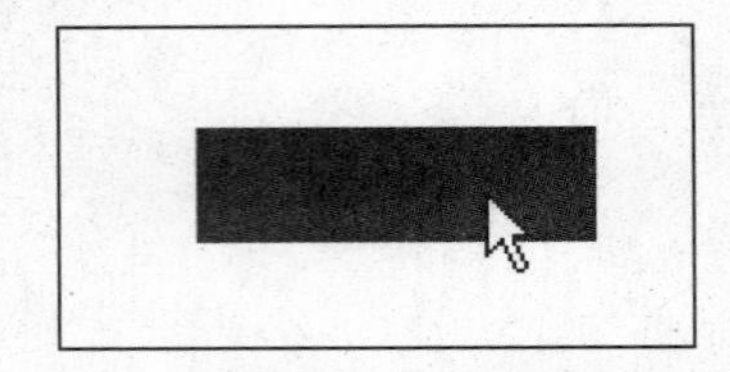

图 9-4 单击矩形后，移除鼠标事件

# 9.2 鼠标事件响应

创建 Silverlight 应用程序经常需要用到鼠标事件，创建含有鼠标交互的功能。比如鼠标跟随、鼠标拖曳效果等。要实现这些功能，必须了解 Silverlight 中的各种鼠标事件和鼠标事件所提供的数据，以及事件的路由。

## 9.2.1 常用鼠标事件

Silverlight 提供了一系列事件对鼠标的活动进行响应，所有继承自 System.Windows.UIElement 的类都能响应鼠标事件。具体包括以下几个事件。

- MouseMove：鼠标移动时触发。
- MouseEnter：鼠标进入对象的边界区域时触发。
- MouseLeave：鼠标离开对象的边界区域时触发。
- MouseLeftButtonDown：鼠标左键单击时触发。
- MouseLeftButtonUp：鼠标左键松开时触发。

## 9.2.2 鼠标事件数据

所有的鼠标事件都使用 MouseButtonEventArgs 或者 MouseEventArgs 作为事件数据，通过这两个参数可以获取鼠标事件的相关数据。Silverlight 中定义了以下几种获取鼠标事件数据的属性和方法。

- OriginalSource 属性：返回第一个触发事件的叶元素对象。
- StylusDevice 属性：返回一个含有 TabletPC 笔触信息的对象。

- Handled 属性：布尔类型的值，用来获取或设置该鼠标事件是否结束处理。如果设为 False，鼠标事件还想继续向上路由；如果设为 True，鼠标事件不再向上路由。
- GetPosition 方法：在鼠标事件触发时，获取当时鼠标相对于某个对象的 $X$ 和 $Y$ 坐标。GetPosition 方法返回一个 Point 对象，该 Point 对象包含了鼠标位置的 $X$ 和 $Y$ 坐标。GetPosition 需要传入一个继承自 UIElement 的对象，用来计算鼠标的相对位置。

下面是一个获取和显示鼠标位置的实例，使用 MouseEventArgs 类的 GetPosition 方法实现，具体步骤如下。

（1）首先在 XAML 中绘制一个矩形，用于处理鼠标事件。在 XAML 中添加如例程 9-3 所示的代码。

**例程 9-3　Page.xaml 鼠标事件示例的 XAML 代码**

```
<UserControl x:Class="MouseEventSample.Page"
    xmlns="http://schemas.microsoft.com/winfx/2006/xaml/presentation"
    xmlns:x="http://schemas.microsoft.com/winfx/2006/xaml"
    Width="400" Height="300">
    <Canvas x:Name="LayoutRoot" Background="White">
            <!--输出此时鼠标相对于矩形的位置-->
            <TextBlock x:Name="output_tb" Canvas.Left="20" Canvas.Top="20"/>

            <!--绘制一个矩形，用于处理鼠标事件-->
            <Rectangle x:Name="rect1" Width="300" Height="200" Canvas.Left="100" Canvas.Top=
"100" Fill="Blue"/>
    </Canvas>
</UserControl>
```

（2）在后台代码中给矩形添加 MouseMove 事件处理函数，当鼠标在矩形内部移动时获取鼠标坐标，并显示出来，如例程 9-4 所示。

**例程 9-4　使用鼠标事件数据获取鼠标坐标**

```
using System;
using System.Collections.Generic;
using System.Linq;
using System.Net;
using System.Windows;
using System.Windows.Controls;
using System.Windows.Documents;
using System.Windows.Input;
using System.Windows.Media;
using System.Windows.Media.Animation;
using System.Windows.Shapes;
```

```
namespace MouseEventSample
{
   public partial class Page : UserControl
   {
      public Page()
      {
         InitializeComponent();
         rect1.MouseMove += new MouseEventHandler(rect1_MouseMove);
      }

      void rect1_MouseMove(object sender, MouseEventArgs e)
      {
         double x = e.GetPosition(rect1).X;
         double y = e.GetPosition(rect1).Y;

         output_tb.Text = "X : " + x + "  Y :" + y;
      }
   }
}
```

运行后，当鼠标在矩形内部移动时，效果如图 9-5 所示。当鼠标在矩形内移动时，左上角文字输出了鼠标相对于矩形左上角的水平和垂直像素距离。

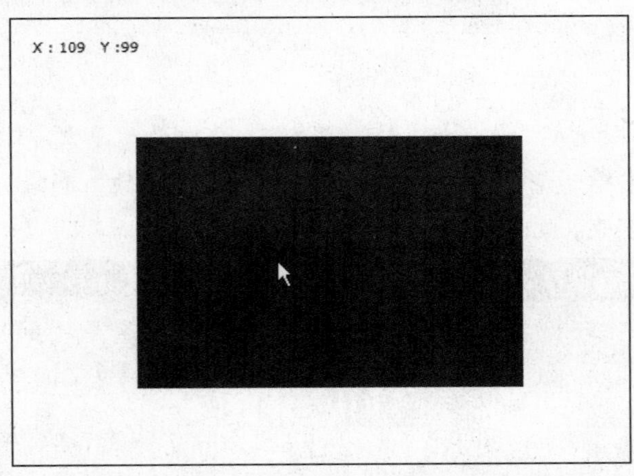


图 9-5 使用 MouseEventArgs 参数获得鼠标位置

### 9.2.3 事件的路由

在 Silverlight 中，提供了事件路由，使我们可以在父节点上接收和处理来自子节点的事件，Silverlight 中的路由事件采用了冒泡路由策略。

所谓冒泡路由策略是指事件先由子节点触发，然后路由到后续的父节点，直至元素树中的根节点。

比如，一个 Canvas 包含一个矩形，如果给 Canvas 和矩形都添加了 MouseLeftButtonDown 事件响应，当单击矩形时，矩形的 MouseLeftButtonDown 事件首先被触发，随后矩形将事件传递到父节点 Canvas，Canvas 的 MouseLeftButtonDown 事件也被触发。

如图 9-6 所示为 Silverlight 事件路由的过程，鼠标事件首先由叶元素接受，然后依次向中间元素、根元素冒泡传递。

这里举个例子来说明。在根画布下创建两个矩形，矩形 1 和矩形 2。分别给矩形 1、矩形 2 和根画布添加 MouseMove 事件响应。矩形 1 和矩形 2 有部分重叠，当鼠标在矩形上方移动时，矩形和根画布都会触发 MouseMove 事件；当鼠标在矩形重叠处移动时，位于上方的矩形和根画布会触发 MouseMove 事件。

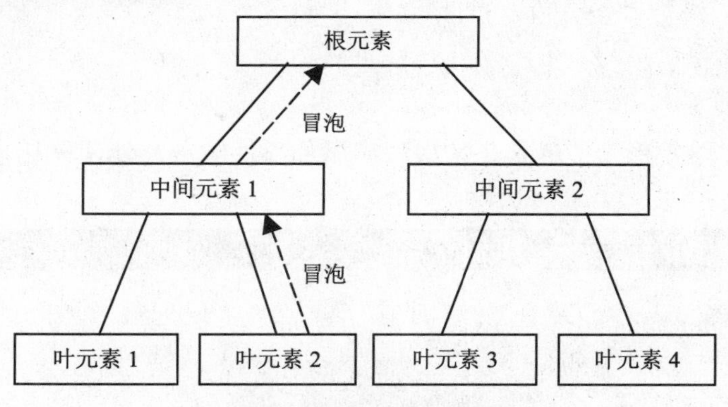


图 9-6 事件路由示意图

该示例的 XAML 代码如例程 9-5 所示。

例程 9-5 Page.xaml 事件路由示例的 XAML 代码

```
<UserControl x:Class="MouseEventRouteSample.Page"
   xmlns="http://schemas.microsoft.com/winfx/2006/xaml/presentation"
   xmlns:x="http://schemas.microsoft.com/winfx/2006/xaml"
   Width="400" Height="300">
   <Canvas x:Name="LayoutRoot" Background="White">
      <!--矩形1-->
      <Rectangle
               x:Name="rect1"
               Width="100" Height="100" Fill="Red" Opacity="0.8"
               Canvas.Left="100" Canvas.Top="100"/>
```

```
        <!--矩形2-->
        <Rectangle
                x:Name="rect2" Width="100" Height="100" Fill="Blue" Opacity="0.8"
                Canvas.Left="150" Canvas.Top="150"/>

        <!--矩形1 鼠标事件信息输出-->
        <TextBlock
                x:Name="text1"
                Canvas.Left="400" Canvas.Top="100" Text="Rect1 (X,Y):"/>
        <!--矩形2 鼠标事件信息输出-->
        <TextBlock
                x:Name="text2"
                Canvas.Left="400" Canvas.Top="150" Text="Rect2 (X,Y):"/>
        <!--LayoutRoot 鼠标事件信息输出-->
        <TextBlock
                x:Name="text3"
                Canvas.Left="400" Canvas.Top="200" Text="LayoutRoot (X,Y):"/>
    </Canvas>

</UserControl>
```

在托管代码中给矩形 1、矩形 2 和根画布添加事件响应，处理鼠标事件，如例程 9-6 所示。

**例程 9-6　Page.cs 事件路由示例的 CS 代码**

```
using System;
using System.Collections.Generic;
using System.Linq;
using System.Net;
using System.Windows;
using System.Windows.Controls;
using System.Windows.Documents;
using System.Windows.Input;
using System.Windows.Media;
using System.Windows.Media.Animation;
using System.Windows.Shapes;

namespace MouseEventRouteSample
{
    public partial class Page : UserControl
    {
        public Page()
        {
```

```
            InitializeComponent();

            //添加鼠标事件响应
            LayoutRoot.MouseMove += new MouseEventHandler(LayoutRoot_MouseMove);
            rect1.MouseMove += new MouseEventHandler(rect1_MouseMove);
            rect2.MouseMove += new MouseEventHandler(rect2_MouseMove);
        }

        //矩形2的鼠标移动事件响应
        void rect2_MouseMove(object sender, MouseEventArgs e)
        {
            double x = e.GetPosition(rect2).X;
            double y = e.GetPosition(rect2).Y;
            text2.Text = "Rect2 (X,Y): (" + x.ToString() + "," + y.ToString() + ")";
        }

        //矩形1的鼠标移动事件响应
        void rect1_MouseMove(object sender, MouseEventArgs e)
        {
            double x = e.GetPosition(rect1).X;
            double y = e.GetPosition(rect1).Y;
            text1.Text = "Rect1 (X,Y): (" + x.ToString() + "," + y.ToString() + ")";
        }

        //Page的鼠标移动事件响应
        void LayoutRoot_MouseMove(object sender, MouseEventArgs e)
        {
            double x = e.GetPosition(LayoutRoot).X;
            double y = e.GetPosition(LayoutRoot).Y;
            text3.Text = "LayoutRoot (X,Y): (" + x.ToString() + "," + y.ToString() + ")";
        }

    }
}
```

运行后的示例效果如图 9-7 所示。当鼠标分别在红色矩形和蓝色矩形上方移动时，后边的文本框将输出鼠标相对于矩形左上角的像素位置。由于蓝色矩形叠在红色矩形上方，当鼠标移入两者的重叠区域时，只有蓝色矩形能响应鼠标事件。

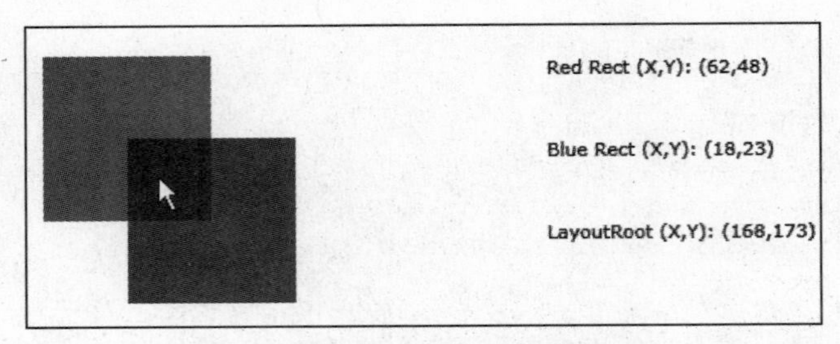


图 9-7　对象重叠时的鼠标事件响应

**注意**：如果两个对象重叠在一起，被压在下方的对象有可能无法响应鼠标事件，原因在于：其上方对象的 IsHitTestVisible 属性是 True。如果想让对象不响应鼠标事件，可以将它的 IsHitTestVisible 属性设为 False。

如下面的示例，把蓝色矩形的 IsHitTestVisible 属性设为了 False，在蓝色矩形上方移动鼠标，将不会触发 MouseMove 事件。在重叠区域移动鼠标时，将触发红色矩形的 MouseMove 事件。

```
<!--蓝色矩形-->
<Rectangle
        x:Name="rect_blue" Width="100" Height="100" Fill="Blue" Opacity="0.8"
        Canvas.Left="150" Canvas.Top="150"
    IsHitTestVisible="False"
    />
```

## 9.2.4　实例：拖放效果的实现

下面的实例显示了如何在 Silverlight 中实现拖放效果。实例将一个矩形作为拖放对象，通过获取鼠标事件触发时的事件数据来更新矩形的坐标位置，从而实现拖放效果。

要实现拖动效果，需要让拖动对象对 MouseLeftButtonDown、MouseMove 和 MouseLeftButtonUp 3 个事件分别添加事件响应。

- 当 MouseLeftButtonDown 事件触发时，记录鼠标位置和矩形坐标，并标记进入拖动状态。
- 当 MouseMove 事件触发时，计算并改变矩形位置。
- 当 MouseLeftButtonUp 事件触发时，标记拖动状态结束。

具体的操作步骤如下所示。

（1）新建工程，将工程命名为 DragAndDropSample。

（2）在 Page.xaml 中将 LayoutRoot 的类型由默认的 Grid 改为 Canvas，以方便定位。具体

操作如图 9-8 所示，在对象与时间轴面板中选中 LayoutRoot 对象，单击鼠标右键，在弹出的快捷菜单中依次选择“Change Layout Type”（改变布局类型）→“Canvas”（改变为画布）命令。

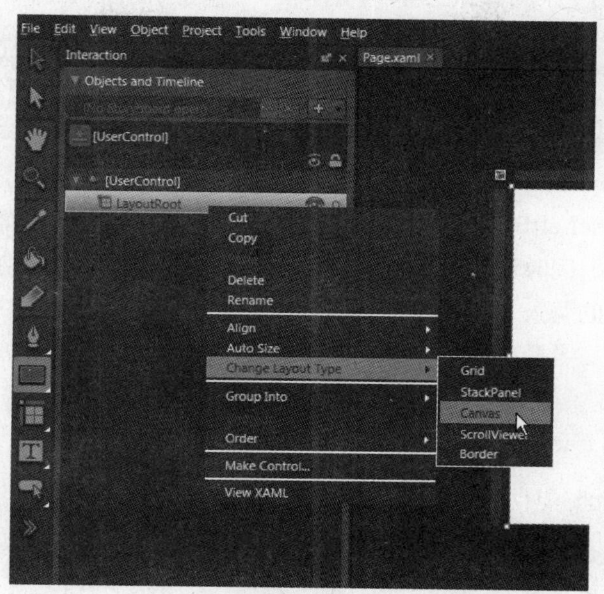


图 9-8　将 LayoutRoot 的类型由默认的 Grid 改为 Canvas

（3）使用 Blend 绘制一个矩形作为拖动对象，设置其 x:Name 属性为“myRect”。

在 XAML 中生成的代码如例程 9-7 所示。

例程 9-7　Page.xaml-拖曳效果示例的 XAML 代码

```
<UserControl x:Class="DragAndDropSample.Page"
  xmlns="http://schemas.microsoft.com/winfx/2006/xaml/presentation"
  xmlns:x="http://schemas.microsoft.com/winfx/2006/xaml"
  Width="400" Height="300">
  <Canvas x:Name="LayoutRoot" Background="White">
    <Rectangle x:Name="myRect" Height="40" Width="95"
       Canvas.Left="31" Canvas.Top="44" Fill="#FFFF0000" Stroke="#FF000000"/>
  </Canvas>
</UserControl>
```

（4）给矩形分别添加 MouseLeftButtonDown、MouseMove 和 MouseLeftButtonUp 事件响应，代码如下：

```
public Page()
{
    InitializeComponent();
```

```
        myRect.MouseLeftButtonDown +=
             new MouseButtonEventHandler(myRect_MouseLeftButtonDown);
        myRect.MouseMove += new MouseEventHandler(myRect_MouseMove);
        myRect.MouseLeftButtonUp +=
             new MouseButtonEventHandler(myRect_MouseLeftButtonUp);
    }
```

（5）编写 MouseLeftButtonDown 事件响应函数。添加两个全局变量，记录鼠标位置和标记鼠标状态。当 MouseLeftButtonDown 事件触发时，获取当前鼠标位置，并标记此时鼠标已进入“按下”的状态。同时使用 CaptureMouse 方法，来捕捉鼠标的输入。CaptureMouse 的作用是可以获取鼠标的输入，不论鼠标是否划出了对象的边界，以防由于鼠标移动过快，移出了拖动对象的边界，导致拖放效果被停止。代码如下：

```
        private bool _bMouseDown;
      private Point _mousePosition;

        void myRect_MouseLeftButtonDown(object sender, MouseButtonEventArgs e)
        {
        Rectangle rect = sender as Rectangle;
        _mousePosition = e.GetPosition(LayoutRoot);
        _bMouseDown = true;
             rect.CaptureMouse();
        }
```

（6）添加 MouseMove 事件响应，判断如果当前鼠标处于“按下”状态时，根据上次记录的鼠标位置和此时的鼠标位置计算出鼠标位移，同时计算出被拖动对象的新坐标。代码如下：

```
        void myRect_MouseMove(object sender, MouseEventArgs e)
      {
         Rectangle rect = sender as Rectangle;
         if (_bMouseDown)
         {
            //计算拖动对象的坐标位置
            double deltaV = e.GetPosition(LayoutRoot).Y - _mousePosition.Y;
            double deltaH = e.GetPosition(LayoutRoot).X - _mousePosition.X;
            double newTop = deltaV + (double)rect.GetValue(Canvas.TopProperty);
            double newLeft = deltaH + (double)rect.GetValue(Canvas.LeftProperty);

            //设置拖动对象的位置
```

```
            rect.SetValue(Canvas.TopProperty, newTop);
            rect.SetValue(Canvas.LeftProperty, newLeft);

            //更新鼠标位置
            _mousePosition = e.GetPosition(LayoutRoot);
        }
    }
```

（7）添加 MouseLeftButtonUp 事件响应，标记鼠标状态为“不按下”，通过 ReleaseMouseCapture 方法释放鼠标输入捕捉。代码如下：

```
void myRect_MouseLeftButtonUp(object sender, MouseButtonEventArgs e)
{
    Rectangle rect = sender as Rectangle;
    _bMouseDown = false;
    rect.ReleaseMouseCapture();
    _mousePosition.X = _mousePosition.Y = 0;
}
```

运行效果如图 9-9 所示，当鼠标在矩形内部被按下时，便可以开始拖曳矩形。

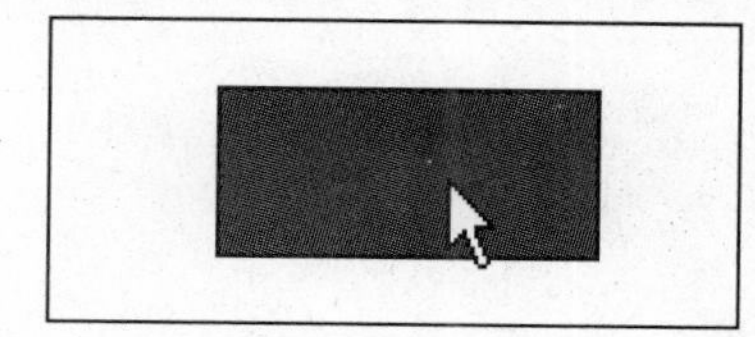

图 9-9 鼠标拖曳矩形

程序最终的 C#代码如例程 9-8 所示。

**例程 9-8 Page.cs 拖曳效果示例的 CS 代码**

```
using System;
using System.Collections.Generic;
using System.Linq;
using System.Net;
using System.Windows;
using System.Windows.Controls;
using System.Windows.Documents;
using System.Windows.Input;
using System.Windows.Media;
using System.Windows.Media.Animation;
using System.Windows.Shapes;

namespace DragAndDropSample
```

```
{
    public partial class Page : UserControl
    {
        public Page()
        {
            InitializeComponent();

            myRect.MouseLeftButtonDown += new
                MouseButtonEventHandler(myRect_MouseLeftButtonDown);
            myRect.MouseMove += new MouseEventHandler(myRect_MouseMove);
            myRect.MouseLeftButtonUp += new
                MouseButtonEventHandler(myRect_MouseLeftButtonUp);
        }

        private bool _bMouseDown;
        private Point _mousePosition;

        void myRect_MouseLeftButtonDown(object sender, MouseButtonEventArgs e)
        {
            Rectangle rect = sender as Rectangle;
            _mousePosition = e.GetPosition(LayoutRoot);
            _bMouseDown = true;
            rect.CaptureMouse();
        }

        void myRect_MouseMove(object sender, MouseEventArgs e)
        {
            Rectangle rect = sender as Rectangle;
            if (_bMouseDown)
            {
                //计算拖动对象的坐标位置
                double deltaV = e.GetPosition(LayoutRoot).Y - _mousePosition.Y;
                double deltaH = e.GetPosition(LayoutRoot).X - _mousePosition.X;
                double newTop = deltaV + (double)rect.GetValue(Canvas.TopProperty);
                double newLeft = deltaH + (double)rect.GetValue(Canvas.LeftProperty);

                //设置拖动对象的位置
                rect.SetValue(Canvas.TopProperty, newTop);
                rect.SetValue(Canvas.LeftProperty, newLeft);

                //更新鼠标位置
                _mousePosition = e.GetPosition(LayoutRoot);
            }
```

```
        }

        void myRect_MouseLeftButtonUp(object sender, MouseButtonEventArgs e)
        {
            Rectangle rect = sender as Rectangle;
            _bMouseDown = false;
            rect.ReleaseMouseCapture();
            _mousePosition.X = _mousePosition.Y = 0;
        }

    }
}
```

# 9.3 键盘事件响应

要让一个对象响应键盘事件，首先要让这个对象获得焦点。焦点是与 Silverilght 控件相关的一个输入机制的概念。获得当前焦点的控件可以接受鼠标事件如 KeyUp 和 KeyDown。在 Silverlight 应用程序内，焦点可以通过“Tab”键切换，也可以用鼠标选择。

要让一个控件获得焦点，必须满足以下几个条件。

- IsEnable 属性为 true。
- Visibility 是 Visible。
- 焦点不能在 Silverlight 应用程序以外。

## 9.3.1 常用的键盘事件

Silverlight 中提供了一系列键盘事件，最常用的包括以下两个事件。

- KeyDown：当焦点在插件内时，按下一个键触发。
- KeyUp：当焦点在插件内时，释放一个键触发。

键盘事件的事件参数有以下两个。

- sender：接受键盘事件响应的对象。
- e：KeyEventArgs 类型的对象。

与声明鼠标事件一样，声明键盘事件的方式有两种：在 XAML 中或者在托管代码中声明。

在 XAML 中声明如例程 9-9 所示。

例程 9-9　声明键盘事件

```
<UserControl x:Class="KeyBoardSample1.Page"
   xmlns="http://schemas.microsoft.com/winfx/2006/xaml/presentation"
   xmlns:x="http://schemas.microsoft.com/winfx/2006/xaml"
   Width="400" Height="300"
   KeyDown="OnKeyDown"
   KeyUp="OnKeyUp">
   <Grid x:Name="LayoutRoot" Background="White">
     </Grid>
</UserControl>
```

在代码中声明可以如下面代码所示。

```
   this.KeyDown += new KeyEventHandler(Page_KeyDown);
this.KeyUp += new KeyEventHandler(Page_KeyUp);
```

### 9.3.2 使用键盘事件的参数

与鼠标事件相似，使用键盘事件参数可以获取到键盘事件数据，如下面的代码所示，键盘事件有两个参数。

```
void Page_KeyDown(object sender, KeyEventArgs e)
{
}
```

- sender：object 类型的参数，用于获取触发键盘事件的对象。
- e：KeyEventArgs 类型的参数，用于获取键盘事件的信息。

KeyEventArgs 类有以下 4 个属性。

- Key：表示当前所按键的键编码值。该返回值是一个枚举类型 Key，包含了一些比较通用的键值编码，如 A、S、D、F、Ctrl 和 Shift 等。
- PlatformKeyCode：获取和设置当前所按键的平台编码值。
- Handled：可以用来判断事件是否已经被处理过。
- Source：继承自 RoutedEventArgs。

### 9.3.3 键盘事件示例

本节举出一个使用键盘事件的示例，通过处理键盘事件，获取 KeyEventArgs 类型的键盘事件数据。

示例中有一个矩形，用户通过键盘上的上、下、左、右键来移动矩形，同时输出信息。下面是示例的 XAML 代码。创建一个矩形和一个 TextBlock 对象，代码如例程 9-10 所示。

例程 9-10 Page.xaml 键盘事件的 XAML 代码

```
<UserControl x:Class="KeyboardEventSample.Page"
   xmlns="http://schemas.microsoft.com/winfx/2006/xaml/presentation"
   xmlns:x="http://schemas.microsoft.com/winfx/2006/xaml"
   Width="400" Height="300">
   <Canvas x:Name="LayoutRoot" Background="White">
      <TextBlock x:Name="output_txt" Canvas.Left="20" Canvas.Top="20"/>
      <Rectangle x:Name="rect1" Canvas.Left="200" Canvas.Top="200"
              Width="100" Height="100" Fill="Red"/>
   </Canvas>
</UserControl>
```

例程 9-11 所示为键盘事件示例的后台代码。

例程 9-11 Page.cs 键盘事件示例的 CS 代码

```
using System;
using System.Collections.Generic;
using System.Linq;
using System.Net;
using System.Windows;
using System.Windows.Controls;
using System.Windows.Documents;
using System.Windows.Input;
using System.Windows.Media;
using System.Windows.Media.Animation;
using System.Windows.Shapes;

namespace KeyboardEventSample
{
   public partial class Page : UserControl
   {

      public Page()
      {
         InitializeComponent();

         //定义事件响应
         this.KeyDown += new KeyEventHandler(Page_KeyDown);
      }
```

```
        //响应键盘按下事件
        void Page_KeyDown(object sender, KeyEventArgs e)
        {
            //获取此时矩形的位置
            double x = (double)rect1.GetValue(Canvas.LeftProperty);
            double y = (double)rect1.GetValue(Canvas.TopProperty);

            //获取按键信息，计算矩形移动后的位置
            if (e.Key == Key.Left)
            {
                x -= 30;
            }
            else if (e.Key == Key.Up)
            {
                y -= 30;
            }
            else if (e.Key == Key.Down)
            {
                y += 30;
            }
            else if (e.Key == Key.Right)
            {
                x += 30;
            }

            //设置矩形的位置
            rect1.SetValue(Canvas.LeftProperty, x);
            rect1.SetValue(Canvas.TopProperty, y);

            //输出按键信息到文本框
            string output = "Pressed Key: " + e.Key.ToString();
            output_txt.Text = output;
        }

    }
```

运行后的效果如图 9-10 所示，当按下键盘上的方向键后，矩形会朝相应的方向移动，同时在屏幕左上方的 TextBlock 将提示按下的是哪个键。

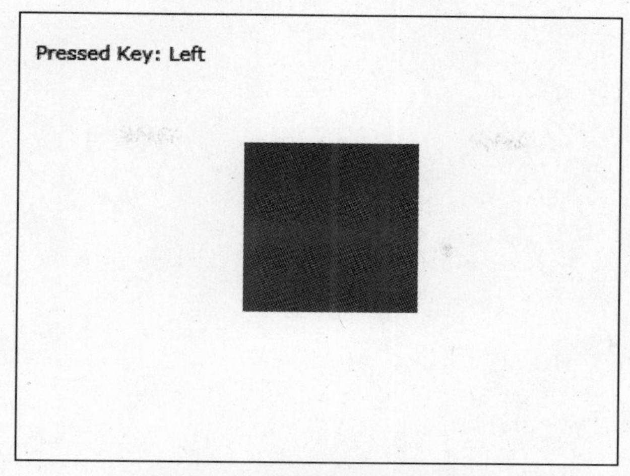


图 9-10 键盘控制红色矩形移动

## 9.4 小结

本章介绍了如何在 Silverlight 中使用事件，事件尤其是鼠标和键盘事件是使用 Silverlight 创建交互式应用程序的最基本且最重要的知识。本章首先介绍了 Silverlight 中的事件模型，讨论了给对象添加事件响应的几种方式，以及如何使用事件数据。接下来介绍了如何处理鼠标事件，讨论了几种鼠标事件的不同之处，以及如何合理运用鼠标事件和事件数据实现鼠标拖曳效果。最后详细介绍了键盘事件的处理，触发键盘事件的条件，以及键盘事件的事件参数，并通过一个示例介绍了如何运用键盘事件控制对象的移动。

# 第 10 章

# 控　　件

Silverlight 为开发人员提供了一套非常丰富的内置控件，使用这些控件可以方便快速地建造应用。Silverilght 2 包含了核心的表单控件（TextBox、CheckBox、RadioButton 和 ComboBox 等），内置的布局管理面板（StackPanel、Grid 和 Panel 等），常用的功能性控件（Slider、ScrollViewer、Calendar 和 DatePicker 等），以及数据操作控件（DataGrid、ListBox 等）。如图 10-1 所示是 Silverilght 中常用控件的效果图。

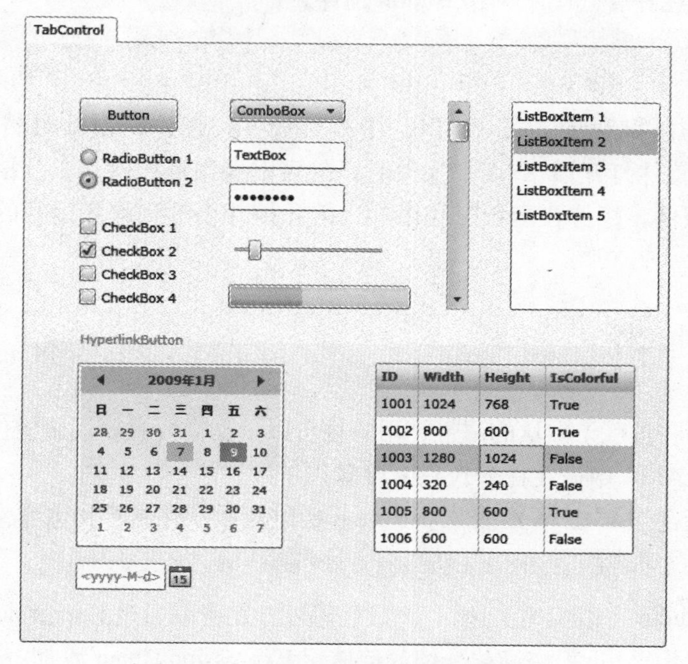


图 10-1　Silverlight 的常用控件的效果图

本章将介绍如何在 Silverlight 应用程序中使用内置的控件，如何给控件设置属性，添加事件响应，以及如何创建用户控件。

# 10.1 控件使用简介

本节将介绍如何在 Silverlight 项目中使用内建的控件，介绍如何添加控件，并设置控件属性，以及如何给控件添加事件响应。

## 10.1.1 创建控件

创建控件的方式有两种：一种是在 XAML 中创建；另一种是在托管代码中创建。

下面的语句在 XAML 中创建了一个 Button 控件。为了便于以后在托管代码中引用这个 Button 控件，可以通过设置 x:Name 属性为其命名。

```
<Button x:Name="myButton" Content="确定" />
```

下面的语句是在托管代码中创建 Button 控件。

```
Button myButton = new Button();
myButton.Content = "确定";
```

这两种方法的区别在于：在 XAML 中添加控件，控件在设计时被添加，因此使用 Expression Blend 软件打开该 XAML 文件时，就可以看到该控件，以及该控件的属性。在托管代码中添加控件，控件在运行时被添加，因此控件要等到程序运行的时候才能被创建和添加。

## 10.1.2 设置控件属性

控件在创建后将被赋予默认的属性，用户也可以根据需要重新设置控件的属性。控件的属性同样可以在 XAML 中或在托管代码中设置。

下面的例子是在 XAML 中添加一个 Button 按钮控件，并赋予其宽度、高度等属性。

```
    <Button x:Name="myButton" Content="确定" Width="100" Height="50" />
```

除了 Visual Studio 可以编写上述 XAML 代码外，还可以通过 Expression Blend 软件可视化地编辑生成上述代码。这里将简单介绍如何使用 Expression Blend 添加一个 Silverlight 内建控件，并设置属性。

以按钮控件为例，假如我们要添加一个 Button 控件，并设置按钮上的文字及按钮的宽度和高度等属性。

在 Blend 中，所有的控件都可以在元件库（Asset Library）中找到。要打开元件库对话框可以通过单击左侧工具栏上的元件库按钮»来实现。当在元件库中选中了一个 UI 元素后，该 UI 元素的图标将显示在元件库按钮的上方，以便再次使用。Blend 将最常用的控件按钮放置在了元件库按钮的上方，添加该控件只需双击相应的控件按钮即可。Blend 的工具栏和控件库分别如图 10-2、10-3 所示。

图 10-2 Expression Blend 工具栏

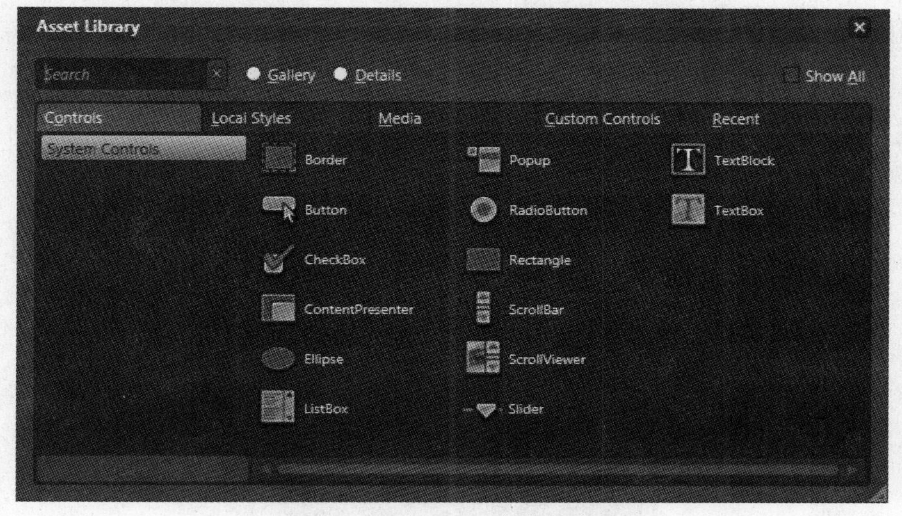


图 10-3 Expression Blend 控件库

通过双击控件按钮添加控件后，控件将被放置在 Blend 中当前的容器对象内，容器对象是指在 XAML 中可以包含子节点的对象，如 Grid、Canvas 和 StackPanel 等。在对象面板中，黄色边框选中的容器对象为当前容器对象。如图 10-4 所示，当前选中的容器对象是一个 Canvas 对象，因此新添加的按钮控件将作为 Canvas 的子节点，而不是 LayoutRoot 对象的子节点。要改变当前选中的容器对象，可以在对象面板中双击某个容器对象。

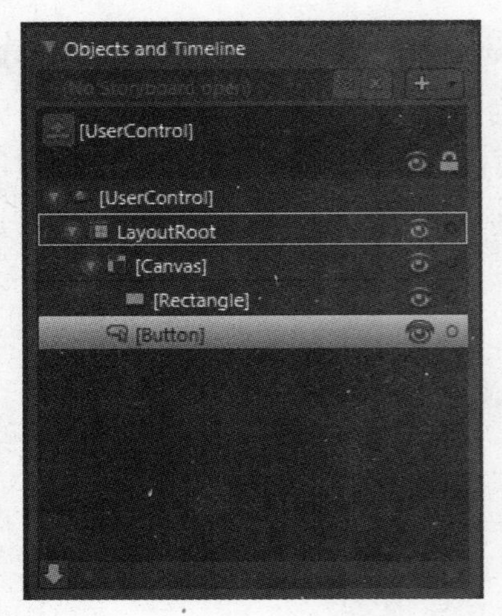


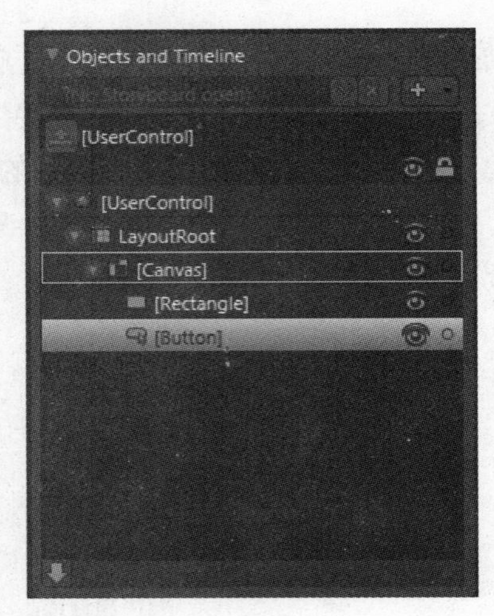


图 10-4　改变当前选中容器

使用 Expression Blend 给控件设置属性非常方便。首先选中对象，然后在右侧的属性面板中给需要赋值的属性赋值。如图 10-5 所示分别对按钮对象的 Width、Height 和 Content 属性进行了赋值。

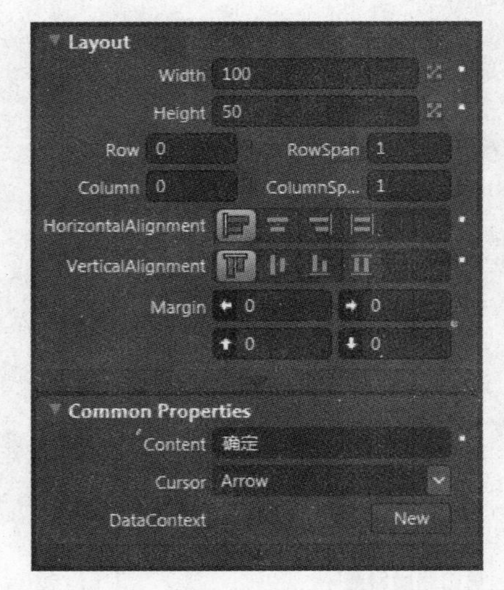


图 10-5　使用 Expression Blend 的属性面板设置控件属性

**提示：** 在 Blend 的属性面板中，每一条属性的右侧都有一个小方块，用来表示该属性是否在 XAML 中被赋值。当小方块为灰色时表示该属性没有在 XAML 中赋值；当小方块为白色时表示该属性在 XAML 中赋值了。

如果需要在 XAML 中除去对某个属性的赋值，可以单击该属性后侧的小方块，在弹出的命令面板中选择“Reset”命令。如图10-6所示为除去XAML中给对象Width属性的赋值。

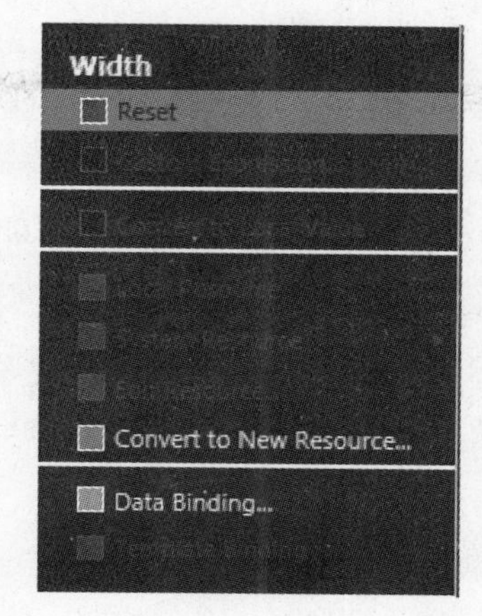


图10-6 在Expression Blend中除去XAML给属性赋值

同样也可以在托管代码中给控件设置属性，下面是在托管代码中创建了一个Button控件，并设置其属性。

```
Button myButton = new Button();
myButton.Content = "确定";
myButton.Width = 100;
myButton.Height = 50;
```

这两种方法的区别在于：在XAML中设置属性，可以使用Expression Blend等软件在设计时看到效果。在托管代码中设置属性，属性将在运行时设置，因此，在托管代码中设置属性可以使用表达式，控件属性将在运行时根据表达式的结果计算得出。而在XAML中给控件设置属性，不能使用表达式。

如果在XAML中和托管代码中都对某个属性赋值，该属性首先被赋予XAML中设置的值，然后被赋予托管代码中设置的值。

### 10.1.3 给控件添加事件响应

Silverlight SDK中给每一个控件都提供了一系列事件，使控件可以响应用户的行为。比如，Button控件在被单击的时候，会触发一个Click事件。如果需要在该Click事件被触发后执行一些语句的话，可以给该控件的Click事件添加事件响应。

事件响应可以在XAML中添加，也可以在托管代码中添加。下面的例子是分别在XAML中和托管代码中给一个Button控件的Click事件添加事件响应。更多关于事件的信息，请参考第 9 章。

下面的语句在 XAML 中添加了一个按钮控件，并给按钮的 Click 事件添加了事件响应。在 XAML 中给控件添加事件响应，需要赋予控件 x:Name 属性。

```
<Button Width="100" Content="单击" x:Name="myBtn" Click=" myBtn _Click"/>
```

下面的语句是在托管代码中，给一个按钮对象添加了 Click 事件响应。

```
myBtn.Click +=new RoutedEventHandler(myBtn _Click);
```

事件响应添加完后，还需要添加事件响应函数来指定事件触发后所需执行的命令。事件响应函数必须在托管代码中添加。下面的语句是给按钮对象的 Click 事件添加的事件响应函数。

```
private void myBtn_Click(object sender, RoutedEventArgs e)
{
myBtn.Content = "按钮被单击";
}
```

# 10.2 内建控件的使用

Silverlight 内建了一系列 Windows 标准控件，如 Button、TextBox 和 CheckBox 等。使用这些控件可以快速便捷地搭建起一个应用程序。本节将详细介绍这些控件的功能和特点，并配合一些示例介绍控件的常用属性和方法。

## 10.2.1 TextBlock（文本）控件

TextBlock 控件是 Silverlight 最常用的控件之一，它能用来显示一段只读的文本内容。下面的 XAML 例子是一个最基本的 TextBlock 控件，将其 Text 属性设置为一个字符串。

```
<Canvas x:Name="LayoutRoot" Background="White" Margin="20">
   <TextBlock Text="Hello World!"/>
</Canvas>
```

运行后的效果如图 10-7 所示。

Hello World!

图 10-7 最基本的 TextBlock 控件

下面介绍 TextBlock 控件的几个最常用的属性。

1. FontFamily：**文字字体**

该属性用来指定文字的字体。如下面的代码所示。

```
<TextBlock FontFamily="Courier New" Text="Hello World!"/>
<TextBlock FontFamily="Times New Roman" Canvas.Top="15" Text="Hello World!"/>
<TextBlock FontFamily="Verdana" Canvas.Top="30" Text="Hello World!"/>
```

运行的效果如图 10-8 所示。

Hello World!
Hello World!
Hello World!

图 10-8　设置不同字体的 TextBlock 控件

2. FontSize：**文字字号属性**

该属性的默认值是 14.666 像素，正好是 11 磅（Point）。下面的代码给文字赋予了不同的文字大小属性。

```
<TextBlock Text="Hello World!"/>
<TextBlock FontSize="20" Canvas.Top="20" Text="Hello World!" />
<TextBlock FontSize="30" Canvas.Top="50" Text="Hello World!"/>
```

运行的效果如图 10-9 所示。

Hello World!
Hello World!
Hello World!

图 10-9　设置不同字号的 TextBlock 控件

3. Foreground：**文字颜色**

设置该属性可以改变文字的颜色。你还可以使用各种笔刷来填充文字的颜色，包括纯色、渐变色、图片、甚至是视频。下面的代码在 XAML 中添加了 3 个 TextBlock 控件，分别使用了纯色笔刷、渐变色笔刷和图片笔刷作为文字的颜色。这里在使用图片笔刷时，首先需要将图片加载到工程中。

```
<!--纯色文字-->
<TextBlock FontSize="15" Text="Hello World!" Foreground="#FFFF0000"/>

<!--渐变色文字-->
<TextBlock FontSize="15" Canvas.Top="15" Text="Hello World!">
   <TextBlock.Foreground>
     <LinearGradientBrush StartPoint="0.5,0" EndPoint="0.5,1">
          <GradientStop Color="#FF0000FF"/>
          <GradientStop Color="#FFFFFFFF" Offset="1"/>
     </LinearGradientBrush>
      </TextBlock.Foreground>
</TextBlock>

<!--图片文字-->
<TextBlock FontSize="30" Canvas.Top="30" Text="Hello World!">
     <TextBlock.Foreground>
      <ImageBrush Stretch="Fill" ImageSource="logo.jpg" />
     </TextBlock.Foreground>
</TextBlock>
```

运行后的效果如图 10-10 所示。

图 10-10　设置不同颜色的 TextBlock 控件

4. FontFamily：**文字字体属性**

Silverlight 内建了一部分英文字体，包括以下几种。

- Arial
- Comic Sans MS
- Courier New
- Georgia
- Lucida Sans Unicode

- Portable User Interface
- Times New Roman
- Trebuchet MS
- Verdana

下面的代码对 TextBlock 控件应用了 Silveright 内建的英文字体。

```
<!--Silverlight 内建字体-->
<TextBlock Text="Hello World"
        FontFamily="Comic Sans MS" FontSize="20"/>

<TextBlock Text="Hello World" Canvas.Top="30"
        FontFamily="Arial" FontSize="20" />
```

运行后的效果如图 10-11 所示。

Hello World
Hello World

图 10-11　TextBlock 控件不同字体的显示

如果要使用其他字体，就需要将字体文件设为嵌入资源，编译到 dll 中去。使用 Expression Blend 可以非常方便地为系统安装的字体，具体操作步骤如下。

（1）在 Page.xaml 的文件上单击鼠标右键，在弹出的快捷菜单中选择“Open in Expression Blend”命令。

（2）添加一个 TextBlock 控件，将文字内容设为“中华人民共和国”，字号设为 20。

（3）在选择字体的下拉列表中，选择所需的嵌入字体，这里选择了“SimHei”，即黑体，然后勾选“Embed”复选框。如图 10-12 所示。

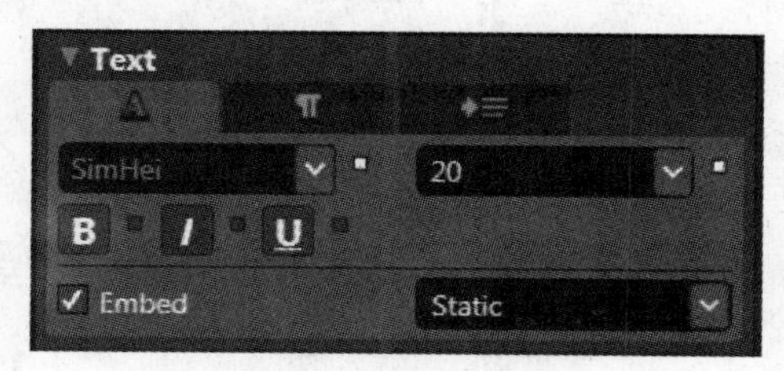


图 10-12　设置文字字体

此时，Expression Blend 会自动为工程添加字体文件，如图 10-13 所示。

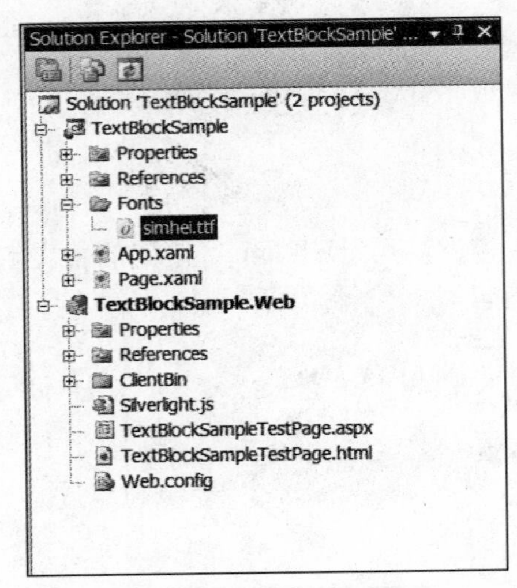


图 10-13　添加字体文件

生成的 XAML 代码如下，运行后可以显示中文的黑体文字，如图 10-14 所示。

```
<!--嵌入字体 黑体-->
<TextBlock Text="中华人民共和国" Canvas.Top="60"
        FontFamily="./Fonts/Fonts.zip#SimHei" FontSize="20"/>
```

中华人民共和国

图 10-14　黑体文字

5. FontWeight、FontStyle 和 TextDecorations

- FontWeight 属性用来设置文字是否加粗。取值为“Normal”表示正常，“Bold”表示加粗。
- FontStyle 属性用来设置文字是否为斜体。取值为“Normal”表示正常，“Italic”表示斜体。
- TextDecorations 属性用来为文字添加下画线。取值为“Underline”表示添加下画线。

下面的代码分别为 TextBlock 控件添加了加粗、斜体、下画线效果。

```
<!--加粗文字-->
<TextBlock Text="Hello Silverlight" FontSize="20"
        FontWeight="Bold"/>
<!--斜体文字-->
```

```
<TextBlock Text="Hello Silverlight" FontSize="20" Canvas.Top="30"
        FontStyle="Italic"/>

<!--文字下画线-->
<TextBlock Text="Hello Silverlight" FontSize="20" Canvas.Top="60"
        TextDecorations="Underline"/>
```

运行效果如图 10-15 所示。

Hello Silverlight
*Hello Silverlight*
Hello Silverlight

图 10-15　文字加粗、斜体、加下画线

### 6. 文字换行

TextBlock 控件支持换行，可以让文本控件自动换行，也可以强制换行。要强制换行，可以在 XAML 中使用 Run 和 LineBreak 对象。

Run 对象表示一个带有格式的文本元素，使用 Run 对象可以让一个文本控件含有多个不同颜色、字体、大小等属性的文本。LineBreak 对象表示 TextBlock 控件中的一个新行。下面的例子是一个有多行的 TextBlock 控件。

```
<TextBlock Text="Photo1.jpg" FontSize="14">
   <LineBreak/>
   <Run>408 KB</Run>
   <LineBreak/>
   <Run FontFamily="Arial" FontSize="20">Monday, October 29, 2007</Run>
</TextBlock>
```

运行效果如图 10-16 所示。

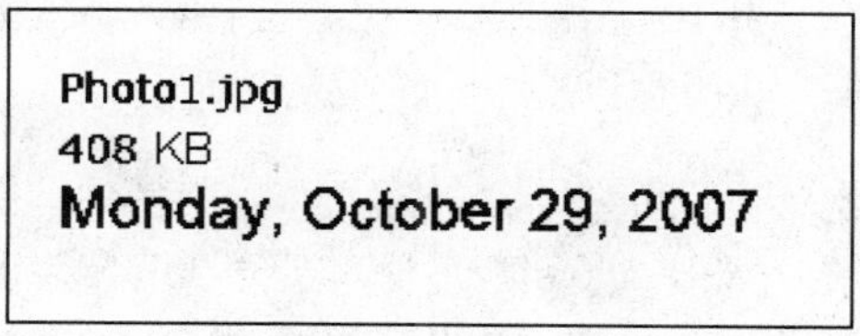

Photo1.jpg
408 KB
Monday, October 29, 2007

图 10-16　设置文字换行的 TextBlock 控件

TextBlock 控件还可以根据控件宽度和文本的长度使文本自动换行。要支持自动换行，需

要将 TextWrapping 属性设置为 Wrap。TextWrapping 属性的另外一个取值是 None，表示不换行。代码如下：

```
<!--不换行的文字-->
<TextBlock Text="TextWrapping属性让文字自动换行" FontSize="14" Width="100"
        TextWrapping="NoWrap"/>

<!--换行的文字-->
<TextBlock Text="TextWrapping属性让文字自动换行" FontSize="14" Width="100"
        TextWrapping="Wrap" Canvas.Top="20"/>
```

运行效果如图 10-17 所示。

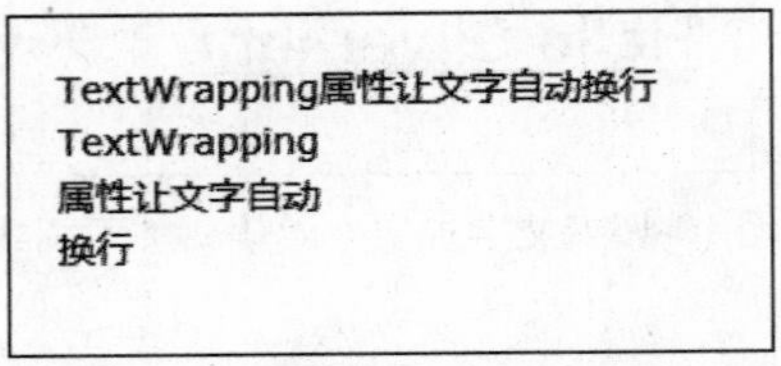

TextWrapping属性让文字自动换行
TextWrapping
属性让文字自动
换行

图 10-17　设置 TextWrapping 属性使文字自动换行

7. TextAlignment：**文字对齐属性**

对齐方式有 3 种：居左（Left）、居中（Center）和居右（Right）。

下面的代码设置了几个 TextBlock 控件的 TextAlignment 属性。

```
<!--左对齐文字-->
<TextBlock Text="Silverlight" FontSize="14" TextAlignment="Left"
          Canvas.Top="40" Width="150"/>

<!--右对齐文字-->
<TextBlock Text="Silverlight" FontSize="14" TextAlignment="Right"
          Canvas.Top="60" Width="150"/>

<!--居中文字-->
<TextBlock Text="Silverlight" FontSize="14" TextAlignment="Center"
          Canvas.Top="80" Width="150"/>

<!--换行的居中文字-->
<TextBlock Text="MS Silverlight" FontSize="14" TextAlignment="Center"
        TextWrapping="Wrap"
        Canvas.Top="120" Canvas.Left="35" Width="80"/>
```

运行效果如图 10-18 所示。

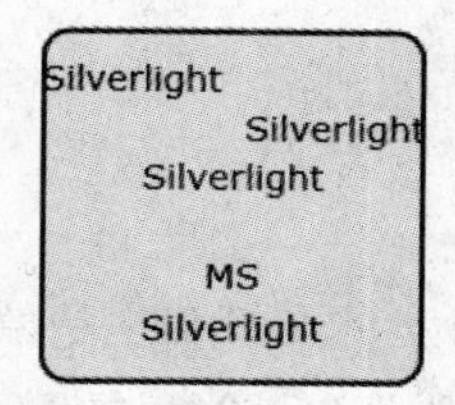


图 10-18　设置文字对齐方式

### 10.2.2　TextBox（文本框）控件

TextBox 控件是一个文本框控件，可以用来显示或让用户编辑文本。虽然 TextBox 控件通常用做可编辑的文本，但它也可以设置为只读。跟 TextBlock 控件一样，TextBox 控件也可以分多行显示文本。TextBox 控件将根据自身的尺寸，让文本自动换行。

TextBox 控件和 TextBlock 控件有很多相同的属性用来控制文本的显示，如文字颜色、字体、字号等。如果需要了解这些属性，读者可以参考 TextBlock 控件的相关部分。

下面的 XAML 添加了 3 个 TextBox 控件：第 1 个 TextBox 控件仅设置了字号属性；第 2 个通过设置其 Width 属性，使得文字内容分多行显示；第 3 个是只读的 TextBox 控件。如图 10-19 所示。

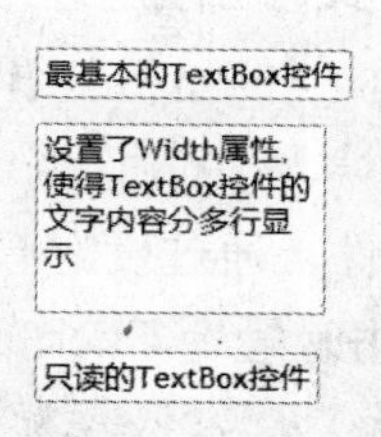


图 10-19　TextBox 文本框控件

其 XAML 代码如下：

```
<TextBox Text="最基本的TextBox控件" FontSize="16" Canvas.Left="20"/>
<TextBox Text="设置了Width属性，使得TextBox控件的文字内容分多行显示"
       Canvas.Top="40" Canvas.Left="20"
       Width="150" Height="100"
       TextWrapping="Wrap" FontSize="16"/>
<TextBox Text="只读的TextBox控件" IsReadOnly="True" FontSize="16"
       Canvas.Top="160" Canvas.Left="20"/>
```

另外，TextBox 提供了两个事件：TextChanged 事件和 SelectionChanged 事件，分别在用户文本被修改和选中文本改变时触发。

### 10.2.3 Button（按钮）控件

Button 控件是继承自 ButtonBase 类的最简单也是最常用的按钮控件，用来响应用户输入的 Click 事件。如图 10-20 所示的就是一个最简单的 Button 控件。

Button

图 10-20 Button 控件

其代码如下所示。

```
<Grid x:Name="LayoutRoot" Background="White">
   <Button Content="Button" Width="100" Height="30"/>
</Grid>
```

ButtonBase 抽象类是一个可以被单击但不能被双击的内容控件，定义了很多按钮控件的通用属性和方法。

ButtonBase 类定义了 Click 事件，跟 Windows 标准控件一样，Click 事件将在鼠标单击对象后触发，即在对象上按下鼠标左键再释放。

若要改变控件触发 Click 事件的方式，可以通过修改 ClickMode 属性来实现。ClickMode 属性是一个枚举类型，枚举值为 Release（默认值）、Press 和 Hover，分别表示控件将在鼠标单击、鼠标按下、鼠标移入时触发 Click 事件。

下面的语句定义了 3 个 Button 控件，通过设定 ClickMode 属性，使这 3 个 Button 控件分别在鼠标移入、鼠标按下和鼠标单击时触发 Click 事件。

```
<Button x:Name="btn1" Content="鼠标移入触发Click事件" Canvas.Left="20" Canvas.Top="20"
     ClickMode="Hover" Click="OnClickBtn1"/>
<Button x:Name="btn2" Content="鼠标按下触发Click事件" Canvas.Left="20" Canvas.Top="70"
     ClickMode="Press" Click=" OnClickBtn2"/>
<Button x:Name="btn3" Content="鼠标单击触发Click事件" Canvas.Left="20" Canvas.Top="120"
     ClickMode="Release" Click=" OnClickBtn3" />
```

Button 控件同时是 Content（内容）控件，继承自 System.Windows.Controls.ContentControl。Content 控件是只允许包含单一项（item）的简单控件，可以通过指定 Content 属性来定制控件的外观。下面几个 Button 按钮分别使用了不同的对象作为 Button 控件的内容。

```
<Button x:Name="btn1">
   <Button.Content>
      <TextBox Text="This is a Button!"
```

```
            FontSize="14"/>
    </Button.Content>
</Button>
```

运行效果如图 10-21 所示。

This is a Button!

图 10-21　将 TextBox 控件作为 Button 控件内容

```
<Button x:Name="btn2">
    <Button.Content>
        <Rectangle Width="100" Height="20" Fill="Blue"/>
    </Button.Content>
</Button>
```

运行效果如图 10-22 所示。

图 10-22　将矩形作为 Button 控件内容

```
<Button x:Name="btn3">
    <Button.Content>
        <Image Source="images/logo.jpg"/>
    </Button.Content>
</Button>
```

运行效果如图 10-23 所示。

图 10-23　将图片作为 Button 控件内容

继承自 ButtonBase 类的控件还有很多，包括 HyperlinkButton 控件、RepeatButton 控件、RadioButton 控件、CheckBox 控件等，这些按钮控件都继承自 ButtonBase 抽象类。

### 10.2.4 HyperlinkButton（超链接按钮）控件

HyperlinkButton 控件表示一个超链接按钮控件。通过单击，可以让用户链接到另一个Web 页面。

以下是 HyperlinkButton 控件的一个示例。该示例中添加了一个 HyperlinkButton 控件，当单击该控件时，浏览器将弹出一个新窗口，链接到 http://silverlight.net 页面上。

```
<HyperlinkButton
  FontSize="14"
  Content="Go to Silverlight.net"
  NavigateUri="http://www.silverlight.net"/>
```

其中 NavigateUri 属性表示需要链接的页面网址，Content 属性表示控件按钮上显示的文字内容。HyperlinkButton 控件拥有 FontSize、FontFamiliy 等常用的文字字体属性，用来控制按钮上文字的字体。运行后的效果如图 10-24 所示。

Go to Silverlight.net

图 10-24　HyperlinkButton 控件

通过指定 TargetName 属性可以决定链接的页面是直接在本窗口显示还是让浏览器打开新窗口显示。

- TargetName= _blank,_media,_search 相当于在新窗口打开链接。
- TargetName=_parent,_self,_top 相当于在本窗口打开链接。

比如下面的代码是在新窗口打开链接。

```
<HyperlinkButton
  FontSize="14" TargetName="_blank"
  Content="Go to Silverlight.net"
  NavigateUri="http://www.silverlight.net"/>
```

而下面的代码则是在本窗口打开链接。

```
<HyperlinkButton
  FontSize="14" TargetName="_self"
  Content="Go to Silverlight.net"
  NavigateUri="http://www.silverlight.net"/>
```

另外，HyperlinkButton 控件并不是只能显示文字，你可以通过设置 HyperlinkButton.Content 属性来定制 HyperlinkButton 控件的外观。比如：

```
<HyperlinkButton NavigateUri="http://www.silverlight.net">
   <HyperlinkButton.Content>
      <Canvas>
         <Rectangle Width="144" Height="56" Fill="#FF3664FF" Stroke="#FF000000"
                  StrokeThickness="2" RadiusX="10" RadiusY="10"/>
         <TextBlock Canvas.Top="17" Canvas.Left="14" Text="Go to Silverlight"
                  Foreground="#FFFFFFFF" FontSize="14"/>
      </Canvas>
   </HyperlinkButton.Content>
</HyperlinkButton>
```

运行后的效果如图 10-25 所示。

Go to Silverlight

图 10-25　定制 HyperlinkButton 控件外观

HyperlinkButton 控件继承自 ButtonBase 抽象类。因此，拥有一些跟 Button 控件相同的属性和事件，如 ClickMode 属性、Click 事件等。

### 10.2.5　RepeatButton（重复按钮）控件

RepeatButton 控件表示一个重复按钮，当单击此按钮不松开时，该按钮会持续地触发 Click 事件。

RepeatButton 控件继承自 ButtonBase 抽象类，拥有常用的按钮事件和属性。

通过指定 RepeatButton 的 Interval 属性，可以设置下一次 Click 事件触发的时间间隔。

RepeatButton 的 Delay 属性能让 RepeartButton 控件被按下时，等待一段时间后再开始持续触发 Click 事件。

下面是一个 RepeatButton 控件的示例。在 XAML 中添加了一个 RepeatButton 控件，当按住该控件不放时，输出 RepeatButton 控件重复触发 Click 事件的次数。运行效果如图 10-26 所示。

单击次数：12　　单击不要松开

图 10-26　RepeatButton 控件

XAML 代码如例程 10-1 所示。

例程 10-1　RepeatButton 控件示例的 XAML 代码

```
<Canvas x:Name="LayoutRoot" Background="White">
    <RepeatButton x:Name="RepeatButton1" Content="单击不要松开"
            FontSize="14" Height="40" Width="110"
            Canvas.Left="200" Canvas.Top="115"/>

    <TextBlock x:Name="ClickedText" Text="单击次数" TextWrapping="Wrap"
          FontSize="15"
          Canvas.Left="40" Canvas.Top="120"/>
</Canvas>
```

C#代码如例程 10-2 所示。

例程 10-2　RepeatButton 控件示例的 C#代码

```
public partial class Page : UserControl
{
   private int _clicks = 0;

   public Page()
   {
     InitializeComponent();

     RepeatButton1.Delay = 1000;       //延时 1000 毫秒后开始持续触发 Click 事件
     RepeatButton1.Interval = 500;     //持续触发 Click 事件的时间间隔为 500 毫秒
     RepeatButton1.Click += new RoutedEventHandler(RepeatButton1_Click);
   }

   //输出 Click 事件触发的次数
   void RepeatButton1_Click(object sender, RoutedEventArgs e)
   {
     _clicks++;
     this.ClickedText.Text = "单击次数: " + _clicks;
   }
}
```

### 10.2.6　CheckBox（复选框）控件

CheckBox 控件让用户可以选择（check）或者不选择（uncheck）一个选项。CheckBox 控件的状态有 3 种：选中、不选中和不确定。如图 10-27 所示为不同状态下的 CheckBox 控件。

图 10-27　CheckBox 控件的 3 种状态

CheckBox 控件的常用属性如下。

- IsChecked：CheckBox 控件的选中状态。
- IsThreeState：该属性继承自 ToggleButton，使得 CheckBox 控件可具有 3 种状态：选中、不选中和不确定。如表 10-1 所示为 CheckBox 不同状态时，IsChecked 的取值。

表 10-1　CheckBox 不同状态时 IsChecked 的取值

| CheckBox 状态 | IsChecked 的取值 |
| --- | --- |
| 选中（check） | true |
| 不选中（uncheck） | false |
| 不确定（indetermine） | null |

CheckBox 控件的常用事件包括以下几个。

- Checked：当 CheckBox 控件的状态变为选中时触发。
- Unchecked：当 CheckBox 控件的状态变为不选中时触发。
- Indeterminate：当 CheckBox 控件的状态变为不确定时触发。

如图 10-28 所示为 CheckBox 控件的一个示例，示例中添加了两个 CheckBox 控件，第 1 个 CheckBox 控件只有两种状态，第 2 个 CheckBox 有 3 种状态。当通过单击改变这两个 CheckBox 控件的选中状态时，下方的文本框将输出 CheckBox 控件当前的选中状态。

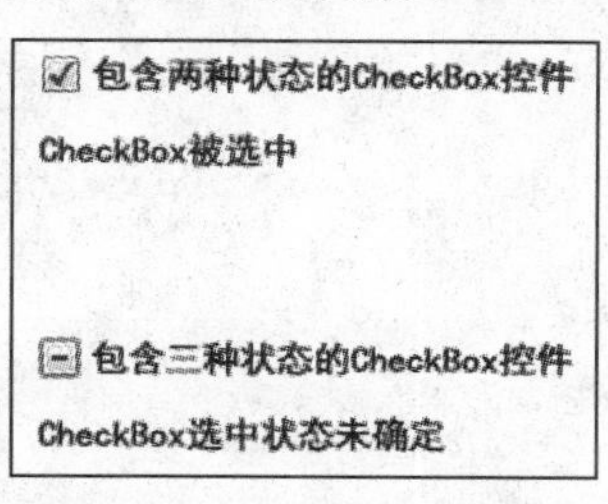


图 10-28　CheckBox 控件

XAML 代码如例程 10-3 所示。

例程 10-3　CheckBox 控件示例的 XAML 代码

```
<Canvas x:Name="LayoutRoot" Background="White">
    <CheckBox x:Name="CheckBox1" Content="包含两种状态的 CheckBox 控件"
        FontFamily="SimHei" FontSize="14"
        Canvas.Left="100" Canvas.Top="60" />
    <TextBlock x:Name="OutputText1" FontFamily="SimHei" TextWrapping="Wrap"
```

```
            Width="200" Canvas.Left="100" Canvas.Top="90" FontSize="14"/>

        <CheckBox x:Name="CheckBox2" Content="包含三种状态的CheckBox控件"
            FontFamily="SimHei" FontSize="14"
            Canvas.Left="100" Canvas.Top="170"/>
        <TextBlock x:Name="OutputText2" FontFamily="SimHei" TextWrapping="Wrap"
            Width="200" Canvas.Left="100" Canvas.Top="200" FontSize="14"/>
</Canvas>
```

C#代码如例程 10-4 所示。

**例程 10-4　CheckBox 控件示例的 C#代码**

```
public Page()
{
   InitializeComponent();

   //包含两种状态的CheckBox
   CheckBox1.IsThreeState = false;
   CheckBox1.Checked += new RoutedEventHandler(CheckBox1_Checked);
   CheckBox1.Unchecked += new RoutedEventHandler(CheckBox1_Unchecked);

   //包含三种状态的CheckBox
   CheckBox2.IsThreeState = true;
   CheckBox2.Checked += new RoutedEventHandler(CheckBox2_Checked);
   CheckBox2.Unchecked += new RoutedEventHandler(CheckBox2_Unchecked);
   CheckBox2.Indeterminate += new RoutedEventHandler(CheckBox2_Indeterminate);
}

//输出被单击的CheckBox，及其状态
void CheckBox2_Checked(object sender, RoutedEventArgs e)
{
   OutputText2.Text = "CheckBox被选中";
}
void CheckBox2_Unchecked(object sender, RoutedEventArgs e)
{
   OutputText2.Text = "CheckBox未被选中";
}
void CheckBox2_Indeterminate(object sender, RoutedEventArgs e)
{
   OutputText2.Text = "CheckBox选中状态未确定";
}

void CheckBox1_Checked(object sender, RoutedEventArgs e)
{
```

```
    OutputText1.Text = "CheckBox 被选中";
}
void CheckBox1_Unchecked(object sender, RoutedEventArgs e)
{
    OutputText1.Text = "CheckBox 未被选中";
}
```

### 10.2.7　RadioButton（单选按钮）控件

RadioButton 控件表示一个单选按钮控件，可以让用户从一组选项中选择其中一个选项。要让多个 RadioButton 控件组成一组，可以将同组的 RadioButton 的 GroupName 属性赋予相同的值。当多个 RadioButton 控件分在同一组后，它们的选中状态是会互相排斥的，也就是说用户一次只能选择一个选项。RadioButton 被选中后就无法通过单击来清除选中状态。

RadioButton 控件的常用属性如下。

- Content：获取或设置 RadioButton 控件的显示内容。
- GroupName：字符串类型，获取或设置指定哪些 RadioButton 控件互相排斥的名称。
- IsChecked：是否被选中。
- IsThreeState：确定该控件是支持两种状态还是 3 种状态。

Radio Button 控件的常用事件如下。

- Checked：当 RadioButton 控件的状态变为选中时触发。
- Unchecked：当 RadioButton 控件的状态变为不选中时触发。
- Indeterminate：当 RadioButton 控件的状态变为不确定时触发。

例程 10-5 所示为一个 RadioButton 控件的示例，示例中添加了两组 RadioButton 控件，当选中其中一个 RadioButton 控件时，将输出选项的内容。

**例程 10-5　RadioButton 控件示例的 XAML 代码**

```
<Canvas x:Name="LayoutRoot" Background="White">

    <!--第 1 组 RadioButton 控件，组名是 CityButtonGroup-->
    <TextBlock Text="城市" FontFamily="SimHei" TextWrapping="Wrap"
          Canvas.Left="50" Canvas.Top="60" />
    <RadioButton x:Name="BJButton" Content="北京" GroupName="CityButtonGroup"
           FontSize="14" Canvas.Left="50" Canvas.Top="85"/>
    <RadioButton x:Name="SHButton" Content="上海" GroupName="CityButtonGroup"
           FontSize="14" Canvas.Left="50" Canvas.Top="115"/>
    <RadioButton x:Name="GZButton" Content="广州" GroupName="CityButtonGroup"
           FontSize="14" Canvas.Left="50" Canvas.Top="145"/>
```

```
        <!--第2组RadioButton控件，组名是 SexButtonGroup-->
        <TextBlock Text="性别" FontFamily="SimHei" TextWrapping="Wrap"
               Canvas.Left="200" Canvas.Top="60"/>
        <RadioButton x:Name="MaleButton" Content="男" GroupName="SexButtonGroup"
                 FontSize="14" Canvas.Left="200" Canvas.Top="85"/>
        <RadioButton x:Name="FemaleButton" Content="女" GroupName="SexButtonGroup"
                 FontSize="14" Canvas.Left="200" Canvas.Top="115" />

        <!--输出文字-->
        <TextBlock x:Name="OutputText" Text="输出" FontFamily="SimHei" TextWrapping="Wrap"
               Canvas.Left="45" Canvas.Top="200"/>
    </Canvas>
```

运行后的效果如图 10-29 所示。

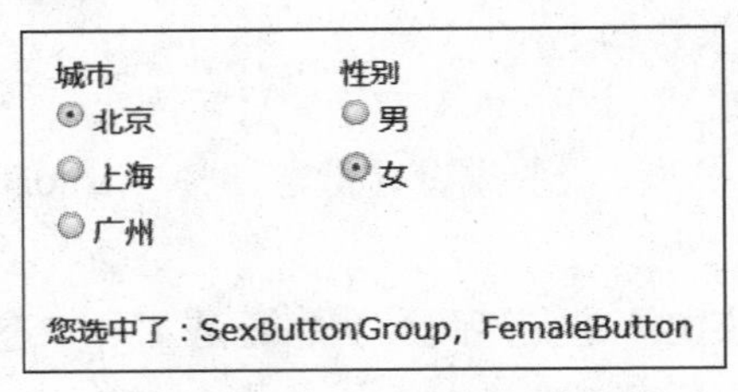


图 10-29　RadioButton 控件

## 10.2.8　Slider（滑块）控件

Slider 控件让用户通过移动一个 Thumb 滑块控件在一个范围中选定一个值。通过指定 Minmum 和 Maxmum 属性来设置 Slider 控件的取值范围；通过设置 Orientation 属性，来决定 Slider 控件时水平放置还是垂直放置。

下面和代码添加了一个 Slider 控件。

```
<Slider Minimum="10" Maximum="20" Width="200"/>
```

运行效果如图 10-30 所示。

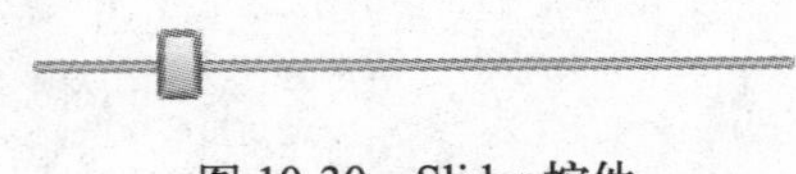

图 10-30　Slider 控件

Slider 控件的常用事件是 OnValueChanged 事件，指当 lider 控件的取值发生变化时触发该事件。

例程10-6所示为一个Slider控件的示例。该示例添加了一个Slider控件和一个圆形，当滑动Slider控件时，根据Slider控件的取值更新圆形的缩放比例。

**例程10-6 Slider控件示例的XAML代码**

```
<Canvas x:Name="LayoutRoot" Background="White">

    <Slider x:Name="Slider1" Minimum="1" Maximum="3" Width="200" Height="Auto"
        Canvas.Left="100" Canvas.Top="250"/>

    <Ellipse x:Name="Ellipse1" Height="50" Width="50" Fill="#FFC0C0C0"
        Canvas.Top="120" Canvas.Left="180" RenderTransformOrigin="0.5,0.5">
        <Ellipse.RenderTransform>
            <TransformGroup>
        <!--给圆形对象Ellipse1的ScaleTransform属性命名，以便在运行时赋值-->
                <ScaleTransform x:Name="EllipseScale" ScaleX="1" ScaleY="1"/>
                <SkewTransform/>
                <RotateTransform/>
                <TranslateTransform/>
            </TransformGroup>
        </Ellipse.RenderTransform>
    </Ellipse>
</Canvas>
```

C#代码如例程10-7所示。

**例程10-7 Slider控件示例的C#代码**

```
public Page()
{
   InitializeComponent();

   //给Slider控件添加ValueChanged事件响应
   Slider1.ValueChanged +=
      new RoutedPropertyChangedEventHandler<double>(Slider1_ValueChanged);
}

//拖动Slider1控件，改变圆形对象Ellipse的缩放比例
void Slider1_ValueChanged(object sender, RoutedPropertyChangedEventArgs<double> e)
{
   EllipseScale.ScaleX = EllipseScale.ScaleY = e.NewValue;
}
```

运行效果如图10-31所示。

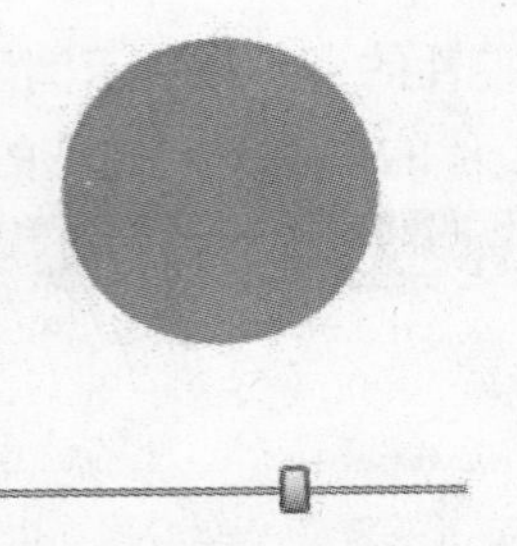

图 10-31　使用 Slider 控件的 ValueChanged 事件

### 10.2.9　ScrollBar（滚动条）控件

ScrollBar 控件跟 Slider 控件的功能很相似，同样继承自 RangeBase 类。不同之处在于：ScrollBar 控件比 Slider 控件多了一个滚动槽，如图 10-32 所示。

图 10-32　ScrollBar 控件

例程 10-8 所示为 ScrollBar 控件的一个示例，示例中添加了两个 ScrollBar 控件和一个圆形，其中一个 ScrollBar 控件水平放置，另一个垂直放置，通过滑动这两个 ScrollBar 控件来设置圆形的平面位置。

例程 10-8　ScrollBar 控件示例的 XAML 代码

```
<Canvas x:Name="LayoutRoot" Background="White">
   <!--第1个ScrollBar，设置圆形对象Ellipse1的水平位置-->
     <ScrollBar x:Name="ScrollBar1" Minimum="0" Maximum="200"
            Orientation="Horizontal"
            Width="200" Height="25" Canvas.Left="80" Canvas.Top="250"/>
   <!--第2个ScrollBar，设置圆形对象Ellipse1的垂直位置-->
     <ScrollBar x:Name="ScrollBar2" Minimum="0" Maximum="200"
            Orientation="Vertical"
            Width="25" Height="200" Canvas.Left="290" Canvas.Top="40"/>

     <Canvas Height="200" Width="200" Canvas.Top="40" Canvas.Left="80">
          <Ellipse x:Name="Ellipse1" Height="10"
            Width="10" Fill="#FFFFFFFF" Stroke="#FF000000" />
```

```
    </Canvas>
</Canvas>
```

C#代码如例程 10-9 所示。

例程 10-9 ScrollBar 控件示例的 C#代码

```
public Page()
{
    InitializeComponent();

    //给 ScrollBar 对象添加 ValueChanged 事件响应
    ScrollBar1.ValueChanged +=
        new RoutedPropertyChangedEventHandler<double>(ScrollBar1_ValueChanged);
    ScrollBar2.ValueChanged +=
        new RoutedPropertyChangedEventHandler<double>(ScrollBar2_ValueChanged);

}

//当 ScrollBar1 被滑动时，调整圆形对象 Ellipse1 的水平位置
void ScrollBar1_ValueChanged(object sender, RoutedPropertyChangedEventArgs<double> e)
{
    Ellipse1.SetValue(Canvas.LeftProperty, e.NewValue - Ellipse1.Width / 2.0);

}

//当 ScrollBar1 被滑动时，调整圆形对象 Ellipse1 的垂直位置
void ScrollBar2_ValueChanged(object sender, RoutedPropertyChangedEventArgs<double> e)
{
    Ellipse1.SetValue(Canvas.TopProperty, e.NewValue - Ellipse1.Height / 2.0);
}
```

运行后的效果如图 10-33 所示。

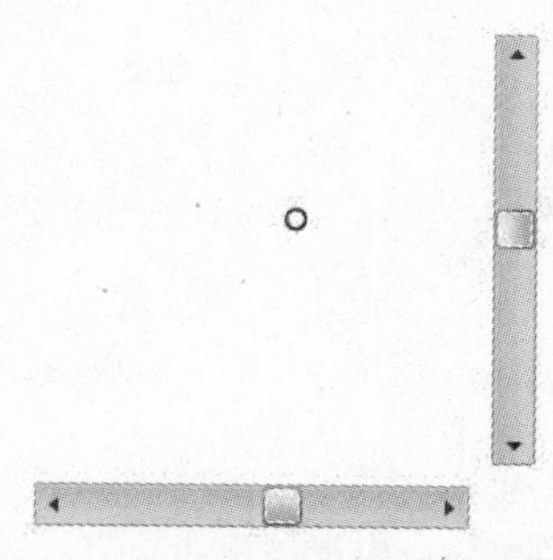

图 10-33 使用 ScrollBar 控件的 ValueChanged 事件

### 10.2.10 ComboBox 控件

ComboBox 控件可以让用户在列表中选择一项。ComboBox 控件和 ListBox 控件一样，都是继承自 System.Windows.Controls.Primitives.Selector。因此 ComboBox 控件同样包含 SelectedIndex 属性、SelectedItem 属性和 SelectionChanged 事件。

要给 ComboBox 控件添加元素，可以通过给其 ItemsSource 属性赋值来实现。ItemsSource 属性接受集合类对象。

下面的实例添加了一个 ComboBox 控件，并给它添加了几个选项，同时添加了 SelectionChanged 事件响应。

首先在 XAML 代码中添加一个 ComboBox 对象，XAML 代码如例程 10-10 所示。

例程 10-10 ComboBox 控件示例的 XAML 代码

```
    <Canvas x:Name="LayoutRoot" Background="White">
    <ComboBox x:Name="myComboBox" Width="100" FontSize="16"
                   Canvas.Left="100" Canvas.Top="100"/>
</Canvas>
```

同时在 Page.cs 中添加如例程 10-11 所示的 C#代码。

例程 10-11 ComboBox 控件示例的 C#代码

```
public Page()
{
   InitializeComponent();

   List<string> cityList = new List<string>();
   cityList.Add("北京");
   cityList.Add("上海");
   cityList.Add("深圳");
   cityList.Add("天津");

   myComboBox.ItemsSource = cityList;
myComboBox.SelectionChanged +=
new SelectionChangedEventHandler(myComboBox_SelectionChanged);
}

void myComboBox_SelectionChanged(object sender, SelectionChangedEventArgs e)
{
   ComboBox c = sender as ComboBox;
   text1.Text = c.SelectedItem.ToString();
}
```

运行效果如图 10-34 所示。

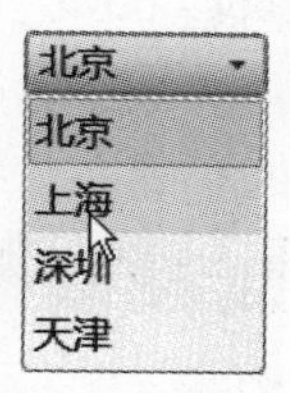


图 10-34　ComboBox 控件

## 10.2.11　TabControl（选项卡）控件

TabControl 控件提供了一个选项卡的界面来显示元素，用它可以在多个选项卡间进行切换。

TabControl 控件的使用很简单，可以通过添加 TabItem 对象来给 TabControl 控件添加选项卡。如例程 10-12 所示的代码。

例程 10-12　TabControl 控件示例的 XAML 代码

```
<UserControl x:Class="TabControlSample.Page"
   xmlns="http://schemas.microsoft.com/winfx/2006/xaml/presentation"
   xmlns:x="http://schemas.microsoft.com/winfx/2006/xaml"
   xmlns:tab="clr-namespace:System.Windows.Controls;assembly=System.Windows.Controls">
   <Canvas x:Name="LayoutRoot" Background="White">
      <tab:TabControl>
         <tab:TabItem Content="TabItem" Header="Tab1"/>
         <tab:TabItem Content="TabItem" Header="Tab2"/>
         <tab:TabItem Content="TabItem" Header="Tab3"/>
         <tab:TabItem Content="TabItem" Header="Tab4"/>
      </tab:TabControl>
   </Canvas>
</UserControl>
```

运行后的效果如图 10-35 所示。

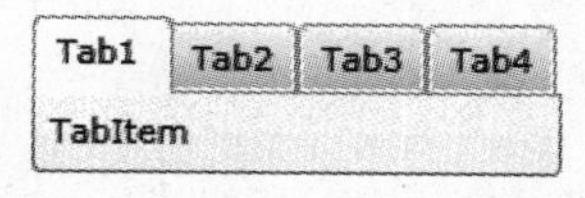


图 10-35　TabControl 控件

TabItem 是带有头的内容控件，所以包含一个 object 类型的 Head 属性，可以指定任何对象作为它的头。

下面是一个 TabControl 控件的示例，示例中创建了两个 TabControl 控件，并分别添加了若干个 TabItem 对象。通过给其中一个 TabControl 控件添加 SelectionChanged 事件响应，使两个 TabControl 控件的选中页一致。

在 Page.cs 中添加如例程 10-13 所示的代码。

**例程 10-13　使用 TabControl 控件的 SelectionChanged 事件**

```
private TabControl tab1 = new TabControl();
private TabControl tab2 = new TabControl();

public Page()
{
    InitializeComponent();

    //第一个 TabControl 控件
    tab1.SetValue(Canvas.LeftProperty,40.0);
    tab1.SetValue(Canvas.TopProperty, 40.0);

    TabItem ti;
    ti= new TabItem();
    ti.Header = "第一页";
    ti.Content = "这是第一个 TabControl 的第一个页面";
    tab1.Items.Add(ti);

    ti = new TabItem();
    ti.Header = "第二页";
    ti.Content = "这是第一个 TabControl 的第二个页面";
    tab1.Items.Add(ti);

    ti = new TabItem();
    ti.Header = "第三页";
    ti.Content = "这是第一个 TabControl 的第三个页面";
    tab1.Items.Add(ti);

    //第二个 TabControl 控件
    tab2.SetValue(Canvas.LeftProperty, 300.0);
    tab2.SetValue(Canvas.TopProperty, 40.0);

    ti = new TabItem();
    ti.Header = "第一页";
    ti.Content = "这是第二个 TabControl 的第一个页面";
```

```
    tab2.Items.Add(ti);

    ti = new TabItem();
    ti.Header = "第二页";
    ti.Content = "这是第二个TabControl的第二个页面";
    tab2.Items.Add(ti);

    ti = new TabItem();
    ti.Header = "第三页";
    ti.Content = "这是第二个TabControl的第三个页面";
    tab2.Items.Add(ti);

    //将Tab的位置设置为底部
    tab2.TabStripPlacement = Dock.Bottom;

    tab2.SelectionChanged +=
       new SelectionChangedEventHandler(tab2_SelectionChanged);

    this.LayoutRoot.Children.Add(tab1);
    this.LayoutRoot.Children.Add(tab2);

}

void tab2_SelectionChanged(object sender, SelectionChangedEventArgs e)
{
    //将两个TabControl控件的选中tab页设成相同的
    tab1.SelectedIndex = tab2.SelectedIndex;
}
```

运行后的效果如图 10-36 所示，当选择第二个 TabControl 的某个选项卡时，第一个 TabControl 的选项卡也随同时改变。

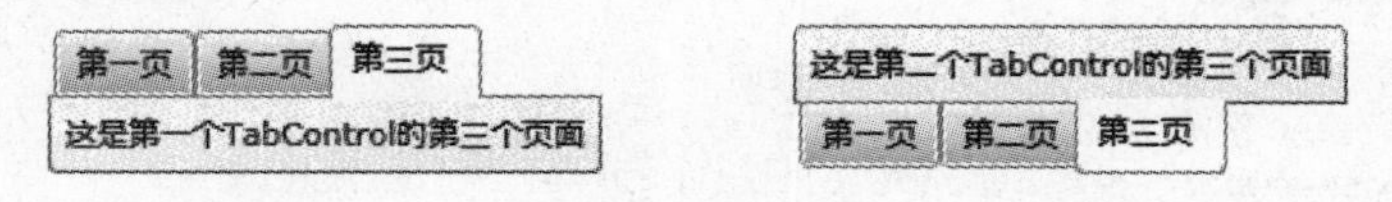


图 10-36 使用 TabControl 控件的 SelectionChanged 事件

## 10.2.12 ListBox（列表）控件

ListBox 表示一个列表控件。ListBox 控件包含若干个 ListItem，也就是数据项。ListBox 是一个 Items Control，即可以向该控件添加多个 Item，该控件可以通过赋予多个 Item 来构造。

Item 不但可以是文本，还可以是其他控件，例程 10-14 和 10-15 所示的示例演示了如何给 ListBox 控件添加各种数据项，以及如何使用 SelectionChanged 事件。

**例程 10-14　给 ListBox 控件添加数据项**

```
<Canvas x:Name="LayoutRoot" Background="White">
    <TextBlock Text="ListBox控件示例" TextWrapping="Wrap"
          Canvas.Left="8" Canvas.Top="8"/>

    <!--添加事件响应的ListBox控件-->
    <ListBox x:Name="ListBox1" Width="200" Canvas.Left="10" Canvas.Top="60">
        <ListBoxItem Content="第一项"/>
        <ListBoxItem Content="第二项"/>
        <ListBoxItem Content="第三项"/>
        <ListBoxItem Content="第四项"/>
    </ListBox>
    <TextBlock x:Name="OutputText1" TextWrapping="Wrap" FontFamily="SimHei"
          Canvas.Left="230" Canvas.Top="60" />

    <!--添加各种控件作为子项的ListBox控件-->
    <ListBox Height="Auto" Width="200" Canvas.Left="10" Canvas.Top="190">
        <Button Height="25" Width="50" Content="Button"/>
        <TextBlock Text="TextBlock" TextWrapping="Wrap"/>
        <TextBox Text="TextBox" TextWrapping="Wrap"/>
        <Rectangle Fill="#FF0000FF" Stroke="#FF000000" Height="30" Width="100"/>
    </ListBox>
</Canvas>
```

**例程 10-15　使用 SelectionChanged 事件**

```
public Page()
{
   InitializeComponent();

   ListBox1.SelectionChanged +=
      new SelectionChangedEventHandler(ListBox1_SelectionChanged);
}

void ListBox1_SelectionChanged(object sender, SelectionChangedEventArgs e)
{
   ListBoxItem selectItem = ListBox1.SelectedItem as ListBoxItem;
   OutputText1.Text = "你选中了" + selectItem.Content;
}
```

运行后的效果如图 10-37 所示，当选中 ListBox 中的某一项时，将选中项的文字内容输出。

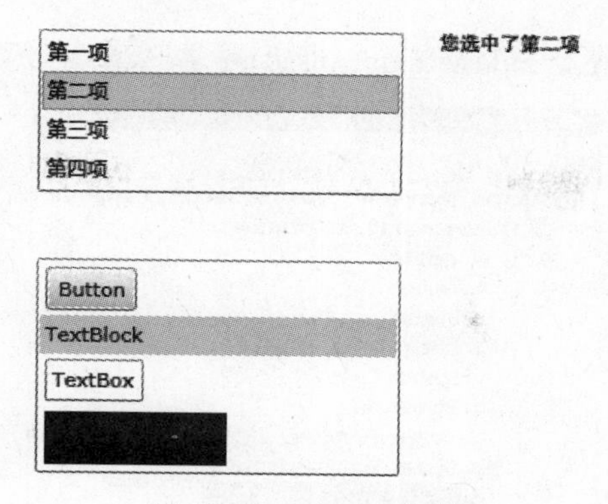


图 10-37　ListBox 控件

## 10.2.13　Calendar（日历）控件

Calendar 控件，即日历控件，提供给用户一个图形化的界面来选择日期。每次显示一个月的日期信息，还支持查看月份间的切换和年份间的切换。Calendar 控件支持用户指定可显示的或可选中的日期范围。

使用该控件前需要给程序添加程序集引用。在 Visual Studio 的解决方案浏览器中的 Reference 文件夹上单击鼠标右键，在弹出的快捷菜单中选择“Add Reference”命令，在弹出的程序集引用对话框中，选择“.NET”选项卡中的“System.Windows.Controls”程序集，单击“OK”按钮后完成添加，如图 10-38 所示。

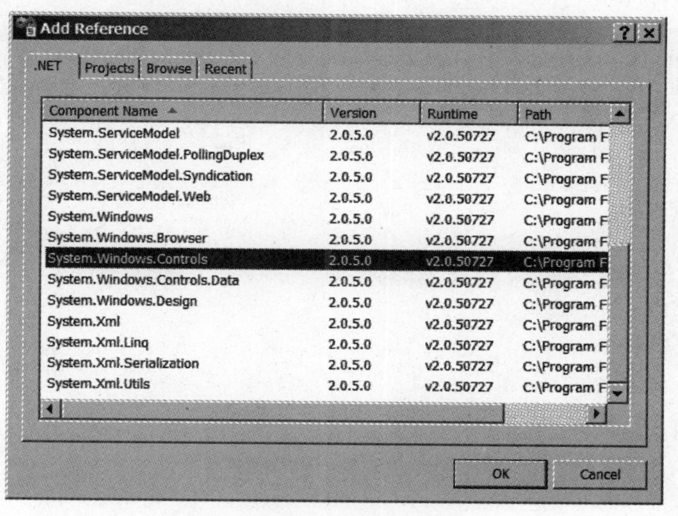


图 10-38　添加程序集引用

完成上述操作后，System.Windows.Controls 程序集已添加到了工程中，如图 10-39 所示。

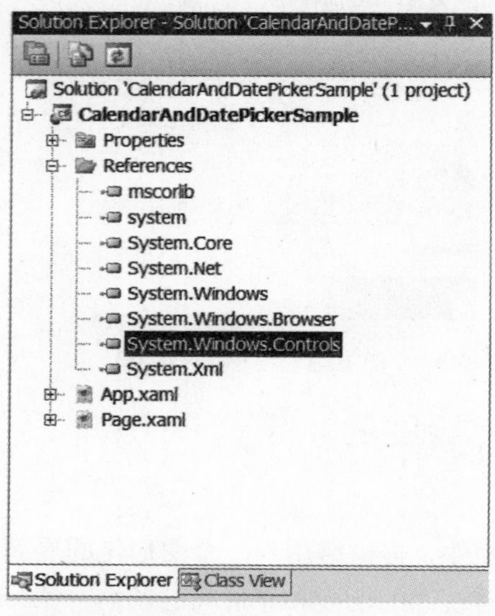


图 10-39　在工程中添加 Systems.Windows.Controls 程序集后

程序集引用添加完毕后，可以使用下面的语句添加 Calendar 控件，同时将 Calendar 控件的显示时间类型设置为年份。

### 1. 添加 Calendar 控件

添加 Calendar 控件的代码如例程 10-16 所示。

例程 10-16　添加 Calendar 控件

```
<UserControl x:Class="CalendarSample.Page"
   xmlns="http://schemas.microsoft.com/winfx/2006/xaml/presentation"
   xmlns:x="http://schemas.microsoft.com/winfx/2006/xaml"
   xmlns:my="clr-namespace:System.Windows.Controls;assembly=System.Windows.Controls"
   Width="400" Height="300"
          >
   <Grid x:Name="LayoutRoot" Background="White">
      <my:Calendar x:Name="cal" />
   </Grid>
</UserControl>
```

运行效果如图 10-40 所示。

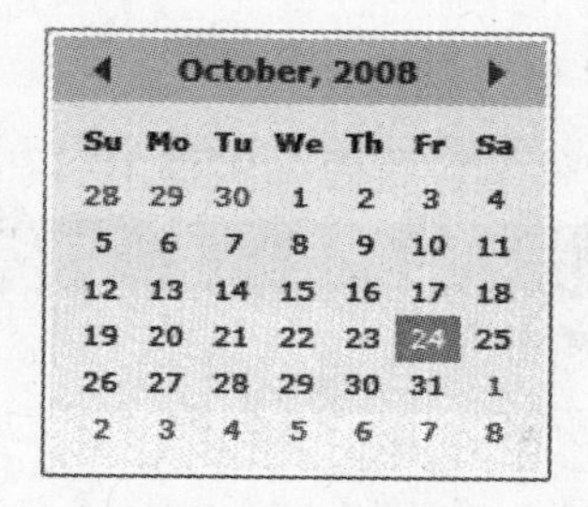


图 10-40　Calendar 控件

2. **设置 Calendar 控件的当前显示日期和显示日期范围。**

代码为：

```
cal.DisplayDate = new DateTime(2010, 10, 10);
cal.DisplayDateStart = new DateTime(2010, 9, 10);
cal.DisplayDateEnd = new DateTime(2010, 11, 10);
```

运行效果如图 10-41 所示。

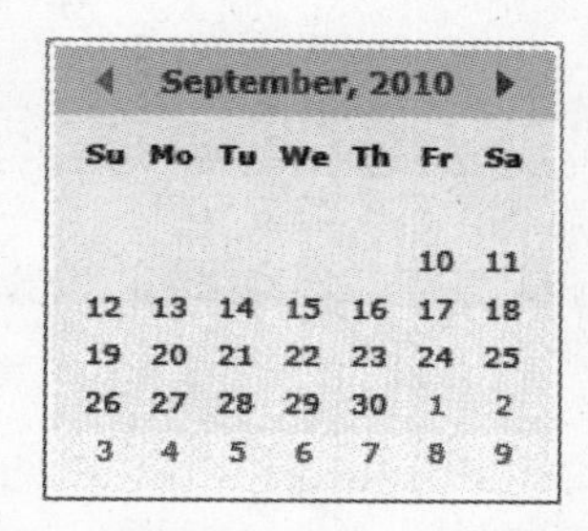


图 10-41　设置 Calendar 控件的显示日期

3. **设置日历模式**

代码为：

```
cal.DisplayMode = CalendarMode.Year;
```

运行效果如图 10-42 所示。

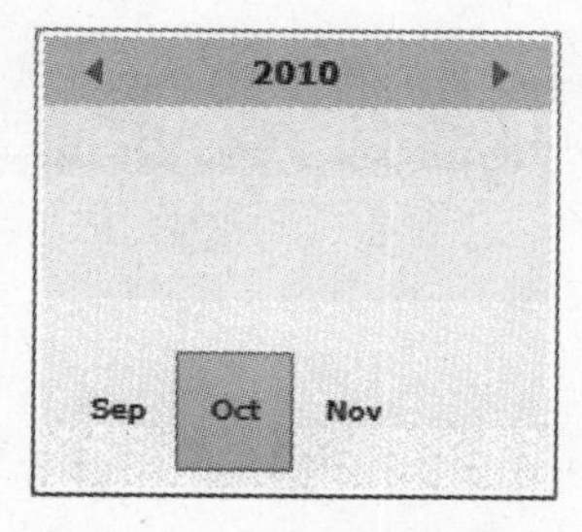


图 10-42　设置日历模式

### 4. 添加 SelectedDatesChanged 事件响应

添加 SelectedDatesChanged 事件响应代码如例程 10-17 所示。

**例程 10-17　使用 Calendar 控件的 SelectedDatesChanged 事件**

```
public partial class Page : UserControl
   {
      public Page()
      {
         InitializeComponent();

         cal.DisplayDate = new DateTime(2010, 10, 10);
         cal.DisplayDateStart = new DateTime(2010, 9, 10);
         cal.DisplayDateEnd = new DateTime(2010, 11, 10);

         cal.DisplayMode = CalendarMode.Year;
         cal.SelectedDatesChanged
+= new EventHandler<SelectionChangedEventArgs>(cal_SelectedDatesChanged);
      }

      void cal_SelectedDatesChanged(object sender, SelectionChangedEventArgs e)
      {
         text1.Text = "SelectdDates: " + e.AddedItems[0].ToString();
      }
   }
```

运行效果如图 10-43 所示。

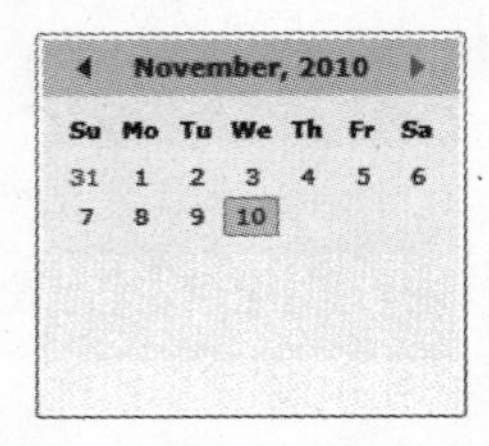


SelectdDates: 11/10/2010 00:00:00

图 10-43　使用 SelectedDatesChanged 事件

### 5. 设置选择日期

代码为：

```
cal.SelectionMode = CalendarSelectionMode.MultipleRange;
```

```
    cal.BlackoutDates.Add(new CalendarDateRange(new DateTime(2010, 10, 2), new DateTime(2009, 10,
5)));
    cal.BlackoutDates.Add(new CalendarDateRange(new DateTime(2010, 10, 24)));

    cal.SelectedDates.Add(new DateTime(2010, 10, 7));
    cal.SelectedDates.AddRange(new DateTime(2010, 10, 9), new DateTime(2010, 10, 15));
    cal.SelectedDates.Add(new DateTime(2010, 10, 27));
```

运行效果如图 10-44 所示。

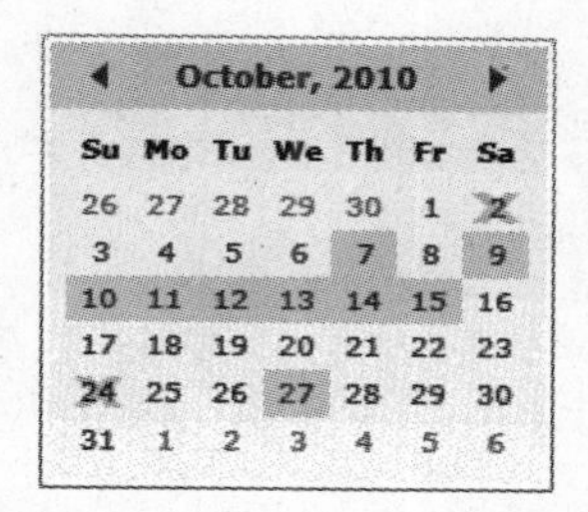


图 10-44　设置 Calendar 控件的选择日期

## 10.2.14　DatePicker（日期选择）控件

DatePicker 控件，即日期选择控件，用户可以通过在一个文本框中输入日期或使用下拉日历的方式选择某个日期，如图 10-45 和 10-46 所示。

图 10-45　日期选择控件

图 10-46　使用下拉菜单选择日期

DatePicker 控件和 Calendar 控件有很多相同的属性。如 IsTodayHighlight、FirstDayOfWeek、BlackoutDates、DisplayStartDate、DisplayEndDate、DisplayDate、SelectedDate 属性，以及 SelectedDatesChanged 事件。DatePicker 控件的常用属性及事件有如下几个。

- Text 属性：设置该属性可以直接给 DatePicker 控件的文本框中设置文本。DatePicker 控件将会对该字符串转换为日期，如果无法转化成有效的日期，DatePicker 控件将触发 DateValidationError 事件。
- SelectedDateFormat 属性：是 DatePickerFormat 枚举型，枚举值为 Long 和 Short。如例程 10-18 所示。

例程 10-18 设置不同 SelectedDateFormat 属性的 DatePicker 控件

```
<Canvas x:Name="LayoutRoot" Background="White">
   <my:DatePicker Width="200"
              SelectedDateFormat="Long" Text="2008-10-10"/>

   <my:DatePicker Width="200" Canvas.Left="240"
              SelectedDateFormat="Short" Text="2008-10-10"/>
</Canvas>
```

运行效果如图 10-47 所示。

2008年10月10日 15 2008-10-10 15

图 10-47 设置日期显示格式

- IsDropDownOpen 属性：为 bool 值，可以设置在默认情况下下拉日历是否显示。
- CalendarOpened、CalendarClosed 事件：这两个事件分别在下拉日历显示和关闭的时候触发。

### 10.2.15 DataGrid（数据表格）控件

Silverlight 运行时（Runtime）包含了绝大多数的内置控件，但仍然还有一部分控件不在 Silverlight Runtime 中，如 DataGrid、Calendar 等，使用这些控件需要引用相应的 Silverilght 程序集。

DataGrid 控件即数据表格控件，提供一种多行多列的表格形式来显示一个数据集。

可以为表格中的每一列指定所需使用的控件类型，内建的列类型包括 TextBox 列、CheckBox 列等，用户也可以使用自定义的列类型。内建的行类型包含一个下拉细节部分，可以通过它在单元格下方显示额外的内容。

DataGrid 控件支持常规的格式化表格的选项。比如交替变换每一行的背景，显示或隐藏表头、网格线和滚动条等。另外，DataGrid 支持使用样式和模板，用户可以根据自己的需求彻底改变 DataGrid 控件的外观。

下面以一个实例介绍如何使用 DataGrid 控件。

1. 添加一个 DataGrid 控件

使用 DataGrid 控件前需要给程序添加程序集引用。在 Visual Studio 的解决方案浏览器中的 Reference 文件夹上单击鼠标右键，在弹出的快捷菜单中选择“Add Reference”命令，在弹出的程序集引用对话框中选择“.NET”选项卡中的“System.Windows.Controls.Data”程序集，单击“OK”按钮后完成添加，如图 10-48 所示。

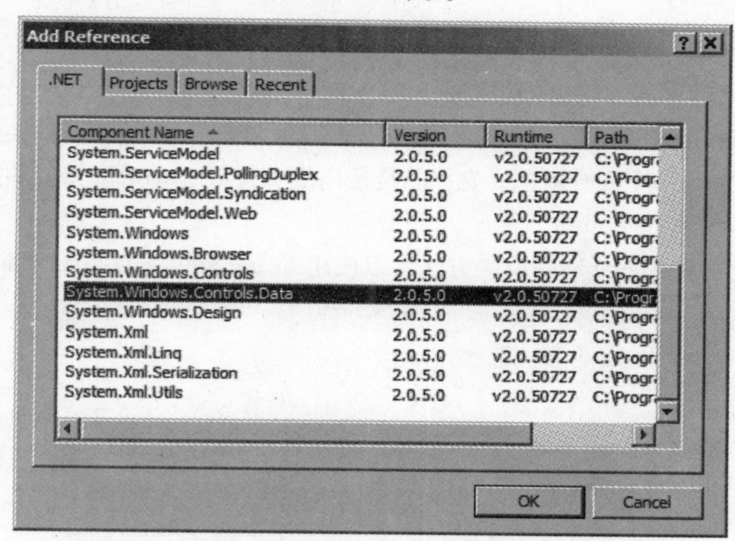

图 10-48　添加 System.Windows.Controls.Data 程序集引用

由于 DataGrid 控件是在 System.Windows.Controls 命名空间下的，因此在 XAML 中添加 DataGrid 控件时需要声明一下 DataGrid 所在的命名空间。如例程 10-19 所示的代码添加了一个 DataGrid 控件，可以看到 DataGrid 标签中含有一个“my”前缀，该前缀的定义包含在 UserControl 标签中。

例程 10-19　添加 DataGrid 控件

```
<UserControl x:Class="DataGridSample.Page"
   xmlns="http://schemas.microsoft.com/winfx/2006/xaml/presentation"
   xmlns:x="http://schemas.microsoft.com/winfx/2006/xaml"
   xmlns:my="clr-namespace:System.Windows.Controls;assembly=System.Windows.Controls.Data"
   Width="400" Height="300">
   <Grid x:Name="LayoutRoot" Background="White">
      <my:DataGrid x:Name="datagrid"/>
   </Grid>
</UserControl>
```

### 2. 定义列类型

DataGrid 可以根据其获得的数据自动生成列。为此，只需要将 DataGrid 的 AutoGenerateColumns 属性设为 True 即可，如下面的代码所示。

```
<my:DataGrid x:Name="datagrid" AutoGenerateColumns="True"/>
```

当然，我们也会需要自定义显示的列，此时需要将 AutoGenerateColumns 属性设为 False，然后给 DataGrid 控件的 Columns 属性赋值，这将在本小节后面介绍。

### 3. 加载数据

接下来需要给 DataGrid 控件加载数据。DataGrid 控件是通过 ItemsSource 属性获取数据的。这一点跟 ListBox、ComboBox 等控件相似。不同之处在于，不能随意给 ItemsSource 属性赋值，而必须使用一个集合对象。它可以是任何继承自 IEumerable 接口的集合对象，比如 List 或者 ObservableCollection。

最简单的生成 IEumerable 对象的方法可以使用 String.Split 方法，如下面的语句所示。

```
public Page()
{
    InitializeComponent();
    dg.ItemsSource = "s i l v e r l i g h t".Split();
}
```

运行后的效果如图 10-49 所示。

| value |
|---|
| s |
| i |
| l |
| v |
| e |
| r |
| l |
| i |
| g |
| h |
| t |

图 10-49　DataGrid 控件

这个效果看上去是可以使用 ListBox 实现的。接下来我们就创建一些复杂的数据，使显示这些数据确实需要使用 DataGrid 控件。

在项目工程中添加一个用于存储图片信息的类，取名为 Photo。给 Photo 类添加 ID，图片宽度、高度、是否彩色和创建日期等属性，如例程 10-20 所示。

**例程 10-20　存储图片信息的类**

```
using System.Collections.Generic;
using System;
namespace DataGridSample
{
    public class Photo
    {
        public int ID { get; set; }
        public int Width { get; set; }
        public int Height { get; set; }
        public bool IsColorful { get; set; }
        public DateTime CreateDate { get; set; }

        public Photo(int id, int width, int height, bool isColorful, DateTime createDate)
        {
            this.ID = id;
            this.Width = width;
            this.Height = height;
            this.IsColorful = isColorful;
            this.CreateDate = createDate;
        }

        public static List<Photo> GetPersonList()
        {
            List<Photo> photoList = new List<Photo>();
            Photo p1 = new Photo(1001, 1024, 768, true, new DateTime(2008, 8, 8));
            Photo p2 = new Photo(1002, 800, 600, true, new DateTime(2008, 8, 9));
            Photo p3 = new Photo(1003, 1280, 1024, false, new DateTime(2008, 8, 10));
            Photo p4 = new Photo(1004, 320, 240, false, new DateTime(2008, 8, 11));
            Photo p5 = new Photo(1005, 800, 600, true, new DateTime(2008, 8, 13));
            Photo p6 = new Photo(1006, 600, 600, false, new DateTime(2008, 8, 14));
            photoList.Add(p1);
            photoList.Add(p2);
            photoList.Add(p3);
            photoList.Add(p4);
            photoList.Add(p5);
            photoList.Add(p6);

            return photoList;
```

```
        }

    }
}
```

运行后的在 Page.cs 中给 DataGrid 控件的 ItemsSource 属性赋值，从而添加数据源，如例程 10-21 所示。

例程 10-21　给 DataGrid 添加数据源

```
public Page()
{
    InitializeComponent();
    dg.ItemsSource = Photo.GetPersonList();
}
```

效果如图 10-49 所示。

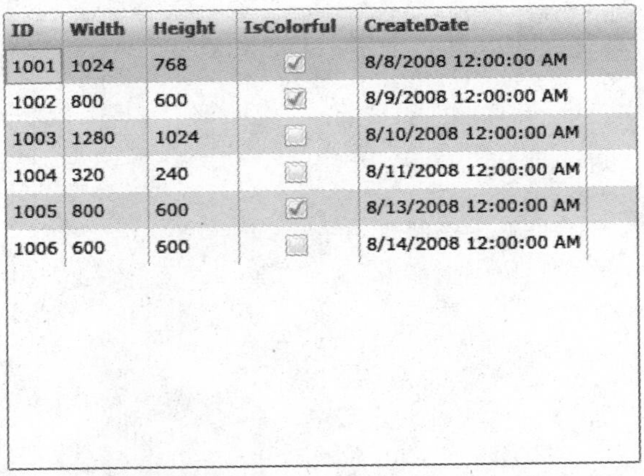

| ID | Width | Height | IsColorful | CreateDate |
|---|---|---|---|---|
| 1001 | 1024 | 768 | ☑ | 8/8/2008 12:00:00 AM |
| 1002 | 800 | 600 | ☑ | 8/9/2008 12:00:00 AM |
| 1003 | 1280 | 1024 | ☐ | 8/10/2008 12:00:00 AM |
| 1004 | 320 | 240 | ☐ | 8/11/2008 12:00:00 AM |
| 1005 | 800 | 600 | ☑ | 8/13/2008 12:00:00 AM |
| 1006 | 600 | 600 | ☐ | 8/14/2008 12:00:00 AM |

图 10-50　将 List 对象作为 DataGrid 控件数据源

#### 4. 定制表格列

如果需要定制 DataGrid 的表头和单元格内容，首先需要将 AutoGenerateColumns 属性设为 Flase。Silverlight 中内建了 DataGridTextColumn（文本列）、DataGridCheckBoxColumn（复选框列）和 DataGridTemplateColumn（模板列）3 种表格列类型用于定制 DataGrid 的表头和单元格内容。

1）ataGridTextColumn（文本列）

DataGridTextColumn 为使用简单的文本显示一列单元格内容。DataGridTextColumn 类同时包含 FontFamily、FontSize 及 Foreground 等属性，可以用于设置字体、字号代码如下：

```
<my:DataGrid x:Name="dg" AutoGenerateColumns="False">
        <my:DataGrid.Columns>
   <my:DataGridTextColumn Binding="{Binding ID}"
                  Header="ID" FontSize="14"/>
   <my:DataGridTextColumn Binding="{Binding Width}"
                  Header="宽度" FontSize="14"/>
   <my:DataGridTextColumn Binding="{Binding Height}"
                  Header="高度" FontSize="14"/>
   <my:DataGridTextColumn Binding="{Binding IsColorful}"
                  Header="彩色图片" FontSize="14"/>
</my:DataGrid.Columns>
</my:DataGrid>
```

实例中将 DataGrid 控件的 AutoGenerateColumns 属性设为了 False，并将每一列定义为 DataGridTextColumn 列，修改了每一列的名称。设置 Binding 属性可以将列单元格中的文本和 Photo 类的相应属性绑定，使每个单元格依次显示每条记录的相应属性信息。运行效果如图 10-51 所示。

| ID | 宽度 | 高度 | 彩色图片 | 日期 |
|---|---|---|---|---|
| 1001 | 1024 | 768 | True | 8/8/2008 12:00:00 AM |
| 1002 | 800 | 600 | True | 8/9/2008 12:00:00 AM |
| 1003 | 1280 | 1024 | False | 8/10/2008 12:00:00 AM |
| 1004 | 320 | 240 | False | 8/11/2008 12:00:00 AM |
| 1005 | 800 | 600 | True | 8/13/2008 12:00:00 AM |
| 1006 | 600 | 600 | False | 8/14/2008 12:00:00 AM |

图 10-51 设置 DataGrid 的表头

2）ataGridCheckBoxColumn（复选框列）

DataGridTextColumn 为使用 CheckBox 控件显示单元格内容。它可以用于显示布尔类型的属性。下面的代码将实例中显示 IsColorful 属性的一列设为 DataGridCheckBoxColumn，从而使用 CheckBox 控件表示图片是否为彩色。

```
my:DataGrid x:Name="dg" AutoGenerateColumns="False">
<my:DataGrid.Columns>
   <my:DataGridTextColumn Binding="{Binding ID}"
                  Header="ID" FontSize="14"/>
   <my:DataGridTextColumn Binding="{Binding Width}"
```

```
                    Header="宽度" FontSize="14"/>
    <my:DataGridTextColumn Binding="{Binding Height}"
                    Header="高度" FontSize="14"/>
    <my:DataGridCheckBoxColumn Binding="{Binding IsColorful}"
                    Header="彩色图片" />
  </my:DataGrid.Columns>
  </my:DataGrid>
```

运行效果如图 10-52 所示。

| ID | 宽度 | 高度 | 彩色图片 | 日期 |
|---|---|---|---|---|
| 1001 | 1024 | 768 | ☑ | 8/8/2008 12:00:00 AM |
| 1002 | 800 | 600 | ☑ | 8/9/2008 12:00:00 AM |
| 1003 | 1280 | 1024 | ☐ | 8/10/2008 12:00:00 AM |
| 1004 | 320 | 240 | ☐ | 8/11/2008 12:00:00 AM |
| 1005 | 800 | 600 | ☑ | 8/13/2008 12:00:00 AM |
| 1006 | 600 | 600 | ☐ | 8/14/2008 12:00:00 AM |

图 10-52 使用 CheckBox 列

3）DataGridTemplateColumn（模板列）

使用模板列创建一个 Template 模板来定制单元格内容和表头内容。使用模板列可以使用更多的控件，并添加更多的数据绑定。

需要定制单元格的内容模板，使用 DataGridTemplateColumn 的 CellTemplate 属性。下面的实例把显示图片日期属性的一列设为了 DataGridTemplateColumn，同时使用一个 DatePicker 控件作为单元格内容，并将 DatePicker 控件的 SelectedDate 属性与 Photo 类的 CreateDate 属性绑定。

```
<my:DataGrid x:Name="dg" AutoGenerateColumns="False">
  <my:DataGrid.Columns>
    <my:DataGridTextColumn Binding="{Binding ID}"
              Header="ID" FontSize="14"/>
    <my:DataGridTextColumn Binding="{Binding Width}"
          Header="宽度" FontSize="14"/>
    <my:DataGridTextColumn Binding="{Binding Height}"
          Header="高度" FontSize="14"/>
    <my:DataGridCheckBoxColumn Binding="{Binding IsColorful}"
          Header="彩色图片" />
    <my:DataGridTemplateColumn Header="日期">
      <my:DataGridTemplateColumn.CellTemplate>
```

```
            <DataTemplate>
                <date:DatePicker SelectedDate="{Binding CreateDate}"/>
            </DataTemplate>
        </my:DataGridTemplateColumn.CellTemplate>
    </my:DataGridTemplateColumn>
  </my:DataGrid.Columns>
</my:DataGrid>
```

运行效果如图 10-53 所示。

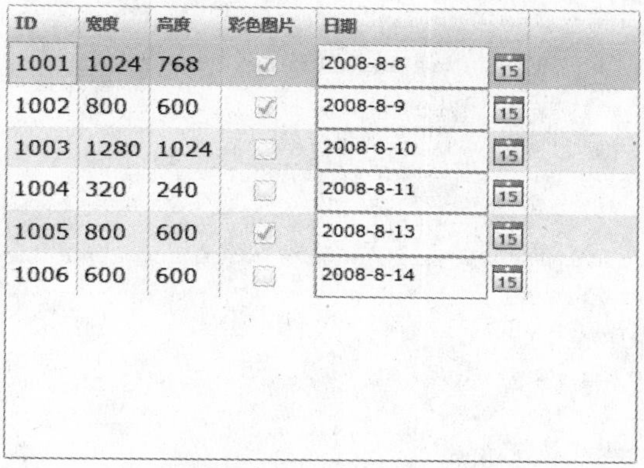

| ID | 宽度 | 高度 | 彩色图片 | 日期 |
|---|---|---|---|---|
| 1001 | 1024 | 768 | √ | 2008-8-8 |
| 1002 | 800 | 600 | √ | 2008-8-9 |
| 1003 | 1280 | 1024 | | 2008-8-10 |
| 1004 | 320 | 240 | | 2008-8-11 |
| 1005 | 800 | 600 | √ | 2008-8-13 |
| 1006 | 600 | 600 | | 2008-8-14 |

图 10-53 使用模板列定制列内容

需要定制模板列的表头内容，可以使用 DataGridTemplateColumn 的 HeaderStyle 属性。下面的实例使用一个背景为黄色的 Grid 控件和一个 TextBlock 控件作为表头的内容。

```
<my:DataGrid x:Name="dg" AutoGenerateColumns="False">
  <my:DataGrid.Columns>
    <my:DataGridTextColumn Binding="{Binding ID}"
            Header="ID" FontSize="14"/>
    <my:DataGridTextColumn Binding="{Binding Width}"
          Header="宽度" FontSize="14"/>
    <my:DataGridTextColumn Binding="{Binding Height}"
          Header="高度" FontSize="14"/>
    <my:DataGridCheckBoxColumn Binding="{Binding IsColorful}"
          Header="彩色图片"/>
    <my:DataGridTemplateColumn>

      <my:DataGridTemplateColumn.HeaderStyle>
        <Style TargetType="dataprimitives:DataGridColumnHeader">
          <Setter Property="Template">
            <Setter.Value>
              <ControlTemplate>
```

```
                    <Grid Background="Yellow">
                        <TextBlock Text="日期"
                              FontSize="14"
                              HorizontalAlignment="Center"
                              VerticalAlignment="Center"/>
                    </Grid>
                </ControlTemplate>
            </Setter.Value>
        </Setter>
    </Style>
</my:DataGridTemplateColumn.HeaderStyle>

<my:DataGridTemplateColumn.CellTemplate>
    <DataTemplate>
        <StackPanel Orientation="Horizontal">
            <date:DatePicker SelectedDate="{Binding CreateDate}"/>
        </StackPanel>
    </DataTemplate>
</my:DataGridTemplateColumn.CellTemplate>
</my:DataGridTemplateColumn>
</my:DataGrid.Columns>
</my:DataGrid>
```

运行效果如图 10-54 所示。

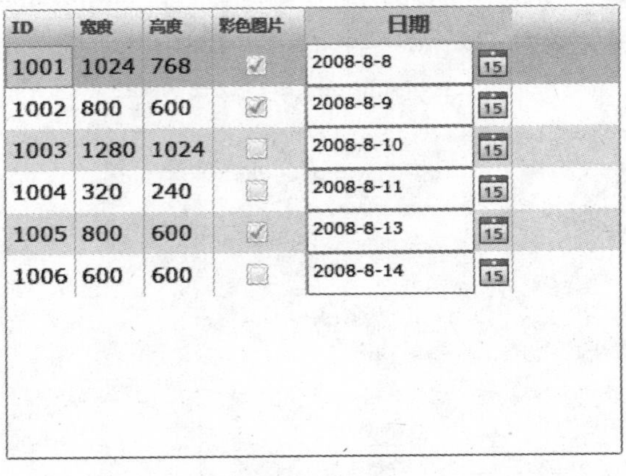

| ID | 宽度 | 高度 | 彩色图片 | 日期 |
|---|---|---|---|---|
| 1001 | 1024 | 768 | ✓ | 2008-8-8 |
| 1002 | 800 | 600 | ✓ | 2008-8-9 |
| 1003 | 1280 | 1024 |  | 2008-8-10 |
| 1004 | 320 | 240 |  | 2008-8-11 |
| 1005 | 800 | 600 | ✓ | 2008-8-13 |
| 1006 | 600 | 600 |  | 2008-8-14 |

图 10-54　定制表头

### 5. 交替行颜色

使用 AlternationgRowBackground 和 RowBackground 属性可以设置 DataGrid 控件的交替背景颜色。代码如下：

```
<my:DataGrid x:Name="dg" AutoGenerateColumns="False"
        AlternatingRowBackground="LightGray" RowBackground="LightYellow">
```

运行效果如图 10-55 所示。

| ID | 宽度 | 高度 | 彩色图片 | 日期 |
|---|---|---|---|---|
| 1001 | 1024 | 768 | ☑ | 2008-8-8 |
| 1002 | 800 | 600 | ☑ | 2008-8-9 |
| 1003 | 1280 | 1024 | ☐ | 2008-8-10 |
| 1004 | 320 | 240 | ☐ | 2008-8-11 |
| 1005 | 800 | 600 | ☑ | 2008-8-13 |
| 1006 | 600 | 600 | ☐ | 2008-8-14 |

图 10-55　设置交替背景色

## 6. 表头的可见设置

DataGrid 控件的 HeadersVisibility 属性用于设置表头是否可见。代码如下：

```
<my:DataGrid x:Name="dg" AutoGenerateColumns="False"
        AlternatingRowBackground="LightGray" RowBackground="LightYellow"
        HeadersVisibility="All">
```

运行效果如图 10-56 所示。

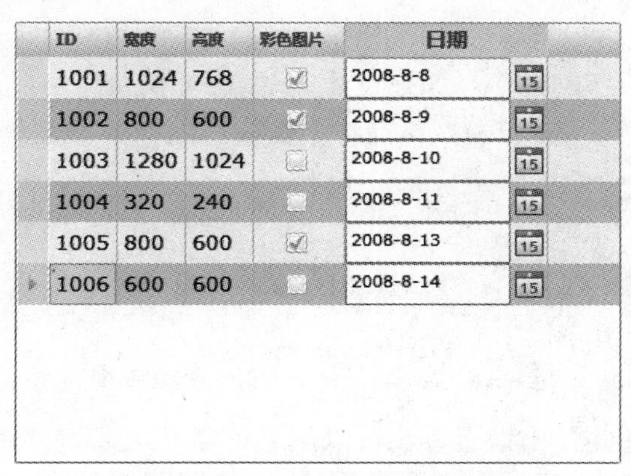

| ID | 宽度 | 高度 | 彩色图片 | 日期 |
|---|---|---|---|---|
| 1001 | 1024 | 768 | ☑ | 2008-8-8 |
| 1002 | 800 | 600 | ☑ | 2008-8-9 |
| 1003 | 1280 | 1024 | ☐ | 2008-8-10 |
| 1004 | 320 | 240 | ☐ | 2008-8-11 |
| 1005 | 800 | 600 | ☑ | 2008-8-13 |
| 1006 | 600 | 600 | ☐ | 2008-8-14 |

图 10-56　设置表头可见性

## 7. 网格线

使用 GridLinesVisibility 属性设置表格的网格线是否可见。代码如下：

```
<my:DataGrid x:Name="dg" AutoGenerateColumns="False"
        AlternatingRowBackground="LightGray" RowBackground="LightYellow"
        HeadersVisibility="All"
        GridLinesVisibility="Horizontal">
```

运行效果如图 10-57 所示。

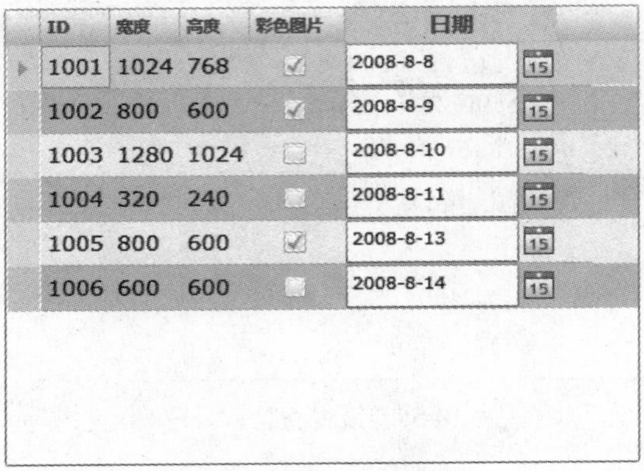

| ID | 宽度 | 高度 | 彩色图片 | 日期 |
|---|---|---|---|---|
| 1001 | 1024 | 768 | ☑ | 2008-8-8 |
| 1002 | 800 | 600 | ☑ | 2008-8-9 |
| 1003 | 1280 | 1024 | ☐ | 2008-8-10 |
| 1004 | 320 | 240 | ☐ | 2008-8-11 |
| 1005 | 800 | 600 | ☑ | 2008-8-13 |
| 1006 | 600 | 600 | ☐ | 2008-8-14 |

图 10-57　使用网格线

### 8. 其他常用属性

其他常用属性有以下 3 个。

- SelectionMode：表示选择模式。该值为 Single，表示只能选取一行记录；该值为 Extended，表示可以选取多行记录。
- CanUserReorderColumns：布尔值属性。设为 true 可以让用户通过单击列表头对某一列进行升序或降序的排序；如果设为 False 将取消排序功能。
- CanUserResizeColumns：布尔值属性。该值可以设置是否允许用户拖曳列表头的边框调整列的宽度。

## 10.2.16　Popup（弹出框）控件

Popup 控件表示一个弹出框控件。Popup 控件可以呈现在其内容对象的上方。使用 Popup 控件，可以方便地显示一些弹出信息，还可以用它创建自定义的对话框。

Popup 控件的常用属性包括以下 3 个。

- IsOpen：控制 Popup 控件显示或者隐藏。
- HorizontalOffset：设置水平边距。
- VerticalOffset：设置垂直边距。

下面是一个使用 Popup 控件制作的弹出对话框的示例。示例中有一个按钮，当单击该按钮后将弹出一个对话框，用户可以通过单击对话框内的“关闭”按钮，关闭该对话框。如例程 10-22 所示。

**例程 10-22　Popup 控件示例的 XAML 代码**

```
<Canvas x:Name="LayoutRoot" Background="White">
  <TextBlock Text="Popup 控件示例" TextWrapping="Wrap" FontFamily="SimHei"
           Canvas.Left="8" Canvas.Top="8"/>
  <Button x:Name="ShowPopupButton" Content="单击弹出 Popup 控件"
         FontFamily="Simhei" FontSize="14" Height="50" Width="180"
         Canvas.Left="110" Canvas.Top="120"/>
</Canvas>
```

在 Page.cs 中添加如例程 10-23 所示的代码。

**例程 10-23　Popup 控件示例的 C#代码**

```
using System;
using System.Collections.Generic;
using System.Linq;
using System.Net;
using System.Windows;
using System.Windows.Controls;
using System.Windows.Documents;
using System.Windows.Input;
using System.Windows.Media;
using System.Windows.Media.Animation;
using System.Windows.Shapes;
using System.Windows.Controls.Primitives;

namespace SimplePopupSample
{
    public partial class Page : UserControl
    {
        private Popup popup1=new Popup();

        public Page()
        {
            InitializeComponent();
            //创建 Popup 控件的内容
            StackPanel panel1 = new StackPanel();
            panel1.Background = new SolidColorBrush(Colors.LightGray);
```

```
            TextBlock textblock1 = new TextBlock();
            textblock1.Text = "这是一个 Popup 控件";
            panel1.Children.Add(textblock1);

            Button button1 = new Button();
            button1.Content = "关闭";
            button1.Click += new RoutedEventHandler(button1_Click);
            panel1.Children.Add(button1);

            //将创建的 StackPanel 设置为 Popup 控件的 Child 属性
            popup1.Child = panel1;

            //设置 Popup 控件的显示位置
            popup1.HorizontalOffset = 160;
            popup1.VerticalOffset = 160;

            ShowPopupButton.Click +=
               new RoutedEventHandler(ShowPopupButton_Click);

        }

        void button1_Click(object sender, RoutedEventArgs e)
        {
            //关闭 Popup 控件
            popup1.IsOpen = false;
        }

        void ShowPopupButton_Click(object sender, RoutedEventArgs e)
        {
            //显示 Popup 控件
            popup1.IsOpen = true;
        }
    }
}
```

运行效果如图 10-58 所示。

单击弹出Popup控件

图 10-58　添加控制 Popup 控件显示的按钮

当单击该按钮后，将显示 Popup 对话框。

图 10-59　单击按钮显示 Popup 控件

Popup 控件也可以在 XAML 中添加，下面的示例演示了如何在 XAML 中添加 Popup，并通过添加一个透明的背景，屏蔽其他鼠标事件，从而使 Popup 对话框成为一个模式对话框。

XAML 代码如例程 10-24 所示。

例程 10-24　模式对话框示例的 XAML 代码

```
  <UserControl x:Class="PopupSample.Page"
xmlns="http://schemas.microsoft.com/winfx/2006/xaml/presentation"
xmlns:x="http://schemas.microsoft.com/winfx/2006/xaml"
Width="400" Height="300">
<Canvas x:Name="LayoutRoot" Background="White">
   <Button x:Name="showBtn" Content="单击弹出 Popup 控件"
      FontSize="14" Height="50" Width="180"
      Canvas.Left="110" Canvas.Top="120"/>

   <!--添加 Popup 控件-->
   <Popup x:Name="popup1" IsOpen="false" >
      <!--将背景设为半透明，屏蔽鼠标事件-->
      <Canvas Background="#7FFFFFFF" x:Name="bgCanvas">
            <!--对话框界面-->
            <Border x:Name="dialog" BorderBrush="Black" BorderThickness="2,2,2,2"
                 Background="#FFE4E4E4" CornerRadius="5,5,5,5"
            Height="172" Width="344">
                 <Grid Height="168" Width="340" >
                      <Button x:Name="closeBtn"
                           Height="25" FontFamily="Verdana" FontSize="14"
                           Content="OK" Margin="134,0,136,8"
                           VerticalAlignment="Bottom" />
                      <TextBlock Text="这是模式对话框，请单击 OK 按钮退出"
                           FontSize="20"
                           Foreground="#FF000000" Margin="8,63,6,76"
                           TextWrapping="Wrap"/>
                 </Grid>
            </Border>
      </Canvas>
   </Popup>
```

```
    </Canvas>

</UserControl>
```

C#代码如例程 10-25 所示。

**例程 10-25　模式对话框示例的 C#代码**

```
using System;
using System.Collections.Generic;
using System.Linq;
using System.Net;
using System.Windows;
using System.Windows.Controls;
using System.Windows.Documents;
using System.Windows.Input;
using System.Windows.Media;
using System.Windows.Media.Animation;
using System.Windows.Shapes;
using System.Windows.Controls.Primitives;

namespace PopupSample
{
   public partial class Page : UserControl
   {
      public Page()
      {
         InitializeComponent();

         showBtn.Click += new RoutedEventHandler(ShowPopupButton_Click);
         closeBtn.Click += new RoutedEventHandler(closeBtn_Click);
         Application.Current.Host.Content.Resized += new EventHandler(Content_Resized);
      }

      void Content_Resized(object sender, EventArgs e)
      {
         //将半透明背景的Canvas 设为全屏大小
         double appWidth = Application.Current.Host.Content.ActualWidth;
         double appHeight = Application.Current.Host.Content.ActualHeight;
         bgCanvas.Width = appWidth;
         bgCanvas.Height = appHeight;
         //将对话框居中
         Canvas.SetLeft(dialog, (appWidth - dialog.Width) / 2.0);
         Canvas.SetTop(dialog, (appHeight - dialog.Height) / 2.0);
      }
```

```
        void closeBtn_Click(object sender, RoutedEventArgs e)
        {
            //关闭 Popup 控件
            popup1.IsOpen = false;
        }

        void ShowPopupButton_Click(object sender, RoutedEventArgs e)
        {
            //显示 Popup 控件
            popup1.IsOpen = true;
        }

    }
}
```

运行后的效果如图 10-60 所示。

单击弹出Popup控件

图 10-60　控制模式对话框显示的按钮

单击该按钮后，Popup 模式对话框将居中显示，如图 10-61 所示。

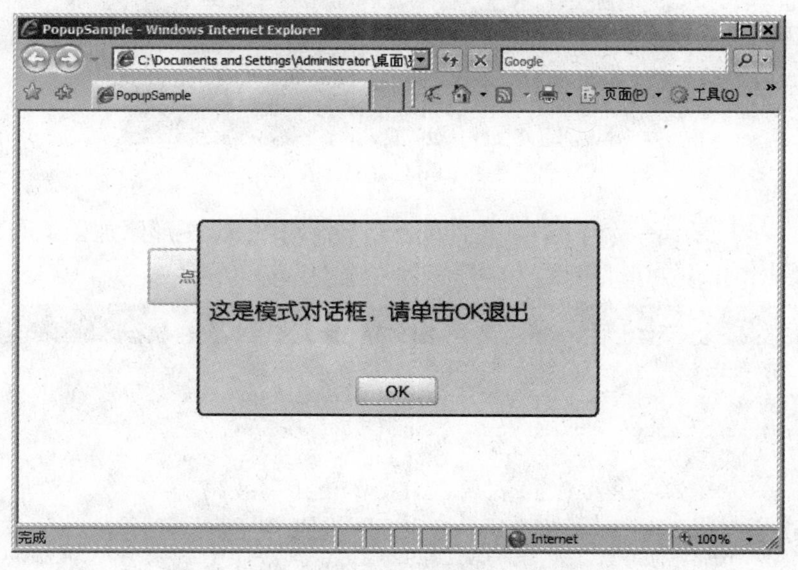


图 10-61　单击按钮后的模式对话框

### 10.2.17 ToolTip（提示工具）控件

ToolTip 控件提供了一个简单的工具提示功能。如果希望用户的鼠标停留在一个按钮上一小会儿后会出现一个该按钮的功能提示，就可以使用 ToolTip 控件。

对于任何继承自 FrameworkElement 的对象，都可以在 XAML 中为其添加 ToolTipService.ToolTip 属性，添加一个 ToolTip 提示。

Silverlight 中的 ToolTip 其实并不是一个控件，而是其他控件的属性。

下面的代码是在 XAML 中给一张图片设置了 ToolTipService.ToolTip 属性，从而为图片加上了文字提示。

```
<Image Source="Garden.jpg" ToolTipService.ToolTip="Garden.jpg Date Taken: 4/9/2004"/>
```

运行效果如图 10-62 所示，当鼠标移入到图片上停顿一会儿后，便会显示提示文本。

图 10-62 ToolTip

如例程 10-26 所示为一个 ToolTip 控件的示例，示例给一个矩形添加了 ToolTip 提示控件，当鼠标停留在该矩形上一小会儿后，将显示出一个文本提示。

例程 10-26 添加 ToolTip

```
<UserControl x:Class="ToolTipSample.Page"
   xmlns="http://schemas.microsoft.com/winfx/2006/xaml/presentation"
   xmlns:x="http://schemas.microsoft.com/winfx/2006/xaml"
>
   <StackPanel x:Name="LayoutRoot" Orientation="Horizontal">
      <Image Source="Dock.jpg" Width="80" Height="50" Margin="10"
            ToolTipService.ToolTip="Dock.jpg"/>
```

```
        <Image Source="Forest.jpg" Width="80" Height="50" Margin="10"
            ToolTipService.ToolTip="Forest.jpg"/>

        <Image Source="Garden.jpg" Width="80" Height="50" Margin="10"
            ToolTipService.ToolTip="Garden.jpg"/>

        <Image Source="Tree.jpg" Width="80" Height="50" Margin="10"
            ToolTipService.ToolTip="Tree.jpg"/>

        <Image Source="Turtle.jpg" Width="80" Height="50" Margin="10"
            ToolTipService.ToolTip="Turtle.jpg"/>
    </StackPanel>
</UserControl>
```

运行效果如图 10-63 所示。

图 10-63　给图片添加 ToolTip

ToolTip 并不是只能提示文字，事实上 ToolTip 可以是任意的控件，比如下面的示例就是将图片作为图片的 ToolTip，如例程 10-27 所示。

**例程 10-27　自定义 ToolTips**

```
<UserControl x:Class="ToolTipSample.Page"
    xmlns="http://schemas.microsoft.com/winfx/2006/xaml/presentation"
    xmlns:x="http://schemas.microsoft.com/winfx/2006/xaml"
>
    <StackPanel x:Name="LayoutRoot" Orientation="Horizontal">
        <Image Source="Dock.jpg" Width="80" Height="50" Margin="10">
            <ToolTipService.ToolTip>
                <Image Source="Dock.jpg" Width="400" Height="300"/>
            </ToolTipService.ToolTip>
        </Image>

        <Image Source="Forest.jpg" Width="80" Height="50" Margin="10">
            <ToolTipService.ToolTip>
                <Image Source="Forest.jpg" Width="400" Height="300"/>
            </ToolTipService.ToolTip>
        </Image>
```

```
        <Image Source="Garden.jpg" Width="80" Height="50" Margin="10">
           <ToolTipService.ToolTip>
              <Image Source="Garden.jpg" Width="400" Height="300"/>
           </ToolTipService.ToolTip>
        </Image>

        <Image Source="Tree.jpg" Width="80" Height="50" Margin="10">
           <ToolTipService.ToolTip>
              <Image Source="Tree.jpg" Width="400" Height="300"/>
           </ToolTipService.ToolTip>
        </Image>

        <Image Source="Turtle.jpg" Width="80" Height="50" Margin="10">
           <ToolTipService.ToolTip>
              <Image Source="Turtle.jpg" Width="400" Height="300"/>
           </ToolTipService.ToolTip>
        </Image>
    </StackPanel>
</UserControl>
```

运行后的效果如图 10-64 所示，当鼠标移入缩略图后，完整的图片以 ToolTip 的形式呈现。

图 10-64　使用图片作为 ToolTip 内容

### 10.2.18　ProgressBar（进度条）控件

ProgressBar 是进度条控件，用来可视化显示较长的操作状态。下面的语句是在 XAML 中添加了一个 ProgressBar 控件。

```
    <Grid x:Name="LayoutRoot" Background="White">
        <ProgressBar x:Name="myProgressBar" Width="400" Height="30"/>
</Grid>
```

运行后，可以看到一个空白的进度条，如图 10-65 所示。接下来可以对它进行一些设置。

图 10-65　空白进度条

进度条控件支持两种外观，可以通过布尔型的 IsIndeterminate 属性来设置。

将 IsIndeterminate 设置为 True，将显示一个重复样式的进度条控件。代码如下：

```
<ProgressBar Width="400" Height="30" IsIndeterminate="True"/>
```

运行后的效果如图 10-66 所示。

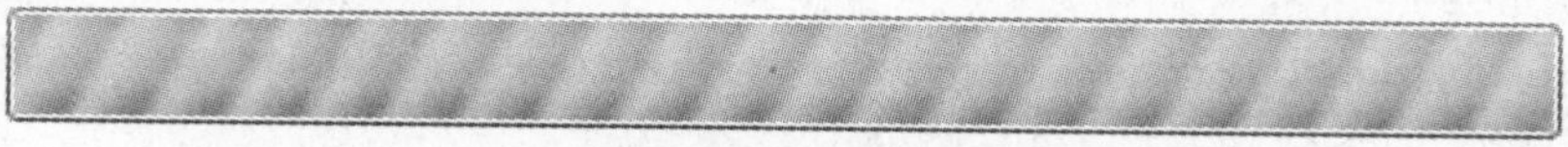

图 10-66　重复样式的进度条

将 IsIndeterminate 设置为 False，进度条控件将基于一个给定的数值显示当前进度。同时还可以设置进度条控件的 Minimum 和 Maximum 属性，指定进度范围的最大值和最小值。Minimum 属性的默认取值是 0，Maximum 属性是 100。代码如下：

```
<ProgressBar Width="400" Height="30"
        IsIndeterminate="False" Value="40" Maximum="200"/>
```

运行效果如图 10-67 所示。

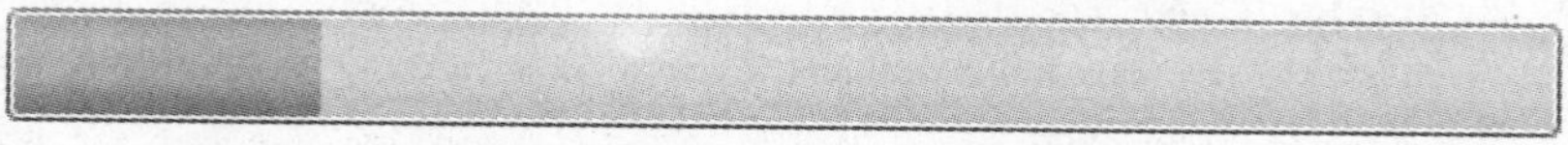

图 10-67　设置进度条的当前进度

### 10.2.19　PasswordBox（密码框）控件

PasswordBox 控件是用于输入一些私人信息的文本框控件，如登录密码。输入的文本都将以单一的符号显示，从而掩饰真实的文本，如图 10-68 所示。

●●●●●●●

图 10-68　PasswordBox 控件

通过设置 PasswordChar 属性，可以自定义 PasswordBox 控件中用于掩饰真实文本的字符，默认值的是一个圆点符号（●）。

下面的实例使用星号（*）作为掩饰字符。代码如下：

```
<PasswordBox Width="200" PasswordChar="*"/>
```

运行效果如图 10-69 所示。

*******

图 10-69　设置 Password 控件的掩饰字符

## 10.3　用户控件

虽然 Silverlight 提供了一系列常用的标准控件，但是这些标准控件有时满足不了用户的需求。这时用户可以根据自己的需要定制自己的控件，拥有独特的属性，独特的事件，实现用户需要的功能。

用户创建的自定义控件都继承自 System.Windows.Controls.UserControl，是一个含有 Content 属性的 Control 控件。定制用户控件分为几个步骤：先在 Silverlight 工程中新建用户控件文件，创建用户控件的外观界面；再给用户控件添加自定义属性，给用户控件添加自定义事件。

本节以创建一个登录对话框控件为例，介绍定制用户控件的步骤，以及使用用户控件的方法。该登录对话框控件可以输入用户名和密码，当单击“确定”按钮后将触发一个事件，传出当前输入的用户名和密码信息。

### 10.3.1　创建用户控件

创建用户控件，首先需要新建用户控件文件。用户控件文件包含一个 XAML 文件和一个 CS 文件。在通常情况下，美工、设计师在 XAML 文件中定制用户控件的外观、动画等界面元素，程序员在 CS 文件中编写用户控件的逻辑。

这里以创建一个登录对话框控件为例。将用户控件命名为“LoginControl”。

在 Visual Studio 2008 的菜单中选择“Project → Add New Items”命令，在弹出的对话框中选择“Silverlight User Control”，同时给新建的用户控件起名。在如图 10-70 所示的示例中，给控件起名为“LoginControl”，然后单击“Add”按钮，完成用户控件的创建。

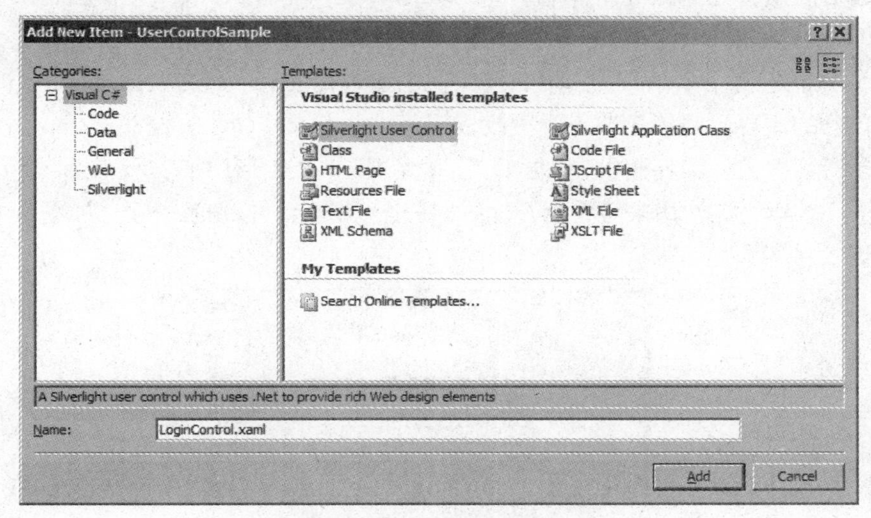


图 10-70　添加用户控件

项目将会自动生成两个源文件，LoginControl.xaml 和 LoginControl.xaml.cs，如图 10-71 所示。用户可以在这两个文件中自定义控件的属性和事件，开发自定义功能。

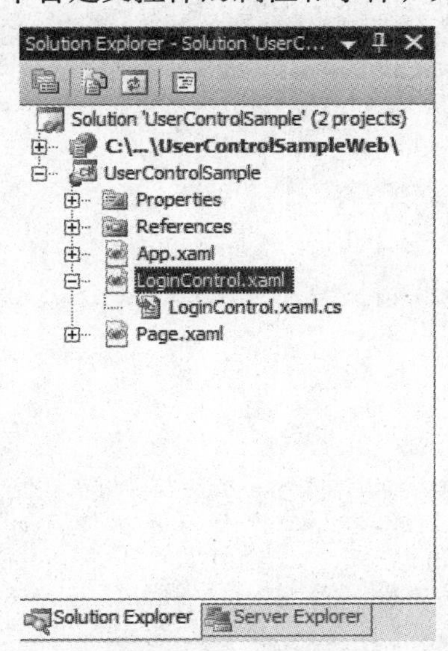


图 10-71　在项目工程中新建的用户控件包含 .xaml 文件和 .cs 文件

### 10.3.2 定制控件外观

从创建后的用户控件源文件 LoginControl.xaml 中可以看到，其实用户控件的根节点是一个 UserControl，该 UserControl 节点拥有一个 Grid 类型的子节点。这里需要指出的是，UserControl 只能包含一个子节点，用户控件在创建时，该子节点的默认类型是 Grid，用户也可以根据自己的需要，将该子节点类型改成 Canvas、StackPanel 等控件。

在登录对话框控件的界面中，包含如下 UI 元素：一个矩形用来表示背景，两个 TextBlock 控件，两个 TextBox 控件用来接受用户输入，一个"确定"按钮及一个"重置"按钮，如图 10-72 所示。

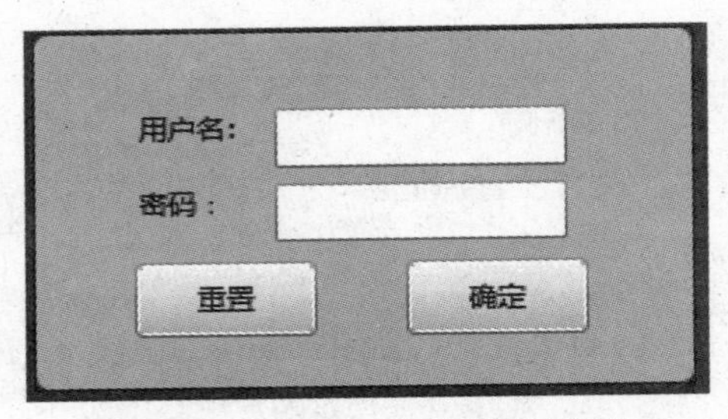


图 10-72　登录对话框控件界面

下面是界面元素的 XAML 代码，如例程 10-28 所示。

例程 10-28　创建用户控件

```
<UserControl x:Class="UserControlSample.LoginControl"
   xmlns="http://schemas.microsoft.com/winfx/2006/xaml/presentation"
   xmlns:x="http://schemas.microsoft.com/winfx/2006/xaml"
   Width="252" Height="142">
   <Grid x:Name="LayoutRoot">

     <Rectangle HorizontalAlignment="Stretch" Fill="LightBlue"
             RadiusX="5" RadiusY="5" />

     <TextBlock Text="用户名:" Margin="40,30,0,0"
             HorizontalAlignment="Left" VerticalAlignment="Top" />
     <TextBox x:Name="username_tb" Margin="92,30,48,0"
            HorizontalAlignment="Stretch" VerticalAlignment="Top"  />
     <TextBlock Text="密码: " Margin="40,60,0,60"
             HorizontalAlignment="Left" VerticalAlignment="Top"/>
     <TextBox x:Name="password_tb" Margin="92,60,48,0"
            HorizontalAlignment="Stretch" VerticalAlignment="Top"/>
```

```
        <Button x:Name="ok_btn" Content="确定" Width="70" Height="30"
                HorizontalAlignment="Right" VerticalAlignment="Bottom"
                Margin="0,0,40,20" />
        <Button x:Name="reset__btn" Content="重置" Width="70" Height="30"
                HorizontalAlignment="Left" VerticalAlignment="Bottom"
                Margin="38,0,0,20" />

    </Grid>
</UserControl>
```

### 10.3.3 用户控件属性

我们可以对自定义控件的功能做一些增强，为了让控件的使用者获取和设置登录对话框控件中的用户名和密码，可以为登录对话框控件添加两个属性：UserName 和 Password，当属性值改变时将更新输入框中的文本。

在 LoginControl.cs 文件中添加例程 10-29 所示的代码。

**例程 10-29 给用户控件添加属性**

```
using System;
using System.Collections.Generic;
using System.Linq;
using System.Net;
using System.Windows;
using System.Windows.Controls;
using System.Windows.Documents;
using System.Windows.Input;
using System.Windows.Media;
using System.Windows.Media.Animation;
using System.Windows.Shapes;

namespace UserControlSample
{

  public partial class LoginControl : UserControl
  {
    public string UserName
    {
      get { return this.username_tb.Text; }
      set { this.username_tb.Text = value; }
    }
```

```
        public string Password
        {
            get { return this.password_tb.Password; }
            set { this.password_tb.Password = value; }
        }

        public LoginControl()
        {
            InitializeComponent();
        }

    }
}
```

### 10.3.4 用户控件事件

如果需要给用户控件扩展更多的交互功能，可以为控件添加自定义的事件。比如，可以给登录对话框控件添加一个 OnClickOK 事件，使用户在单击“确定”按钮后，能够通知控件的使用者。还可以将控件属性，如用户输入的用户名、密码作为事件参数传递出来。

下面的代码给登录对话框控件添加了一个 OnClickOK 事件，并定义了一个 LoginEventArgs 事件参数类，用来传递用户输入的用户名和密码。

在 LoginControl.cs 文件中添加如例程 10-30 所示的代码。

例程 10-30　添加控件事件

```
using System;
using System.Collections.Generic;
using System.Linq;
using System.Net;
using System.Windows;
using System.Windows.Controls;
using System.Windows.Documents;
using System.Windows.Input;
using System.Windows.Media;
using System.Windows.Media.Animation;
using System.Windows.Shapes;

namespace UserControlSample
{
```

```
    public partial class LoginControl : UserControl
    {
        public string UserName
        {
            get { return this.username_tb.Text; }
            set { this.username_tb.Text = value; }
        }

        public string Password
        {
            get { return this.password_tb.Password; }
            set { this.password_tb.Password = value; }
        }


        public LoginControl()
        {
            InitializeComponent();

            ok_btn.Click += new RoutedEventHandler(ok_btn_Click);
            reset_btn.Click += new RoutedEventHandler(reset_btn_Click);
        }

        //当单击"OK"按钮后触发OnClickOK事件
        void ok_btn_Click(object sender, RoutedEventArgs e)
        {
            if (OnClickOK != null)
            {
                OnClickOK(this, new LoginEventArgs(UserName, Password));
            }
        }

        void reset_btn_Click(object sender, RoutedEventArgs e)
        {
            UserName = "";
            Password = "";
        }

        //添加OnClickOK事件
        public event EventHandler<LoginEventArgs> OnClickOK;

    }
}
```

### 10.3.5　使用用户控件

添加用户控件的方式跟添加普通控件的方法类似。可以在 XAML 中添加用户控件，也可以在 C#代码中动态添加控件。

1．在 XAML 中添加用户控件

下面的代码在 Page.xaml 文件中添加了一个登录对话框控件。需要注意的是，如果在 XAML 中添加用户控件，需要在 UserControl 标签中添加用户控件所在的命名空间前缀，如例程 10-31 中使用“local”前缀引用将用户控件所在的命名空间“UserControlSample”。

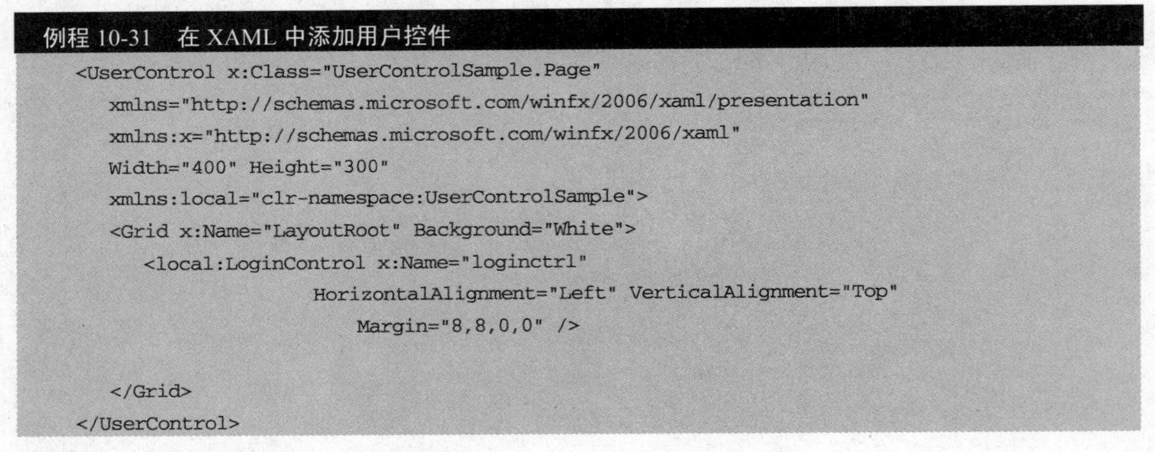

例程 10-31　在 XAML 中添加用户控件

```
<UserControl x:Class="UserControlSample.Page"
   xmlns="http://schemas.microsoft.com/winfx/2006/xaml/presentation"
   xmlns:x="http://schemas.microsoft.com/winfx/2006/xaml"
   Width="400" Height="300"
   xmlns:local="clr-namespace:UserControlSample">
   <Grid x:Name="LayoutRoot" Background="White">
      <local:LoginControl x:Name="loginctrl"
                    HorizontalAlignment="Left" VerticalAlignment="Top"
                        Margin="8,8,0,0" />


   </Grid>
</UserControl>
```

运行后的效果如图 10-73 所示。

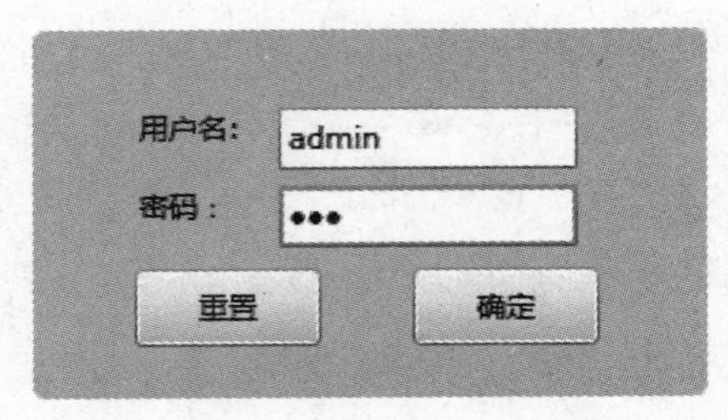


图 10-73　登录框控件运行效果

2．动态添加用户控件

用户控件也可以在 C#代码中动态添加，如下面的代码所示为在运行时动态添加了一个登录对话框控件。并给 LoginControl 添加了 OnClickOK 事件响应，使用户在单击“确定”按钮后，将输入的用户名和密码输出到文本框中。

在 Page.xaml 中添加如例程 10-32 所示的代码。

**例程 10-32　动态添加用户控件示例的 XAML 代码**

```
<UserControl x:Class="UserControlSample.Page"
   xmlns="http://schemas.microsoft.com/winfx/2006/xaml/presentation"
   xmlns:x="http://schemas.microsoft.com/winfx/2006/xaml"
   Width="400" Height="300"
   xmlns:local="clr-namespace:UserControlSample">
   <Grid x:Name="LayoutRoot" Background="White">
      <TextBlock x:Name="text1" FontSize="14" Margin="10,10,0,0" Foreground="Black"/>
   </Grid>
</UserControl>
```

在 Page.cs 中添加例程 10-33 所示的代码。

**例程 10-33　动态添加用户控件示例的 C#代码**

```
using System;
using System.Collections.Generic;
using System.Linq;
using System.Net;
using System.Windows;
using System.Windows.Controls;
using System.Windows.Documents;
using System.Windows.Input;
using System.Windows.Media;
using System.Windows.Media.Animation;
using System.Windows.Shapes;

namespace UserControlSample
{
   public partial class Page : UserControl
   {
      private LoginControl loginctrl;

      public Page()
      {
         InitializeComponent();
         loginctrl = new LoginControl();
         loginctrl.OnClickOK += new EventHandler<LoginEventArgs>(loginctrl_OnClickOK);
         this.LayoutRoot.Children.Add(loginctrl);

      }
```

```
        //当LoginControl控件触发了OnClickOK事件后，将用户名和密码显示出来。
        void loginctrl_OnClickOK(object sender, LoginEventArgs e)
        {
            text1.Text = "用户名：" + loginctrl.UserName +
                         "．密码：" + loginctrl.Password;
        }
    }
}
```

运行后的效果如图 10-74 所示。

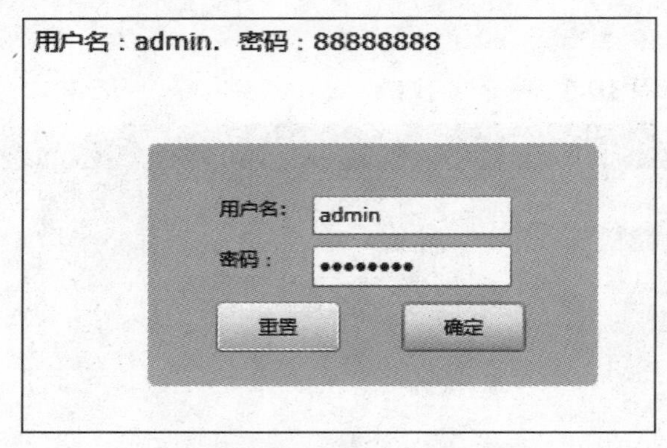


图 10-74 输出用户名密码

## 10.4 小结

本章主要介绍了 Silverlight 内建的控件，并详细介绍了 Silverlight 内建控件的常用属性和常用事件，以及如何在一定程度上定制控件的外观。使用这些控件可以创建出传统的用户界面。本章最后还介绍了如何创建用户控件，以及如何为用户控件添加自定义属性和事件。

# 第 11 章

# 多媒体

Silverlight 对多媒体文件的播放提供了良好的支持，使用 Silverlight 开发的多媒体应用程序能够带给用户更丰富的交互式体验。另外 Silverlight 对 DRM 版权保护技术的支持，使多媒体的版权在网络上受到很好的保护。本章将主要介绍如何使用 Silverlight 创建多媒体应用程序，并针对在创建过程中可能会遇到的问题进行讲解，另外本章还会讲解如何创建一个完整的视频播放器。

## 11.1　最简单的 Silverlight 多媒体应用程序

通过使用 Visual Studio 2008 可以快速地创建 Silverlight 多媒体应用程序，无论是视频还是音频，都离不开 MediaElement 控件。这里以微软 Silverlight 宣传片为例（下载地址为 http://go.microsoft.com/fwlink/?LinkID=87851&clcid=0x409），创建了一个非常简单的视频播放程序。

XAML 代码如下：

```
<MediaElement Source="Silverlight.wmv" x:Name="myMedia" />
```

将下载后的 Silverlight.wmv 文件复制到相应的目录中，按“F5”键运行，将会看到如图 11-1 所示的画面，Silverlight 应用程序正在播放视频文件 Silverlight.wmv。

该程序的实现过程如下：首先创建一个 MediaElement 对象 myMedia，然后指定 myMedia 的 Source 属性。Source 属性值可以是 URI，也可以是音、视频文件的路径。这些工作完成之后，一个简单的 Silverlight 视频播放程序就完成了。

图 11-1　最简单的多媒体应用程序

如果一个播放器仅仅能够进行多媒体文件的播放，其功能是远远不够的。如果开发者想要为它添加更多功能，就需要了解和掌握 MediaElement 的其他属性和方法。

# 11.2　MediaElement 对象

Silverlight 对多媒体文件的强大支持主要依赖于 MediaElement 对象，本节将结合相应的实例对 MediaElement 对象的主要属性和方法进行讲解。

## 11.2.1　MediaElement 的属性和方法

MediaElement 对象为多媒体文件的各种操作提供了强大的功能支持。它功能丰富，不仅对多媒体文件的播放等常见功能提供了良好的支持，而且还可以帮助用户创建交互式多媒体 RIA，从而为用户提供更好的操作体验。

如表 11-1 所示为 MediaElement 对象常用的属性。

表 11-1　MediaElement 属性

| 属性名 | 说　明 |
|---|---|
| Source | 设置 MediaElement 对象待播放的多媒体文件源 |
| Width、Height | 设置 MediaElement 对象的宽度与高度 |
| AutoPlay | 设置多媒体文件在程序载入时是否自动播放。如果是视频文件，则程序载入的是视频在第 0 秒的画面。默认值为 True |

（续表）

| 属性名 | 说　明 |
| --- | --- |
| Balance | 设置声道平衡 |
| BufferingTime | 设置多媒体文件的缓冲时间，默认值为 5 秒 |
| Clip | 对视频文件的画面进行裁减。例如：Clip="M0,0 L300,0 L300,200 L0,200 z"，此时画面会被裁减成以坐标（0,0）为起点，长为 300，宽为 200 的画面 |
| IsMuted | 设置多媒体文件是否静音。默认值为 False |
| Stretch | 设置视频画面填充到 MediaElement 的方式。方式有 Fill、None、Uniform、UniformToFill。其中默认值为 Uniform |
| Volume | 设置多媒体文件的音量大小 |
| Marker | 设置多媒体文件的时间线标志。并通过调用 Add 与 Remove 来为多媒体文件添加与删除时间线标志 |

**注意：**对于 Width 和 Height 属性，当 Source 为视频文件时，设置这两项后，Width 与 Height 为实际看到的视频的宽度与高度。如果不进行设置，则所看到的视频窗口大小与原视频文件的长宽相同。

如表 11-2 所示为 MediaElement 对象常用的方法。

表 11-2　MediaElement 的常用方法

| 方　法 | 说　明 |
| --- | --- |
| Play | 开始播放 |
| Pause | 暂停播放 |
| Stop | 停止播放并被重置到开始状态 |
| SetSource | 设置 MediaElement 的 Source 属性 |

**注意：**对于 Play 方法，如果多媒体文件当时处于暂停状态，则调用 Play 后继续播放。

### 11.2.2　支持的多媒体文件格式

从 Silverlight 的官方文档中可以看到，Silverlight 对目前大部分多媒体文件都提供了良好的支持。

其中，支持的视频文件类型如表 11-3 所示。

| 表 11-3　Silverlight 支持的视频文件类型 |
| --- |
| WMV1: Windows Media Video 7 |
| WMV2: Windows Media Video 8 |
| WMV3: Windows Media Video 9 |
| WMVA: Windows Media Video Advanced Profile, non-VC-1 |
| WMVC1: Windows Media Video Advanced Profile, VC-1 |

支持的音频文件类型如表 11-4 所示。

| 表 11-4　Silverlight 支持的音频文件类型 |
| --- |
| WMA 7: Windows Media Audio 7 |
| WMA 8: Windows Media Audio 8 |
| WMA 9: Windows Media Audio 9 |
| MP3: ISO/MPEG Layer-3 |
| WMA 7: Windows Media Audio 7 |

值得一提的是，Silverlight 对 WMV3:Windows Media Video 9 文件类型提供了良好的支持，这使在线观看高清视频节目成为现实。另外，Silverlight 对多媒体文件提供了 DRM（Digital Rights Management）内容数字版权加密保护技术支持。

此外，Silverlight 还提供了对自适应流媒体传输（Adaptive Streaming）的支持，它允许用户以多种比特率对媒体进行编码。根据这一特性，音、视频内容服务提供商可以同时提供不同比特率的节目，Silverlight 应用程序根据终端用户的网络条件和 CPU 速度匹配最合适的比特率，以取得更佳的视听效果。这一特性会极大地改善终端用户的多媒体体验。

### 11.2.3　音量控制

音量控制功能是一个多媒体播放器不可缺少的功能，如果需要将一段视频设置为静音，则需要将 MediaElement 对象的 IsMuted 属性设置为 True，具体请看下面的示例。

XAML 代码如下：

```
<MediaElement Source="Silverlight.wmv" IsMuted="True"/>
```

按“F5”键运行后，由于已经将 IsMuted 属性设置为 True，因此该程序中的视频将始终没有声音。

根据前面对 MediaElement 对象 Volume 属性的介绍，实现音量的控制非常简单，只需要改变 Volume 的属性值就可以了。Volume 的取值范围是 0~1，默认值为 0.5。

下面是一个简单的音量控制演示程序，如例程 11-1 所示。

**例程 11-1　音量控制示例的 XAML 代码**

```
<UserControl x:Class="VolumeControlSample.Page"
    xmlns="http://schemas.microsoft.com/winfx/2006/xaml/presentation"
    xmlns:x="http://schemas.microsoft.com/winfx/2006/xaml"
    Width="400" Height="220">
    <Grid x:Name="LayoutRoot" Background="White" >
        <Canvas  Width="400" Height="220">
            <MediaElement Source="Silverlight.wmv" Width="400" Height="200" Volume="0.5"
x:Name="myMedia" Stretch="Fill"/>

            <TextBlock Text="Volume" Canvas.Left="230" Canvas.Top="203" FontFamily="Arial"
FontSize="11" Foreground="DarkBlue"/>

            <TextBlock Text="Min" Canvas.Left="270" Canvas.Top="205" FontFamily="Arial"
FontSize="9"/>

            <Slider x:Name="volumeSd" Maximum="1" Minimum="0" Value="0.5" Canvas.Top="200"
Canvas.Left="282" Width="100"/>

            <TextBlock Text="Max" Canvas.Left="380" Canvas.Top="205" FontFamily="Arial"
FontSize="9"/>
        </Canvas>
    </Grid>
</UserControl>
```

C#代码如例程 11-2 所示。

**例程 11-2　音量控制示例的 C#代码**

```
using System;
using System.Collections.Generic;
using System.Linq;
using System.Net;
using System.Windows;
using System.Windows.Controls;
using System.Windows.Documents;
using System.Windows.Input;
using System.Windows.Media;
using System.Windows.Media.Animation;
using System.Windows.Shapes;
```

```
namespace VolumeControlSample
{
    public partial class Page : UserControl
    {
        public Page()
        {
            InitializeComponent();
            myMedia.MediaOpened += new RoutedEventHandler(myMedia_MediaOpened);
        }

      //当视频文件打开后，给Slider控件添加ValueChanged事件响应
        void myMedia_MediaOpened(object sender, RoutedEventArgs e)
        {
            volumeSd.ValueChanged +=
new RoutedPropertyChangedEventHandler<double>(volumeSd_ValueChanged);
        }

      //当Slider控件滑动时，改变视频音量
        void volumeSd_ValueChanged(object sender, RoutedPropertyChangedEventArgs<double> e)
        {
            myMedia.Volume = e.NewValue;
        }
    }
}
```

最后按“F5”键运行，运行效果如图 11-2 所示。

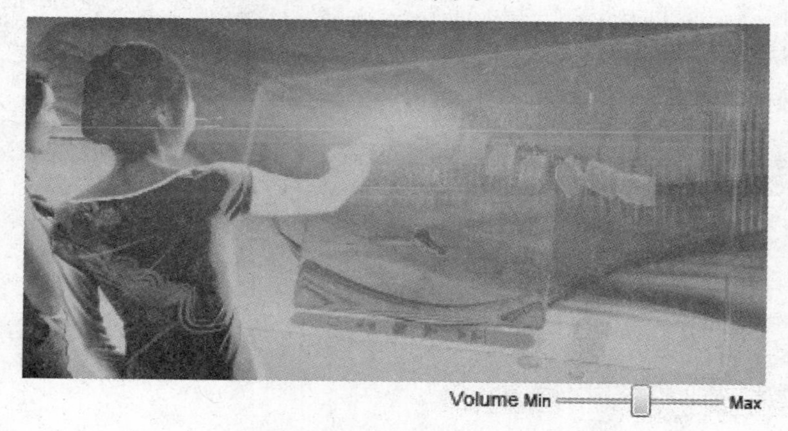


图 11-2　音量控制

程序载入后，滑动条将会处于中间的位置。当滑动条向左滑动时，声音将随之变小，到达最左端时为静音；向右滑动时声音将随之增大，到达最右端时音量达到最大。

另外，Silverlight 在程序载入后，多媒体文件默认是自动播放的，这一属性可以通过修改 MediaElement 对象的 AutoPlay 属性为 False 来实现，这里通过一个简单的程序进行说明。

XAML 代码如下：

```
<MediaElement Source="Silverlight.wmv" AutoPlay="False" />
```

按“F5”键运行后，该程序中的视频画面会始终停留在视频最开始的一刻。

### 11.2.4 对左/右声道的控制

与控制多媒体文件的音量大小相似，通过改变 MediaElement 对象的 Balance 属性值，可以轻松地实现对播放器的左/右声道的控制。Balance 的取值范围是－1~1，默认值为 0。当 Balance 取值为－1 时，只有左声道有声音；取值为 1 时，只有右声道有声音；取值为 0 时，左、右声道均有声音，即为立体声。

下面是一个简单的左/右声道控制演示程序，如例程 11-3 所示。

**例程 11-3 左/右声道控制示例 XAML 代码**

```
<UserControl x:Class="BalanceControlSample.Page"
    xmlns="http://schemas.microsoft.com/winfx/2006/xaml/presentation"
    xmlns:x="http://schemas.microsoft.com/winfx/2006/xaml"
    Width="400" Height="220">
    <Grid x:Name="LayoutRoot" Background="White" >
        <Canvas Width="400" Height="220">
            <MediaElement Source="Silverlight.wmv" Width="400" Height="200" Volume="0.5"
x:Name="myMedia" Stretch="Fill"/>

            <TextBlock Text="Balance" Canvas.Left="220" Canvas.Top="203" FontFamily=
"Arial" FontSize="11" Foreground="DarkBlue"/>

            <TextBlock Text="Left" Canvas.Left="265" Canvas.Top="205" FontFamily="Arial"
FontSize="9"/>

            <Slider x:Name="balanceSd" Maximum="2" Minimum="0" Value="1" Canvas.Top="200"
Canvas.Left="278" Width="100"/>

            <TextBlock Text="Right" Canvas.Left="376" Canvas.Top="205" FontFamily="Arial"
FontSize="9"/>
        </Canvas>
    </Grid>
</UserControl>
```

C#代码如例程 11-4 所示。

例程 11-4　左/右声道控制示例 C#代码

```
using System;
using System.Collections.Generic;
using System.Linq;
using System.Net;
using System.Windows;
using System.Windows.Controls;
using System.Windows.Documents;
using System.Windows.Input;
using System.Windows.Media;
using System.Windows.Media.Animation;
using System.Windows.Shapes;

namespace BalanceControlSample
{
    public partial class Page : UserControl
    {
        public Page()
        {
            InitializeComponent();
            myMedia.MediaOpened += new RoutedEventHandler(myMedia_MediaOpened);
        }

        //当视频文件打开后，给 Slider 控件添加 ValueChanged 事件响应
        void myMedia_MediaOpened(object sender, RoutedEventArgs e)
        {
            balanceSd.ValueChanged +=
 new RoutedPropertyChangedEventHandler<double>(balanceSd_ValueChanged);
        }

      //当滑块滑动时改变视频文件的左、右声道平衡
        void balanceSd_ValueChanged(object sender,RoutedPropertyChangedEventArgs<double>e)
        {
            myMedia.Balance = e.NewValue-1;
        }
    }
}
```

最后按“F5”键运行，效果如图 11-3 所示。

图 11-3 左/右声道控制

程序载入后，滑动条将会处于中间的位置。当滑动条向左滑动时，左声道声音将随之变大，右声道声音随之变小，到达最左端时只有左声道有声音；向右滑动时，右声道声音将随之变大，左声道声音随之变小，到达最右端时只有右声道有声音。

### 11.2.5 控制 MediaElement 对象

通过调用 MediaElement 对象的 Play()、Pause()及 Stop()方法，可以对多媒体文件的播放状态进行控制。

下面是一个简单的播放器的源程序，它可以实现多媒体文件的播放、暂停和停止功能，如例程 11-5 所示。

例程 11-5 播放状态控制示例 XAML 代码

```
<UserControl x:Class="SimpleVideoControl.Page"
    xmlns="http://schemas.microsoft.com/winfx/2006/xaml/presentation"
    xmlns:x="http://schemas.microsoft.com/winfx/2006/xaml"
    Width="400" Height="250">
    <Grid x:Name="LayoutRoot" Background="White">
        <Canvas>
            <MediaElement  Source="Silverlight.wmv"  Width="400"  Height="230"  x:Name=
"myMedia" AutoPlay="False"/>

            <!--播放按钮-->
            <Button x:Name="playBtn" Width="60" Height="20" Canvas.Left="50" Canvas.Top=
"230" Content="Play"/>
```

```
                <!--暂停按钮-->
                <Button x:Name="pauseBtn" Width="60" Height="20" Canvas.Left="150" Canvas.Top=
"230" Content="Pause"/>

                <!--停止按钮-->
                <Button x:Name="stopBtn" Width="60" Height="20" Canvas.Left="250" Canvas.Top=
"230" Content="Stop"/>
            </Canvas>
        </Grid>
    </UserControl>
```

C#代码如例程 11-6 所示。

**例程 11-6　播放状态控制示例 C#代码**

```
using System;
using System.Collections.Generic;
using System.Linq;
using System.Net;
using System.Windows;
using System.Windows.Controls;
using System.Windows.Documents;
using System.Windows.Input;
using System.Windows.Media;
using System.Windows.Media.Animation;
using System.Windows.Shapes;

namespace SimpleVideoControlSample
{
    public partial class Page : UserControl
    {
        public Page()
        {
            InitializeComponent();
            this.Loaded += new RoutedEventHandler(Page_Loaded);
        }

        void Page_Loaded(object sender, RoutedEventArgs e)
        {
            playBtn.Click += new RoutedEventHandler(playBtn_Click);
            pauseBtn.Click += new RoutedEventHandler(pauseBtn_Click);
            stopBtn.Click += new RoutedEventHandler(stopBtn_Click);
        }
```

```
        //停止播放
        void stopBtn_Click(object sender, RoutedEventArgs e)
        {
            myMedia.Stop();
        }

        //暂停播放
        void pauseBtn_Click(object sender, RoutedEventArgs e)
        {
            myMedia.Pause();
        }

        //开始播放
        void playBtn_Click(object sender, RoutedEventArgs e)
        {
            myMedia.Play();
        }
    }
}
```

按“F5”键运行，运行效果如图 11-4 所示。

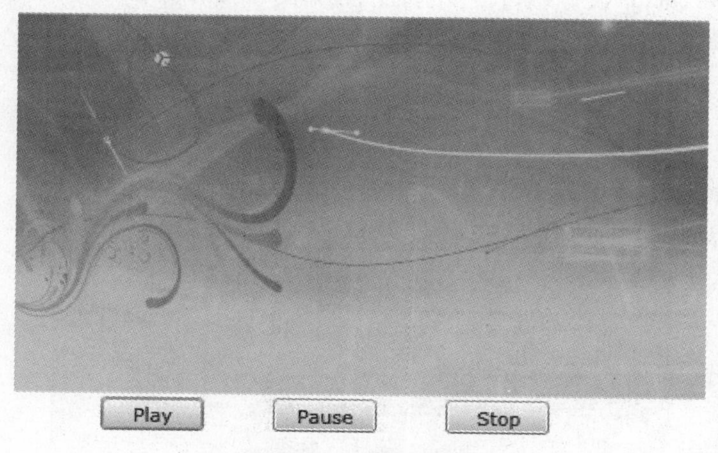


图 11-4 播放状态控制

在该程序中，单击“Play”按钮视频开始播放；单击“Pause”按钮则会暂停播放，此时单击“Play”按钮继续播放；若单击“Stop”按钮视频将会停止播放，并且会返回到初始状态。

## 11.3 时间线

时间线是在多媒体文件中的指定位置上插入的特定标记，这些标记可以是文字，也可以是缩略图。时间线的作用类似于读书时所用的书签，它不仅能够帮助用户快速找到做过标记的某个位置，而且还能够了解多媒体文件在该位置的相应信息。

插入时间线标记的方式主要有 3 种：通过 Windows Media 文件编辑器创建时间线标记、使用 Expression Encoder 创建时间线标记，以及动态创建时间线标记。

### 11.3.1 使用 Windows Media 文件编辑器创建时间线

要想使用 Windows Media 文件编辑器创建时间线，首先需要安装 Windows Media Encoder 9 程序。安装完成之后，在“开始”→“Windows Media”的实用工具中找到 Windows Media 文件编辑器，该文件编辑器能够帮助用户快速地向多媒体文件插入、删除和修改时间线标记。插入标记后单击“确定”按钮，这样就可以将时间线标记保存到多媒体文件中了。

使用 Windows Media 文件编辑器创建时间线如图 11-5 所示。

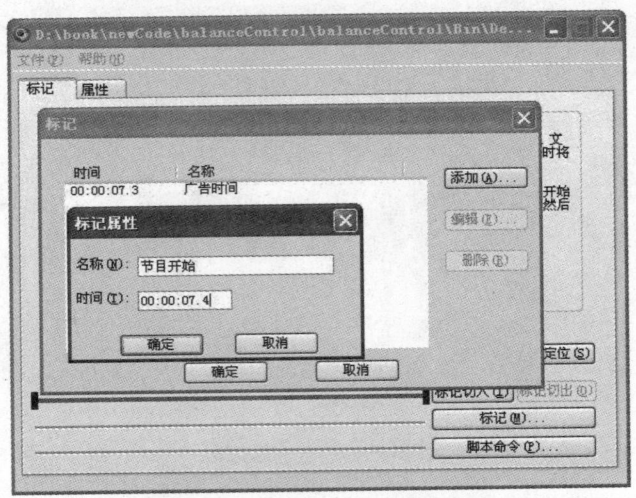


图 11-5 使用 Windows Media 文件编辑器创建时间线

### 11.3.2 使用 Expression Encoder 创建时间线

同 Expression Blend 一样，Expression Encoder 也是 Microsoft Expression 大家族中的一员。

不过与 Expression Blend 所扮演的角色不同，Expression Encoder 主要为 Silverlight 开发者在音、视频方面提供支持。

首先，一起来熟悉一下 Expression Encoder 的工作环境，它的工作界面布局如图 11-6 所示。

图 11-6　Expression Encoder 的工作界面

Expression Encoder 的布局相当简洁，标号 1~4 区域的作用分别如下。

区域 1：视频预览面板。

通过改变时间轴的位置，开发者可以在这里即时地查看视频的画面。另外，通过选择左下角缩放百分比，可以以不同的缩放比例来查看画面中的细节。

区域 2：时间轴和播放控制面板。

通过拖动时间轴中的标志到不同位置，开发者可以在相应的位置为多媒体文件添加、删除和修改时间线。在播放控制面板中的是常见的播放、暂停、快进、快退等播放控制按钮。

区域 3：多媒体文件信息及操作历史面板。

通过它可以导入、导出多媒体文件，并可以查看所导入多媒体文件的详细信息及使用者的各种操作记录。

区域 4：设置面板。

在设置面板里，可以为导入的多媒体文件创建各种信息，包括作者、标题、版权信息等。另外对导入文件的各种操作很多都是在该工作区域中完成的，比如添加、修改时间线等，这里不一一列举。

使用 Expression Encoder 向多媒体文件中添加时间线的步骤如下。

（1）单击“Import”按钮，选择需要导入的多媒体文件，如图 11-7 所示。

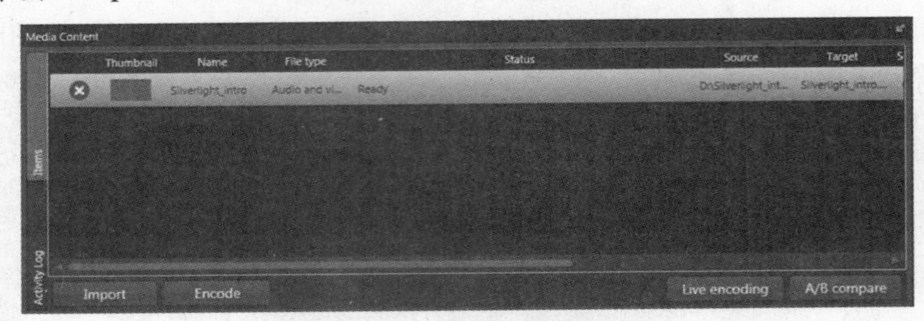


图 11-7　导入多媒体文件

（2）拖动时间轴面板中的▮，到要添加时间线的位置，如图 11-8 所示。

图 11-8　拖动时间轴

在设置面板中切换到 MetaData 中的“Markers”工作区域，相应按钮的功能如下。

- 单击“Add”按钮，可以在当前时间轴的位置添加时间线。
- 单击“Remove”按钮，可以移除当前所选择的时间线。
- 单击“Edit”按钮，可以修改当前所选择的时间线。
- 单击“Export”按钮，可以将添加好的时间线以 XML 格式导出。
- 单击“Import”按钮，选择 XML 时间线文件，将其导入到当前的多媒体文件中。
- 单击“Clear”按钮，可以快速清除所有的时间线标志。

若为视频文件，选中“Thumbnail”后，在生成时间线标志的过程中会自动生成视频文件在相应位置处的缩略图。添加时间线标记如图 11-9 所示。

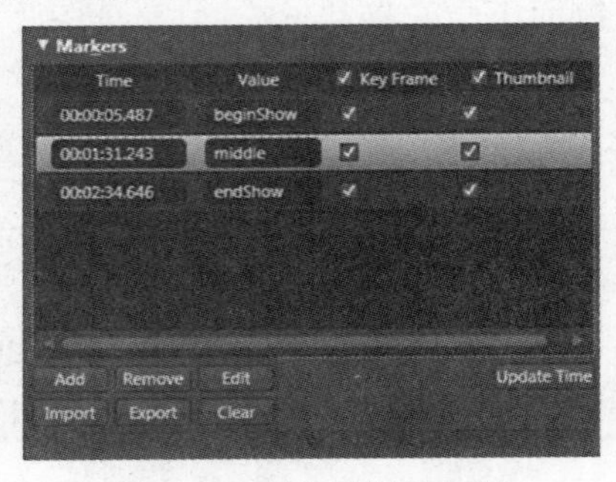


图 11-9　添加时间线标记

（3）在设置面板中切换到“Output”中的“Job Output”工作区域，Output 的位置如图 11-10 所示。

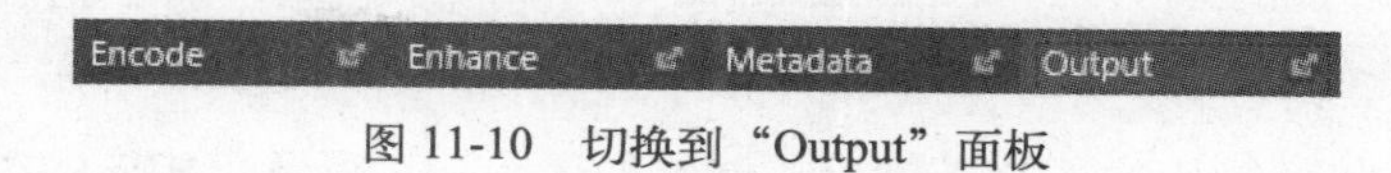


图 11-10　切换到“Output”面板

Expression Encoder 已经准备好了十几款非常漂亮的播放器模板，在“Template”中选择好一款模板后，可以在“Preview”区域中进行预览，如图 11-11 所示。

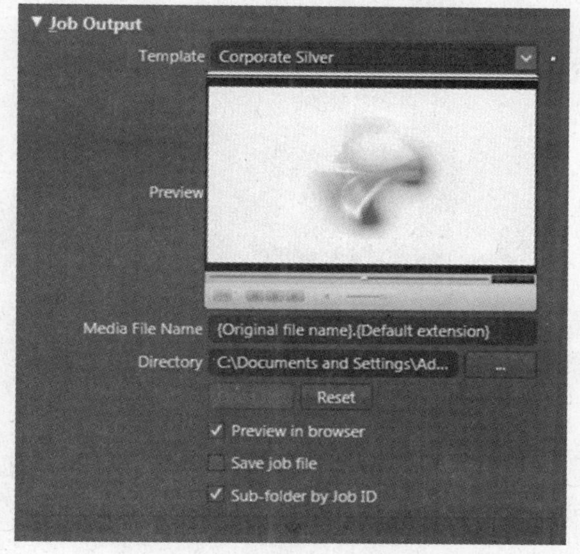


图 11-11　播放器模板及输出设置

（4）在所有的时间线标记插入完成之后，单击“Encode”按钮对多媒体文件进行编码输出，如图 11-12 所示。

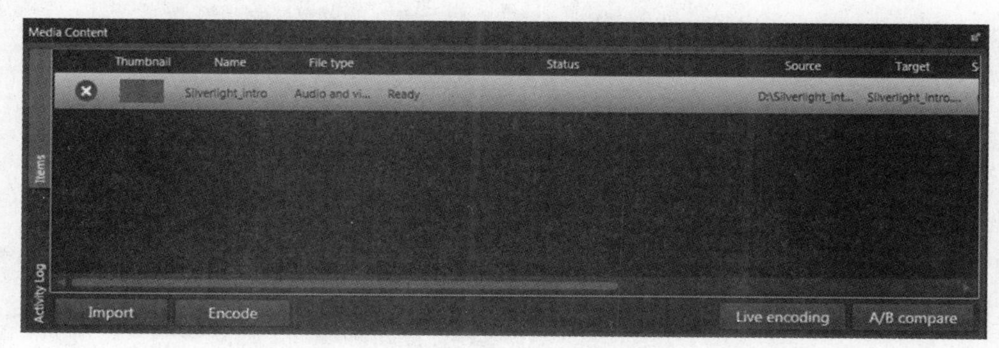


图 11-12　编码输出

编码输出的进度可以在文件信息面板中看到，如图 11-13 所示。

图 11-13　输出进度

输出完毕后，打开输出文件夹，输出的文件如图 11-14 所示，相应的缩略图也在该文件夹中。

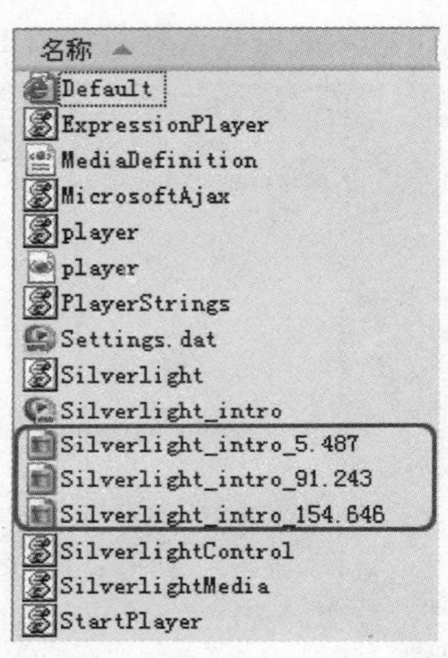


图 11-14　输出文件

打开其中的 Default.html 文件，效果如图 11-15 所示。

图 11-15　播放效果

由于在创建时间线的过程中勾选了缩略图选项，当单击播放器左下角区域时，创建时间线的过程中所产生的缩略图就会出现，当用户单击其中一张图时，播放进度就会跳转到相应的位置处，如图 11-16 所示。

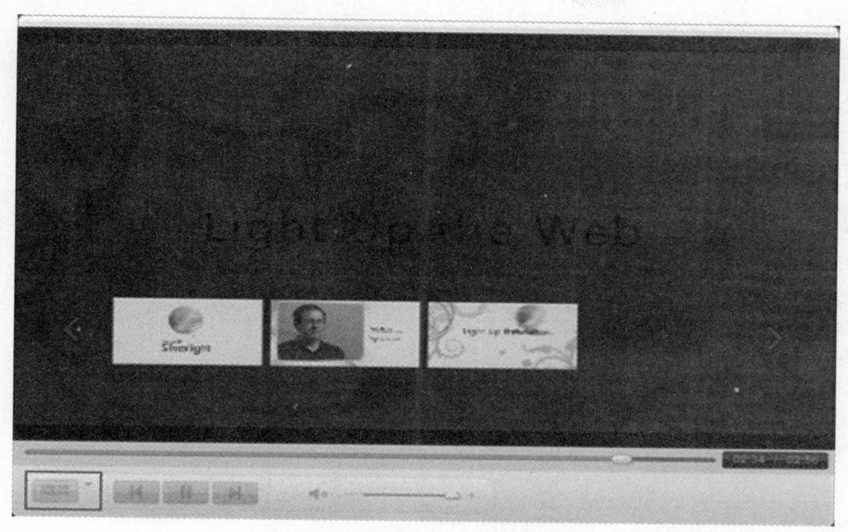

图 11-16　利用时间线跳转

### 11.3.3　动态创建时间线标记

为多媒体文件创建时间线标记还有一种更为灵活的方式：使用 C#动态插入时间线标志。这里通过一个简单的例子进行演示，如例程 11-7 所示。

例程 11-7　动态创建时间线示例的 XAML 代码

```
<UserControl x:Class="TimeMarkerSample.Page"
    xmlns="http://schemas.microsoft.com/winfx/2006/xaml/presentation"
    xmlns:x="http://schemas.microsoft.com/winfx/2006/xaml"
    Width="400" Height="280">
    <Grid x:Name="LayoutRoot" Background="White">
        <Canvas>
            <MediaElement  Source="Silverlight.wmv"  Width="400"  Height="230"  x:Name=
"myMedia"/>

            <TextBlock  x:Name="timeMarker"  FontSize="11"  Canvas.Left="5"  Canvas.Top=
"230"/>
```

```
            <TextBlock  x:Name="typeMarker"  FontSize="11"  Canvas.Left="5"  Canvas.Top=
"245"/>
            <TextBlock  x:Name="valueMarker"  FontSize="11"  Canvas.Left="5"  Canvas.Top=
"260"/>
         </Canvas>
      </Grid>
   </UserControl>
```

C#代码如例程 11-8 所示。

**例程 11-8　动态创建时间线示例的 C#代码**

```
using System;
using System.Collections.Generic;
using System.Linq;
using System.Net;
using System.Windows;
using System.Windows.Controls;
using System.Windows.Documents;
using System.Windows.Input;
using System.Windows.Media;
using System.Windows.Media.Animation;
using System.Windows.Shapes;

namespace TimeMarkerSample
{
    public partial class Page : UserControl
    {
        public Page()
        {
            InitializeComponent();
            myMedia.MediaOpened += new RoutedEventHandler(myMedia_MediaOpened);
            myMedia.MarkerReached  +=  new  TimelineMarkerRoutedEventHandler(myMedia_
MarkerReached);
        }

        void myMedia_MediaOpened(object sender, RoutedEventArgs e)
        {
            AddMarker();
        }

        void myMedia_MarkerReached(object sender, TimelineMarkerRoutedEventArgs e)
        {
```

```
            timeMarker.Text = "Time: " + e.Marker.Time.ToString();
            typeMarker.Text = "Type: " + e.Marker.Type.ToString();
            valueMarker.Text = "Value: " + e.Marker.Text;
        }
        void AddMarker()
        {
            //获取多媒体文件总的播放时间，这里以秒计
            int totalTime = (int)myMedia.NaturalDuration.TimeSpan.TotalSeconds;
            int j = 1;

            //每隔 10 秒插入一个 TimelineMarker
            for (int i = 10; i < totalTime; i += 10)
            {
                TimelineMarker marker = new TimelineMarker();
                marker.Time = new TimeSpan(0, 0, i);
                marker.Text = "第" + j + "个时间线标志";
                marker.Type = "这是一个时间线标志";
                myMedia.Markers.Add(marker);
                j++;
            }
        }
    }
}
```

按“F5”键运行，效果如图 11-17 所示。

图 11-17　动态插入时间线

## 11.4　创建播放器常见的问题

一个功能完整的播放器不仅要能够实现控制多媒体的播放、暂停等基本操作，还需要具备播放进度显示、进度拖曳、播放列表、音量控制、左/右声道控制、全屏显示等常用的功能。

本节通过几个简单的实例，对这几个常见的功能进行说明。

### 11.4.1 播放进度显示及拖曳

在播放器里面，进度显示条可以帮助用户查看当前多媒体文件的播放进度，并且用户能够通过拖曳进度条对多媒体文件的播放进度进行控制，这里通过 Silder 控件制作了一个简单的播放进度条。如例程 11-9 所示。

**例程 11-9　播放进度条示例的 XAML 代码**

```
<UserControl x:Class="PlayProgressSample.Page"
    xmlns="http://schemas.microsoft.com/winfx/2006/xaml/presentation"
    xmlns:x="http://schemas.microsoft.com/winfx/2006/xaml"
    Width="400" Height="250">
    <Grid x:Name="LayoutRoot" Background="White">
        <Canvas>
            <MediaElement  Source="Silverlight.wmv"  Width="400"  Height="230"  x:Name=
"myMedia" />
            <Canvas  x:Name="gressCanvas"  Canvas.Top="230"  Width="400"  Height="20"
Background="Gray">
                <Slider  Maximum="1"  Minimum="0"  Value="0"  Width="400"   x:Name=
"progressBar"/>
            </Canvas>
        </Canvas>
    </Grid>
</UserControl>
```

C#代码如例程 11-10 所示。

**例程 11-10　播放进度条示例 C#代码**

```
using System;
using System.Collections.Generic;
using System.Linq;
using System.Net;
using System.Windows;
using System.Windows.Controls;
using System.Windows.Documents;
using System.Windows.Input;
using System.Windows.Media;
using System.Windows.Media.Animation;
using System.Windows.Shapes;
using System.Windows.Threading;
```

```
namespace PlayProgressSample
{
    public partial class Page : UserControl
    {
        double totalTime;
        DispatcherTimer ticker;

        //为避免产生死循环，加入bool 变量
        bool showProgress;

        public Page()
        {
            InitializeComponent();
            myMedia.MediaOpened += new RoutedEventHandler(myMedia_MediaOpened);
            progressBar.ValueChanged  +=  new  RoutedPropertyChangedEventHandler<double>
(progressBar_ValueChanged);
        }

        void  progressBar_ValueChanged(object  sender,  RoutedPropertyChangedEventArgs
<double> e)
        {
            if (!showProgress)
            {

             //通过拖动Slider，改变Slider 的Value，进而改变myMedia 的当前播放位置
             myMedia.Position = TimeSpan.FromSeconds(e.NewValue * totalTime);
            }
        }


        void myMedia_MediaOpened(object sender, RoutedEventArgs e)
        {
            ticker = new DispatcherTimer();

            //DispatcherTimer，每隔0.1 秒，改变一次Slider 的Value
            ticker.Interval = new TimeSpan(0, 0, 0, 0, 100);
            ticker.Tick += new EventHandler(ticker_Tick);
            totalTime = (double)myMedia.NaturalDuration.TimeSpan.TotalSeconds;
            ticker.Start();
        }

        void ticker_Tick(object sender, EventArgs e)
```

```
            {
                try
                {
                  showProgress = true;
                  progressBar.Value = myMedia.Position.TotalSeconds / totalTime;
                }
                finally
                {
                  showProgress=false;
                }
            }
        }
}
```

按"F5"键运行，效果如图 11-18 所示。

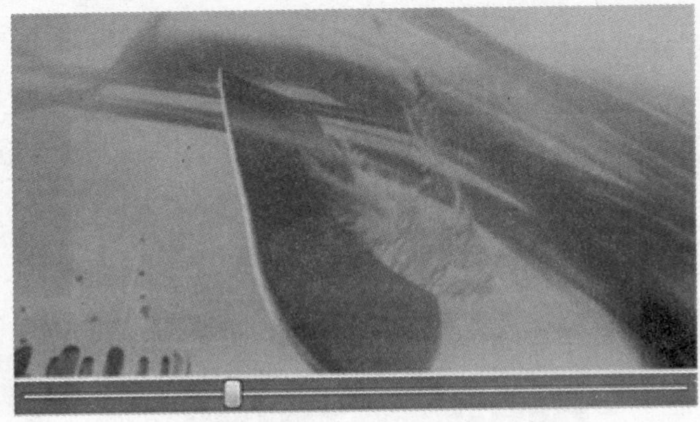

图 11-18　进度显示及控制

该程序主要用到了 DispatcherTimer 对象 ticker 和 Slider 对象 progressBar。首先设置 ticker 每隔 0.1 秒去侦测当前 MediaElement 对象 myMedia 的播放位置，根据当前播放位置与 myMedia 的总时间，计算并设置 progressBar 的 Value，从而可以看到随着视频的播放，progressBar 通过改变本身的 Value 值准确地显示多媒体文件的播放进度。

另外，通过鼠标拖动 progressBar，改变它的 Value 值时，会计算并设置 myMedia 的位置，进而可以控制视频的播放进度。但是这样做会产生死循环，因为拖动 progressBar 改变 Value，并设置 myMedia 的位置与 myMedia 的播放进度发生改变，与引起 progressBar 的值发生改变是互相矛盾的，所以在程序中加入了 bool 变量 showProgress，从而有效避免了这一冲突。

## 11.4.2　播放列表

Silverlight 是支持按照播放列表依次播放多媒体文件的，实现该功能需要使用 ASX 播放列表文件。ASX 播放列表文件是一种支持 XML 标准的文件。在该文件里，可以定义文件的路径、标题和作者等信息。下面是一个简单的 ASX 播放列表文件的内容，如例程 11-11 所示。

**例程 11-11　ASX 播放列表格式举例**

```
<ASX version = "3.0">
    <TITLE>Playlist sample</TITLE>
    < ENTRY >
        <TITLE>An introlduction of Silverlight</TITLE>
        <AUTHOR>Microsoft Corporation</AUTHOR>
        <COPYRIGHT>(c)2008 Microsoft Corporation</COPYRIGHT>
        <REF HREF = " Silverlight.wmv " />
    </ENTRY>
    <ENTRY>
        <TITLE>Beautiful Butterfly </TITLE>
        <AUTHOR>Microsoft Corporation</AUTHOR>
        <COPYRIGHT>(c)2008 Microsoft Corporation</COPYRIGHT>
        <REF HREF = "butterfly.wmv" />
    </ENTRY>
</ASX>
```

在该播放列表里定义了两个多媒体文件，Silverlight 在播放完第 1 个文件后会自动播放第 2 个多媒体文件。ASX 文件设置完成后，将其复制到项目文件夹中并将 MediaElement 对象的 Source 属性设置为该 ASX 文件，这样才能使播放器按照播放列表中的多媒体文件顺序进行播放。

下面是一个播放列表的演示程序，如例程 11-12 所示。

**例程 11-12　播放列表示例的 XAML 代码**

```
<UserControl x:Class="PlayListSample.Page"
    xmlns="http://schemas.microsoft.com/winfx/2006/xaml/presentation"
    xmlns:x="http://schemas.microsoft.com/winfx/2006/xaml"
    Width="400" Height="230">
    <Grid x:Name="LayoutRoot" Background="White">
        <Canvas>
            <MediaElement Source="playlist.asx" Width="400" Height="230" x:Name=
"myMedia"/>
        </Canvas>
    </Grid>
```

```
</UserControl>
```

**注意：**要将 MediaElement 对象的 Source 属性正确设置为写好的 ASX 播放列表文件，并将相应的多媒体文件复制到相应的目录中。

### 11.4.3 全屏显示

在观看视频的时候，为了获得更好的观赏感受，多数用户会将播放器切换到全屏状态。使用 Silverlight 可以很容易地实现全屏和非全屏状态的切换。

下面是一个简单的全屏切换演示程序，如例程 11-13 所示。

**例程 11-13 全屏显示示例的 XAML 代码**

```
<UserControl x:Class="FullScreenSample.Page"
   xmlns="http://schemas.microsoft.com/winfx/2006/xaml/presentation"
   xmlns:x="http://schemas.microsoft.com/winfx/2006/xaml"
   >
   <Grid x:Name="LayoutRoot" >
      <Grid.RowDefinitions>
         <RowDefinition Height="*"/>
         <RowDefinition Height="50"/>
      </Grid.RowDefinitions>
      <MediaElement Source="Silverlight.wmv" x:Name="MyMedia" Grid.RowSpan="1" />

      <Button x:Name="FullScreenButton" Content="全屏显示"
            Width="200" Grid.Row="1" HorizontalAlignment="Center"/>
   </Grid>
</UserControl>
```

C#代码如例程 11-14 所示。

**例程 11-14 全屏显示示例的 C#代码**

```
using System;
using System.Collections.Generic;
using System.Linq;
using System.Net;
using System.Windows;
using System.Windows.Controls;
using System.Windows.Documents;
using System.Windows.Input;
using System.Windows.Media;
using System.Windows.Media.Animation;
using System.Windows.Shapes;
```

```
using System.Windows.Interop;
namespace FullScreenSample
{
   public partial class Page : UserControl
   {
      public Page()
      {
         InitializeComponent();
         FullScreenButton.Click += new RoutedEventHandler(FullScreenButton_Click);
      }

      void FullScreenButton_Click(object sender, RoutedEventArgs e)
      {
         //若当前窗口已经是全屏，则设为非全屏；若当前窗口是非全屏，则设为全屏
         Application.Current.Host.Content.IsFullScreen =
            !Application.Current.Host.Content.IsFullScreen;
         FullScreenButton.Content = "返回";
      }
   }
}
```

按“F5”键运行，运行效果如图 11-19 所示。

图 11-19　全屏显示

单击“Full Screen”按钮，这时应用程序会切换到全屏状态，“Full Screen”按钮变为“Normal Screen”按钮，并且屏幕中央会出现“按 ESC 可退出全屏模式”的提示。此时，如果按“ESC”

键或者单击“Normal Screen”按钮，整个应用程序会切换到正常窗口大小，并且按钮变为“Full Screen”。

### 11.4.4 为多媒体文件加入载入进度

通过 Silverlight 制作多媒体 RIA 时往往会考虑一个问题：网站提供的多媒体文件存放于服务器端，而实际上用户在欣赏某段视频或音乐时，会将该文件下载到本地。在文件较大的情况下，怎样让用户查看所选择的文件已经载入到本地的程度？在 Silverlight 中使用 Dowloader 对象，就能够很容易地解决这个问题。

下面是一个简单的视频文件下载进度演示程序，如例程 11-15 所示。

**例程 11-15　载入进度示例的 XAML 代码**

```
<UserControl x:Class="DownLoaderSample.Page"
    xmlns="http://schemas.microsoft.com/winfx/2006/xaml/presentation"
    xmlns:x="http://schemas.microsoft.com/winfx/2006/xaml"
    Width="400" Height="270">
    <Grid x:Name="LayoutRoot" Background="White">
        <Canvas >
            <MediaElement Width="400" Height="230" x:Name="myMedia" AutoPlay="False"/>

            <Button x:Name="playBtn" Width="60" Height="20" Canvas.Left="50" Canvas.Top=
"230" Content="Play"/>

            <Button x:Name="pauseBtn" Width="60" Height="20" Canvas.Left="150" Canvas.Top=
"230" Content="Pause"/>

            <Button x:Name="stopBtn" Width="60" Height="20" Canvas.Left="250" Canvas.Top=
"230" Content="Stop"/>

            <TextBlock Height="20" Text="下载进度：" FontSize="12" Canvas.Top="254"/>

            <Rectangle  Name="progressRectangle"  Canvas.Left="60" Canvas.Top="258" Height=
"10" Width="0"  Fill="Navy"/>

            <Rectangle     Canvas.Top="257"   Canvas.Left="59"   Height="12"   Width="202"
StrokeThickness="1" Stroke="Black" />

            <TextBlock  x:Name="progressText" Canvas.Top="254" Canvas.Left="270" Text="0%"
FontSize="12" />
        </Canvas>
```

```
    </Grid>
</UserControl>
```

C#代码如例程 11-16 所示。

**例程 11-16　载入进度示例的 C#代码**

```
using System;
using System.Collections.Generic;
using System.Linq;
using System.Net;
using System.Windows;
using System.Windows.Controls;
using System.Windows.Documents;
using System.Windows.Input;
using System.Windows.Media;
using System.Windows.Media.Animation;
using System.Windows.Shapes;
using System.IO;
using System.Windows.Media.Imaging;

namespace DownLoaderSample
{
    public partial class Page : UserControl
    {
        public Page()
        {
            InitializeComponent();
            this.Loaded += new RoutedEventHandler(Page_Loaded);
        }

        void Page_Loaded(object sender, RoutedEventArgs e)
        {
            WebClient client = new WebClient();
            if (client.IsBusy)
            {
                client.CancelAsync();
            }
            client.OpenReadCompleted +=
new OpenReadCompletedEventHandler(client_OpenReadCompleted);
            client.DownloadProgressChanged +=
new DownloadProgressChangedEventHandler(client_DownloadProgressChanged);
            client.OpenReadAsync(new Uri(HtmlPage.Document.DocumentUri, "Silverlight.wmv"));
            playBtn.Click += new RoutedEventHandler(playBtn_Click);
```

```
            pauseBtn.Click += new RoutedEventHandler(pauseBtn_Click);
            stopBtn.Click += new RoutedEventHandler(stopBtn_Click);
        }

        void stopBtn_Click(object sender, RoutedEventArgs e)
        {
            myMedia.Stop();
        }

        void pauseBtn_Click(object sender, RoutedEventArgs e)
        {
            myMedia.Pause();
        }

        void playBtn_Click(object sender, RoutedEventArgs e)
        {
            myMedia.Play();
        }

        void client_DownloadProgressChanged(object sender, DownloadProgressChangedEventArgs e)
        {
            progressText.Text = e.ProgressPercentage + "%";
            progressRectangle.Width = e.ProgressPercentage * 2;
        }

        void client_OpenReadCompleted(object sender, OpenReadCompletedEventArgs e)
        {
            //文件下载完成后，调用SetSource方法设置其Source属性
            myMedia.SetSource(e.Result as Stream);
        }
    }
}
```

按“F5”键运行，效果如图 11-20 所示。

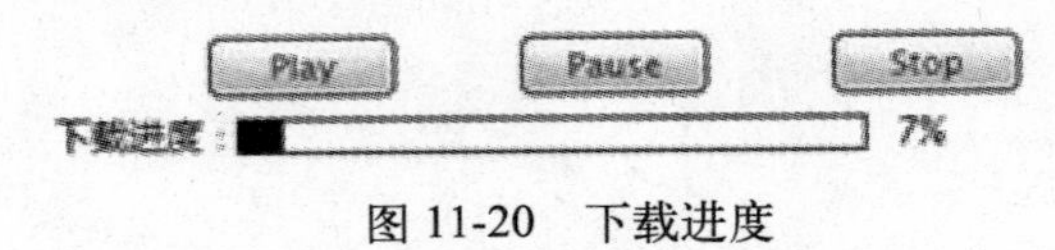


图 11-20　下载进度

**注意**：在 XAML 代码中并没有为 MediaElement 设置 Source 属性，而是通过 WebClient 触发 OpenReadCompleted 事件，将 e.Result 转换为 Stream 作为 MediaElement 对象 myMedia 的 Source。方法为：myMedia.SetSource（e.Result as Stream）。

# 11.5　播放器综合实例

本节综合前面几节所提到的多媒体播放器的各项功能，制作出一个功能相对完整的播放器。项目结构如图 11-21 所示。

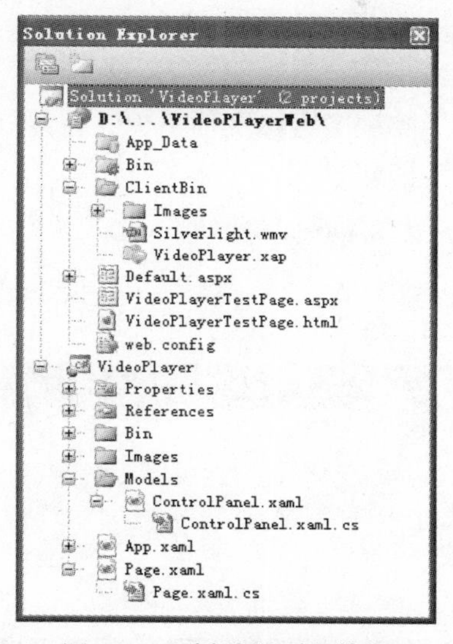


图 11-21　播放器项目结构

运行效果如图 11-22 所示。

图 11-22　播放器

该播放器集成了停止、快进、快退、暂停、播放、音量控制、静音、声道控制，以及进度显示等功能，这些功能都集成到了一块半透明的控制面板之中，并增加了许多交互效果。此外，鼠标移出播放界面时，控制面板会自动消失；当鼠标移入播放界面时，控制面板又会出现。本节将对其中的部分功能进行重点讲解。

### 11.5.1 控制面板

在播放器中集成了一个用于控制多媒体文件播放、暂停和音量大小等功能的面板。本小节将对该面板中的部分工具进行说明。

为了实现该控制面板，用户需要创建 UserControl 文件 ControlPanel.xaml，它主要用来设置按钮中的各个功能模块。

按钮部分源代码如例程 11-17 所示。

**例程 11-17 按钮示例的 XAML 代码**

```
<Canvas>
<Button x:Name="stopBtn" Canvas.Left="20" Canvas.Top="20" Width="40" Height="30" Content="停止" ClickMode="Hover" MouseLeftButtonUp="stopBtn_MouseLeftButtonUp"/>
</Canvas>
```

C#代码如例程 11-18 所示。

**例程 11-18 按钮示例的 C#代码**

```
private void stopBtn_MouseLeftButtonUp(object sender, MouseButtonEventArgs e)
{
//停止播放
StopClick(sender, null);
isPlay = true;
}
```

对于播放进度条部分来说，一方面进度条能够显示当前文件的播放进度；另一方面，通过拖动进度条也能够改变当前文件的播放位置。

进度条部分的源代码如例程 11-19 所示。

**例程 11-19 播放进度条示例的 XAML 代码**

```
<Canvas x:Name="playProcessCanvas" Margin="10,0,10,0">
<Rectangle Width="580" Height="10" Fill="White" Canvas.Top="2"/>
<Rectangle Width="0" Height="10" Fill="GreenYellow" Canvas.Top="2" x:Name="progressRect"/>
<Rectangle Width="20" Height="14" Fill="Goldenrod" x:Name="dragRect" Cursor="Hand"
MouseLeftButtonDown="dragRect_MouseLeftButtonDown"
MouseLeftButtonUp="dragRect_MouseLeftButtonUp" MouseMove="dragRect_MouseMove"/>
```

```
</Canvas>
```

C#代码如例程 11-20 所示。

**例程 11-20　播放进度条示例的 C#代码**

```
double _value;
bool playDrag = false;
double begin_X = 0;
double distance = 0;
double _left;
public event EventHandler<PercentArgs> PercentChanged;
public double PercentValue
{
    set
    {
        //根据当前进度设置相关属性，注意 Value 为 0 与 1 时各对象的属性
        value = value == 1 ? 0 : value;
        _value = value;
        begin_X = value * 560;
        _left = begin_X;
        progressRect.Width = _left + 10;
        dragRect.SetValue(Canvas.LeftProperty, _left);
        if (value == 0)
        {
            playBtn.Content = "播放";
        }
    }
    get
    {
        return _value;
    }
}

private void dragRect_MouseLeftButtonDown(object sender, MouseButtonEventArgs e)
{
    Rectangle rect = sender as Rectangle;
    if (rect != null)
    {
        //开始拖动
        double mouse_x = e.GetPosition(playProcessCanvas).X;
        distance = mouse_x - begin_X;
        rect.CaptureMouse();
        playDrag = true;
```

```
        }
    }

    private void dragRect_MouseLeftButtonUp(object sender, MouseButtonEventArgs e)
    {
        //停止拖动
        Rectangle rect = sender as Rectangle;
        if (rect != null)
        {
            dragRect.SetValue(Canvas.LeftProperty, _left);
            begin_X = _left;
            rect.ReleaseMouseCapture();
            playDrag = false;
        }
    }

    private void dragRect_MouseMove(object sender, MouseEventArgs e)
    {
        if (playDrag)
        {
            //拖动的过程
            double _MouseX = e.GetPosition(playProcessCanvas).X;
            _left = _MouseX - distance;
            if (_left < 0)
            {
                _left = 0;
            }
            else if (_left > 560)
            {
                _left = 560;
            }

            dragRect.SetValue(Canvas.LeftProperty, _left);
            PercentValue = _left / 560;
            PercentChanged(sender, new PercentArgs(PercentValue));
            progressRect.Width = _left + 10;
        }
    }

    public class PercentArgs : EventArgs
    {
        public double newValue;
        public PercentArgs(double _NewValue)
```

```
    {
        this.newValue = _NewValue;
    }
}
```

在鼠标移入视频画面的时候，控制面板会显示出来；而当鼠标移出之后，控制面板则会随之消失，实现这一效果非常简单。源代码如例程 11-21 所示。

**例程 11-21　控制面板隐藏的 C#代码**

```
public Page()
{
    InitializeComponent();
    this.MouseEnter += new MouseEventHandler(Page_MouseEnter);
    this.MouseLeave += new MouseEventHandler(Page_MouseLeave);
}

void Page_MouseLeave(object sender, MouseEventArgs e)
{
    controlPan.Opacity = 0;
}

void Page_MouseEnter(object sender, MouseEventArgs e)
{
    controlPan.Opacity = 1;
}
```

在控制面板中，定义了播放、暂停等事件。当这些事件被触发时，怎样才能让程序检测到事件已经发生并对其进行响应呢？这里采用的方法是在 Page.xaml.cs 文件中声明控制面板中定义的公开事件，这样才能够捕捉到控制面板中的相应操作事件定义及事件声明的代码分别如例程 11-22 和例程 11-23 所示。

**例程 11-22　事件定义的 C# 代码**

```
public event EventHandler<MouseButtonEventArgs> stop_click;
public event EventHandler<MouseButtonEventArgs> play_click;
```

**例程 11-23　事件声明的 C# 代码**

```
controlPan.stop_click += new EventHandler<MouseButtonEventArgs>(controlPan_stop_click);
controlPan.play_click += new EventHandler<MouseButtonEventArgs>(controlPan_play_click);

//单击“停止”按钮后触发该事件
void controlPan_stop_click(object sender, MouseButtonEventArgs e)
{
```

```
    myMedia.Stop();
    }

    //单击“播放”按钮后触发该事件
    void controlPan_play_click(object sender, MouseButtonEventArgs e)
    {
    myMedia.Play();
    }
```

### 11.5.2 完整的播放器代码

完整的播放器代码如例程 11-24 所示。

**例程 11-24 播放器的 XAML 代码**

```
    <!--ControlPanel.xaml
    <UserControl x:Class="VideoPlayerSample.Models.ControlPanel"
     xmlns="http://schemas.microsoft.com/winfx/2006/xaml/presentation"
     xmlns:x="http://schemas.microsoft.com/winfx/2006/xaml"
     Width="600" Height="60">
     <Grid x:Name="LayoutRoot" >
        <Rectangle Margin="0" Fill="#FF847D6E" Stroke="Black" StrokeThickness="0.3" RadiusX="5"
RadiusY="5" Opacity="0.3" />

        <Canvas>
           <Button x:Name="stopBtn" Canvas.Left="20" Canvas.Top="20" Width="40" Height="30"
Content="停止" ClickMode="Hover" MouseLeftButtonUp="stopBtn_MouseLeftButtonUp"/>

           <Button x:Name="preBtn" Canvas.Left="70" Canvas.Top="20" Width="40" Height="30"
Content="倒退" ClickMode="Hover"
    MouseLeftButtonUp="preBtn_MouseLeftButtonUp"
    MouseLeftButtonDown="preBtn_MouseLeftButtonDown"/>

           <Button x:Name="playBtn" Canvas.Left="120" Canvas.Top="20" Width="40" Height="30"
Content="播放" ClickMode="Hover" MouseLeftButtonUp="playBtn_MouseLeftButtonUp"/>

           <Button x:Name="nextBtn" Canvas.Left="170" Canvas.Top="20" Width="40" Height="30"
Content="快进" ClickMode="Hover"
    MouseLeftButtonUp="nextBtn_MouseLeftButtonUp"
MouseLeftButtonDown="nextBtn_MouseLeftButtonDown"/>

           <Canvas x:Name="voiceCanvas" Canvas.Left="300" Canvas.Top="25">
```

```
            <Image Source="/Images/voice_normal.png" Width="30" Height="30"  Stretch="Fill"
Canvas.Left="-40" x:Name="voiceImg" Cursor="Hand" MouseLeftButtonUp="voiceImg_MouseLeftButtonUp"/>

            <Slider Maximum="1" Minimum="0" Value="0.5" Width="100" Height="20" Canvas.Top="5"
x:Name="voiceSlide" ValueChanged="voiceSlide_ValueChanged"/>
         </Canvas>
      </Canvas>

      <!--进度条相关控件-->
      <Canvas x:Name="playProcessCanvas" Margin="10,0,10,0">
         <Rectangle Width="580" Height="10" Fill="White" Canvas.Top="2"/>

         <Rectangle Width="0" Height="10" Fill="GreenYellow"
   Canvas.Top="2" x:Name="progressRect"/>

         <Rectangle Width="20" Height="14" Fill="Goldenrod" x:Name="dragRect" Cursor="Hand"
MouseLeftButtonDown = "dragRect_MouseLeftButtonDown" MouseLeftButtonUp = "dragRect_MouseLeftButtonUp"
MouseMove="dragRect_MouseMove"/>
      </Canvas>

      <!--左右声道相关控件-->
      <Canvas Margin="420,30,0,0">
         <Slider Maximum="2" Minimum="0" Value="1" Width="100" Height="20" x:Name="trackSlide"
ValueChanged="trackSlide_ValueChanged"/>
      </Canvas>
   </Grid>
</UserControl>


<!--Page.xaml→
<UserControl x:Class="VideoPlayerSample.Page"
      xmlns="http://schemas.microsoft.com/winfx/2006/xaml/presentation"
      xmlns:x="http://schemas.microsoft.com/winfx/2006/xaml"
      xmlns:uc="clr-namespace:VideoPlayer.Models;assembly=VideoPlayer"
      Width="650" Height="400">
      <Grid x:Name="LayoutRoot" Background="Black">
         <Canvas>
            <MediaElement Source="Silverlight.wmv" x:Name="myMedia" Width="650" Height=
"400" AutoPlay="False" />
            <!--使用ControlPanel-->
            <uc:ControlPanel   x:Name="controlPan"   Canvas.Left="25"   Canvas.Top="330"
Opacity="0"/>
         </Canvas>
```

```
        </Grid>
    </UserControl>
    <Grid x:Name="LayoutRoot" Background="Black">
    <Canvas>
     <MediaElement Source="Silverlight.wmv" x:Name="myMedia" Width="650" Height="400" AutoPlay=
"False" />
```

完整的播放器的 C#代码如例程 11-25 所示。

**例程 11-25　播放器的 C#代码**

```
    //ControlPanel.xaml.cs 代码
    using System;
    using System.Collections.Generic;
    using System.Linq;
    using System.Net;
    using System.Windows;
    using System.Windows.Controls;
    using System.Windows.Documents;
    using System.Windows.Input;
    using System.Windows.Media;
    using System.Windows.Media.Animation;
    using System.Windows.Shapes;
    using System.Windows.Media.Imaging;
    using System.Windows.Threading;

    namespace VideoPlayerSample.Models
    {
     public partial class ControlPanel : UserControl
     {
        public ControlPanel()
        {
           InitializeComponent();
        }

        #region 播放器按钮控制
        private bool isPlay = true;
        public event EventHandler<MouseButtonEventArgs> stopClick;
        public event EventHandler<MouseButtonEventArgs> pauseClick;

        //为快进与快退设置 DispatcherTimer 对象
        DispatcherTimer nextTicker;
        DispatcherTimer preTicker;
```

```
public event EventHandler<MouseButtonEventArgs> beginPlay;

//获取视频总时间
public int totalTime = 0;

void pre_ticker_Tick(object sender, EventArgs e)
{
    //快退速度为 5 秒
    if (PercentValue != 0)
    {
        PercentValue = (PercentValue * totalTime - 5) / totalTime;
        PercentValue = PercentValue < 0 ? 0 : PercentValue;
        PercentChanged(sender, new PercentArgs(PercentValue));
    }
}

private void pauseImg_MouseLeftButtonDown(object sender, MouseButtonEventArgs e)
{
    //暂停
    pauseClick(sender, null);
}

void nextTicker_Tick(object sender, EventArgs e)
{
    //快进速度为 5 秒
    if (PercentValue != 1)
    {
        PercentValue = (PercentValue * totalTime + 5) / totalTime;
        PercentValue = PercentValue > 1 ? 1 : PercentValue;
        PercentChanged(sender, new PercentArgs(PercentValue));
    }
}

private void preBtn_MouseLeftButtonUp(object sender, MouseButtonEventArgs e)
{
    //停止快退
    preTicker.Stop();
    beginPlay(sender, null);
}

private void preBtn_MouseLeftButtonDown(object sender, MouseButtonEventArgs e)
{
```

```
        //开始快退
        preTicker = new DispatcherTimer();
        preTicker.Interval = new TimeSpan(0, 0, 0, 0, 100);
        preTicker.Tick += new EventHandler(pre_ticker_Tick);
        preTicker.Start();
        playBtn.Content = "暂停";
        isPlay = false;
    }


    private void nextBtn_MouseLeftButtonUp(object sender, MouseButtonEventArgs e)
    {
        //停止快进
        nextTicker.Stop();
        beginPlay(sender, null);
    }

    private void nextBtn_MouseLeftButtonDown(object sender, MouseButtonEventArgs e)
    {
        //开始快进
        nextTicker = new DispatcherTimer();
        nextTicker.Interval = new TimeSpan(0, 0, 0, 0, 100);
        nextTicker.Tick += new EventHandler(nextTicker_Tick);
        nextTicker.Start();
        playBtn.Content = "暂停";
        isPlay = false;
    }

    private void stopBtn_MouseLeftButtonUp(object sender, MouseButtonEventArgs e)
    {
        //停止播放
        stopClick(sender, null);
        isPlay = true;
    }

    private void playBtn_MouseLeftButtonUp(object sender, MouseButtonEventArgs e)
    {
        if (isPlay)
        {
            //开始播放
            beginPlay(sender, null);
            playBtn.Content = "暂停";
        }
```

```
        else
        {
            //暂停
            pauseClick(sender, null);
            playBtn.Content = "播放";
        }
        isPlay = !isPlay;
    }
    #endregion

    #region 播放进度控制
    double _value;
    bool playDrag = false;
    double begin_X = 0;
    double distance = 0;
    double _left;
    public event EventHandler<PercentArgs> PercentChanged;
    public double PercentValue
    {
        set
        {
            //根据当前进度设置相关属性，注意 Value 为 0 与 1 时各对象的属性
            value = value == 1 ? 0 : value;
            _value = value;
            begin_X = value * 560;
            _left = begin_X;
            progressRect.Width = _left + 10;
            dragRect.SetValue(Canvas.LeftProperty, _left);
            if (value == 0)
            {
                playBtn.Content = "播放";
            }
        }
        get
        {
            return _value;
        }
    }

    private void dragRect_MouseLeftButtonDown(object sender, MouseButtonEventArgs e)
    {
        Rectangle rect = sender as Rectangle;
        if (rect != null)
```

```
        {
            //开始拖动
            double mouse_x = e.GetPosition(playProcessCanvas).X;
            distance = mouse_x - begin_X;
            rect.CaptureMouse();
            playDrag = true;
        }
    }

    private void dragRect_MouseLeftButtonUp(object sender, MouseButtonEventArgs e)
    {
        //停止拖动
        Rectangle rect = sender as Rectangle;
        if (rect != null)
        {
            dragRect.SetValue(Canvas.LeftProperty, _left);
            begin_X = _left;
            rect.ReleaseMouseCapture();
            playDrag = false;
        }
    }

    private void dragRect_MouseMove(object sender, MouseEventArgs e)
    {
        if (playDrag)
        {
            //拖动的过程
            double _MouseX = e.GetPosition(playProcessCanvas).X;
            _left = _MouseX - distance;
            if (_left < 0)
            {
                _left = 0;
            }
            else if (_left > 560)
            {
                _left = 560;
            }

            dragRect.SetValue(Canvas.LeftProperty, _left);
            PercentValue = _left / 560;
            PercentChanged(sender, new PercentArgs(PercentValue));
            progressRect.Width = _left + 10;
        }
```

```
    }

    public class PercentArgs : EventArgs
    {
        public double newValue;
        public PercentArgs(double _NewValue)
        {
            this.newValue = _NewValue;
        }
    }
    #endregion

    #region 音量控制
    bool _isMute = false;
    public event EventHandler<VoiceArgs> voiceChanged;
    public event EventHandler<MouseButtonEventArgs> muteClick;
    public bool IsMute
    {
        set
        {
            //根据是否静音设置各个对象的属性
            if (value)
            {
                voiceImg.Source =
new BitmapImage(new Uri("/Images/voice_mute.png", UriKind.Relative));
            }
            else
            {
                voiceImg.Source =
new BitmapImage(new Uri("/Images/voice_normal.png", UriKind.Relative));
            }
            _isMute = value;
        }
        get
        {
            return this._isMute;
        }
    }

    private void voiceImg_MouseLeftButtonUp(object sender, MouseButtonEventArgs e)
    {
        if (!IsMute)
        {
```

```
                if (left < 0)
                {
                    left = 0;
                }
                else if (left > 560)
                {
                    left = 560;
                }
                dragImg.SetValue(Canvas.LeftProperty, left);
                percentValue = left / 560;
                percent_changed(sender, new percentArgs(percentValue));
                realImg.Width = left + 10;
            }
        }

        public class percentArgs : EventArgs
        {
            public double newValue;
            public percentArgs(double _newValue)
            {
                this.newValue = _newValue;
            }
        }
        #endregion

        #region 声道控制
        public event EventHandler<RoutedPropertyChangedEventArgs<double>> track_Changed;
        private void trackSlide_ValueChanged
(object sender, RoutedPropertyChangedEventArgs<double> e)
        {
            track_Changed(sender, e);
        }
        #endregion
    }
}

//Page.xaml.cs 代码
using System;
using System.Collections.Generic;
using System.Linq;
using System.Net;
using System.Windows;
using System.Windows.Controls;
```

```
//Page.xaml.cs 代码
using System;
using System.Collections.Generic;
using System.Linq;
using System.Net;
using System.Windows;
using System.Windows.Controls;
using System.Windows.Documents;
using System.Windows.Input;
using System.Windows.Media;
using System.Windows.Media.Animation;
using System.Windows.Shapes;
using System.Windows.Threading;

namespace VideoPlayerSample
{
  public partial class Page : UserControl
  {
      double totalTime;
      DispatcherTimer ticker;
      bool showProgress;
      public Page()
      {
          InitializeComponent();
          MyMedia.MediaOpened += new RoutedEventHandler(myMedia_MediaOpened);
          ControlPan.pauseClick +=
new EventHandler<MouseButtonEventArgs>(ControlPan_pause_click);
          ControlPan.stopClick +=
new EventHandler<MouseButtonEventArgs>(ControlPan_stop_click);
          ControlPan.PercentChanged +=
new
EventHandler<VideoPlayerSample.Models.ControlPanel.PercentArgs>(ControlPan_percent_chaged);
          ControlPan.muteClick +=
new EventHandler<MouseButtonEventArgs>(ControlPan_mute_Click);
          ControlPan.voiceChanged +=
new
EventHandler<VideoPlayerSample.Models.ControlPanel.VoiceArgs>(ControlPan_voiceChanged);
          ControlPan.trackChanged +=
new EventHandler<RoutedPropertyChangedEventArgs<double>>(ControlPan_TrackChanged);
          ControlPan.beginPlay +=
new EventHandler<MouseButtonEventArgs>(ControlPan_beginPlay);
          this.MouseEnter += new MouseEventHandler(Page_MouseEnter);
```

```
        this.MouseLeave += new MouseEventHandler(Page_MouseLeave);
    }

    void ControlPan_TrackChanged(object sender, RoutedPropertyChangedEventArgs<double> e)
    {
        MyMedia.Balance = e.NewValue-1;
    }

    void ControlPan_beginPlay(object sender, MouseButtonEventArgs e)
    {
        MyMedia.Play();
        ticker.Start();
    }

    void ControlPan_voiceChanged(object sender,
VideoPlayerSample.Models.ControlPanel.VoiceArgs e)
    {
        MyMedia.Volume = e.Voice;
    }

    void ControlPan_mute_Click(object sender, MouseButtonEventArgs e)
    {
        if (ControlPan.IsMute)
        {
            MyMedia.IsMuted = true;
        }
        else
        {
            MyMedia.IsMuted = false;
        }
    }

    void Page_MouseLeave(object sender, MouseEventArgs e)
    {
        ControlPan.Opacity = 0;
    }

    void Page_MouseEnter(object sender, MouseEventArgs e)
    {
        ControlPan.Opacity = 1;
    }
```

```
    void myMedia_MediaOpened(object sender, RoutedEventArgs e)
    {
        ticker = new DispatcherTimer();
        ticker.Interval = new TimeSpan(0, 0, 0, 0, 100);
        ticker.Tick += new EventHandler(ticker_Tick);
        totalTime = (double)MyMedia.NaturalDuration.TimeSpan.TotalSeconds;
        ControlPan.totalTime =(int)totalTime;
    }

    void ticker_Tick(object sender, EventArgs e)
    {
        try
        {
            showProgress = true;
            ControlPan.PercentValue = MyMedia.Position.TotalSeconds / totalTime;
        }
        finally
        {
            showProgress = false;
        }
    }

    void ControlPan_percent_chaged(object sender,
VideoPlayerSample.Models.ControlPanel.PercentArgs e)
    {
        if (!showProgress)
        {
            MyMedia.Position = TimeSpan.FromSeconds(e.newValue * totalTime);
        }
    }

    void ControlPan_stop_click(object sender, MouseButtonEventArgs e)
    {
        MyMedia.Stop();
        ControlPan.PercentValue = 0;
        ticker.Stop();
    }

    void ControlPan_pause_click(object sender, MouseButtonEventArgs e)
    {
        MyMedia.Pause();
        ticker.Stop();
    }
```

```
        void ControlPan_play_click(object sender, MouseButtonEventArgs e)
        {
            MyMedia.Play();
            ticker.Start();
        }
    }
}
```

## 11.6 小结

本章主要讲解了 Silverlight 在多媒体方面的相关应用。首先介绍了如何使用 Silverlight 快速创建一个多媒体应用程序,然后详细介绍了 MediaElement 在多媒体播放方面相关的一些属性和常用的方法，并用相应的实例进行了演示。另外，本章对在创建一个多功能播放器的过程中常常遇到的问题进行了分析和讲解。本章还对时间线标记的相关概念进行了说明，并就向多媒体文件中插入时间线标记的几种方式进行了探讨。此外，本章还简要介绍了 Microsoft Expression Encoder 这一重要工具。

# 第 12 章

# 数据绑定

一个 Silverlight 应用程序通常需要使用一些界面元素来呈现数据，比如需要一个 TextBlock 控件显示某个职工的姓名，或者需要使用 ListBox 控件显示所有学生的成绩等。在每次更新数据记录时，我们希望用户界面所呈现的数据也能随之更新。同样，也希望能让用户使用界面上的控件修改相应的数据记录。这些需求只要有一系列代码就能实现。

为了简化实现，数据绑定提供了一种简易的方式让 Silverlight 应用程序显示和更新数据。数据绑定是将用户界面元素与数据源对象绑定在一起，在数据更新后，用户界面元素也能随之更新，反之亦然。

## 12.1 数据绑定概述

每个数据绑定都包含一个绑定目标和一个绑定数据源。绑定目标必须是一个继承自 FrameworkElement 的用户界面元素，比如 TextBlock 控件、ListBox 控件等。绑定数据源是一个提供数据的对象，通常是程序中的业务逻辑对象。

数据绑定是绑定目标和绑定数据源之间建立连接的过程。它可以将绑定目标的依赖属性（Dependency Property）和绑定数据源的属性相关联。这样，当被绑定的属性发生变化时，绑定项同时发生变化。

数据绑定过程如图 12-1 所示。

例如一个 TextBox 控件的 Text 属性可以绑定到一个 string 对象，此时 TextBox 的 Text 属性是绑定目标的依赖属性，string 对象就是绑定数据源，数据绑定将这两者相关联，使得 string 对象改变时，TextBox 的 Text 属性同时改变。

数据绑定是 Silverlight 技术中一项非常有用的技术，可以有效地减少程序代码，提高运行效率。

Silverlight 只支持依赖属性和.NET 属性绑定，但不支持依赖属性和依赖属性相绑定，比如不能将一个 TextBox 控件的 Text 属性绑定到另一个 TextBlock 控件的 Text 属性上。

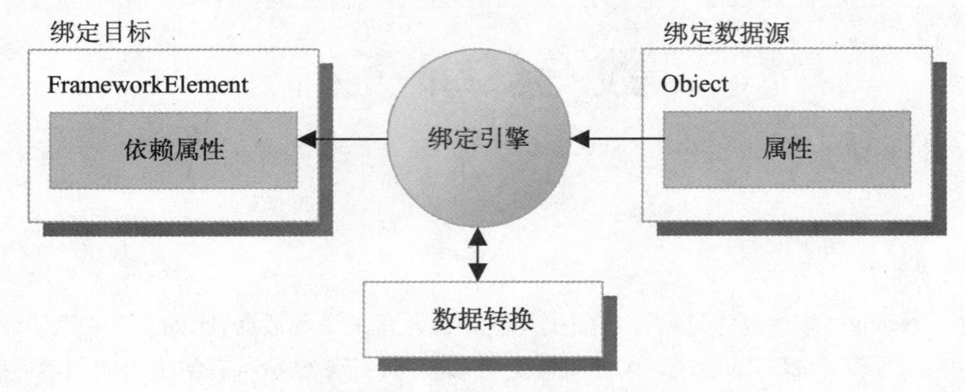


图 12-1　数据绑定过程示意图

# 12.2　创建数据绑定

创建数据绑定的关键是创建 System.Windows.Data.Binding 对象。该对象可以在 C#代码中创建，也可以在 XAML 中创建。数据绑定会在绑定目标和绑定数据源之间建立一条通信通道，将目标的依赖属性和数据源的属性绑定在一起。数据绑定一旦创建，它在接下来的生命周期中将负责这个绑定的所有同步工作。

## 12.2.1　在 XAML 中创建数据绑定

创建一个数据绑定，通常需要经过以下几个步骤。

(1) 确定绑定数据源对象和需要绑定的数据源属性。

(2) 创建一个绑定目标对象（比如一个 TextBlock 控件），确定需要绑定的依赖属性。

(3) 使用 DataContext，给目标对象映射数据。

这里用一个显示歌曲信息的程序，一步一步介绍如何创建数据绑定。该程序包含一个用来存储歌曲信息的 Music 类，歌曲信息包括歌曲名称、歌手、歌曲长度。通过数据绑定，界面上的 TextBlock 控件将显示歌曲信息，如图 12-2 所示。

歌曲：稻香

歌手：周杰伦

长度：00:03:43

图 12-2　数据绑定示例效果

### 1. 创建数据源

新建一个 Silverlight 工程，命名为 DataBindingSample。创建一个 Music 类，用于存储歌曲信息，其代码如例程 12-1 所示。

**例程 12-1　创建数据源**

```
using System;
namespace DataBindingSample
{
   public class Music
   {
      public string MusicName { get; set; }
      public string  Author { get; set; }
      public TimeSpan Length { get; set; }

      public Music(string musicName, string author, TimeSpan length)
      {
         MusicName = musicName;
         Author = author;
         Length = length;
      }
   }
}
```

Music 类中的 MusicName、Author 和 Length 3 个属性是需要绑定的数据源属性。

### 2. 创建目标对象

本例中使用 3 个 TextBlock 控件输出歌曲信息，首先在 Page.xaml 文件中添加完 TextBlock 控件，然后给它们的 Text 属性添加绑定，分别绑定到 MusicName、Author 和 Length 属性，如例程 12-2 所示。

**例程 12-2　创建目标对象**

```
<UserControl x:Class="DataBindingSample.Page"
   xmlns="http://schemas.microsoft.com/winfx/2006/xaml/presentation"
   xmlns:x="http://schemas.microsoft.com/winfx/2006/xaml"
   Width="400" Height="300">
   <Canvas x:Name="LayoutRoot" Background="#FFFFFFFF">
      <TextBlock Text="歌曲: " FontSize="22"
               Canvas.Left="130" Canvas.Top="50"/>
      <TextBlock Text="歌手: " FontSize="22"
               Canvas.Left="130" Canvas.Top="100" />
      <TextBlock Text="长度: " FontSize="22"
               Canvas.Left="130" Canvas.Top="150"/>
```

```
        <!--绑定MusicName 属性的文本框-->
        <TextBlock x:Name="name_tb" Text="{Binding MusicName}"
                Canvas.Left="200" Canvas.Top="50"
                FontSize="22"/>

        <!--绑定Author 属性的文本框-->
        <TextBlock x:Name="author_tb" Text="{Binding Author}"
                Canvas.Left="200" Canvas.Top="100"
                FontSize="22"/>

        <!--绑定Length 属性的文本框-->
        <TextBlock x:Name="length_tb" Text="{Binding Length}"
                Canvas.Left="200" Canvas.Top="150"
                FontSize="22"/>

    </Canvas>

</UserControl>
```

### 3. 使用 DataContext，共享数据源对象

在上一步创建目标对象时，程序只是告诉了 TextBlock 控件显示 MusicName、Author 和 Length 属性，但并没有告诉 TextBlock 控件应当显示哪个对象的这些属性。为了将含有歌曲信息的 Music 对象告诉 TextBlock 控件，需要在运行时将这个 Music 对象赋给 TextBlock 的 DataContext 属性。由于 TextBlock 控件的 Text 属性已经添加了数据绑定，因此可以从这个 Music 对象中获取绑定的属性，并显示出来，如例程 12-3 所示。

**例程 12-3　使用 DataContext 属性共享数据源**

```
using System;
using System.Collections.Generic;
using System.Linq;
using System.Net;
using System.Windows;
using System.Windows.Controls;
using System.Windows.Documents;
using System.Windows.Input;
using System.Windows.Media;
using System.Windows.Media.Animation;
using System.Windows.Shapes;

namespace DataBindingSample
```

```
{
    public partial class Page : UserControl
    {
        private Music music1;

        public Page()
        {
            InitializeComponent();

            music1 = new Music("稻香","周杰伦",new TimeSpan(0,3,56));

            this.LayoutRoot.DataContext = music1;
        }
    }
}
```

DataContext 属性是可继承的，如果设置了父节点的 DataContext 属性，所有的子节点都将拥有相同的 DataContext，因此可以使用下面这行代码：

```
this.LayoutRoot.DataContext = music1;
```

替代下面 3 行代码：

```
this.name_tb.DataContext = music1;
this.author_tb.DataContext = music1;
this.length_tb.DataContext = music1;
```

另外，Length 属性的类型是 TimeSpan，而目标对象 TextBlock 的 Text 属性是 string 类型，两者绑定后，Silverlight 将会调用默认的 ToString 方法将 TimeSpan 类型转换成 string 类型赋给 TextBlock 的 Text 属性。

运行后的效果如图 12-3 所示。

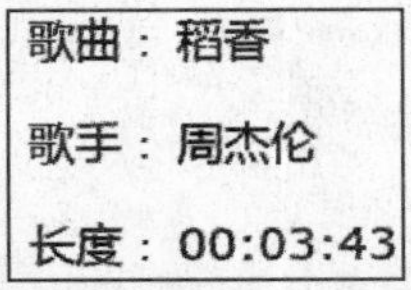

歌曲：稻香

歌手：周杰伦

长度：00:03:43

图 12-3　数据绑定示例运行效果

下一步再创建一个 Music 对象，并添加一个 Button 控件。在按钮按下后切换另一个 Music 对象作为绑定数据源对象，同时目标将显示新数据源对象的绑定属性，从而实现切换歌曲信息的效果。

XAML 代码如例程 12-4 所示。

**例程 12-4 数据绑定示例的 XAML 代码**

```
<UserControl x:Class="DataBindingSample.Page"
   xmlns="http://schemas.microsoft.com/winfx/2006/xaml/presentation"
   xmlns:x="http://schemas.microsoft.com/winfx/2006/xaml"
   Width="400" Height="300">
   <Canvas x:Name="LayoutRoot" Background="#FFFFFFFF">
      <TextBlock Text="歌曲: " FontSize="22"
               Canvas.Left="130" Canvas.Top="50"/>
      <TextBlock Text="歌手: " FontSize="22"
               Canvas.Left="130" Canvas.Top="100" />
      <TextBlock Text="长度: " FontSize="22"
               Canvas.Left="130" Canvas.Top="150"/>

      <!--绑定 MusicName 属性的文本框-->
      <TextBlock x:Name="name_tb" Text="{Binding MusicName}"
              Canvas.Left="200" Canvas.Top="50"
              FontSize="22"/>

      <!--绑定 Author 属性的文本框-->
      <TextBlock x:Name="author_tb" Text="{Binding Author}"
              Canvas.Left="200" Canvas.Top="100"
              FontSize="22"/>

      <!--绑定 Length 属性的文本框-->
      <TextBlock x:Name="length_tb" Text="{Binding Length}"
              Canvas.Left="200" Canvas.Top="150"
              FontSize="22"/>

      <Button x:Name="change_btn" Height="40" Width="100"
              Content="换歌"
              FontSize="16" Canvas.Left="51" Canvas.Top="220" />

   </Canvas>

</UserControl>
```

C#代码如例程 12-5 所示。

**例程 12-5 数据绑定示例的 C#代码**

```
using System;
using System.Collections.Generic;
using System.Linq;
using System.Net;
```

```
using System.Windows;
using System.Windows.Controls;
using System.Windows.Documents;
using System.Windows.Input;
using System.Windows.Media;
using System.Windows.Media.Animation;
using System.Windows.Shapes;

namespace DataBindingSample
{
   public partial class Page : UserControl
   {
      private Music music1;
      private Music music2;
      private Music currentMusic;

      public Page()
      {
         InitializeComponent();

         music1 = new Music("稻香", "周杰伦", new TimeSpan(0, 3, 43));
         music2 = new Music("日不落", "蔡依林", new TimeSpan(0, 3, 48));

         currentMusic = music1;
         this.LayoutRoot.DataContext = currentMusic;

         //给按钮添加Click事件响应
         this.change_btn.Click += new RoutedEventHandler(change_btn_Click);
      }

      void change_btn_Click(object sender, RoutedEventArgs e)
      {
         //判断哪首歌是当前歌曲，使用另一首歌曲作为绑定数据源
         if (currentMusic == music1)
         {
            currentMusic = music2;
         }
         else
         {
            currentMusic = music1;
         }

         this.LayoutRoot.DataContext = currentMusic;
```

```
        }
    }
}
```

运行效果如图 12-4 所示。

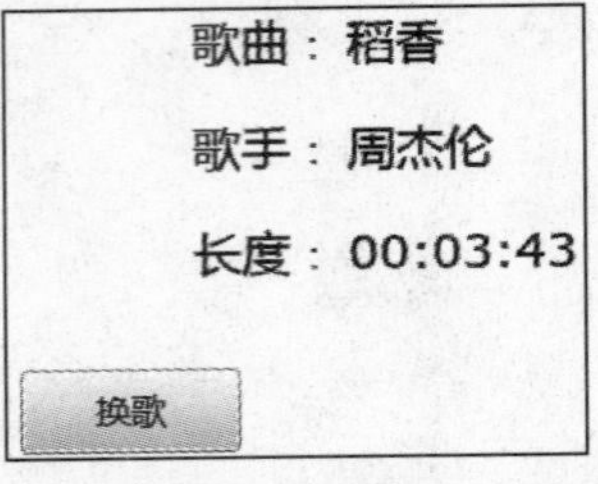


图 12-4　添加数据绑定后，显示歌曲信息

单击“换歌”按钮后，歌曲由周杰伦的《稻香》换成了蔡依林的《日不落》，歌曲长度等信息也随之改变，如图 12-5 所示。

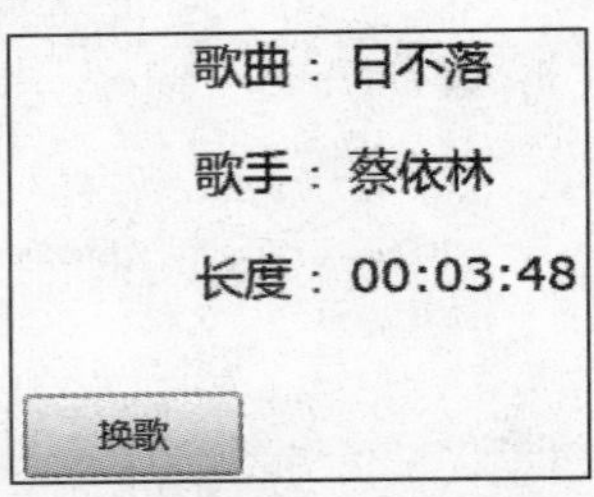


图 12-5　给数据绑定示例添加换歌功能

### 12.2.2　在代码中创建数据绑定

数据绑定除了可以在 XAML 中创建以外，还可以在 C#代码中创建。这两者的区别在于：在 XAML 中创建数据绑定使用绑定句法{Binding PropertyName}，而在 C#中创建数据绑定需要创建一个 Binding 对象，把数据源的绑定属性通过一个 PropertyPath 的实例赋给这个 Binding 对象的 Path 属性，然后调用目标对象的 SetBinding 方法（继承自 FrameworkElement）将绑定与目标属性关联。如下面的代码：

```
Binding binding1 = new Binding();
Binding binding2 = new Binding();
Binding binding3 = new Binding();
//设置数据源的绑定属性
binding1.Path = new PropertyPath("MusicName");
```

```
binding2.Path = new PropertyPath("Author");
binding3.Path = new PropertyPath("Length");
//添加到目标属性
this.name_tb.SetBinding(TextBlock.TextProperty, binding1);
this.author_tb.SetBinding(TextBlock.TextProperty, binding2);
this.length_tb.SetBinding(TextBlock.TextProperty, binding3);
```

在 C#中创建数据绑定除了可以使用目标的 DataContext 属性设置数据源对象外，还可以使用 Binding 对象的 Source 属性。如下面的代码：

```
binding1.Source = music1;
binding2.Source = music1;
binding3.Source = music1;
```

### 12.2.3 数据绑定模式

在上面的实例中，数据的更新是从数据源对象流向目标对象的。但是在有些情况下，会希望能通过修改目标属性，让数据流回数据源，更新数据源的属性。

这些情况都可以通过设置数据绑定的 Mode 属性实现。Mode 属性是一个 BindingMode 枚举值，有以下几种绑定模式。

- One Time

一次绑定，数据绑定创建时使用数据源更新目标。此绑定模式适用于只显示数据而不进行数据更新的情况。

- One Way

单向绑定，数据绑定创建时或者源数据发生变化时更新目标。此绑定模式适用于显示变化的数据的情况。该模式是默认的绑定模式。

- Two Way

双向绑定，数据源和目标中的任何一方发生变化时，两者都会同时更新。此绑定模式适用于用户界面元素可交互的情况。

比如，使用 Silverlight 开发一个在线书店，显示书籍的书名、作者等信息，可以使用 One Time 绑定模式，因为这些数据一般不需要变化；显示书的价格信息时可以使用 One Way 绑定模式，因为书的价格可能会经常调整；显示书的剩余数量时用 Two Way 模式，因为剩余数量需要随着用户的订购数目随时发生变化，即目标和源数据都要进行更新。

### 12.2.4 通知更新

在以前的实例中，如果在创建数据绑定时没有指定绑定模式，Silverlight 将使用默认的 One Way 模式进行绑定。但是我们会发现，当修改数据源时，用户界面上的文本信息并没有随之更新。界面上添加了一个 Button 控件，当该 Button 控件的 Click 事件触发时，会修改数据源对象的绑定属性，这里也就是更新两首歌曲的歌名和歌曲长度信息，但是运行后发现，添加数据绑定的 TextBlock 控件并没有更新。

XAML 中添加按钮的代码如例程 12-6 所示。

**例程 12-6　通知更新示例的 XAML 代码**

```
<UserControl x:Class="DataBindingSample.Page"
   xmlns="http://schemas.microsoft.com/winfx/2006/xaml/presentation"
   xmlns:x="http://schemas.microsoft.com/winfx/2006/xaml"
   Width="400" Height="300">
   <Canvas x:Name="LayoutRoot" Background="#FFFFFFFF">
      <TextBlock Text="歌曲：" FontSize="22"
               Canvas.Left="130" Canvas.Top="50"/>
      <TextBlock Text="歌手：" FontSize="22"
               Canvas.Left="130" Canvas.Top="100" />
      <TextBlock Text="长度：" FontSize="22"
               Canvas.Left="130" Canvas.Top="150"/>

      <!--绑定MusicName属性的文本框-->
      <TextBlock x:Name="name_tb" Text="{Binding MusicName}"
              Canvas.Left="200" Canvas.Top="50"
              FontSize="22"/>

      <!--绑定Author属性的文本框-->
      <TextBlock x:Name="author_tb" Text="{Binding Author}"
              Canvas.Left="200" Canvas.Top="100"
              FontSize="22"/>

      <!--绑定Length属性的文本框-->
      <TextBlock x:Name="length_tb" Text="{Binding Length}"
              Canvas.Left="200" Canvas.Top="150"
              FontSize="22"/>

      <Button x:Name="change_btn" Height="40" Width="100"
              Content="换歌"
              FontSize="16" Canvas.Left="51" Canvas.Top="220" />
```

```
        <Button x:Name="update_btn" Height="40" Width="100"
            Content="更新" Canvas.Top="220" Canvas.Left="180"
            FontSize="16" />

    </Canvas>
</UserControl>
```

C#中添加的代码如例程 12-7 所示。

**例程 12-7　虽然添加了数据绑定，但数据并没有更新**

```
using System;
using System.Collections.Generic;
using System.Linq;
using System.Net;
using System.Windows;
using System.Windows.Controls;
using System.Windows.Documents;
using System.Windows.Input;
using System.Windows.Media;
using System.Windows.Media.Animation;
using System.Windows.Shapes;

namespace DataBindingSample
{
    public partial class Page : UserControl
    {
        private Music music1;
        private Music music2;
        private Music currentMusic;

        public Page()
        {
            InitializeComponent();

            music1 = new Music("稻香", "周杰伦", new TimeSpan(0, 3, 43));
            music2 = new Music("日不落", "蔡依林", new TimeSpan(0, 3, 48));

            currentMusic = music1;
            this.LayoutRoot.DataContext = currentMusic;

            //给按钮添加 Click 事件响应
            this.change_btn.Click += new RoutedEventHandler(change_btn_Click);
```

```
            //给“更新”按钮添加Click事件响应
            this.update_btn.Click += new RoutedEventHandler(update_btn_Click);

        }

        void update_btn_Click(object sender, RoutedEventArgs e)
        {
            //单击“更新”按钮后，更新Music对象的歌曲名称和歌曲长度属性
            music1.MusicName = "夜曲";
            music1.Length = new TimeSpan(0, 3, 46);

            music2.MusicName = "说爱你";
            music2.Length = new TimeSpan(0, 3, 45);
        }


        void change_btn_Click(object sender, RoutedEventArgs e)
        {
            //判断哪首歌是当前歌曲，使用另一首歌曲作为绑定数据源
            if (currentMusic == music1)
            {
                currentMusic = music2;
            }
            else
            {
                currentMusic = music1;
            }

            this.LayoutRoot.DataContext = currentMusic;
        }
    }
}
```

界面上的 TextBlock 控件没有更新的原因在于：数据源 Music 的绑定属性被更新时，并没有通知目标对象。在使用单向绑定或双向绑定时，为了让绑定目标对象能够获知数据源的数据更新，必须让数据源对象实现 INotifyPropertyChanged 接口，从而才能实现真正意义上的单向绑定和双向绑定，否则就相当于一次绑定，无论怎么修改数据源，目标对象都不会更新。因此，在本例中，就是要让 Music 类实现 INotifyPropertyChanged 接口。

INotifyPropertyChanged 仅有一个成员：一个 PropertyChangedEventHandler 类型的事件，使数据源对象的被绑定属性更新时，触发 PropertyChanged 事件，从而通知目标对象更新。

接下来，对本例中的 Music 类进行修改，使其继承 INotifyPropertyChanged 接口。修改后的代码如例程 12-8 所示。

例程 12-8　继承 INotifyPropertyChanged 接口通知更新

```
using System;
using System.ComponentModel;
namespace DataBindingSample
{
   public class Music : INotifyPropertyChanged
   {
      private string musicName;
      public string MusicName
      {
         get { return musicName; }
         set
         {
            musicName = value;
            //通知MusicName 属性被修改
            NotifyPropertyChanged("MusicName");
         }
      }

      private string author;
      public string Author
      {
         get { return author; }
         set
         {
            author = value;
            //通知Author 属性被修改
            NotifyPropertyChanged("Author");
         }
      }

      private TimeSpan length;
      public TimeSpan Length
      {
         get { return length; }
         set
         {
            length = value;
            //通知Length 属性被修改
```

```
                NotifyPropertyChanged("Length");
            }
        }

        public void NotifyPropertyChanged(string propertyName)
        {
            //绑定数据源属性被修改，将修改的属性名词作为参数传出
            if (PropertyChanged != null)
            {
                PropertyChanged(this,
                    new PropertyChangedEventArgs(propertyName));
            }
        }

        public event PropertyChangedEventHandler PropertyChanged;

        public Music(string musicName, string author, TimeSpan length)
        {
            MusicName = musicName;
            Author = author;
            Length = length;
        }
    }
}
```

这里需要注意以下几点。

- 当使用INofityPropertyChanged接口时，需要引用System.ComponentModel命名空间。代码如下：

```
using System.ComponentModel;
```

- 代码中的 NotifyPropertyChanged 函数是为了简化重复代码而抽取的一个函数，用来触发 PropertyChanged 事件。
- 触发 PropertyChanged 事件时需要传出一个 PropertyChangedEventArgs 类型的事件参数，将发生更新的数据源属性通知目标对象。因此，在构造这个事件参数时，需要使用绑定属性的名称作为构造函数的参数。如下面的代码：

```
NotifyPropertyChanged("MusicName");
```

运行后的效果如图 12-6 所示，如果单击“换歌”按钮，将在《稻香》和《日不落》两首歌之间切换。

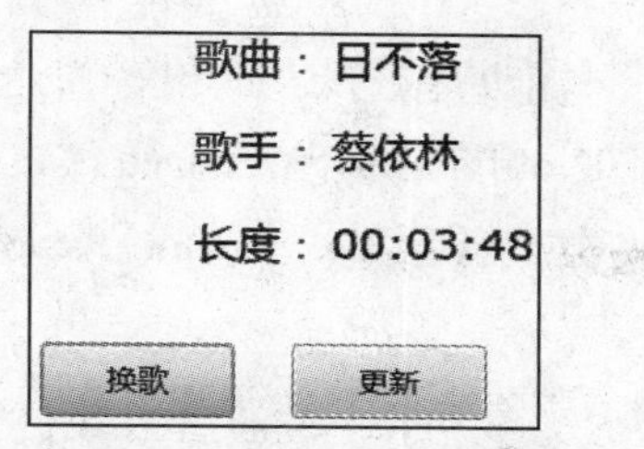


图 12-6　给示例添加了更新歌曲的功能

当单击“更新”按钮后，修改了 Music 对象的属性，将原先的两首歌曲《稻香》和《日不落》更新为了《夜曲》和《说爱你》，同时绑定的 TextBlock 控件所显示文本内容也随之更新。

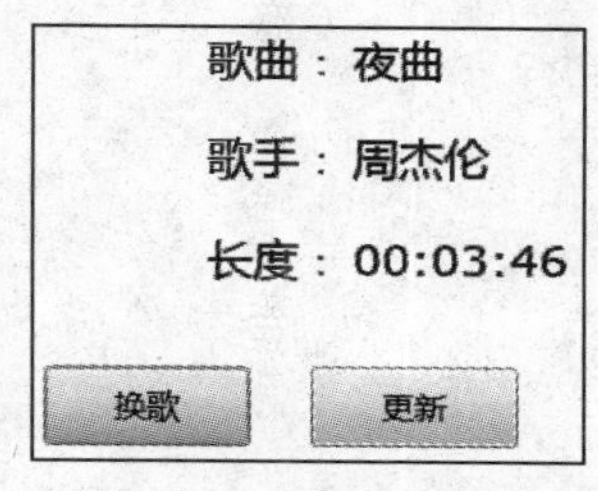


图 12-7　单击“更新”按钮后歌曲信息改变

## 12.3　绑定到集合

数据绑定的数据源对象可以是一个含有数据的单一对象，也可以是一个对象的集合。之前，一直在讨论如何将目标对象与一个单一对象绑定。Silverlight 中的数据绑定还能将目标对象与集合对象相绑定，这也是很常用的。比如显示文章的题目列表、显示一系列图片等。

如果要绑定到一个集合类型的数据源对象，绑定目标可以使用 ItemsControl，如 ListBox 或 DataGrid 等。另外，通过定制 ItemsControl 的数据模板（DataTemplate），还可以控制集合对象中每一项的显示。

### 12.3.1　使用 ObservableCollection

数据源集合对象必须继承 IEnumerable 接口，为了让目标属性与数据源集合的更新（不但包括元素的修改，还包括元素的增加和删除）保持同步，数据源集合还必须实现 INotifyPropertyChanged 接口和 INotifyCollectionChanged 接口。

在 Silverlight 中创建数据源集合可以使用内建的 ObservableCollection 类，因为 ObservableCollection 类既实现了 INotifyPropertyChanged 接口，又实现了 INotifyCollectionChanged 接口。使用 ObservableCollection 类不但可以实现 Add、Remove、Clear 和 Insert 操作，还可以触发 PropertyChanged 事件。

下面通过一个实例介绍绑定到集合的具体步骤。

(1) 创建数据源集合对象。

新建一个 Silverlight 工程，创建 Music 类，代码如例程 12-9 所示。

例程 12-9　数据源集合对象

```
using System;
using System.ComponentModel;
namespace BindingCollectionSample
{
   public class Music : INotifyPropertyChanged
   {
      private string musicName;
      public string MusicName
      {
         get { return musicName; }
         set
         {
            musicName = value;
            NotifyPropertyChanged("MusicName");
         }
      }

      private string author;
      public string Author
      {
         get { return author; }
         set
         {
            author = value;
            NotifyPropertyChanged("Author");
         }
      }

      private TimeSpan length;
      public TimeSpan Length
      {
         get { return length; }
```

```
            set
            {
                length = value;
                NotifyPropertyChanged("Length");
            }
        }

        public void NotifyPropertyChanged(string propertyName)
        {
            if (PropertyChanged != null)
            {
                PropertyChanged(this,
                    new PropertyChangedEventArgs(propertyName));
            }
        }

        public event PropertyChangedEventHandler PropertyChanged;

        public Music(string musicName, string author, TimeSpan length)
        {
            MusicName = musicName;
            Author = author;
            Length = length;
        }
    }
}
```

接着，创建集合类 MusicCollection，使其继承自 ObservableCollection<Music>，代码如下所示。

```
using System.Collections.ObjectModel;
namespace BindingCollectionSample
{
    public class MusicCollection:ObservableCollection<Music>
    {
    }
}
```

然后，在 Page.cs 中加入如例程 12-10 所示的代码，添加数据源集合对象，并向集合中添加元素。实例中添加了 4 首歌曲信息，并将数据源对象赋给了父节点 LayoutRoot 的 DataContext 属性，使得其子元素都能共享该数据源。

例程 12-10　共享数据源对象

```
using System;
using System.Collections.Generic;
using System.Linq;
using System.Net;
using System.Windows;
using System.Windows.Controls;
using System.Windows.Documents;
using System.Windows.Input;
using System.Windows.Media;
using System.Windows.Media.Animation;
using System.Windows.Shapes;

namespace BindingCollectionSample
{
   public partial class Page : UserControl
   {
      //数据源集合对象
      private MusicCollection allMusic;

      public Page()
      {
         InitializeComponent();

         //在集合对象中添加元素
         allMusic = new MusicCollection();
         allMusic.Add(new Music("稻香","周杰伦", new TimeSpan(0, 3, 56)));
         allMusic.Add(new Music("夜曲","周杰伦", new TimeSpan(0, 3, 46)));
         allMusic.Add(new Music("日不落","蔡依林", new TimeSpan(0, 3, 48)));
         allMusic.Add(new Music("说爱你","蔡依林", new TimeSpan(0, 3, 45)));

         //设置数据源对象
         this.LayoutRoot.DataContext = allMusic;
      }
   }

}
```

（2）在 Page.xaml 文件中添加一个 ListBox 控件，作为数据绑定的目标对象，用来显示歌曲信息。同时给 ListBox 控件的 ItemsSource 依赖属性添加数据绑定，这里可以不用指定绑定属性的名称，如果数据源对象是集合，ListBox 将根据集合元素的数量产生相同数目的选项。

代码如下：

```
<Grid x:Name="LayoutRoot" Background="White">
   <ListBox ItemsSource="{Binding Mode=OneWay}" Margin="5"/>
</Grid>
```

运行后的效果如图 12-8 所示，由于实例中添加了 4 首歌曲，ListBox 中也显示有 4 项。但是，每一项显示的内容似乎不是所期望的歌名、歌手和歌曲长度信息，而是一个“BindingCollectionSample.Music”字符串。其实，由于传递给每一个 ListBox 项目的是一个 Music 对象，因此，在没有为 ListBox 控件指定数据模板的情况下，Silverlight 将使用默认的 ToString 方法把 Music 对象转换成字符串显示出来。所以，每一项都显示成了“BindingCollectionSample.Music”。为了解决这个问题，可以为 ListBox 控件定制数据模板，从而控制每一个 Music 对象的呈现。

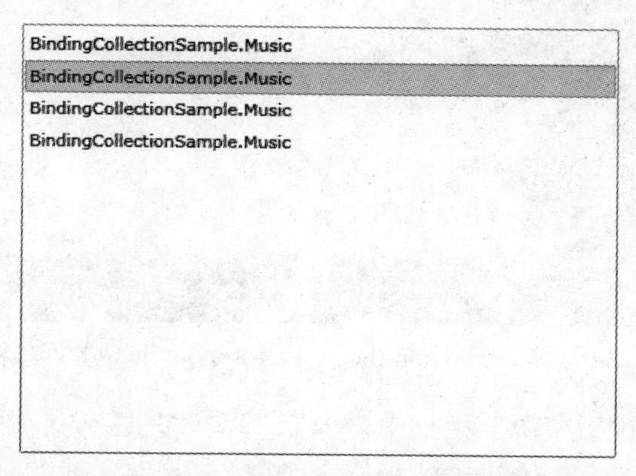


图 12-8　给 ListBox 控件添加数据绑定后的显示效果

## 12.3.2　使用数据模板控制呈现

数据绑定可以方便地将业务逻辑对象和用户界面元素关联在一起，但并不代表只能原封不动地将业务逻辑对象的信息显示出来。在定制度很高的情况下，往往需要定制一些用户界面用于呈现数据。为了能够继续保持数据绑定带来的好处，Silverlight 提供了数据模板（DataTemplate）用来帮助控制数据的呈现。

另外，Expression Blend 提供了一个可视化创建数据模板的功能。可以自动生成一系列创建数据模板所需的 XAML 代码。

在本例中，将使用 Expression Blend 工具为 ListBox 控件创建一个数据模板，使 ListBox 中的每一项都能显示 Music 类的歌曲名称和歌手信息。

首先，在 Visual Studio 中的 Page.xaml 文件上单击鼠标右键，从弹出的快捷菜单中选择“Open in Expression Blend”命令，在 Blend 中打开 Page.xaml 文件。

然后选中 ListBox 控件，单击 ListBox 控件的标签按钮，在弹出的菜单中依次选择“Edit Other Templates”→“Edit ItemTemplate”→“Create Empty”命令，如图 12-9 所示。

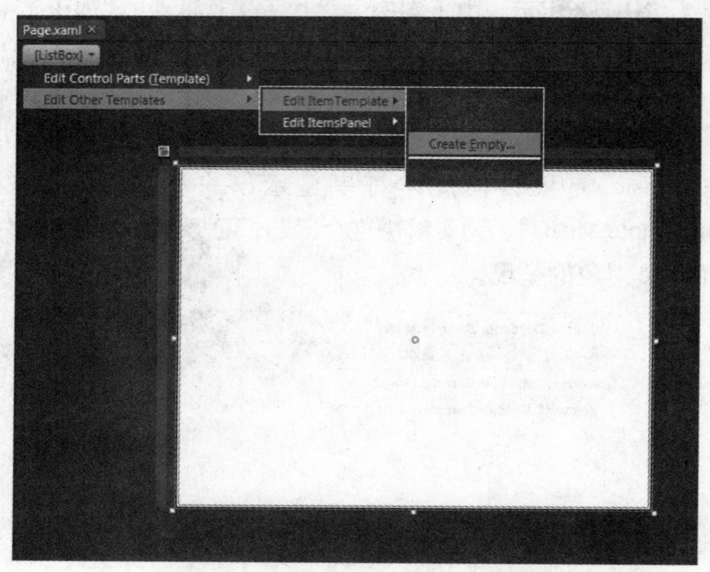


图 12-9　在 Expression Blend 中给 ListBox 创建数据项模板

在弹出的创建数据模板资源对话框中，单击“OK”按钮完成数据模板的创建，如图 12-10 所示。

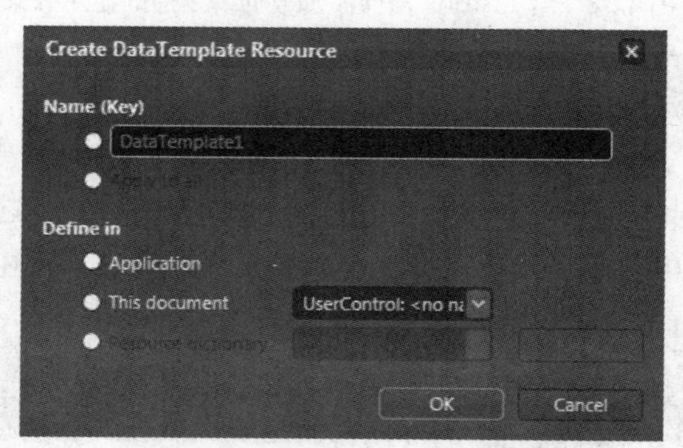


图 12-10　创建数据模板资源

然后开始在 Blend 中编辑数据模板 DataTemplate1，在根节点 Grid 中添加两个 TextBlock 控件，分别命名为 name_tb 和 author_tb，用来显示歌名和歌手信息。将其字号设为 20。通过设置 author_tb 的 Margin 属性，使其与 name_tb 错开。在 Blend 的可视化编辑器中的效果如图 12-11 所示。

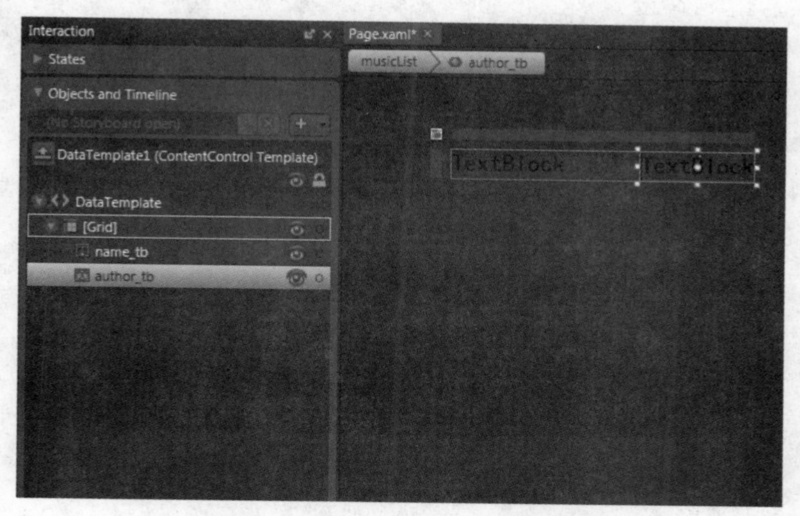


图 12-11　在 Expression Blend 中编辑数据模板

接下来回到 Page.xaml 文件中，给数据模板中的 name_tb 和 author_tb 两个 TextBlock 控件创建数据绑定，将 Text 属性分别与 MusicName 和 Author 属性绑定。完成后的 Page.xaml 代码如例程 12-11 所示。

**例程 12-11　使用数据模板**

```
<UserControl x:Class="BindingCollectionSample.Page"
   xmlns="http://schemas.microsoft.com/winfx/2006/xaml/presentation"
   xmlns:x="http://schemas.microsoft.com/winfx/2006/xaml"
   Width="400" Height="300">

   <UserControl.Resources>
      <!--ListBox控件中每一项的模板-->
      <DataTemplate x:Key="DataTemplate1">
         <Grid>
            <TextBlock x:Name="name_tb" Text="{Binding MusicName}"
                     FontSize="20"/>
            <TextBlock x:Name="author_tb" Text="{Binding Author}"
                     FontSize="20" Margin="150,0,0,0"/>
         </Grid>
      </DataTemplate>
   </UserControl.Resources>
```

```
    <Grid x:Name="LayoutRoot" Background="White">
        <!--给ListBox的每一项应用模板-->
        <ListBox ItemsSource="{Binding '', Mode=OneWay}" Margin="5"
                 ItemTemplate="{StaticResource DataTemplate1}"/>
    </Grid>

</UserControl>
```

运行后可以看到，ListBox 控件中已经显示出了所有歌曲的信息，而且每首歌曲信息按照定制的数据模板显示，如图 12-12 所示。

| 稻香 | 周杰伦 |
| --- | --- |
| 夜曲 | 周杰伦 |
| 日不落 | 蔡依林 |
| 说爱你 | 蔡依林 |

图 12-12　使用数据模板使 ListBox 控件项显示歌曲信息

### 12.3.3　实现主从关系视图

当绑定到集合时，通常希望将数据以主从关系视图的形式显示，使用主视图显示所有集合元素的列表，使用从属视图显示集合中选中项的详细信息。

上一节的实例已经创建了主视图，即一个显示所有歌曲列表的 ListBox 控件。本节的实例将在此基础上，创建一个从视图，使 ListBox 控件中选择的歌曲发生变化时，更新从视图的内容，显示选中歌曲的详细信息。具体操作步骤如下所示。

（1）创建从视图的界面。在 Silverlight 工程中新建一个用户控件，在 Visual Studio 菜单中，依次选择“Project”→“Add New Item”命令，在弹出的对话框中选择“Silverlight User Control”，命名为 MusicDetail.xaml。

（2）然后给 MusicDetail 中用来显示歌曲信息的 TextBlock 控件绑定属性。在 Visual Studio 中打开 MusicDetail.xaml，添加如例程 12-12 所示的代码，给从视图中添加 TextBlock 控件。

**例程 12-12　创建从视图**

```
<UserControl x:Class="BindingCollectionSample.MusicDetail"
    xmlns="http://schemas.microsoft.com/winfx/2006/xaml/presentation"
```

```
    xmlns:x="http://schemas.microsoft.com/winfx/2006/xaml"
  >
    <Canvas x:Name="LayoutRoot" Background="White">
       <TextBlock Text="歌曲: " FontSize="22"
            Canvas.Left="130" Canvas.Top="50"/>
       <TextBlock Text="歌手: " FontSize="22"
            Canvas.Left="130" Canvas.Top="100" />
       <TextBlock Text="长度: " FontSize="22"
            Canvas.Left="130" Canvas.Top="150"/>

       <TextBlock x:Name="name_tb" Text="{Binding MusicName}"
            Canvas.Left="200" Canvas.Top="50"
            FontSize="22"/>
       <TextBlock x:Name="author_tb" Text="{Binding Author}"
            Canvas.Left="200" Canvas.Top="100"
            FontSize="22"/>
       <TextBlock x:Name="length_tb" Text="{Binding Length}"
            Canvas.Left="200" Canvas.Top="150"
            FontSize="22"/>
    </Canvas>

</UserControl>
```

(3)将从属视图添加到主视图，打开 Page.xaml 文件，使用例程 12-13 所示的代码在 XAML 中添加一个 MusicDetail 对象。这里要注意的是，由于 MusicDetail 是用户控件，在 XAML 中使用时需要添加命名空间的前缀。

**例程 12-13　创建主视图**

```
<UserControl x:Class="BindingCollectionSample.Page"
   xmlns="http://schemas.microsoft.com/winfx/2006/xaml/presentation"
   xmlns:x="http://schemas.microsoft.com/winfx/2006/xaml"
   xmlns:local="clr-namespace:BindingCollectionSample"
   Width="400" Height="300">

   <UserControl.Resources>
      <!--ListBox 控件中每一项的模板-->
      <DataTemplate x:Key="DataTemplate1">
         <Grid>
            <TextBlock x:Name="name_tb" Text="{Binding MusicName}"
                    FontSize="20" />
            <TextBlock x:Name="author_tb" Text="{Binding Author}"
                    FontSize="20" Margin="150,0,0,0"/>
         </Grid>
```

```
        </DataTemplate>
    </UserControl.Resources>

    <Grid x:Name="LayoutRoot" Background="White">
        <Grid.RowDefinitions>
            <RowDefinition Height="200"/>
            <RowDefinition Height="*"/>
        </Grid.RowDefinitions>

        <!--给ListBox的每一项应用模板-->
        <ListBox x:Name="musicList" ItemsSource="{Binding '', Mode=OneWay}"
                Margin="5" ItemTemplate="{StaticResource DataTemplate1}"/>
        <local:MusicDetail x:Name="musicDetail" Grid.ColumnSpan="1" Grid.Row="1"
                      HorizontalAlignment="Left" VerticalAlignment="Top" />
    </Grid>

</UserControl>
```

（4）需要为从视图设置数据源对象，打开 Page.cs 文件，添加例程 12-14 所示的代码，让 ListBox 控件在触发 SelectionChanged 事件时，将选中项作为数据源对象赋给从视图的 DataContext 属性。

**例程 12-14　添加 SelectionChanged 事件处理**

```
using System;
using System.Collections.Generic;
using System.Linq;
using System.Net;
using System.Windows;
using System.Windows.Controls;
using System.Windows.Documents;
using System.Windows.Input;
using System.Windows.Media;
using System.Windows.Media.Animation;
using System.Windows.Shapes;

namespace BindingCollectionSample
{
    public partial class Page : UserControl
    {
        //数据源集合对象
        private MusicCollection allMusic;

        public Page()
```

```
        {
            InitializeComponent();

            //在集合对象中添加元素
            allMusic = new MusicCollection();
            allMusic.Add(new Music("稻香", "周杰伦", new TimeSpan(0, 3, 56)));
            allMusic.Add(new Music("夜曲", "周杰伦", new TimeSpan(0, 3, 46)));
            allMusic.Add(new Music("日不落", "蔡依林", new TimeSpan(0, 3, 48)));
            allMusic.Add(new Music("说爱你", "蔡依林", new TimeSpan(0, 3, 45)));

            //设置数据源对象
            this.LayoutRoot.DataContext = allMusic;
            //给 ListBox 添加事件响应
            this.musicList.SelectionChanged +=
                new SelectionChangedEventHandler(musicList_SelectionChanged);
        }

        void musicList_SelectionChanged(object sender, SelectionChangedEventArgs e)
        {
            //当选中项发生变化时，将选中项作为数据源对象
            //赋给从属视图的 DataContext 属性。
            this.musicDetail.DataContext = this.musicList.SelectedItem;
        }
    }
}
```

运行后的效果如图 12-13 所示，当选中歌曲列表中的一首《日不落》时，从视图将显示歌曲的歌名、歌手和歌曲长度信息。

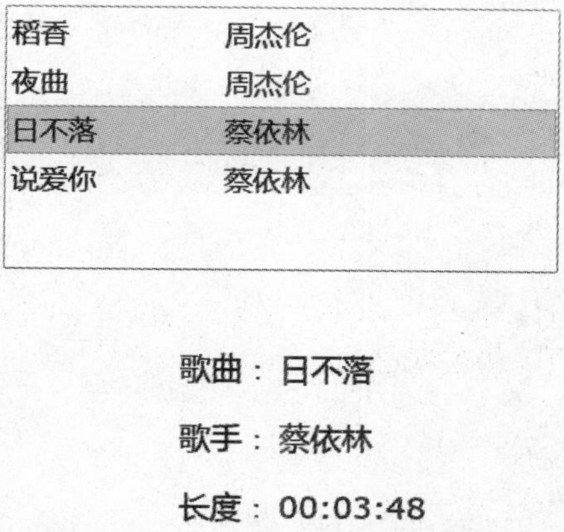

| | |
|---|---|
| 稻香 | 周杰伦 |
| 夜曲 | 周杰伦 |
| 日不落 | 蔡依林 |
| 说爱你 | 蔡依林 |

歌曲：日不落

歌手：蔡依林

长度：00:03:48

图 12-13　主从关系视图的效果

## 12.4 使用值转换器

在控制数据呈现的过程中，往往需要将源数据经过转化后，再呈现出来。比如将一个 RGBA 类型的数据转化为 string 类型显示出来，将数据存储为浮点类型，但通过货币的形式呈现；还有将日期存储成 DateTime 格式，在界面上显示时使用 Calender 控件等。

Silverlight 提供了一个值转换器，使数据实现了数据源和目标在不同数据类型间的转换。这种转换可以为不同类型数据做桥接，也可以用做自定义数据的显示。

创建值转换器，是创建一个实现 IValueConverter 接口的类。值转换器可以根据需要设置在任意的数据绑定上。

下面的实例是在上一节实例的基础上，给显示歌曲长度信息的数据绑定添加了值转换器，将 TimeSpan 类型的歌曲长度信息转化为自定义的格式显示出来。具体操作步骤如下。

(1) 首先创建一个 TimeSpanConverter 类，使其继承 IValueConverter 接口。IValueConverter 接口包含两个函数：Convert 和 ConvertBack。Convert 函数表示从数据源到目标的值转换，ConvertBack 函数表示从目标到数据源的值转换。因此，如果绑定模式是一次绑定或单向绑定，只需实现 Convert 函数；如果绑定模式是双向绑定，需要实现 Convert 和 ConvertBack 函数。

下面是 TimeSpanConverter 类的代码，在 Convert 函数中将 TimeSpan 类型的歌曲长度数据转化为 string 类型的数据，如例程 12-15 所示。

**例程 12-15　使用值转换**

```
using System;
using System.Windows.Data;
using System.Globalization;
namespace BindingCollectionSample
{
   public class TimeSpanConverter : IValueConverter
   {

      #region IValueConverter Members

      public object Convert(object value, Type targetType,
object parameter, CultureInfo culture)
      {
         TimeSpan length = (TimeSpan)value;
         return length.Minutes.ToString() + ":" + length.Seconds.ToString();
```

```
        }

        //对于单向绑定而言，不需要实现 ConvertBack
        //只有双向绑定，才有必要实现 ConvertBack
        public object ConvertBack(object value, Type targetType,
object parameter, CultureInfo culture)
        {
            throw new System.NotImplementedException();
        }

        #endregion
    }
}
```

（2）创建了值转换器后，需要在数据绑定处添加该值转换器。打开 MusicDetail.xaml，添加例程 12-16 所示的代码，给显示歌曲长度的 TextBlock 控件添加值转换器。

**例程 12-16　在数据绑定中使用值转换**

```
<UserControl x:Class="BindingCollectionSample.MusicDetail"
   xmlns="http://schemas.microsoft.com/winfx/2006/xaml/presentation"
   xmlns:x="http://schemas.microsoft.com/winfx/2006/xaml"
   xmlns:local="clr-namespace:BindingCollectionSample"
>
   <UserControl.Resources>
      <local:TimeSpanConverter x:Key="timeSpanConverter"/>
   </UserControl.Resources>
   <Canvas x:Name="LayoutRoot" Background="White">
      <TextBlock Text="歌曲：" FontSize="22"
           Canvas.Left="130" Canvas.Top="50"/>
      <TextBlock Text="歌手：" FontSize="22"
           Canvas.Left="130" Canvas.Top="100" />
      <TextBlock Text="长度：" FontSize="22"
           Canvas.Left="130" Canvas.Top="150"/>

      <TextBlock x:Name="name_tb"
              Text="{Binding MusicName}"
              Canvas.Left="200" Canvas.Top="50"
              FontSize="22"/>
      <TextBlock x:Name="author_tb"
              Text="{Binding Author}"
              Canvas.Left="200" Canvas.Top="100"
              FontSize="22"/>
      <TextBox x:Name="length_tb"
```

```
                Text="{Binding Length,
Converter={StaticResource timeSpanConverter}}"
                Canvas.Left="200" Canvas.Top="150"
                FontSize="22"/>
    </Canvas>

</UserControl>
```

运行后的效果如图 12-14 所示，当选中《夜曲》时，从视图中的歌曲长度由原来的“00:03:46”转换为现在的“3:46”。

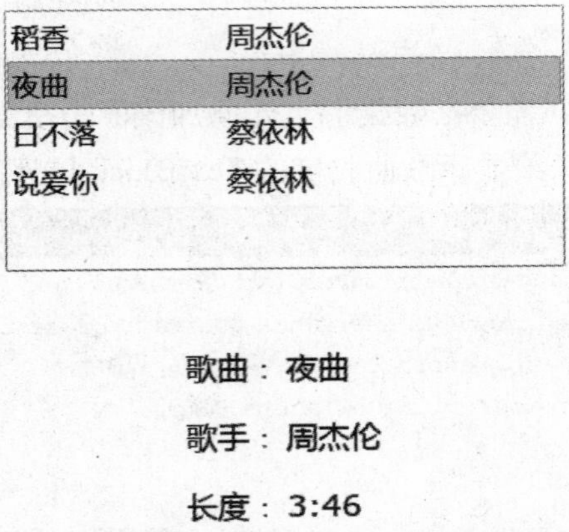

稻香　周杰伦
夜曲　周杰伦
日不落　蔡依林
说爱你　蔡依林

歌曲：夜曲
歌手：周杰伦
长度：3:46

图 12-14　歌曲信息随 ListBox 控件中的选择而改变

## 12.5　数据的校验

在双向绑定由目标到数据源更新数据的过程中，Silverlight 支持对数据的校验。当遇到以下两种情况时，Silverlight 将会报告数据验证错误。

- 转换绑定数据时抛出异常。
- 绑定数据源对象的 set 访问器抛出异常。

为了获取这些数据验证错误信息，必须将绑定对象的 ValidatesOnExceptions 属性和 NotifyOnValidationError 属性设为 True。

将 ValidatesOnExceptions 属性设为 True 可以让绑定引擎在异常抛出时产生一个验证错误信息。将 NotifyOnValidationError 属性设为 true 可以通知绑定引擎当遇到验证错误时，触发 BindingValidationError 事件。

对于 BindingValidationError 事件，可以为目标对象或者其父节点创建一个事件响应函数，来捕获该事件，从而对数据绑定出现异常的情况做出应对。

BindingValidationError 事件是一个路由事件，因此，不必让真正产生异常的那个对象处理 BindingValidationError 事件。BindingValidationError 事件触发后将会向上冒泡传递，直至它被处理，所以可以在父节点上添加事件响应函数。

下面的实例中，给从视图中绑定的歌曲长度属性添加了数据校验，并给 BindingValidationError 事件添加了响应函数，当产生验证错误信息时，将 TextBox 控件的背景色设为红色，直到数据验证错误去除后，将 TextBox 的背景色重新设为白色。具体操作步骤如下。

（1）将从视图中显示歌曲长度属性的 TextBlock 控件改为 TextBox 控件，并将其绑定模式设置为双向绑定。同时将其 ValidatesOnExceptions 属性和 NotifyOnValidationError 属性设为 True。如下面的代码所示。

```
<TextBox x:Name="length_tb" Width="100"
        Text="{Binding Length, Mode=TwoWay,
                Converter={StaticResource timeSpanConverter},
                NotifyOnValidationError=true,
                ValidatesOnExceptions=true}"
        Canvas.Left="200" Canvas.Top="150"
        FontFamily="SimHei" FontSize="22"/>
```

（2）然后打开 TimeSpanConverter.cs 文件，实现 ConvertBack 函数，使其将输入的字符串格式数据转换成 TimeSpan 类型的数据。代码如下所示。

```
public object ConvertBack(object value, Type targetType,
   object parameter, CultureInfo culture)
{
   TimeSpan length = TimeSpan.Parse("0:" + (string)value);
   return length;
}
```

（3）在 MusicDetail 类中给 BindingValidationError 事件添加事件响应函数，如例程 12-17 所示。

例程 12-17　给 BindingValidationError 事件添加事件响应函数

```
using System;
using System.Collections.Generic;
using System.Linq;
using System.Net;
using System.Windows;
```

```
using System.Windows.Controls;
using System.Windows.Documents;
using System.Windows.Input;
using System.Windows.Media;
using System.Windows.Media.Animation;
using System.Windows.Shapes;

namespace BindingCollectionSample
{
    public partial class MusicDetail : UserControl
    {
        public MusicDetail()
        {
            InitializeComponent();
            this.BindingValidationError +=
                new EventHandler<ValidationErrorEventArgs>(this_BindingValidationError);
        }

        void this_BindingValidationError(object sender,
                ValidationErrorEventArgs e)
        {
            if (e.Action == ValidationErrorEventAction.Added)
            {
                this.length_tb.Background = new SolidColorBrush(Colors.Red);
            }
            else if (e.Action == ValidationErrorEventAction.Removed)
            {
                this.length_tb.Background = new SolidColorBrush(Colors.White);
            }
        }


    }
}
```

（4）构造一个数据验证条件，这里在 Music 类的 set 访问器中添加下面的代码，使得当歌曲长度小于 1 秒时抛出异常，从而产生数据验证错误信息。

```
private TimeSpan length;
public TimeSpan Length
{
    get { return length; }
    set
    {
```

```
        if (value < new TimeSpan(0, 0, 1))
        {
            throw new Exception("歌曲长度必须大于1秒");
        }

        length = value;
        NotifyPropertyChanged("Length");
    }
}
```

运行后的效果如图 12-15 所示，选中歌曲《夜曲》后，在文本框中将歌曲长度设为“0:00”，由于设置的歌曲长度小于 1 秒，将会产生数据验证错误，使文本框的背景色变成了红色。

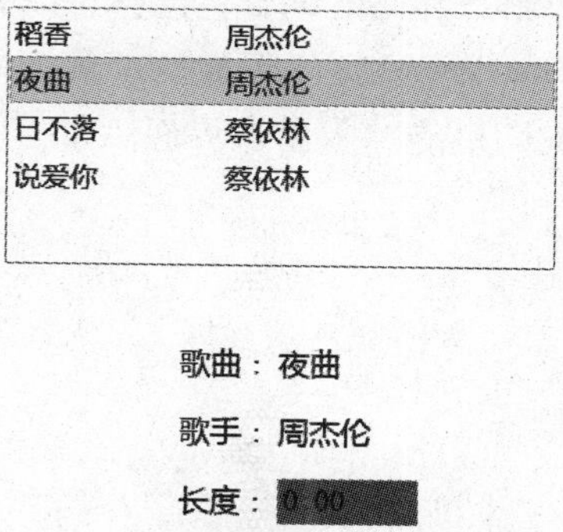

| 稻香 | 周杰伦 |
| --- | --- |
| 夜曲 | 周杰伦 |
| 日不落 | 蔡依林 |
| 说爱你 | 蔡依林 |

歌曲：夜曲

歌手：周杰伦

长度：0 00

图 12-15 数据验证未通过时给予提示

当把歌曲长度设为“2:45”时，就可以通过数据验证，从而使文本框背景色又变回到白色，如图 12-16 所示。

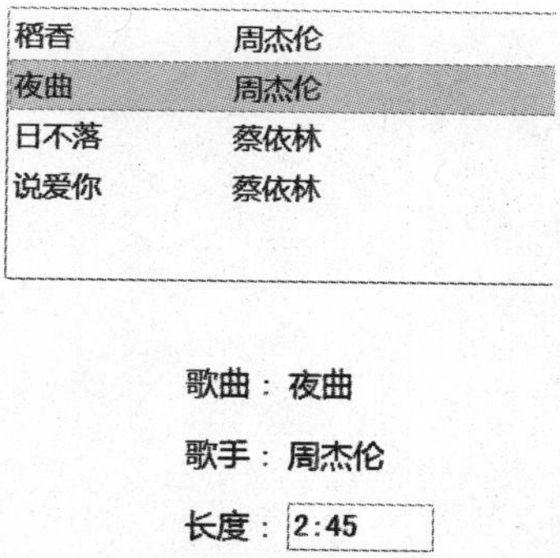

| 稻香 | 周杰伦 |
| --- | --- |
| 夜曲 | 周杰伦 |
| 日不落 | 蔡依林 |
| 说爱你 | 蔡依林 |

歌曲：夜曲

歌手：周杰伦

长度：2:45

图 12-16 数据验证通过时恢复正常

## 12.6 小结

虽然数据绑定不是必需的，但它是一个非常强大且实用的 Silverlight 特性。虽然写一段代码把两个对象的属性关联起来并不困难，但是这样的代码可能会比较冗长，容易产生错误，并且难以维护。尤其是当代码量比较大时，对象间需要大量的关联工作，许多集合类型的数据源需要在数据项添加、删除和更新时保持同步，手工编写这些代码势必会增加业务逻辑与用户界面的耦合度，让你的程序变得更加复杂。

数据绑定一方面可以帮助你减少代码量，让关联对象、保持更新同步变得非常简单，另一方面也能帮助降低业务逻辑与用户界面的耦合，让你可以完全根据需要定制自己的数据呈现方式。除此之外，像 Expression Blend 这样的设计工具，还可以充分利用数据绑定功能，让那些并不是从事程序设计的人们也能够向用户界面添加复杂的功能。

# 第 13 章

# 样式与模板

在前面的章节里，我们已经介绍了如何使用 Silverlight 中提供的内建控件，还讲解了如何创建自定义的用户控件。在使用这些 Silverlight 控件提供的强大功能的同时，我们往往会需要改变它们的外观，以满足我们自己的设计需求。幸运的是，在 Silverlight 中就能够方便地定制控件的外观，Silverlight 所提供的强大的样式（Style）和模板（Template）功能，可以给控件一个全新的外观，而不必放弃控件所提供的任何一项内建功能。

## 13.1　样式（Style）

样式只不过是一系列 Setter 的集合，用来设置控件属性。每一个 FrameworkElement 的属性值（只要它是依赖属性），都能够通过样式进行设置。

样式（Style）是一个类，由 System.Windows.Style 表示。使用样式最典型的方法便是在资源（Resource）中定义一个样式，然后在 XAML 中使用标记语句 StaticResource 来应用样式。

下面将开始介绍如何在 Silverlight 中使用样式。

### 13.1.1　使用样式

为了帮助读者更好地理解样式，首先来看这样一个情景。我们需要创建播放器的 4 个按钮，这 4 个按钮的外观要一致（尺寸、字体、字号、边距都相同），但按钮上的文字不同。如图 13-1 所示。

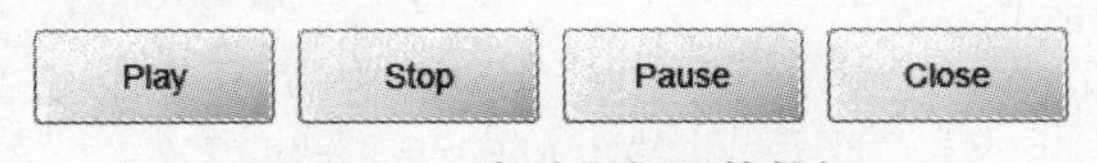


图 13-1　4 个外观相同的按钮

如果不使用样式，就不得不复制这些按钮完成相同的属性设置，如例程 13-1 所示。

**例程 13-1　未使用样式前必须复制粘贴代码**

```
<UserControl x:Class="SetStyleInResourceSample.Page"
   xmlns="http://schemas.microsoft.com/winfx/2006/xaml/presentation"
   xmlns:x="http://schemas.microsoft.com/winfx/2006/xaml"
   >
   <StackPanel x:Name="LayoutRoot" Orientation="Horizontal">
       <Button x:Name="btnPlay" Content="Play" Width="100" Height="40"
            Margin="5" FontSize="14" FontFamily="Arial">
         <Button.Background>
            <LinearGradientBrush StartPoint="0,0.5" EndPoint="1,0.5">
               <GradientStop Color="White" Offset="0.0"/>
               <GradientStop Color="LightBlue" Offset="0.5"/>
               <GradientStop Color="Navy" Offset="1"/>
            </LinearGradientBrush>
         </Button.Background>
      </Button>

      <Button x:Name="btnStop" Content="Stop" Width="100" Height="40"
            Margin="5" FontSize="14" FontFamily="Arial">
         <Button.Background>
            <LinearGradientBrush StartPoint="0,0.5" EndPoint="1,0.5">
               <GradientStop Color="White" Offset="0.0"/>
               <GradientStop Color="LightBlue" Offset="0.5"/>
               <GradientStop Color="Navy" Offset="1"/>
            </LinearGradientBrush>
         </Button.Background>
      </Button>

      <Button x:Name="btnPause" Content="Pause" Width="100" Height="40"
            Margin="5" FontSize="14" FontFamily="Arial">
         <Button.Background>
            <LinearGradientBrush StartPoint="0,0.5" EndPoint="1,0.5">
               <GradientStop Color="White" Offset="0.0"/>
               <GradientStop Color="LightBlue" Offset="0.5"/>
               <GradientStop Color="Navy" Offset="1"/>
            </LinearGradientBrush>
         </Button.Background>
      </Button>

      <Button x:Name="btnClose" Content="Close" Width="100" Height="40"
            Margin="5" FontSize="14" FontFamily="Arial">
```

```
            <Button.Background>
               <LinearGradientBrush StartPoint="0,0.5" EndPoint="1,0.5">
                  <GradientStop Color="White" Offset="0.0"/>
                  <GradientStop Color="LightBlue" Offset="0.5"/>
                  <GradientStop Color="Navy" Offset="1"/>
               </LinearGradientBrush>
            </Button.Background>
         </Button>
      </StackPanel>
   </UserControl>
```

这样的代码非常烦琐，如果需要再添加一个按钮，就不得不再次复制代码，如果需要将所有按钮的字号改变，那么就必须修改所有按钮的属性，代码维护起来很不方便。

但是有了样式之后，我们就可以将属性值与控件分离开，把公用的属性设置提取出来，设置为样式，然后给所有控件应用该样式，让控件共享属性设置值。这样如果需要再添加一个相同外观的按钮时，只需应用一下样式即可；如果需要将所有按钮上的字号调大，就只要修改一下样式中的属性值就可以了，代码维护起来非常方便，如例程 13-2 所示。

**例程 13-2　在资源中创建 Button 样式**

```
<UserControl x:Class="SetStyleInResourceSample.Page"
   xmlns="http://schemas.microsoft.com/winfx/2006/xaml/presentation"
   xmlns:x="http://schemas.microsoft.com/winfx/2006/xaml"
   >
   <UserControl.Resources>
      <Style x:Key="buttonStyle" TargetType="Button">
         <Setter Property="Width" Value="100"/>
         <Setter Property="Height" Value="40"/>
         <Setter Property="Margin" Value="5"/>
         <Setter Property="FontSize" Value="14"/>
         <Setter Property="FontFamily" Value="Arial"/>
<Setter Property="Background">
            <Setter.Value>
               <LinearGradientBrush StartPoint="0,0.5" EndPoint="1,0.5">
                  <GradientStop Color="White" Offset="0.0"/>
                  <GradientStop Color="LightBlue" Offset="0.5"/>
                  <GradientStop Color="Navy" Offset="1"/>
               </LinearGradientBrush>
            </Setter.Value>
         </Setter>
      </Style>
   </UserControl.Resources>
```

```
    <StackPanel x:Name="LayoutRoot" Orientation="Horizontal">
        <Button x:Name="btnPlay" Content="Play"
                Style="{StaticResource buttonStyle}"/>
        <Button x:Name="btnStop" Content="Stop"
                Style="{StaticResource buttonStyle}"/>
        <Button x:Name="btnPause" Content="Pause"
                Style="{StaticResource buttonStyle}"/>
        <Button x:Name="btnClose" Content="Close"
                Style="{StaticResource buttonStyle}"/>
    </StackPanel>
</UserControl>
```

样式的 x:Key 属性定义了样式的名称，在当前 Resources 集合中必须是唯一的。定义了 x:Key 后便可以在控件的 Style 属性中使用标记语句 StaticResource 来应用该样式。

样式的 TargetType 属性用来指定应用样式的控件类型，该值必须设置，否则将会抛出异常。你也可以使用控件的父类作为 TargetType 属性。比如，一个 RadioButton 控件和一个 Button 控件都可以使用 TargetType 属性为 ButtonBase 的样式。

对于每一个 Setter，其 Property 属性是用来指定控件的依赖属性，Value 属性用来指定该 Property 属性的值。

你也可以使用扩展的属性设置语法来设置较为复杂的 Value 属性，比如示例中设置的 Background 属性。

也可以在运行时给控件应用样式，如例程 13-3 所示的 C# 代码可以获得相同的效果。

**例程 13-3　运行时设置样式**

```
public Page()
    {
        InitializeComponent();

        btnPlay.Style = this.Resources["buttonStyle"] as Style;
        btnStop.Style = this.Resources["buttonStyle"] as Style;
        btnPause.Style = this.Resources["buttonStyle"] as Style;
        btnClose.Style = this.Resources["buttonStyle"] as Style;
}
```

Silverlight 中的样式和 WPF 中的有以下几点不同。

- Silverlight 中的样式只能在控件上应用一次，不能在运行时改变控件的样式。
- 样式无法嵌套，不支持 BaseOn 属性。
- x:Key 必须设置，Silverlight 不支持隐式样式。

### 13.1.2　样式的应用域

样式的应用域是指样式可以应用的范围。如果样式定义在 Canvas 或 Grid 等控件的 Resource 资源中，那么这个样式便可以在这个控件内应用。如果样式创建在 UserControl.Resources 中，那么这个样式可以应用在 UserControl 中的任何控件上。因此，在通常情况下，我们将样式定义在 UserControl 的 Resources 属性中。

但是如果在 UserControl 之外的控件也需要应用这个样式的话，该怎么办呢？可以将样式定义在 Silverlight 应用程序 Application 的资源中，这样便可以在整个 Silverlight 应用程序中应用这个样式了。

打开工程中的 App.xaml 文件，便可以看到应用程序的 Resources 资源早已定义好了。代码如下：

```
<Application xmlns="http://schemas.microsoft.com/winfx/2006/xaml/presentation"
         xmlns:x="http://schemas.microsoft.com/winfx/2006/xaml"
         x:Class="StyleInAppSample.App"
         >
   <Application.Resources>

   </Application.Resources>
</Application>
```

所以，我们只需要将样式定义在 Application.Resources 中，便可以在整个 Silverlight 应用程序中使用这个样式，如例程 13-4 所示。而且，即使是引用了其他的 Silverlight 运行库，在这些运行库中也可以使用定义在 Application.Resources 中的样式。

**例程 13-4　将样式定义在 Application.Resource 中**

```
<Application xmlns="http://schemas.microsoft.com/winfx/2006/xaml/presentation"
         xmlns:x="http://schemas.microsoft.com/winfx/2006/xaml"
         x:Class="StyleInAppSample.App"
         >
   <Application.Resources>
      <Style x:Key="buttonStyle" TargetType="Button">
         <Setter Property="Width" Value="100"/>
         <Setter Property="Height" Value="40"/>
         <Setter Property="Margin" Value="5"/>
         <Setter Property="FontSize" Value="14"/>
         <Setter Property="FontFamily" Value="Arial"/>
         <Setter Property="Background">
            <Setter.Value>
```

```
                <LinearGradientBrush StartPoint="0,0.5" EndPoint="1,0.5">
                    <GradientStop Color="White" Offset="0.0"/>
                    <GradientStop Color="LightBlue" Offset="0.5"/>
                    <GradientStop Color="Navy" Offset="1"/>
                </LinearGradientBrush>
            </Setter.Value>
        </Setter>

    </Style>
  </Application.Resources>
</Application>
```

### 13.1.3 使用 Blend 创建样式

使用 Blend 创建样式非常方便。在样式编辑模式下，对控件属性的设置都将记录在样式中。这里将介绍如何使用 Blend 创建一个 Button 控件的样式。具体操作步骤如下。

（1）使用 Blend 创建一个 Silverlight 应用程序。

（2）在 LayoutRoot 中添加一个 Button 控件，如图 13-2 所示。

（3）选中这个 Button 控件，然后依次选择菜单“Object”→“Edit Style”→“Create Empty”命令，如图 13-3 所示。

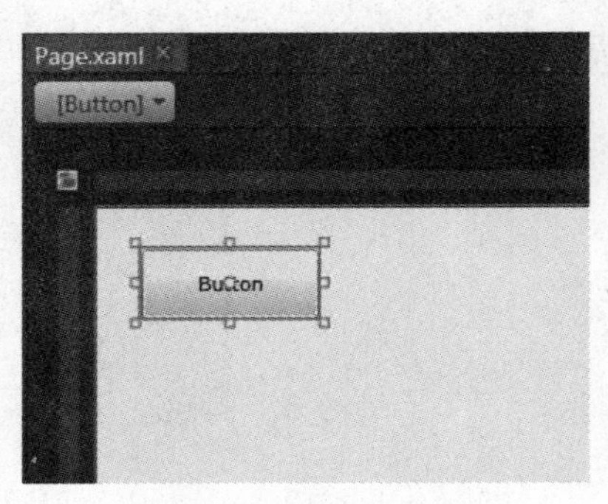


图 13-2　添加 Button 控件

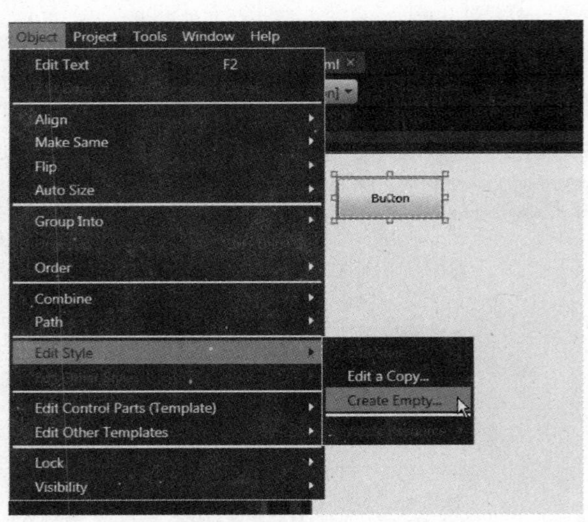


图 13-3　创建一个 Style 样式

（4）在弹出的创建样式资源对话框中，输入样式的名称“buttonStyle”。创建的样式可以定义在应用程序 App.xaml 中，也可以定义在该文档 UserControl 中。如果只需要在该文档 UserControl 的其他控件中应用样式，可以选择 UserControl，如图 13-4 所示。

（5）接下来 Blend 将会在对象和时间轴面板中显示新创建的 Style，这意味着下面对控件属性的设置将设置在样式中，而不会直接设置在控件属性上，如图 13-5 所示。

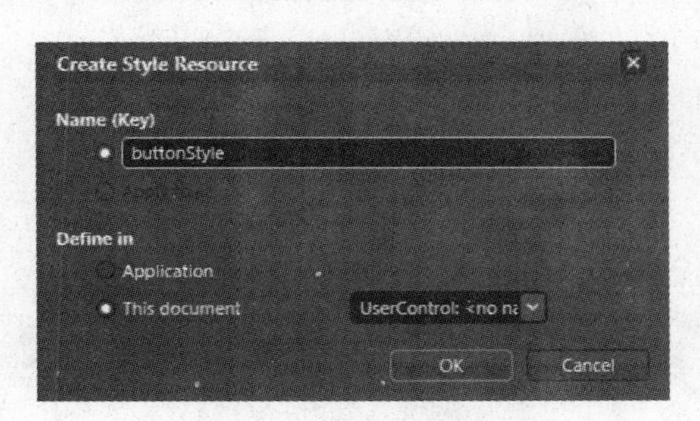


图 13-4　创建样式资源对话框

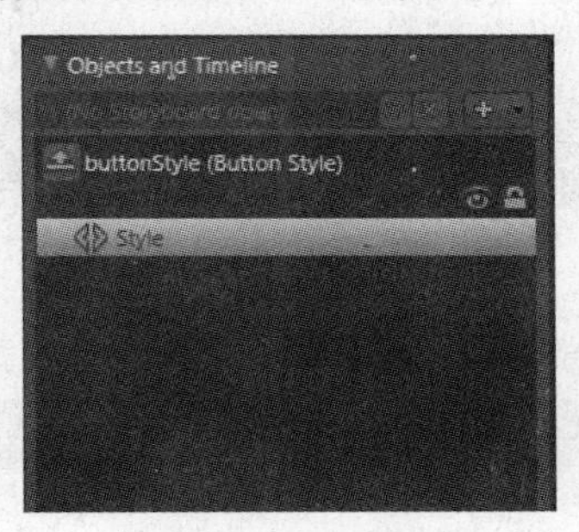


图 13-5　样式编辑模式

（6）使用属性面板，设置样式属性。比如将 Foreground 属性设置为绿色，字号设置为 22，字体为 Arial、斜体。

（7）当样式设置完毕后，可以单击图中的 buttonStyle 字样左边的按钮，返回控件编辑的视图，Blend 将会自动用 StaticResource 给该控件应用上新创建的样式，如图 13-6 所示。

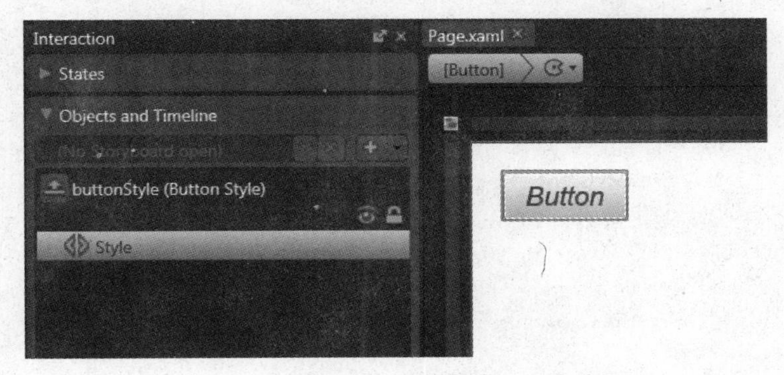


图 13-6　编辑样式

（8）在 Objects and Timeline 面板中，单击 buttonStyle 左侧的按钮，退出样式编辑模式，如图 13-7 所示。

如果需要再次编辑样式，可以先选中按钮，然后依次选择菜单“Object”→“Edit Style”→“Edit Style”命令，或者单击在编辑区域上方的样式编辑按钮，如图 13-8 所示。

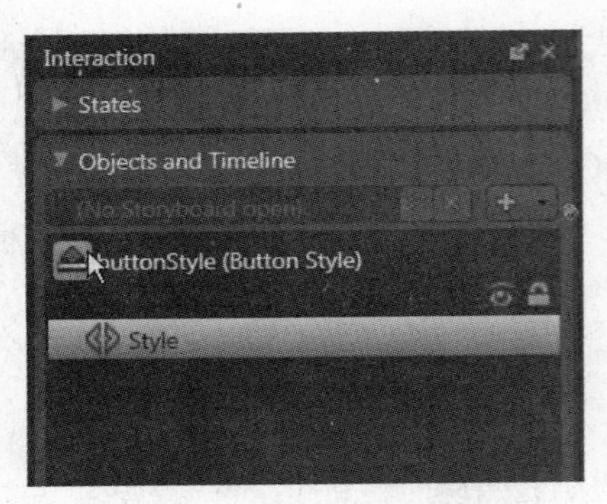


图 13-7　退出样式编辑模式

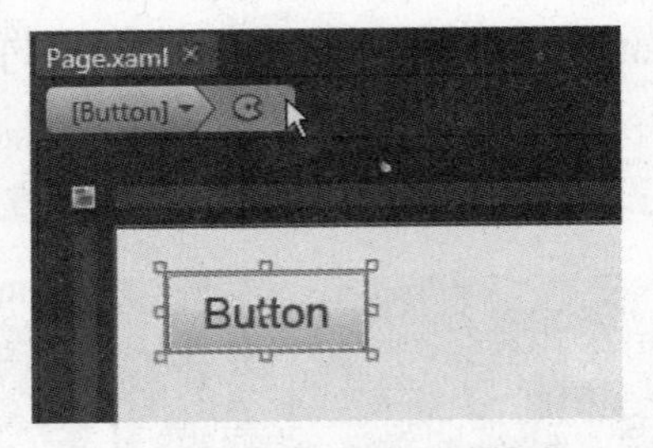


图 13-8　返回样式编辑模式

最终的 XAML 代码如例程 13-5 所示。

例程 13-5　样式编辑完毕后的 XAML 代码

```
<UserControl
    xmlns="http://schemas.microsoft.com/winfx/2006/xaml/presentation"
    xmlns:x="http://schemas.microsoft.com/winfx/2006/xaml"
    x:Class="SilverlightApplication1.Page"
    Width="640" Height="480">
    <UserControl.Resources>
        <Style x:Key="buttonStyle" TargetType="Button">
            <Setter Property="Foreground" Value="#FF008000"/>
            <Setter Property="FontSize" Value="22"/>
            <Setter Property="FontFamily" Value="Arial"/>
        </Style>
    </UserControl.Resources>

    <Grid x:Name="LayoutRoot" Background="White">
        <Button HorizontalAlignment="Left" VerticalAlignment="Top"
            Content="Button" Margin="25,24,0,0"
            Width="100" Height="40"
            Style="{StaticResource buttonStyle}"/>
    </Grid>
</UserControl>
```

## 13.2　模板（Template）

在上一节中介绍了如何使用样式统一控件的外观，但是样式只能通过修改控件的属性来改变控件的外观，定制控件外观的能力比较差。如果需要在保留控件功能的前提下，彻底改变控件外观，就需要使用模板。以 Button 控件为例，使用模板就可以打造椭圆形的 Button 控件、以图片作为外观的 Button 控件、或者是仅保留文字的 Button 控件等，而且 Button 控件的功能如 Click 事件、MouseOver 状态、Pressed 状态等都依然保留。

### 13.2.1　使用模板

下面介绍如何使用模板制作一个 ImageButton 控件，即以图片作为外观的按钮控件。具体操作步骤如下。

（1）新建一个 Silverlight 项目，在项目中添加按钮图片资源 btn_normal.png，如图 13-9 所示。

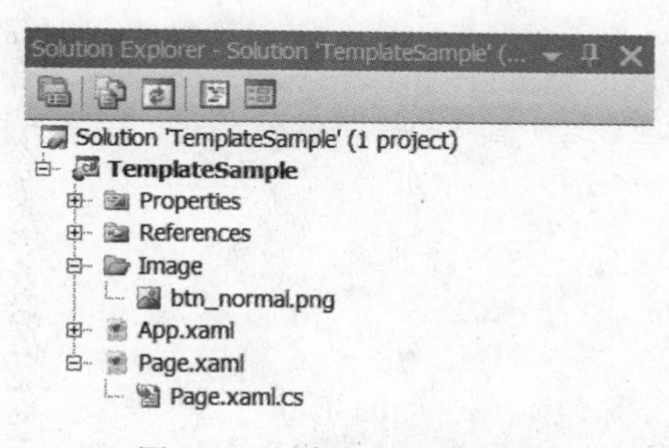


图 13-9　添加按钮图片资源

（2）在资源文件中添加一个 ControlTemplate，命名为 ImageButtonTemplate，TargetType 属性设为 Button，在 ControlTemplate 中添加按钮图片元素，如下面的代码所示。

```
<UserControl.Resources>
        <ControlTemplate x:Key="ImageButtonTemplate" TargetType="Button">
            <Grid>
                <Image Source="Image/btn_normal.png" Stretch="Fill"/>
            </Grid>
        </ControlTemplate>
    </UserControl.Resources>
```

（3）接下来就可以在按钮中使用该模板了，在 Canvas 中添加一个按钮控件，控件的宽度和高度与按钮图片保持一致，然后使用 StaticResource 扩展标记语句设置按钮的 Template 属性，代码如下：

```
<Canvas x:Name="LayoutRoot" Background="White">

        <Button Width="35" Height="35"
```

```
            Canvas.Left="20" Canvas.Top="20"
        Template="{StaticResource ImageButtonTemplate}"/>
    </Canvas>
```

（4）运行后效果如图 13-10 所示，按钮控件已经拥有了图片资源的外观，而且其按钮的功能依然保留。

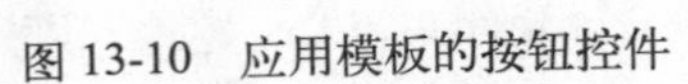

图 13-10　应用模板的按钮控件

既然给控件使用模板是通过设置控件的属性，即 Tempalte 属性实现的，那么也应该可以使用样式来设置该 Template 属性。下面的代码将控件模板属性的设置添加到了样式的属性设置集合中。

```
<UserControl.Resources>
    <Style x:Key="ImageButtonStyle" TargetType="Button">
        <Setter Property="Width" Value="35"/>
        <Setter Property="Height" Value="35"/>
        <Setter Property="Template">
            <Setter.Value>
                <ControlTemplate TargetType="Button">
                    <Grid>
                        <Image Source="Image/btn_normal.png" Stretch="Fill"/>
                    </Grid>
                </ControlTemplate>
            </Setter.Value>
        </Setter>
    </Style>
</UserControl.Resources>
```

这样，在创建新的图片按钮控件时，只需应用一下样式便可以了，按钮控件将自动从样式中提取出 Template、Width、Height 等属性，从而应用新的模板创建外观，如下面代码所示。

```
<Button Style="{StaticResource ImageButtonStyle}"
        Canvas.Left="20" Canvas.Top="20" />

<Button Style="{StaticResource ImageButtonStyle}"
        Canvas.Left="60" Canvas.Top="20" />

<Button Style="{StaticResource ImageButtonStyle}"
        Canvas.Left="100" Canvas.Top="20" />
```

运行后，效果如图 13-11 所示。

图 13-11　多个应用模板的按钮控件

## 13.2.2　状态管理

对于每一个控件而言，都有一个默认的模板。以按钮控件为例，当我们以复制模板的形式创建一份按钮控件的模板时，便可以看到默认模板中的内容，其中包含了 Background、contentPresenter、DisableVisualElement，以及 FocusVisualElement 等界面元素，这些元素都被称为部件。按钮控件默认模板中的部件如图 13-12 所示。

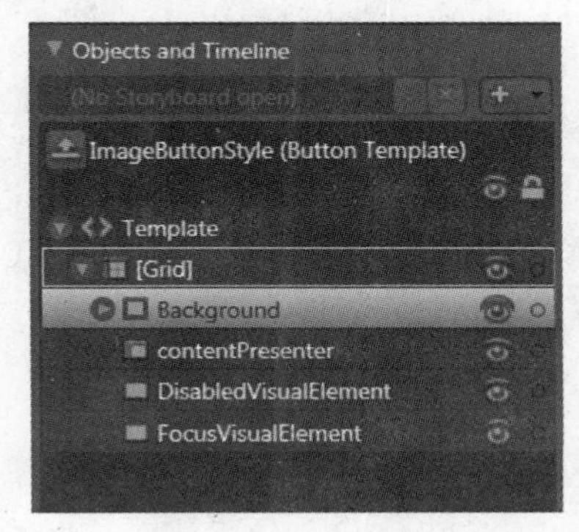


图 13-12　按钮控件默认模板中的部件

Silverlight 中使用部件（Parts）和状态（States）来创建控件的模板。所谓部件就是指组成一个模板的所有界面元素，而状态是指在某个特定时刻下所有部件所呈现出来的外观。仍然以按钮控件为例，按钮控件中包含以下状态：Normal、MouseOver、Pressed、Disable、Focused、Unfocused。这些状态被称为视觉状态（VisualState），按钮控件在某个时刻的外观就是由这些视觉状态决定的。

然而控件并不是只能处于某一个视觉状态下，事实上控件的状态是多个视觉状态的叠加。比如按钮控件可以同时处于 MouseOver 和 Focused 两个状态，也可以同时处于 Normal 和 Unfocused 两个状态。为了更好地组合这些状态，Silverlight 将这些状态划分为了不同的状态组（VisualStateGroup），控件在某一时刻只能拥有每个状态组中的一个视觉状态，换句话说，状态组中的视觉状态是互斥的。比如 Normal、MouseOver、Pressed、Disable 这 4 个视觉状态被分在了 CommonStates 状态组，那么在某一时刻按钮只能处于这 4 种视觉状态的其中之一，而不能既处于 Normal 状态，又处于 MouseOver 状态。而 Focused 和 Unfocused 这两个状态被分在了 FocusStates 状态组，也就是说控件要么是处在 Focused 状态，要么处在 Unfocused 状态。

Expression Blend 中的状态管理器（Visual State Mange，VSM），为我们提供了方便的可视化状态管理功能，如图 13-13 所示为按钮控件的各个视觉状态和状态组。

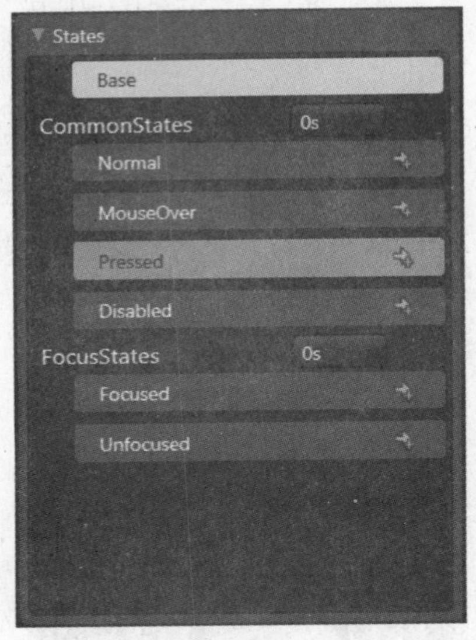


图 13-13　Blend 中的状态管理面板

事实上，状态是由 Storyboard 来描述的，当控件由状态组中的一个状态迁移到另一个状态时，便开始执行这些 Storyboard。Silverlight 中将状态迁移的过程称为过渡（Transition）。过渡描述了控件是如何从一个状态迁移到另一个状态的。

下面以一个示例介绍如何使用 Blend 的 VSM 功能创建含有状态过渡效果的模板。这个示例是制作一个圆形的按钮控件模板，当鼠标移入按钮时，按钮将变大；当按下时略有缩小；当鼠标移出按钮时，按钮恢复原始尺寸。具体操作步骤如下。

（1）使用 Expression Blend 创建一个 Silverlight 工程。

（2）首先在 LayoutRoot 中添加一个按钮控件。选中按钮后，在设计视图区域上方的标签按钮上依次选择“Edith Control Parts（Template）”→“Edit a Copy”命令，如图 13-14 所示。

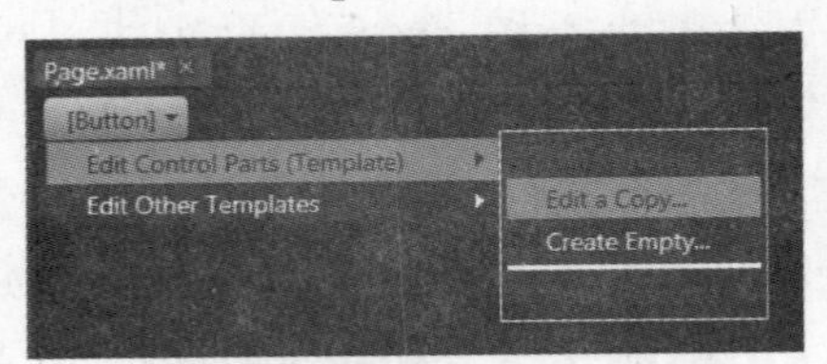


图 13-14　复制默认的按钮模板

（3）在弹出的创建样式资源对话框中，给新建样式设置名称为 ImageButtonStyle，如图

13-15 所示。单击“OK”按钮，由此创建了一个含有默认按钮模板属性的样式。

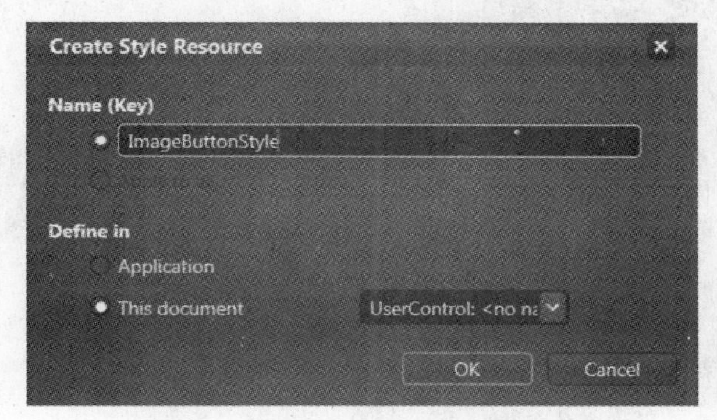


图 13-15　创建含有按钮模板属性的样式

（4）此时便进入到了控件模板的编辑状态，如图 13-16 所示。接下来删除默认模板中的部件，然后在 Grid 中添加一个圆形，命名为 ellipse，如图 13-17 所示。

图 13-16　默认模板的编辑状态

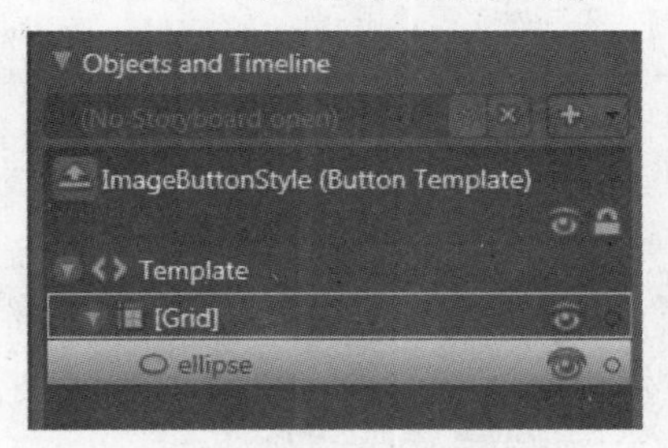


图 13-17　在模板中添加一个圆形

（5）设置圆形的填充色、边框色为蓝色，边框宽度为 4，如图 13-18 所示。设置完毕后，圆形在设计视图的效果如图 13-19 所示。

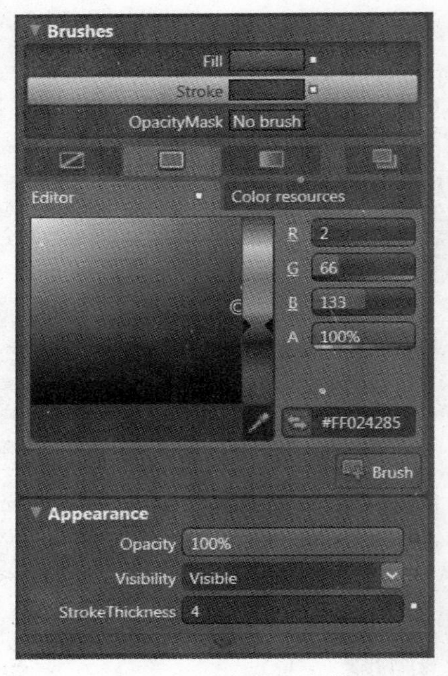


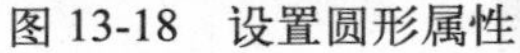
图 13-18 设置圆形属性

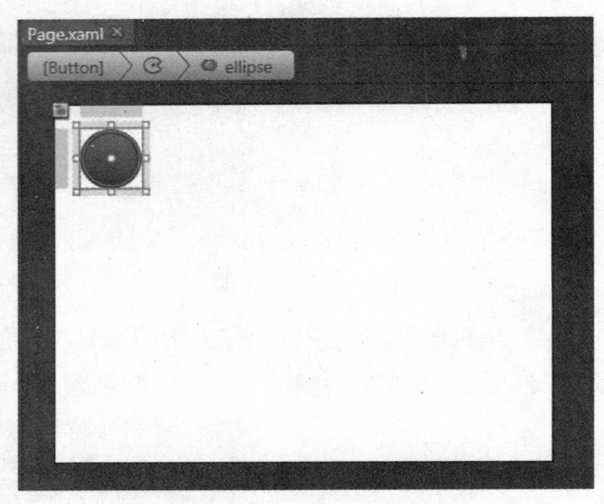


图 13-19 圆形的外观

圆形的 XAML 代码如下：

```
<Ellipse x:Name="ellipse" Stroke="#FF024285" StrokeThickness="4"
          RenderTransformOrigin="0.5,0.5">
         <Ellipse.RenderTransform>
              <TransformGroup>
                   <ScaleTransform/>
                   <SkewTransform/>
                   <RotateTransform/>
                   <TranslateTransform/>
              </TransformGroup>
         </Ellipse.RenderTransform>
         <Ellipse.Fill>
              <LinearGradientBrush EndPoint="0.5,1" StartPoint="0.5,0">
                   <GradientStop Color="#FF2D8FDB"/>
                   <GradientStop Color="#FF173954" Offset="1"/>
              </LinearGradientBrush>
         </Ellipse.Fill>
    </Ellipse>
```

（6）接下来要开始定义视觉状态了。首先来定义 MouseOver 状态，在 Blend 的 States 面板中选中 MouseOver 状态，如图 13-20 所示。

（7）然后选中圆形，接着在右侧的时间轴面板中添加一个关键帧。在此关键帧处设置圆形的缩放比例为 1.2，如图 13-21 所示。设置完毕后生成的 Storyboard 如图 13-22 所示。

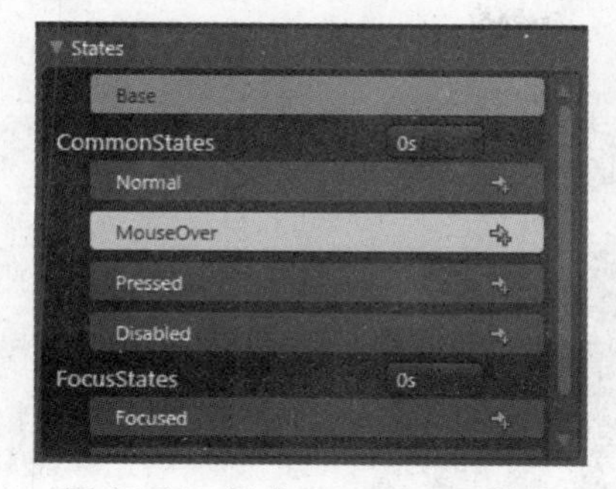


图 13-20　选中 MouseOver 状态

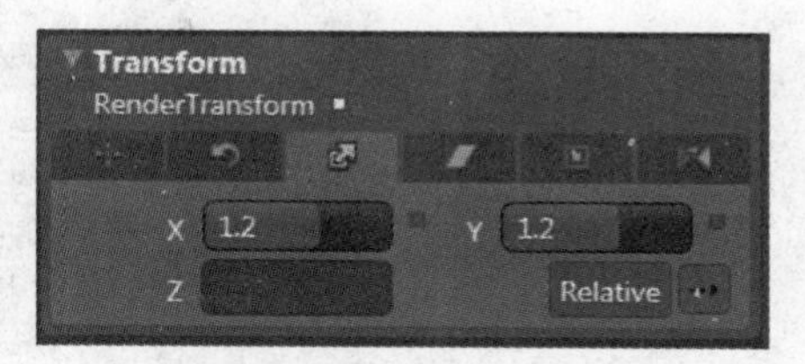


图 13-21　设置 MouseOver 状态时，圆形的缩放比例为 1.2

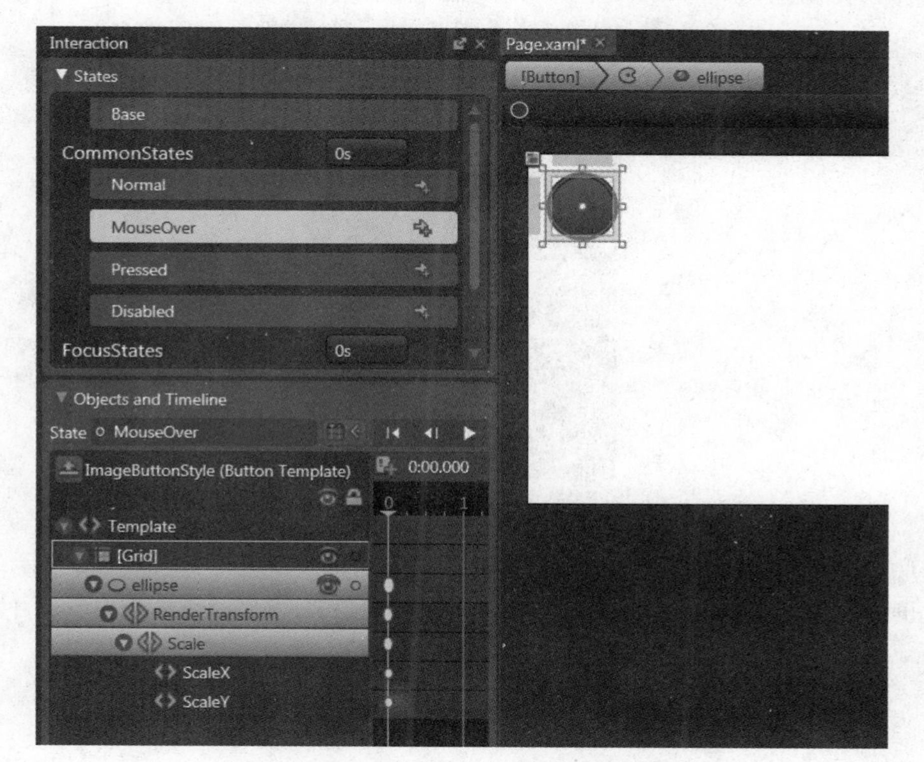


图 13-22　MouseOver 状态设置完毕后的效果

（8）使用同样的方法，给 Normal 状态和 Pressed 状态添加关键帧动画，将缩放比例分别设为 1 和 1.1。

（9）接下来要定义状态间的过渡效果，在 States 面板中单击 Normal 状态后侧的箭头按钮，在弹出的快捷菜单中选择由任意状态（星型代表任意状态）到 Pressed 状态，然后将时间设为 0.1 秒。如图 13-23 所示。用同样的方式为 Normal 状态和 MouseOver 状态添加过渡效果，如图 13-24 所示。

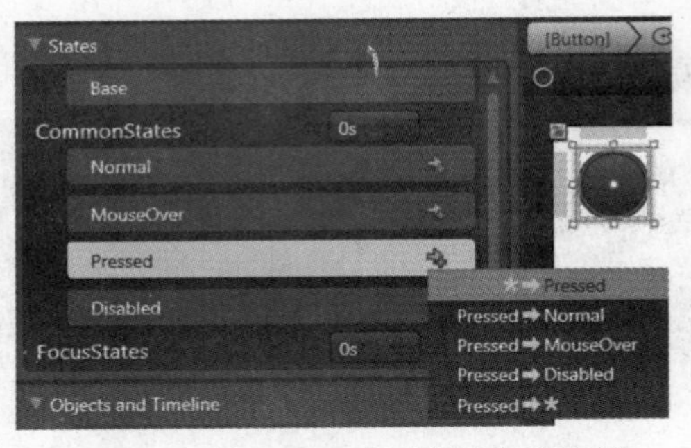


图 13-23　给 Pressed 状态添加过渡效果

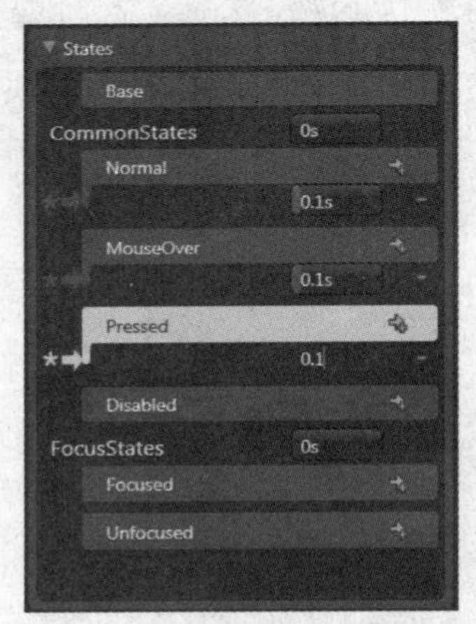


图 13-24　设定任意状态过渡到 Pressed 状态的时间为 0.1 秒

（10）此时运行程序，便可获得一个带有状态过渡效果的按钮。如图 13-25 所示，当鼠标移入按钮时，按钮变大；单击时，按钮会缩小一些；鼠标移开时，恢复到正常尺寸。

图 13-25　状态过渡效果

示例的完整代码如例程 13-6 所示。

**例程 13-6　含有状态过渡的模板样式**

```
<UserControl x:Class="TemplateSample.Page"
    xmlns="http://schemas.microsoft.com/winfx/2006/xaml/presentation"
    xmlns:x="http://schemas.microsoft.com/winfx/2006/xaml"
    Width="400" Height="300" xmlns:vsm="clr-namespace:System.Windows;assembly=System.Windows">
    <UserControl.Resources>

        <Style x:Key="ImageButtonStyle" TargetType="Button">
            <Setter Property="Width" Value="50"/>
            <Setter Property="Height" Value="50"/>
            <Setter Property="Template">
                <Setter.Value>
                    <ControlTemplate TargetType="Button">
                        <Grid>
                            <vsm:VisualStateManager.VisualStateGroups>
                                <vsm:VisualStateGroup x:Name="CommonStates">
                                <vsm:VisualStateGroup.Transitions>
                                    <vsm:VisualTransition GeneratedDuration="00:00:00.1000000" To=
"Pressed"/>
                                    <vsm:VisualTransition GeneratedDuration="00:00:00.1000000" To=
"MouseOver"/>
                                    <vsm:VisualTransition GeneratedDuration="00:00:00.1000000" To=
"Normal"/>
                                </vsm:VisualStateGroup.Transitions>
                                    <vsm:VisualState x:Name="Normal">
                                        <Storyboard>
                                            <DoubleAnimationUsingKeyFrames BeginTime="00:00:00"
                                              Storyboard.TargetName="ellipse"

    Storyboard.TargetProperty="(UIElement.RenderTransform).(TransformGroup.Children)[0].(Scale
Transform.ScaleX)">
                                                <SplineDoubleKeyFrame KeyTime="00:00:00.1000000"
Value="1"/>
                                            </DoubleAnimationUsingKeyFrames>
                                            <DoubleAnimationUsingKeyFrames BeginTime="00:00:00"
                                              Storyboard.TargetName="ellipse"

    Storyboard.TargetProperty="(UIElement.RenderTransform).(TransformGroup.Children)[0].(Scale
Transform.ScaleY)">
                                                <SplineDoubleKeyFrame KeyTime="00:00:00.1000000"
Value="1"/>
                                            </DoubleAnimationUsingKeyFrames>
                                        </Storyboard>
                                    </vsm:VisualState>
```

```
                        <vsm:VisualState x:Name="MouseOver">
                            <Storyboard>
                                <DoubleAnimationUsingKeyFrames BeginTime="00:00:00"
                                  Storyboard.TargetName="ellipse"

    Storyboard.TargetProperty="(UIElement.RenderTransform).(TransformGroup.Children)[0].(Scale
Transform.ScaleX)"
                                    Duration="00:00:00.0010000">
                                <SplineDoubleKeyFrame KeyTime="00:00:00" Value="1.2"/>
                                </DoubleAnimationUsingKeyFrames>
                                <DoubleAnimationUsingKeyFrames BeginTime="00:00:00"
                                  Storyboard.TargetName="ellipse"

    Storyboard.TargetProperty="(UIElement.RenderTransform).(TransformGroup.Children)[0].(Scale
Transform.ScaleY)"
                                    Duration="00:00:00.0010000">
                                <SplineDoubleKeyFrame KeyTime="00:00:00" Value="1.2"/>
                                </DoubleAnimationUsingKeyFrames>
                            </Storyboard>
                        </vsm:VisualState>
                        <vsm:VisualState x:Name="Pressed">
                            <Storyboard>
                                <DoubleAnimationUsingKeyFrames BeginTime="00:00:00"
                                  Storyboard.TargetName="ellipse"

    Storyboard.TargetProperty="(UIElement.RenderTransform).(TransformGroup.Children)[0].(Scale
Transform.ScaleX)"
                                    Duration="00:00:00.0010000">
                                <SplineDoubleKeyFrame KeyTime="00:00:00" Value="1.1"/>
                                </DoubleAnimationUsingKeyFrames>
                                <DoubleAnimationUsingKeyFrames BeginTime="00:00:00"
                                  Storyboard.TargetName="ellipse"

    Storyboard.TargetProperty="(UIElement.RenderTransform).(TransformGroup.Children)[0].(Scale
Transform.ScaleY)"
                                    Duration="00:00:00.0010000">
                                <SplineDoubleKeyFrame KeyTime="00:00:00" Value="1.1"/>
                                </DoubleAnimationUsingKeyFrames>
                            </Storyboard>
                        </vsm:VisualState>
                        <vsm:VisualState x:Name="Disabled">
                            <Storyboard/>
                        </vsm:VisualState>
                    </vsm:VisualStateGroup>
```

```
                        <vsm:VisualStateGroup x:Name="FocusStates">
                            <vsm:VisualState x:Name="Focused">
                                <Storyboard/>
                            </vsm:VisualState>
                            <vsm:VisualState x:Name="Unfocused"/>
                        </vsm:VisualStateGroup>
                    </vsm:VisualStateManager.VisualStateGroups>
                    <Ellipse x:Name="ellipse" Stroke="#FF024285" StrokeThickness="4"
                            RenderTransformOrigin="0.5,0.5">
                        <Ellipse.RenderTransform>
                            <TransformGroup>
                                <ScaleTransform/>
                                <SkewTransform/>
                                <RotateTransform/>
                                <TranslateTransform/>
                            </TransformGroup>
                        </Ellipse.RenderTransform>
                        <Ellipse.Fill>
                            <LinearGradientBrush EndPoint="0.5,1" StartPoint= "0.5,0">
                                <GradientStop Color="#FF2D8FDB"/>
                                <GradientStop Color="#FF173954" Offset="1"/>
                            </LinearGradientBrush>
                        </Ellipse.Fill>
                    </Ellipse>
                </Grid>
            </ControlTemplate>
        </Setter.Value>
    </Setter>

  </Style>
</UserControl.Resources>

<Canvas x:Name="LayoutRoot" Background="#FFFFFFFF">

  <Button Style="{StaticResource ImageButtonStyle}"
    Content="1" Canvas.Left="20" Canvas.Top="20" />
</Canvas>
</UserControl>
```

### 13.2.3　模板绑定（TemplateBinding）

模板绑定是一种特殊的标记扩展语句，用于在模板中绑定数值。模板绑定的机制使我们可以向模板中注入数值。比如默认的按钮控件模板中有一个 ContentPresenter 类型的部件，用来显示按钮上的文本，由于使用了模板绑定将这个 ContentPresenter 的 Content 属性绑定到了按钮控件的 Content 属性上，因此当我们在设置按钮控件的 Content 属性时，模板中的该 ContentPresenter 部件也获得了这个 Content 属性值，从而按钮显示出了我们设置的文本信息。

在上一小节的示例中，我们创建了一个含有状态过渡的按钮控件模板，这里将在此基础上介绍如何使用 Blend 给按钮控件模板添加模板绑定，从而让控件显示数值。具体操作步骤如下。

（1）选中按钮控件，单击设计视图上方的“Template”按钮，如图 13-26 所示，进入模板编辑模式。

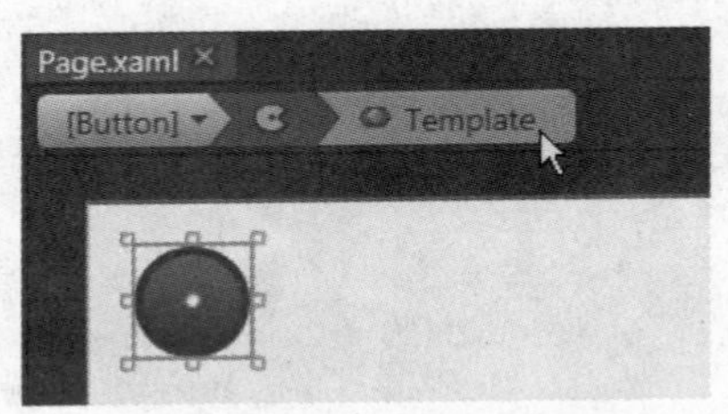


图 13-26　进入模板编辑模式

（2）在按钮模板中添加一个 TextBlock 控件，命名为 content，用来显示文本信息，如图 13-27 所示。

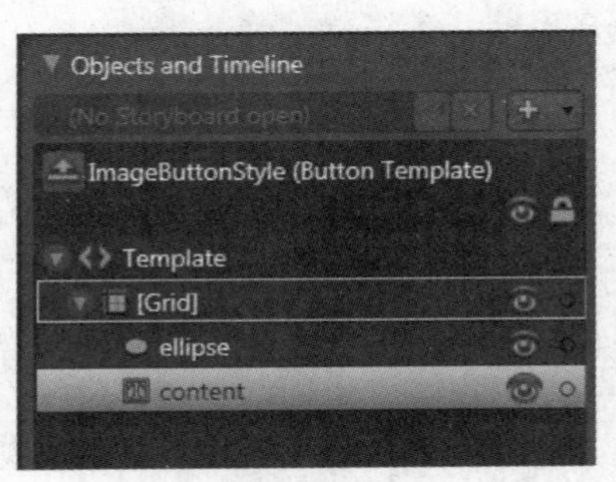


图 13-27　添加 TextBlock 控件

（3）在 Blend 中设置文本控件居中显示，字号为 20，颜色为白色，如图 13-28 所示。

（4）在 Blend 属性面板中，单击 Text 属性右侧的小方块，在弹出的面板中依次选择“Template Binding”→“Content”命令，从而将 TextBlock 的 Text 属性绑定到按钮控件的 Content 属性，如图 13-29 所示。

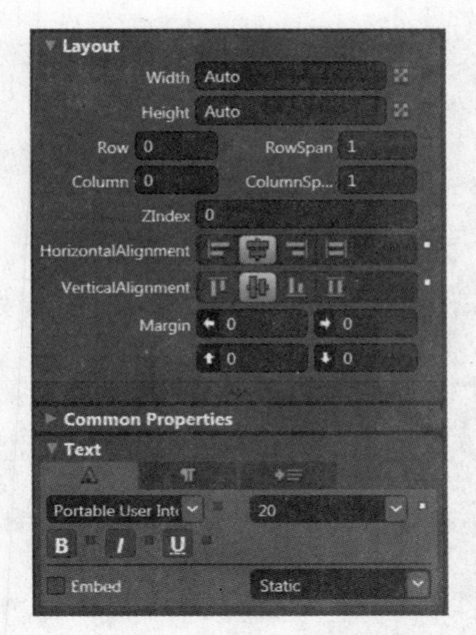


图 13-28　设置 TextBlock 控件属性

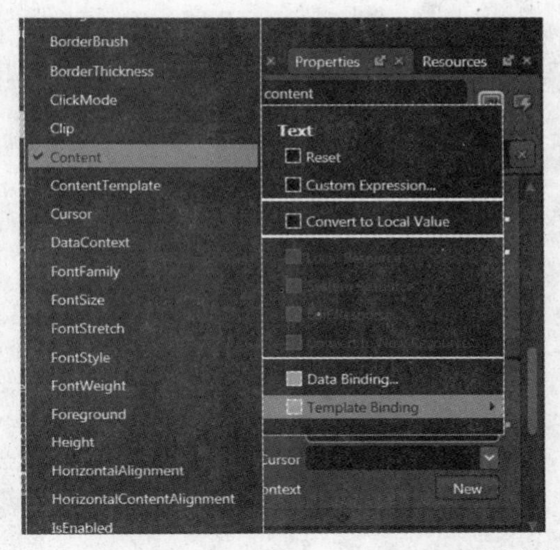


图 13-29　给 TextBlock 控件的 Text 属性添加模板绑定

TextBlock 的 XAML 代码如下:

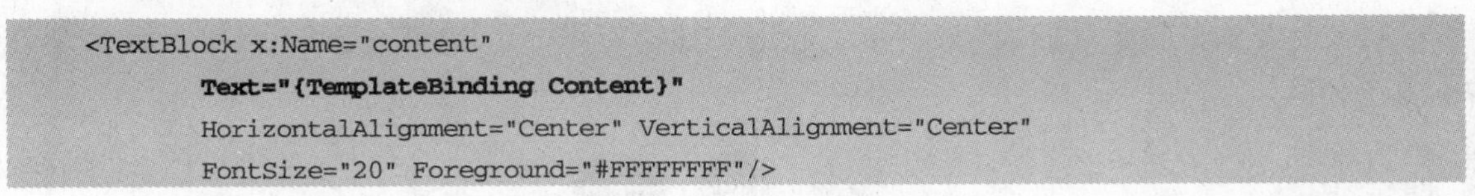

```
<TextBlock x:Name="content"
        Text="{TemplateBinding Content}"
        HorizontalAlignment="Center" VerticalAlignment="Center"
        FontSize="20" Foreground="#FFFFFFFF"/>
```

（5）退出模板编辑模式，将按钮控件的 Content 属性设置为“1”。设置完毕后，效果如图 13-30 所示。

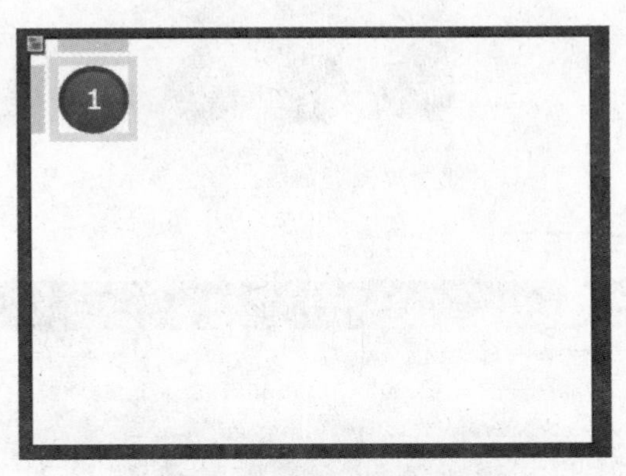


图 13-30　按钮控件的外观

（6）在 LayoutRoot 中再添加多个按钮控件，应用修改后的 ImageButtonStyle 样式，并分别设置不同的 Content 属性。代码如下：

```
<Canvas x:Name="LayoutRoot" Background="#FFFFFFFF">
    <Button Style="{StaticResource ImageButtonStyle}"
      Content="1" Canvas.Left="20" Canvas.Top="20" />
    <Button Style="{StaticResource ImageButtonStyle}"
        Content="2" Canvas.Left="92" Canvas.Top="20" />
    <Button Style="{StaticResource ImageButtonStyle}"
        Content="3" Canvas.Left="167" Canvas.Top="20" />
    <Button Style="{StaticResource ImageButtonStyle}"
        Content="4" Canvas.Left="20" Canvas.Top="90" />
    <Button Style="{StaticResource ImageButtonStyle}"
        Content="5" Canvas.Left="92" Canvas.Top="90" />
    <Button Style="{StaticResource ImageButtonStyle}"
        Content="6" Canvas.Left="167" Canvas.Top="90" />
    <Button Style="{StaticResource ImageButtonStyle}"
        Content="7" Canvas.Left="20" Canvas.Top="160" />
    <Button Style="{StaticResource ImageButtonStyle}"
        Content="8" Canvas.Left="92" Canvas.Top="160" />
    <Button Style="{StaticResource ImageButtonStyle}"
        Content="9" Canvas.Left="167" Canvas.Top="160" />
    </Canvas>
```

（7）运行后的效果如图 13-31 所示，所有按钮都应用上了相同的模板，按钮上显示的文本各不相同。

图 13-31　使用模板绑定后控件上显示出数值

程序的代码如例程 13-7 所示。

**例程 13-7　添加模板绑定后的模板样式**

```
<UserControl x:Class="TemplateSample.Page"
   xmlns="http://schemas.microsoft.com/winfx/2006/xaml/presentation"
   xmlns:x="http://schemas.microsoft.com/winfx/2006/xaml"
   Width="400" Height="300" xmlns:vsm="clr-namespace:System.Windows;assembly=System.Windows">
   <UserControl.Resources>
      <Style x:Key="ImageButtonStyle" TargetType="Button">
         <Setter Property="Width" Value="50"/>
         <Setter Property="Height" Value="50"/>
```

```
            <Setter Property="Template">
                <Setter.Value>
                    <ControlTemplate TargetType="Button">
                        <Grid>
                            <vsm:VisualStateManager.VisualStateGroups>
                                <vsm:VisualStateGroup x:Name="CommonStates">
                                 <vsm:VisualStateGroup.Transitions>
                                     <vsm:VisualTransition GeneratedDuration="00:00:00.1000000" To=
"Pressed"/>
                                     <vsm:VisualTransition GeneratedDuration="00:00:00.1000000" To=
"MouseOver"/>
                                     <vsm:VisualTransition GeneratedDuration="00:00:00.1000000" To=
"Normal"/>
                                 </vsm:VisualStateGroup.Transitions>
                                     <vsm:VisualState x:Name="Normal">
                                         <Storyboard>
                                             <DoubleAnimationUsingKeyFrames BeginTime="00:00:00"
                                                 Storyboard.TargetName="ellipse"

    Storyboard.TargetProperty="(UIElement.RenderTransform).(TransformGroup.Children)[0].(Scale
Transform.ScaleX)">
                                                     <SplineDoubleKeyFrame KeyTime="00:00:00.1000000"
Value="1"/>
                                             </DoubleAnimationUsingKeyFrames>
                                             <DoubleAnimationUsingKeyFrames BeginTime="00:00:00"
                                                 Storyboard.TargetName="ellipse"

    Storyboard.TargetProperty="(UIElement.RenderTransform).(TransformGroup.Children)[0].(Scale
Transform.ScaleY)">
                                                     <SplineDoubleKeyFrame KeyTime="00:00:00.1000000"
Value="1"/>
                                             </DoubleAnimationUsingKeyFrames>
                                         </Storyboard>
                                     </vsm:VisualState>
                                     <vsm:VisualState x:Name="MouseOver">
                                         <Storyboard>
                                             <DoubleAnimationUsingKeyFrames BeginTime="00:00:00"
                                                 Storyboard.TargetName="ellipse"

    Storyboard.TargetProperty="(UIElement.RenderTransform).(TransformGroup.Children)[0].(Scale
Transform.ScaleX)"
                                                     Duration="00:00:00.0010000">
                                             <SplineDoubleKeyFrame KeyTime="00:00:00" Value="1.2"/>
```

```
                                    </DoubleAnimationUsingKeyFrames>
                                    <DoubleAnimationUsingKeyFrames BeginTime="00:00:00"
                                      Storyboard.TargetName="ellipse"

    Storyboard.TargetProperty="(UIElement.RenderTransform).(TransformGroup.Children)[0].(Scale
Transform.ScaleY)"
                                        Duration="00:00:00.0010000">
                                    <SplineDoubleKeyFrame KeyTime="00:00:00" Value="1.2"/>
                                    </DoubleAnimationUsingKeyFrames>
                                </Storyboard>
                            </vsm:VisualState>
                            <vsm:VisualState x:Name="Pressed">
                                <Storyboard>
                                    <DoubleAnimationUsingKeyFrames BeginTime="00:00:00"
                                      Storyboard.TargetName="ellipse"

    Storyboard.TargetProperty="(UIElement.RenderTransform).(TransformGroup.Children)[0].(Scale
Transform.ScaleX)"
                                        Duration="00:00:00.0010000">
                                    <SplineDoubleKeyFrame KeyTime="00:00:00" Value="1.1"/>
                                    </DoubleAnimationUsingKeyFrames>
                                    <DoubleAnimationUsingKeyFrames BeginTime="00:00:00"
                                      Storyboard.TargetName="ellipse"

    Storyboard.TargetProperty="(UIElement.RenderTransform).(TransformGroup.Children)[0].(Scale
Transform.ScaleY)"
                                        Duration="00:00:00.0010000">
                                    <SplineDoubleKeyFrame KeyTime="00:00:00" Value="1.1"/>
                                    </DoubleAnimationUsingKeyFrames>
                                </Storyboard>
                            </vsm:VisualState>
                            <vsm:VisualState x:Name="Disabled">
                                <Storyboard/>
                            </vsm:VisualState>
                        </vsm:VisualStateGroup>
                        <vsm:VisualStateGroup x:Name="FocusStates">
                          <vsm:VisualState x:Name="Focused">
                            <Storyboard/>
                          </vsm:VisualState>
                          <vsm:VisualState x:Name="Unfocused"/>
                        </vsm:VisualStateGroup>
                    </vsm:VisualStateManager.VisualStateGroups>
<Ellipse x:Name="ellipse" Stroke="#FF024285" StrokeThickness="4"
```

```
                    RenderTransformOrigin="0.5,0.5">
                 <Ellipse.RenderTransform>
                   <TransformGroup>
                     <ScaleTransform/>
                     <SkewTransform/>
                     <RotateTransform/>
                     <TranslateTransform/>
                   </TransformGroup>
                 </Ellipse.RenderTransform>
                 <Ellipse.Fill>
                     <LinearGradientBrush EndPoint="0.5,1" StartPoint="0.5,0">
                     <GradientStop Color="#FF2D8FDB"/>
                     <GradientStop Color="#FF173954" Offset="1"/>
                   </LinearGradientBrush>
                 </Ellipse.Fill>
               </Ellipse>
               <TextBlock x:Name="content"
                  Text="{TemplateBinding Content}"
                  HorizontalAlignment="Center" VerticalAlignment="Center"
                  FontSize="20" Foreground="#FFFFFFFF"/>
             </Grid>
           </ControlTemplate>
         </Setter.Value>
       </Setter>

     </Style>
   </UserControl.Resources>

   <Canvas x:Name="LayoutRoot" Background="#FFFFFFFF">
     <Button Style="{StaticResource ImageButtonStyle}"
      Content="1" Canvas.Left="20" Canvas.Top="20" />
     <Button Style="{StaticResource ImageButtonStyle}"
        Content="2" Canvas.Left="92" Canvas.Top="20" />
     <Button Style="{StaticResource ImageButtonStyle}"
        Content="3" Canvas.Left="167" Canvas.Top="20" />
     <Button Style="{StaticResource ImageButtonStyle}"
        Content="4" Canvas.Left="20" Canvas.Top="90" />
     <Button Style="{StaticResource ImageButtonStyle}"
        Content="5" Canvas.Left="92" Canvas.Top="90" />
     <Button Style="{StaticResource ImageButtonStyle}"
        Content="6" Canvas.Left="167" Canvas.Top="90" />
     <Button Style="{StaticResource ImageButtonStyle}"
        Content="7" Canvas.Left="20" Canvas.Top="160" />
```

```
        <Button Style="{StaticResource ImageButtonStyle}"
            Content="8" Canvas.Left="92" Canvas.Top="160" />
        <Button Style="{StaticResource ImageButtonStyle}"
            Content="9" Canvas.Left="167" Canvas.Top="160" />
    </Canvas>
</UserControl>
```

## 13.3　小结

本章介绍了如何使用样式和模板。样式和模板是 Silverlight 中非常重要的功能，因为能够通过它们调节控件的观感。本章首先介绍了如何定义样式，如何将样式作为 StaticResource 绑定到控件。然后探讨了样式的应用域，如果将样式设置在 App.xaml 中可以让样式在整个 Silverlight 应用程序中应用。

接下来本章介绍了如何使用模板，以便在不放弃控件功能的前提下，对控件的外观做进一步的改变。应用模板就如同对整个控件进行了一次“换肤”，首先以如何制作一个图片控件为例，介绍了如何创建使用模板。然后探讨了模板中的状态管理，并介绍了如何定义模板中的状态，以及状态间的过渡。最后介绍了如何使用模板绑定将模板内的部件属性绑定到控件属性，使控件属性的值可以传递到模板内的部件。

# 第 14 章 高级开发技巧

本章将介绍 Silverlight 开发过程中常用的高级开发技巧，主要包括如何创建和使用自定义控件，以及如何使用独立存储 IsolatedStorage。

## 14.1 自定义控件

在 Silverlight 中我们不但可以创建用户控件，还可以创建自定义控件。自定义控件允许使用者自定义外观模板，而不改变其交互行为。比如经常使用的 Button 控件就是一个自定义控件，如果想保留这个 Button 控件的交互行为（如 Click 事件），但对这个 Button 控件的外观不满意，就可以通过定制 ControlTemplate 模板来创建自定义的界面。

### 14.1.1 创建自定义控件

自定义控件定义了一系列部件和状态模型，这些部件和状态组成了自定义控件的界面和行为。

创建自定义控件的过程包括创建自定义控件界面、创建交互行为和定义控件契约。这里以创建一个 NumericUpDown 的用户控件为例，介绍如何创建一个自定义控件。

NumericUpDown 的界面元素包括：两个 RepeatButton 控件和一个 TextBox 控件。TextBox 控件用来显示当前的数值，其中一个 RepeatButton 控件用来使数值上升，另一个用来使数值下降。如图 14-1 所示。

图 14-1 NumericUpDown 控件的界面元素

具体操作步骤如下。

（1）新建 Silverlight 工程，命名为 NumbericUpDownSample。创建一个类，命名为 NumbericUpDown。将其继承关系设为继承自 Control。代码如下：

```
public class NumbericUpDown : Control
{
}
```

（2）创建文件 generic.xaml，并将其放在 Themes 文件夹下。

generic.xaml 文件只用来放置项目中用到的资源，如项目中所需要用到的模板和样式等。

可以用创建 UserControl 的方式创建一个 generic.xaml 的 UserControl，然后将 generic.cs 文件删除，如图 14-2 所示。

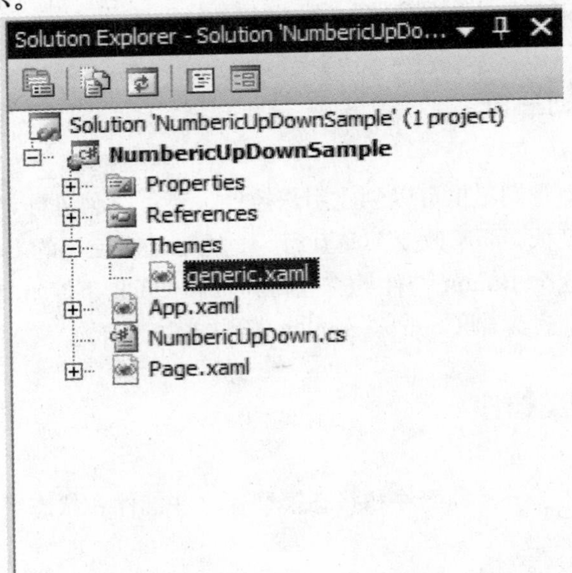


图 14-2　在工程中添加 generic.xaml 文件

打开 generic.xaml 文件，将代码改为：

```
<ResourceDictionary
   xmlns="http://schemas.microsoft.com/winfx/2006/xaml/presentation"
   xmlns:x="http://schemas.microsoft.com/winfx/2006/xaml">
</ResourceDictionary
```

（3）在 generic.xaml 文件中添加默认的样式。

在 generic.xaml 文件中创建的样式无法用 Blend 打开，所以这里要用到的一个技巧是：先在 Page.xaml 中创建好默认的模板样式，然后将 XAML 代码复制到 generi.xaml 中。默认的模板样式如例程 14-1 所示。

**例程 14-1　使用默认样式**

```
<ResourceDictionary
   xmlns="http://schemas.microsoft.com/winfx/2006/xaml/presentation"
   xmlns:x="http://schemas.microsoft.com/winfx/2006/xaml"
   xmlns:local="clr-namespace:NumbericUpDownSample"
   xmlns:vsm="clr-namespace:System.Windows;assembly=System.Windows">

   <Style TargetType="local:NumbericUpDown">
      <Setter Property="Template">
         <Setter.Value>
            <ControlTemplate TargetType="local:NumbericUpDown">
               <Grid >
                  <Grid.RowDefinitions>
                     <RowDefinition/>
                     <RowDefinition/>
                  </Grid.RowDefinitions>
                  <Grid.ColumnDefinitions>
                     <ColumnDefinition/>
                     <ColumnDefinition/>
                  </Grid.ColumnDefinitions>

                  <TextBox x:Name="TextBox" FontSize="12"
                         Grid.RowSpan="2" Height="Auto"
                         Margin="5,0,5,0"
                         HorizontalAlignment="Stretch"
                         VerticalAlignment="Center"/>

                  <RepeatButton x:Name="UpButton" Content="Up"
                            Margin="2,5,5,0"
                                    Grid.Column="1" Grid.Row="0"/>

                  <RepeatButton x:Name="DownButton" Content="Down"
                            Margin="2,0,5,5"
                                    Grid.Column="1" Grid.Row="1"/>
               </Grid>
            </ControlTemplate>
         </Setter.Value>
      </Setter>
   </Style>
</ResourceDictionary>
```

（4）在 NumbericUpDown 构造函数中设置 DefaultStyleKey 属性，使用默认的风格。

在 generic.xaml 中定义了 Style 后如何赋给 NumbericUpDown 呢？这里不是给 Style 加 x:Name 属性或 x:Key 属性，而是通过在构造函数中给 DefaultStyleKey 属性赋予初始值。代码如下：

```
public NumbericUpDown()
{
    DefaultStyleKey = typeof(NumbericUpDown);
}
```

在 XAML 中添加自定义控件如例程 14-2 所示。

例程 14-2　在 XAML 中添加自定义控件

```
<UserControl x:Class="NumbericUpDownSample.Page"
    xmlns="http://schemas.microsoft.com/winfx/2006/xaml/presentation"
    xmlns:x="http://schemas.microsoft.com/winfx/2006/xaml"
    xmlns:local="clr-namespace:NumbericUpDownSample;assembly=NumbericUpDownSample"
    >
    <Grid x:Name="LayoutRoot" Background="White">
        <local:NumbericUpDown Width="100" Height="60" x:Name="n"/>
    </Grid>
</UserControl>
```

运行后可以看到我们添加的文本框和让数值上升及下降的两个按钮，如图 14-3 所示。但是此时按下按钮是不起作用的，因为我们还没有给它们添加交互行为。

图 14-3　没有添加交互行为的控件

（5）为了获得文本框、按钮等界面元素的引用，从而为它们添加交互行为，需要让 NumbericUpDown 继承 OnApplyTemplate 方法，在该方法中获取 TextBox 和 RepeatButton 控件的引用，并给 RepeatButton 控件添加事件响应，使按钮在按下时修改文本框中的值。如例程 14-3 所示。

例程 14-3　给自定义控件添加逻辑

```
using System;
using System.Net;
using System.Windows;
using System.Windows.Controls;
using System.Windows.Documents;
using System.Windows.Ink;
```

```
using System.Windows.Input;
using System.Windows.Media;
using System.Windows.Media.Animation;
using System.Windows.Shapes;
using System.Windows.Controls.Primitives;

namespace NumbericUpDownSample
{
   public class NumbericUpDown : Control
   {
      private RepeatButton _upButtonElement;
      public RepeatButton UpButtonElement
      {
         get
         {
            return _upButtonElement;
         }
         set
         {
            if (_upButtonElement != null)
            {
               _upButtonElement.Click -=
                  new RoutedEventHandler(_upButtonElement_Click);
            }
            _upButtonElement = value;
            _upButtonElement.Click +=
               new RoutedEventHandler(_upButtonElement_Click);
         }
      }

      private RepeatButton _downButtonElement;
      public RepeatButton DownButtonElement
      {
         get
         {
            return _downButtonElement;
         }
         set
         {
            if (_downButtonElement != null)
            {
               _downButtonElement.Click -=
                  new RoutedEventHandler(_downButtonElement_Click);
```

```
            }
            _downButtonElement = value;
            _downButtonElement.Click +=
               new RoutedEventHandler(_downButtonElement_Click);
        }
    }

    private TextBox _textboxElement;
    public TextBox TextBoxElement
    {
        get
        {
            return _textboxElement;
        }
        set
        {
            _textboxElement = value;
        }
    }

    void _upButtonElement_Click(object sender, RoutedEventArgs e)
    {
        Value++;
    }

    void _downButtonElement_Click(object sender, RoutedEventArgs e)
    {
        Value--;
    }

    private int _value;
    public int Value
    {
        get
        {
            return _value;
        }
        set
        {
            _value = value;
            UpdateVisuals();
        }
    }
```

```
        private void UpdateVisuals()
        {
            if (TextBoxElement != null)
            {
                TextBoxElement.Text = _value.ToString();
            }
        }

        public NumbericUpDown()
        {
            DefaultStyleKey = typeof(NumbericUpDown);
        }

        public override void OnApplyTemplate()
        {
            base.OnApplyTemplate();
            UpButtonElement = this.GetTemplateChild("UpButton") as RepeatButton;
            DownButtonElement = this.GetTemplateChild("DownButton") as RepeatButton;
            TextBoxElement = this.GetTemplateChild("TextBox") as TextBox;
            UpdateVisuals();
        }

    }
}
```

运行效果如图 14-4 所示，当单击“Up”按钮，数字将递增；单击“Down”按钮，数字将递减。

图 14-4　NumericUpDown 控件运行效果

### 14.1.2　自定义依赖属性

到这里自定义控件已经可以正常运行了，但是此时的 NumericUpDown 控件的 Value 属性只能在 C#代码中设置。为了让 Value 属性能在 XAML 中设置，可以将 Value 属性改为依赖属性。

Visual Studio 提供了快速添加依赖属性代码的方法:输入“propdp”,并连续按下两次“Tab”键，Visual Studio 将立刻生成如下所示的代码段。

```
    public int MyProperty
    {
        get { return (int)GetValue(MyPropertyProperty); }
        set { SetValue(MyPropertyProperty, value); }
    }

    // Using a DependencyProperty as the backing store for MyProperty.  This enables animation,
styling, binding, etc...
    public static readonly DependencyProperty MyPropertyProperty =
        DependencyProperty.Register("MyProperty", typeof(int), typeof(ownerclass), new
UIPropertyMetadata(0));
```

这里可以将 MyProperty 改成自己定制的变量名，如 ValueProperty。将 DependencyProperty.Register 方法的第 3 个参数 typeof(ownerclass)，改成自定义控件类的名称（如 NumricUpDown）。如果需要在依赖属性被赋值后进行操作，可以在 DependencyProperty.Register 方法的最后一个参数中传入一个静态的回调函数，在该函数中添加赋值后的操作。

这样自定义的依赖属性就可以在 XAML 中使用了，如下面的代码：

```
    <local:NumbericUpDown Width="100" Height="60" x:Name="n" Value="10"/>
```

修改后的 NumricUpDown.cs 代码如例程 14-4 所示。

**例程 14-4 自定义依赖属性**

```
    using System;
    using System.Net;
    using System.Windows;
    using System.Windows.Controls;
    using System.Windows.Documents;
    using System.Windows.Ink;
    using System.Windows.Input;
    using System.Windows.Media;
    using System.Windows.Media.Animation;
    using System.Windows.Shapes;
    using System.Windows.Controls.Primitives;

    namespace NumbericUpDownSample
    {
        public class NumbericUpDown : Control
        {
            private RepeatButton _upButtonElement;
            public RepeatButton UpButtonElement
```

```
    {
        get
        {
            return _upButtonElement;
        }
        set
        {
            if (_upButtonElement != null)
            {
                _upButtonElement.Click -=
                    new RoutedEventHandler(_upButtonElement_Click);
            }
            _upButtonElement = value;
            _upButtonElement.Click +=
                new RoutedEventHandler(_upButtonElement_Click);
        }
    }

    private RepeatButton _downButtonElement;
    public RepeatButton DownButtonElement
    {
        get
        {
            return _downButtonElement;
        }
        set
        {
            if (_downButtonElement != null)
            {
                _downButtonElement.Click -=
                    new RoutedEventHandler(_downButtonElement_Click);
            }
            _downButtonElement = value;
            _downButtonElement.Click +=
                new RoutedEventHandler(_downButtonElement_Click);
        }
    }

    private TextBox _textboxElement;
    public TextBox TextBoxElement
    {
        get
        {
```

```
            return _textboxElement;
        }
        set
        {
            _textboxElement = value;
        }
    }

    void _upButtonElement_Click(object sender, RoutedEventArgs e)
    {
        Value++;
    }

    void _downButtonElement_Click(object sender, RoutedEventArgs e)
    {
        Value--;
    }

    private int _value;
    //public int Value
    //{
    //   get
    //   {
    //       return _value;
    //   }
    //   set
    //   {
    //       _value = value;
    //       UpdateVisuals();
    //   }
    //}

    public int Value
    {
        get { return (int)GetValue(ValueProperty); }
        set { SetValue(ValueProperty, value); }
    }

    public static readonly DependencyProperty ValueProperty =
        DependencyProperty.Register(
        "Value",
        typeof(int),
        typeof(NumbericUpDown),
```

```
            new PropertyMetadata(new PropertyChangedCallback(OnValueChanged)));

        private static void OnValueChanged(DependencyObject d,
            DependencyPropertyChangedEventArgs e)
        {
            NumbericUpDown n = d as NumbericUpDown;
            if (n != null)
            {
                n._value = (int)e.NewValue;
                n.UpdateVisuals();
            }
        }

        private void UpdateVisuals()
        {
            if (TextBoxElement != null)
            {
                TextBoxElement.Text = _value.ToString();
            }
        }

        public NumbericUpDown()
        {
            DefaultStyleKey = typeof(NumbericUpDown);
        }

        public override void OnApplyTemplate()
        {
            base.OnApplyTemplate();
            UpButtonElement = this.GetTemplateChild("UpButton") as RepeatButton;
            DownButtonElement = this.GetTemplateChild("DownButton") as RepeatButton;
            TextBoxElement = this.GetTemplateChild("TextBox") as TextBox;
            UpdateVisuals();
        }

    }
}
```

## 14.2 独立存储 IsolatedStorage

独立存储（IsolatedStorage）是 Silverlight 2 中提供的一个客户端安全的虚拟文件系统。

由于 Silverlight 限制了客户端 Silverlight 应用程序不能访问文件系统，只能通过独立存储机制提供虚拟文件系统，访问数据流对象。

Silverlight 中的独立存储有以下一些特征。

- 跟 Cookie 机制类似，独立存储是一个局部信任机制。在独立存储空间内可以放置任意类型的文件，如 XML 文件、TXT 文件、图片、视频等。
- 每个 Silverlight 应用程序都被分配了属于它自己的独立存储空间。如果应用程序中存在多个程序集，那么存储空间在这多个程序集之间是共享的。
- 独立存储支持使用 File 和 Directory 等类访问和维护文件或文件夹。
- 独立存储严格地限制了应用程序可以存储的数据的大小。在默认情况下，每个应用程序的独立存储空间上限为 1MB。

### 14.2.1 使用独立存储

Silverlight 中的独立存储功能是通过 IsolatedStorageFile 来提供的。IsolatedStorageFile 类位于命名空间 System.IO.IsolatedStorag 中，它抽象了独立存储的虚拟文件系统。使用 IsolatedStorageFile 可以对文件或文件夹进行创建和管理。管理文件内容可以使用 IsolatedStorageFile 类的 IsolatedStorageFileStream 对象。

下面介绍在用户登录过程中应用独立存储的示例。当用户输入账号和口令成功登录后，系统记录下当前用户的登录信息，保存在独立存储的某个文件中，最终的效果如图 14-5 所示。

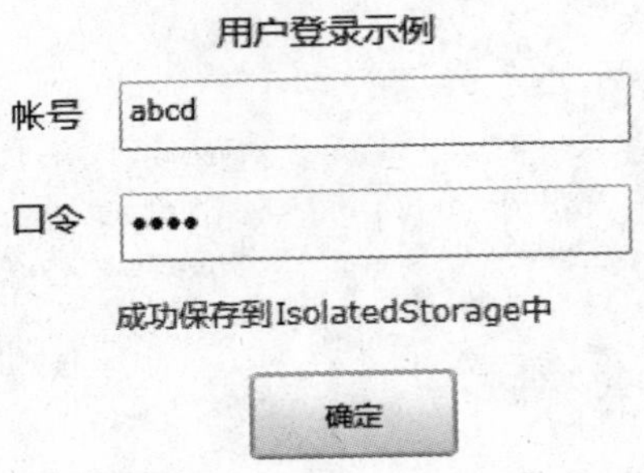

图 14-5　独立存储示例程序效果

为了实现上述界面的效果，打开 Page.xaml 文件，添加例程 14-5 所示的代码：

**例程 14-5　独立存储示例的 XAML 代码**

```
<UserControl x:Class="IsolatedStorageSample.Page"
   xmlns="http://schemas.microsoft.com/winfx/2006/xaml/presentation"
```

```
    xmlns:x="http://schemas.microsoft.com/winfx/2006/xaml"
    Width="383" Height="265">
    <Grid x:Name="LayoutRoot" Background="White">
      <TextBox x:Name="txtUser" Height="28" Margin="97,82,89,0"
VerticalAlignment="Top" Text="Tom" TextWrapping="Wrap" />
      <Button x:Name="btnSave"
Height="35" Margin="146,0,157,30"
VerticalAlignment="Bottom" Content="确定" />
      <PasswordBox x:Name="txtPWD" Margin="97,127,89,110" Password="aaaaaa" />
      <TextBlock Height="23" Margin="135,55,113,0"
VerticalAlignment="Top" Text="用户登录示例"
TextWrapping="Wrap" FontSize="14" FontFamily="Arial"/>
      <TextBlock Height="23" Margin="55,87,0,0"
FontFamily="Arial" FontSize="14"
Text="账号" TextWrapping="Wrap" Width="38"
HorizontalAlignment="Left" VerticalAlignment="Top" />
      <TextBlock Margin="55,129,0,113"
FontFamily="Arial" FontSize="14" Text="口令"
TextWrapping="Wrap" HorizontalAlignment="Left"
Width="38" />
      <TextBlock x:Name="lblInfo"
Height="19" Margin="97,0,89,78"
VerticalAlignment="Bottom"
Text="成功保存到 IsolatedStorage 中" TextWrapping="Wrap"
Foreground="#FF8D0000" FontSize="12"/>
    </Grid>
</UserControl>
```

打开 Page.cs 文件，添加如例程 14-6 所示的代码。

**例程 14-6　独立存储示例的 C#代码**

```
using System;
using System.Collections.Generic;
using System.Linq;
using System.Net;
using System.Windows;
using System.Windows.Controls;
using System.Windows.Documents;
using System.Windows.Input;
using System.Windows.Media;
using System.Windows.Media.Animation;
using System.Windows.Shapes;
using System.IO;
using System.IO.IsolatedStorage;
```

```
namespace IsolatedStorageSample
{
   public partial class Page : UserControl
   {
      string DirName = "Users";
      string FileName = "Users/Default.txt";

      public Page()
      {
         InitializeComponent();
         ReadLocalInfo();

         //单击“Save”按钮，执行保存操作
         btnSave.Click += (o, e) =>
         {
            //账号或口令为空都是不合法的
            if (txtUser.Text == "" || txtPWD.Password == "")
               return;

            SaveLocalInfo();
         };
      }

      //读取存储在 IsolatedStorage 中的信息
      void ReadLocalInfo()
      {
        if (IsolatedStorageFile.GetUserStoreForApplication().DirectoryExists(DirName) == false)
         {
            return;
         }

         IsolatedStorageFileStream cfs = null;

         //从本地文件中读取登录信息
         cfs = new IsolatedStorageFileStream(FileName,
            FileMode.Open, IsolatedStorageFile.GetUserStoreForApplication());
         StreamReader reader = new StreamReader(cfs);
         string strUser = reader.ReadLine();
         string strPWD = reader.ReadLine();

         reader.Close();
         cfs.Close();
```

```
            //初始化控件
            if (strUser != null) txtUser.Text = strUser;
            if (strPWD != null) txtPWD.Password = strPWD;
        }

        //保存当前用户信息到IsolateStorage中Users目录下的Default.txt
        void SaveLocalInfo()
        {
            IsolatedStorageFileStream cfs = null;

            //判断该目录是否已经存在,不存在就新建一个
           if (IsolatedStorageFile.GetUserStoreForApplication().DirectoryExists(DirName) == false)
            {
                IsolatedStorageFile.GetUserStoreForApplication().CreateDirectory(DirName);
            }

            //判断文件是否存在,不存在就新建一个
            if (IsolatedStorageFile.GetUserStoreForApplication().FileExists(FileName) == false)
            {
                cfs = IsolatedStorageFile.GetUserStoreForApplication().CreateFile(FileName);
                cfs.Close();
            }

            //从本地文件中读取XML信息
            cfs = new IsolatedStorageFileStream(FileName,
                    FileMode.Truncate,
                    IsolatedStorageFile.GetUserStoreForApplication());
            StreamWriter writer = new StreamWriter(cfs);
            writer.WriteLine(txtUser.Text);
            writer.WriteLine(txtPWD.Password);
            writer.Close();
            cfs.Close();

            lblInfo.Visibility = Visibility.Visible;
        }
    }
}
```

程序运行后，如果在登录用户名和口令的框中输入信息，单击“确定”按钮，程序就将登录信息保存到独立存储文件中。当再次运行程序时，将自动填入上次输入的登录信息。

在程序任意位置处单击鼠标右键，从弹出的快捷菜单中选择“Silverlight 配置”命令，

在弹出的对话框中选择"应用程序存储"选项卡，将看到当前使用的所有 Silverlight 应用程序存储，如图 14-6 所示，其中包含了当前程序的独立存储。

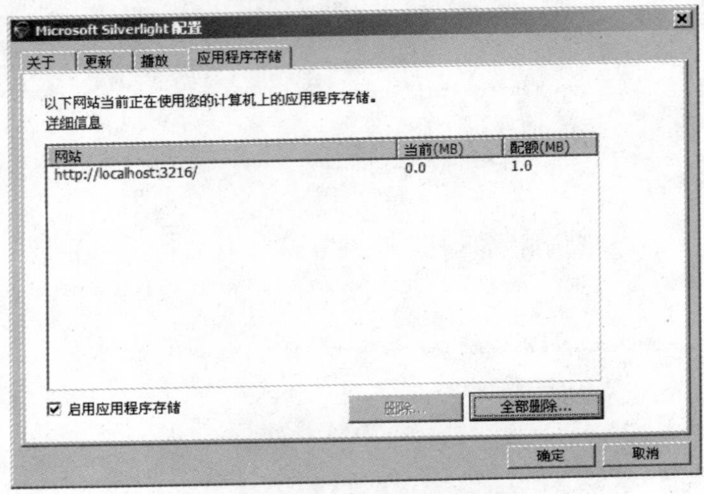


图 14-6　查看本机所使用的独立存储

## 14.2.2　增加配额

独立存储严格地限制了应用程序可以存储的数据大小，但是通过 IsolatedStorageFile 类提供的 IncreaseQuotaTo 方法可以申请更大的存储空间，空间的大小是以字节为单位表示的，如下面的代码片段所示，申请独立存储空间增加到 5MB。

```
using (IsolatedStorageFile store = IsolatedStorageFile.GetUserStoreForApplication())
{
    long newQuetaSize = 5242880;
    long curAvail = store.AvailableFreeSpace;
    if (curAvail < newQuetaSize)
    {
        store.IncreaseQuotaTo(newQuetaSize);
    }
}
```

当试图增加空间大小时，浏览器将会弹出一个确认对话框，如图 14-7 所示，供用户确认是否允许增加独立存储空间的大小。如果用户确认同意，独立存储空间的大小将相应地增加到 5MB。

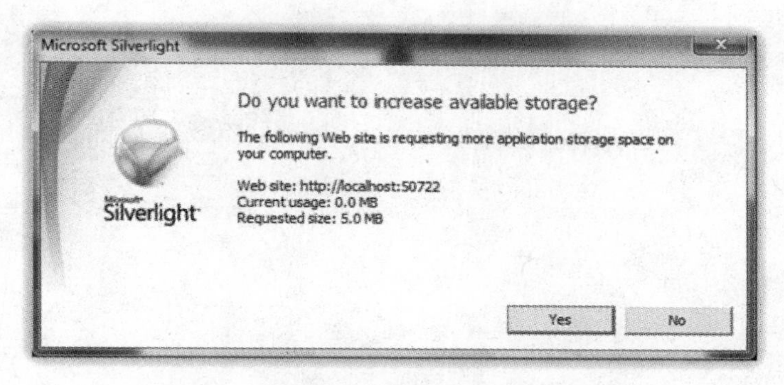


图 14-7　增加独立存储空间大小对话框

## 14.3　小结

本章介绍了几种 Silverlight 中的高级开发技巧，包括创建自定义控件和使用独立存储 IsolatedStorage。使用自定义控件可以让控件使用者通过使用样式和模板定制控件的外观，而不改变控件的功能。同时还介绍了如何为自定义控件添加依赖属性，从而可以在 XAML 中设置这些属性。本章还介绍了如何使用独立存储，为应用程序保存常用信息，比如用户登录信息，以及如何根据需要增加独立存储的配额。使用这些高级开发技巧可以帮助开发人员创建出更丰富、更出色的 Silverlight 应用程序。

# 第 15 章

# 访问数据与服务器

使用 Silverlight 开发交互式应用程序时，经常需要在客户端处理数据。对于轻量级的数据，比如一些记录客户端配置信息的文件来说，可以直接保存在客户端。但是对于一些复杂的数据来说，就需要将它们存储在服务端，通过在客户端和服务端建立通信的基础上，传递数据。

Silverlight 支持 XML、JSON、RSS 等类型的数据，可以使用内建的类序列化和反序列化这些数据，数据的请求和传输可以通过 Web Service 服务。本章将介绍如何创建基于 SOAP 的 ASMX 服务，以及如何在 Silverilght 客户端引用 ASMX 服务。本章还将介绍如何创建 WCF 服务，以及如何建立 Silverlight 客户端与 WCF 服务的异步通讯。Silverlight 应用程序需要遵守一定的规则才可以访问 Web Service，这些规则都会在本章节中进行讨论。

## 15.1 使用 LINQ

LINQ 的全称为 Language Integrated Query（发音：link），即语言集成查询。这是一组技术的名称，这些技术建立在将查询功能直接集成到 C#语言，以及 Visual Basic 和可能的任何其他.NET 语言的基础上。

对于编写查询的开发人员来说，LINQ 最明显的“语言集成”部分是查询表达式。查询表达式是使用 C# 3.0 中引入的声明性查询语法编写的。通过使用查询语法，开发人员甚至可以使用最少的代码对数据源执行复杂的筛选、排序和分组操作，使用相同的基本查询表达式模式来查询和转换 SQL 数据库、ADO.NET 数据集、XML 文档和流，以及.NET 集合中的数据。

查询要指定从数据源中检索的信息。查询还可以指定在返回这些信息之前如何对其进行排序、分组和结构化。查询存储在查询变量中，用查询表达式进行初始化。为使编写查询的工作变得更加容易，C#引入了新的查询语法。

要在 Silverlight 中使用 LINQ，必须引用 System.Linq。在 Page.cs 中是默认引用的，而在其他新建的用户控件或类中的默认都没有引用，需要自行添加其引用。

下面的示例演示了完整的查询操作。

```
        //获取数据源
int[] scores = new int[] { 97, 92, 81, 60 };

      //创建查询
      IEnumerable<int> scoreQuery =
         from score in scores
         where score > 80
         select score;

      //执行查询
      foreach (int i in scoreQuery)
      {
         Console.Write(i + " ");
      }
```

上一个示例中的查询从整数数组中返回所有数字。该查询表达式包含 3 个子句：from、where 和 select（如果你熟悉 SQL 就会注意到这些子句的顺序与 SQL 中的顺序相反）。from 子句指定数据源，where 子句应用筛选器，select 子句指定返回的元素的类型。

**注意：** 在 LINQ 中，查询变量本身不执行任何操作并且不返回任何数据。它只是存储在以后某个时刻执行查询时，为生成结果而必需的信息。

LINQ 数据源是支持泛型 IEnumerable(T)接口或从该接口继承的接口的任意对象。

下面以一个示例介绍如何使用 LINQ 对集合对象进行查询。这个示例首先随机生成并添加了一系列圆形对象，然后使用 LINQ 设置查询条件，对圆形进行筛选。

具体操作步骤如下。

(1) 创建一个 Silverlight 工程，取名为 LINQSample，打开 Page.xaml 文件添加如例程 15-1 所示的代码，创建程序界面。

**例程 15-1　LINQ 示例的 XAML 代码**

```
<UserControl x:Class="LINQSample.Page"
   xmlns="http://schemas.microsoft.com/winfx/2006/xaml/presentation"
   xmlns:x="http://schemas.microsoft.com/winfx/2006/xaml"
   Width="400" Height="300">
   <Canvas x:Name="LayoutRoot" Background="White">
     <Canvas Height="36" Width="302" Canvas.Left="72" Canvas.Top="358">
          <Button x:Name="randomBtn"
```

```
                Height="36" Width="109" FontSize="13"
                Content="随机生成圆形" />
            <Button x:Name="filterBtn"
                Height="36" Width="142" FontSize="13"
                Content="过滤半径小于 30 的圆形" Canvas.Left="160" />
        </Canvas>

        <Canvas x:Name="container"/>
    </Canvas>
</UserControl>
```

（2）打开 Page.cs 文件，添加如例程 15-2 所示的代码。

**例程 15-2　使用 LINQ 查询语句筛选圆形**

```
using System;
using System.Collections.Generic;
using System.Linq;
using System.Net;
using System.Windows;
using System.Windows.Controls;
using System.Windows.Documents;
using System.Windows.Input;
using System.Windows.Media;
using System.Windows.Media.Animation;
using System.Windows.Shapes;

namespace LINQSample
{
   public partial class Page : UserControl
   {
      //创建生成随机数的对象
      private Random random = new Random();
      //存储圆形的集合对象
      private List<Ellipse> dots = new List<Ellipse>();

      public Page()
      {
         InitializeComponent();

         randomBtn.Click += new RoutedEventHandler(randomBtn_Click);
         filterBtn.Click += new RoutedEventHandler(filterBtn_Click);
      }
```

```
        void filterBtn_Click(object sender, RoutedEventArgs e)
        {
            //将半径小于 30 的圆形筛选出来
            var smallDots = from whereDot in dots
                            where whereDot.Width < 30
                            select whereDot;

            //将所有筛选出来的圆形隐藏
            foreach (Ellipse dot in smallDots)
            {
                dot.Visibility = Visibility.Collapsed;
            }
        }

        void randomBtn_Click(object sender, RoutedEventArgs e)
        {
            container.Children.Clear();
            dots.Clear();

            for (int i = 0; i < 30; i++)
            {
                //随机生成位置和半径
                double radius = random.Next(40);
                double x = random.Next(300);
                double y = random.Next(300);

                //创建一个圆形，设置其颜色、大小和位置
                Ellipse dot = new Ellipse();
                dot.Fill = new SolidColorBrush(Colors.Red);
                dot.Width = dot.Height = radius;
                Canvas.SetLeft(dot,x);
                Canvas.SetTop(dot, y);

                //添加圆形到 Canvas 容器，并将圆形引用存储在集合对象中
                container.Children.Add(dot);
                dots.Add(dot);


            }
        }
    }
}
```

运行后，效果如图 15-1 所示，当单击“随机生成圆形”按钮后，将会随机添加 50 个圆形；当单击“过滤半径小于 30 的圆形”按钮后，使用 LINQ 查询语句查询出半径小于 30 的圆形，这些圆形立刻被隐藏，如图 15-2 所示。

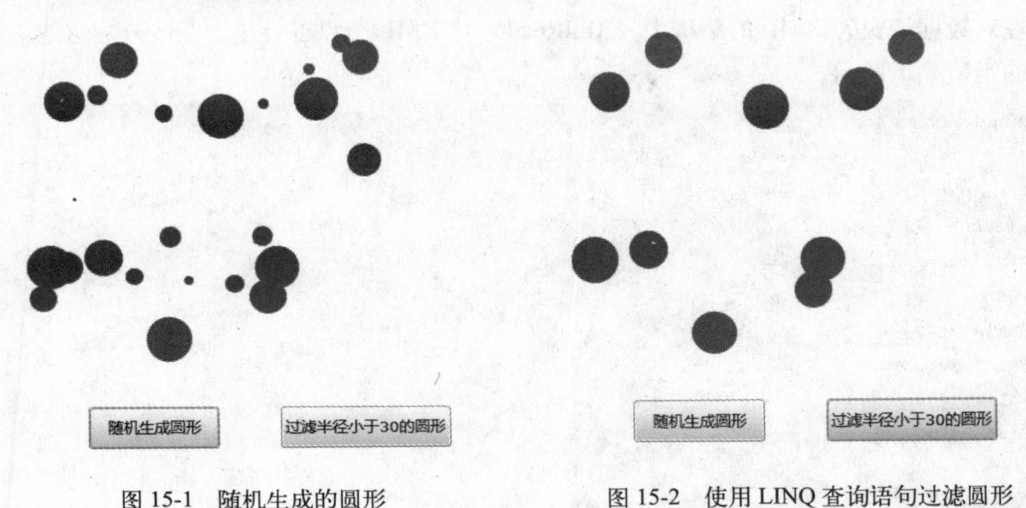


图 15-1　随机生成的圆形　　　　图 15-2　使用 LINQ 查询语句过滤圆形

## 15.2　使用 XML 数据

Silverlight 支持两种解析 XML 数据的方式，一种是使用 XmlReader，另一种是使用 LINQ to XML。

XmlReader 是一个轻量级、无缓存的 XML 解析器；而 LINQ 则将 XML 文件载入到内存中处理，开发效率比较高。在通常情况下，如果 XML 文件较大，则使用 XmlReader 解析数据，如果 XML 文本较小，就使用 LINQ 解析 XML 数据。

### 15.2.1　使用 XmlReader 解析 XML 数据流

XmlReader 用于处理 XML 的类包含在 System.Xml 命名空间，这些类支持在内存中读、写已经编辑的 XML。Silverlight 中不包含 XmlDocument，而是使用 XmlReader 读取 XML 数据。XmlReader 是一个向前只读的 XML 解析器，通常用于处理较大的 XML 文件，不需要将整个 XML 文件载入内存。XmlReader 支持从 stream、TextReader，以及应用程序压缩包 XAP 包含的文件中读取 XML 数据。通过使用 Create 方法创建 XmlReader 对象。

XmlWriter 提供了一个向前只写的产生 XML 数据流的方式。通过使用 Create 方法创建 XmlWriter 对象。当使用 XmlWriter 的方法产生 XML 时，只有当调用了 Close 或者 Flush 方法后，Elements 及 Attributes 才会被写到输出流。

在对数据流式的 XML 的解析中，XmlReader 对 XML 节点进行了一些区分，这些 XML 节点的类型如下所示。

```
public enum XmlNodeType
{
None = 0,
Element = 1,
Attribute = 2,
Text = 3,
CDATA = 4,
EntityReference = 5,
Entity = 6,
ProcessingInstruction = 7,
Comment = 8,
Document = 9,
DocumentType = 10,
DocumentFragment = 11,
Notation = 12,
Whitespace = 13,
SignificantWhitespace = 14,
EndElement = 15,
EndEntity = 16,
XmlDeclaration = 17,
}
```

其中常用到的有 Element、Attribute、Text、EndElement 等。比如<item>表示 Element 类型的节点，</item>表示 EndElement 的节点，而一对标记之间的文本内容或者节点之间的空格、换行表示为 Text 类型。Attribute 表示节点标签的属性如<item Name="新闻">。

以下是一个在 Silverlight 使用 XmlReader 解析 XML 数据流的例子，需要解析的 XML 数据如下所示。

首先我们创建一个用来存储该 XML 数据的类 Photo。代码如下：

```
using System;
   public class Photo
   {
      public string Author { get; set; }
```

```
        public double Width { get; set; }
        public double Height { get; set; }
        public string Type { get; set; }
        public DateTime Date { get; set; }
}
```

再创建一个 XML 格式的字符串，代码如下：

```
            String xmlString =
              @"<?xml version='1.0'?>
              <!--这是一个简单的XML文件-->
              <Gallery>
                <Photo>
                  <Author>Tom</Author>
                  <Width>1024</Width>
                  <Height>768</Height>
                  <Type>JPG</Type>
                  <Date>16 Aug 2007 09:39:19</Date>
                </Photo>
                <Photo>
                  <Author>Jack</Author>
                  <Width>800</Width>
                  <Height>600</Height>
                  <Type>JPG</Type>
                  <Date>16 Aug 2008 10:13:29</Date>
                </Photo>
              </Gallery>";
```

使用 StringBuilder 读取字符串，使用 XmlReader 解析字符串内容，解析过程在例程 15-3 的注释中。

**例程 15-3　使用 XmlReader 解析字符串**

```
StringBuilder output = new StringBuilder();
using (XmlReader reader = XmlReader.Create(new StringReader(xmlString)))
{
    while (reader.Read())
    {
        //如果节点是开始节点，且名称为Photo，
        //那么创建一个Photo对象，开始读取下一级节点内容
        if ((reader.IsStartElement()) && (reader.LocalName == "Photo"))
        {
```

```
                Photo photo = new Photo();
                using (XmlReader itemReader = reader.ReadSubtree())
                {
                    while (itemReader.Read())
                    {
                        //如果找到一个节点就开始读取其中的值
                        if (itemReader.NodeType == XmlNodeType.Element)
                        {
                            string nodeName = itemReader.Name;
                            itemReader.Read();
                            //如果节点是文本节点，
                            //那么提取其内容保持到 Photo 类相应属性中
                            if (itemReader.NodeType == XmlNodeType.Text)
                            {
                                switch (nodeName)
                                {
                                    case "Author":
                                        photo.Author = itemReader.Value;
                                        break;
                                    case "Width":
                                        photo.Width = Double.Parse(itemReader.Value);
                                        break;
                                    case "Height":
                                        photo.Height = Double.Parse(itemReader.Value);
                                        break;
                                    case "Type":
                                        photo.Type = itemReader.Value;
                                        break;
                                    case "Date":
                                        photo.Date = DateTime.Parse(itemReader.Value);
                                        break;
                                }
                            }
                        }
                    }
                }
                photos.Add(photo);
            }
        }
    }
```

### 15.2.2　使用 LINQ 解析 XML 数据

如果要处理的 XML 文件相对较小，就可以使用 LINQ 来处理，这样开发效率比较高。LINQ 将 XML 文件载入到内存中处理，类似于文档对象模型 Document Object Model（DOM）的处理方式。可以通过 LINQ 查询与修改 XML 文档，然后保存修改或者是序列化，再传输到网络中。LINQ 与 DOM 处理上的差别在于：LINQ 提供了一个新的、轻量级的、简单的对象模型来处理 XML。

LINQ 在处理 XML 文件时非常方便灵活，在处理能力上也可以与 XPath 及 XQuery 相媲美。

要使用 LINQ to XML，就需要引用 System.Xml.dll 和 System.Xml.Linq.dll。

下面是 XElement 和 XDocument 的几个最常用的方法。

- Add（object content）：给子元素添加内容。
- Remove()：从父节点上移出元素。
- Descendents（XName name）：返回与名称匹配的节点的所有派生元素的集合。
- Element（XName name）：返回第一个与名称匹配的元素。
- Elements（XName name）：返回所有与名称匹配的元素的集合。
- Nodes()：以文档顺序返回当前元素下所有子元素的集合。

1. 使用 LINQ 创建 XML

使用 LINQ 创建 XML 的具体操作步骤如下。

（1）对于 15.2.1 使用到的 Photo 类，我们可以使用下面的代码构造一个 Photo 类对象。

```
Photo p = new Photo()
{
   Author = "Tom",
   Width = 1024,
   Height = 768,
   Type = "JPG",
   Date = new DateTime(2007, 12, 2),
};
```

（2）使用 XElement 对象基于这个 Photo 对象创建 XML。在使用 XElement 类之前，需要添加 System.Xml 和 System.Xml.Linq 的引用。在 Visual Studio 菜单中依次选择“Project”→“Add Reference”命令，在弹出的对话框中选择“System.Xml”和“System.Xml.Linq”，单击“OK”按钮完成添加，如图 15-3 所示。

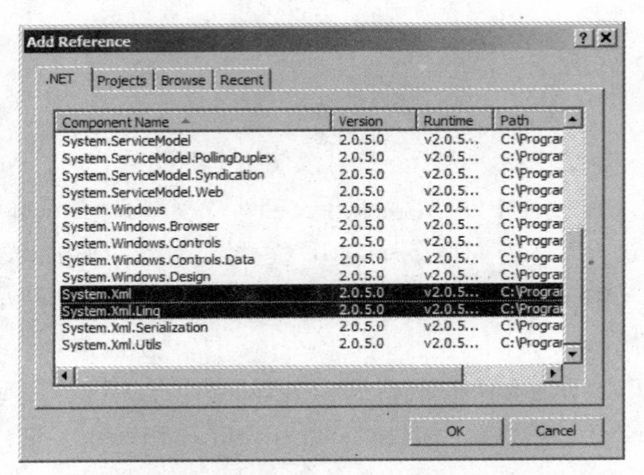


图 15-3　添加 Systems.Xml 和 System.Xml.Linq 程序集引用

下面的代码使用 XElement 把 Photo 对象转换成了 XML。

```
XElement gallery =
   new XElement("Gallery",
      new XElement("Photo",
         new XElement("Author", p.Author),
         new XElement("Width", p.Width),
         new XElement("Height", p.Height),
         new XElement("Type", p.Type),
         new XElement("Date", p.Date)
         ));
```

（3）在使用这个含有 Photo 对象的 XElement 创建 XML 文档时，还可以为 XML 文档添加声明或注释。使用 XDeclaration 可以为 XML 文档添加定义 XML 文档，使用 XComment 可以添加注释。如下面的代码所示。

```
XDocument myxml = new XDocument(
   new XDeclaration("1.0", "utf-8", "yes"),
   new XComment("This is a Command in XML"),
   gallery);
```

（4）最后使用 IsolatedStorageFile 给程序创建一个独立存储文件，将 XML 文档做为独立存储文件保存。然后通过再次读取独立存储文件，将 XML 文档输出到文本框中。如下面的代码所示。

```
//保存到独立存储文件
using (IsolatedStorageFile isoStore = IsolatedStorageFile.GetUserStoreForApplication())
{
   using (IsolatedStorageFileStream isoStream =
```

```
        new IsolatedStorageFileStream("myFile.xml", FileMode.Create, isoStore))
    {
        myxml.Save(isoStream);
    }
}

//读取独立存储文件，将内容输出
using (IsolatedStorageFile isoStore = IsolatedStorageFile.GetUserStoreForApplication())
{
    using (IsolatedStorageFileStream isoStream =
        new IsolatedStorageFileStream("myFile.xml", FileMode.Open, isoStore))
    {
        XDocument doc1 = XDocument.Load(isoStream);
        OutputTextBlock.Text = doc1.ToString();
    }
}
```

最后的输出效果如图 15-4 所示。

```
<!--This is a Command in XML-->
<Gallery>
  <Photo>
    <Author>Tom</Author>
    <Width>1024</Width>
    <Height>768</Height>
    <Type>JPG</Type>
    <Date>2007-12-02T00:00:00</Date>
  </Photo>
</Gallery>
```

图 15-4　示例所用的 XML 数据

### 2. 读取 XML 文档

读取 XML 文档的具体操作步骤如下。

（1）首先需要将 XML 文档加载到 XElement 或 XDocument 对象。可以使用 Load 方法完成加载，也可以从 String、TextReader、XmlReader 等输入加载 XML 文档。这里通过以下的代码来完成。

```
XDocument myXML = XDocument.Load("myFile.xml");
```

（2）接下来使用 LINQ 的标准查询操作符 from、in、select，将 XML 文档转化为 Photo 集合对象。如下面的代码所示。

```
List<Photo> photoGallery= (from photo in myXML.Descendants("Photo")
                where photo.Element("Type").Value.Equals("JPG")
                select new Photo()
```

```
                {
                    Author = photo.Element("Author").Value,
                    Width = Double.Parse(photo.Element("Width").Value),
                    Height = Double.Parse(photo.Element("Height").Value),
                    Type = photo.Element("Type").Value,
                    Date = DateTime.Parse(photo.Element("Date").Value),
                }).ToList();
```

## 15.3 使用 JSON

JSON（JavaScript Object Notation）是一种轻量级的数据交换格式，易于人们阅读和编写。它跟 XML 数据的结构比较相似，都是以一种树形的结构来表示数据。JSON 和 XML 格式的数据之间可以相互转换。

相对于 XML，JSON 的一大优势在于结构可以相对紧凑。同样描述一个对象，使用 JSON 需要较小的存储空间。为方便读者理解，这里做一下对比。下面的代码是一个用 XML 描述的博客地址对象。

```
<?xml version="1.0" encoding="utf-8"?>
<Blogs>
  <Author>
    <FirstName>Tim</FirstName>
    <LastName>Heuer</LastName>
    <Website>http://timheuer.com/blog/</Website>
  </Author>
  <Author>
    <FirstName>Scott</FirstName>
    <LastName>Guthrie</LastName>
    <Website>http://weblogs.asp.net/scottgu/</Website>
  </Author>
  <Author>
    <FirstName>Jesse</FirstName>
    <LastName>Liberty</LastName>
    <Website>http://silverlight.net/blogs/jesseliberty/</Website>
  </Author>
</Blogs>
```

下面的代码是使用 JSON 数据描述的相同的博客地址对象。

```
[ { "FirstName" : "Tim",
    "LastName" : "Heuer",
    "Website" : "http://timheuer.com/blog/"
```

```
},
{ "FirstName" : "Scott",
  "LastName" : "Guthrie",
  "Website" : "http://weblogs.asp.net/scottgu"
},
{ "FirstName" : "Jesse",
  "LastName" : "Liberty",
  "Website" : "http://silverlight.net/blogs/jesseliberty"
}
```

由此可以看出，XML 需要严格地把每个节点的名称写全，而 JSON 只保留含有数据信息的节点，相对 XML 更为紧凑。

### 15.3.1　将对象序列化 JSON 字符串

将对象序列化 JSON 字符串的具体操作步骤如下。

（1）添加程序集引用。

在.NET 中，DataContractJsonSerializer 类被用来序列和反序列化 JSON 字符串。要使用这个类必须引用 System.ServiceModel、System.ServiceModel.Web 和 System.Runtime、Serialization，并添加 System.Runtime.Serialization.Json 命名空间，如图 15-5 所示。

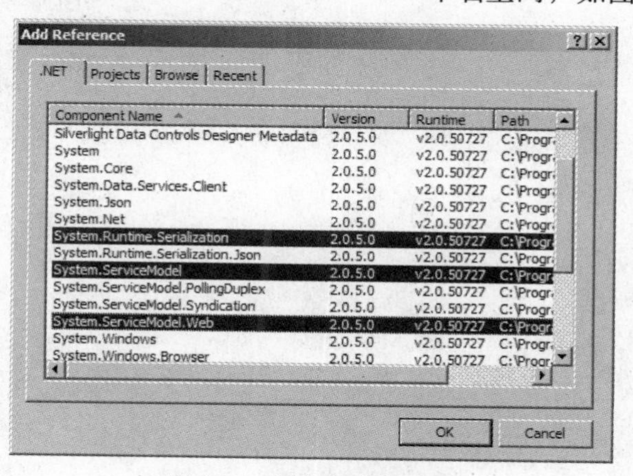


图 15-5　添加程序集引用

（2）创建数据类。

在开始具体的序列化之前首先需要创建一个可以序列化成 JSON 字符串的类。如果要让以前创建的 Author 类支持序列化成 JSON 字符串，需要做下面的改造。

```
using System.Runtime.Serialization;
namespace JSONSample
{
   [DataContract]
   public class Author
   {
      [DataMember]
      public string FirstName { get; set; }

      [DataMember]
      public string LastName { get; set; }

      [DataMember]
      public string Website { get; set; }
   }
}
```

为了可以让 DataContractJsonSerializer 类进行序列化，需要给这个类添加 DataContract 特性。这个类的属性要添加 DataMember 特性。

**注意：**如果要使用这些特性，需要引用 System.Runtime.Serialization 命名空间。

（3）添加序列化方法。

为 Page 类创建一个静态方法，将对象作为参数传入，以 JSON 格式的字符串作为返回值，如下面的代码所示。

```
public static string SerializeToJsonString(object objectToSerialize)
{
   using (MemoryStream ms = new MemoryStream())
   {
      DataContractJsonSerializer serializer =
         new DataContractJsonSerializer(objectToSerialize.GetType());
      serializer.WriteObject(ms, objectToSerialize);
      ms.Position = 0;

      using (StreamReader reader = new StreamReader(ms))
      {
         return reader.ReadToEnd();
      }
   }
}
```

（4）使用序列化方法将对象序列化为字符串。

接下来就可以使用 SerializeToJsonString 方法序列化对象了。在 Page.cs 文件中添加下面的代码，将对象序列化成 JSON 格式的对象。

```
Author a = new Author()
{
   FirstName = "Tim",
   LastName = "Heuer",
   Website = "http://timheuer.com/blog/",
};
string s = SerializeToJsonString(a);
```

### 15.3.2　将 JSON 字符串反序列化为对象

下面代码创建了一个 DeserilizeToAuthor 方法，将 JSON 字符串对象反序列化成 Author 对象。

```
public static Author DeserializeToAuthor(string jsonstring)
{
   using (MemoryStream ms = new MemoryStream())
   {
      DataContractJsonSerializer serializer =
         new DataContractJsonSerializer(typeof(Author));
      return (Author)serializer.ReadObject(ms);
   }
}
```

这里需要先由 JSON 字符串创建一个 Stream 对象，并将它传递给 DataContractJsonSerializer 对象的 ReadObject 方法。然后对象将反序列化。

也可以用同样的方法，实现反序列化一个 List 对象。

```
public static List<Author> DeserializeToListOfAuthors(string jsonstring)
{
   using (MemoryStream ms = new MemoryStream())
   {
      DataContractJsonSerializer serializer =
         new DataContractJsonSerializer(typeof(List<Author>));
      return (List<Author>)serializer.ReadObject(ms);

   }
}
```

那是不是必须为每种类型添加一个反序列化方法，使其返回正确的对象类型呢？其实不必。可以使用模板方法使反序列化函数介绍任意类型的对象，如下面的代码所示。

```
public static T Deserialize<T>(string jsonstring)
{
   using (MemoryStream ms = new MemoryStream())
   {
      DataContractJsonSerializer serializer =
         new DataContractJsonSerializer(typeof(T));
      return (T)serializer.ReadObject(ms);
   }
}
```

"T"是一个类型参数，Deserialize 方法将继承这个类型。这样在使用 Deserialize 方法反序列化 JSON 字符串时，只需指定一下返回类型，Deserialize 方法将序列化成相应的类型。如下面的代码所示。

```
List<Author> authors = Deserialize<List<Author>>(jsonstring);
```

## 15.4 使用 WebClient

Silverlight 2 提供了 WebClient 类以支持一系列类似 HTTP 客户端的特性。这个类取代了原先 Silverlight 1 中的 Downloader 对象。本节将介绍 WebClient 的特性及使用方法。

WebClient 类可以用来下载数据，比如 XML 文件、附加程序集、多媒体文件（比如图片）等。WebClient 可以让程序根据需要下载所需的数据，这样就无须将庞大的数据放在 XAP 包中跟着客户端程序一起下载了。

使用 WebClient 获取数据是异步的，整个过程包含使用 WebClient 初始化下载请求、监视下载的进度、下载完毕后获取下载的内容。比如要制作一个视频播放程序，在程序初始化完毕后需要播放视频列表中的视频。假如以视频流的方式读取视频，那么用户将有可能看到视频在下载缓冲过程中的停顿。但是如果使用 WebClient 下载视频，视频将被完整地下载到浏览器缓存中再播放，在此过程中能让用户看到视频下载的进度，这样播放出来的视频不会有停顿。

由于 WebClient 下载数据是异步的，因此下载数据的代码实现主要通过处理事件。典型的事件包括以下几个。

- DownloadProgressChanged。
- DownloadStringCompleted。
- OpenReadCompleted。
- OpenWriteCompleted。
- UploadProgressChanged。
- UploadStringCompleted Download。

对于不同类型的数据，可以通过使用不同的方法和事件进行下载。

如果数据资源是字符串格式的，如TXT文件、XML文件，可以使用DownloadStringAsync(Uri)方法发送请求，然后处理 DownloadStringCompleted 事件。

如果需要将数据资源以 Stream 的形式读取（如读取视频、读取 ZIP 文件等），可以使用 OpenReadAsync(Uri)方法发送请求，添加 OpenReadCompleted 事件的处理函数。

### 15.4.1 使用 DownloadStringAsync 方法下载数据

使用 DownloadStringAsync 方法下载数据，需要处理 DownloadStringCompleted 事件，该事件包含一个 DownloadStringCompletedEventArgs 类型的数据，其中最重要的成员变量 Resoult 包含了 String 格式的下载数据。

下面的示例演示了如何使用 WebClient 下载 XML 文件，然后读取 XML 文件中的图片地址信息，并将图片显示出来的过程。具体操作步骤如下。

（1）新建一个 Silverlight 工程，命名为 WebClientSample，在 WebClientSample.Web 项目中添加 XML 文件，用来存储图片的 Uri 地址。XML 文件的内容如下所示。

```
<?xml version="1.0" encoding="utf-8" ?>
<Images>
  <Image Address="Images/20.jpg"/>
  <Image Address="Images/21.jpg"/>
  <Image Address="Images/22.jpg"/>
  <Image Address="Images/23.jpg"/>
  <Image Address="Images/24.jpg"/>
</Images>
```

（2）在 WebClientSample.Web 项目下创建文件夹 Images，并添加图片。项目文件如图 15-6 所示。

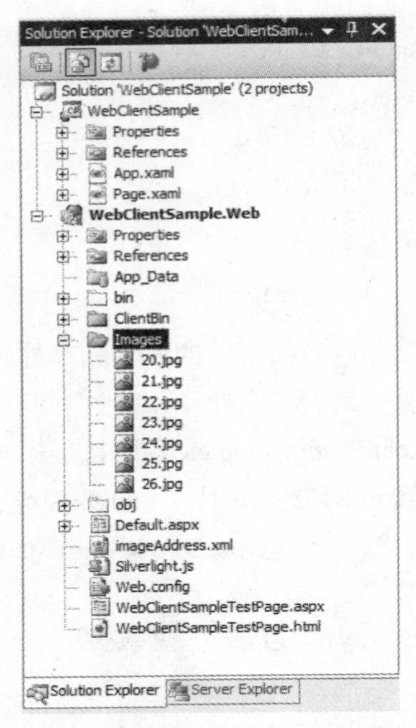


图 15-6 在 Web 站点中添加图片资源

（3）在 Page.xaml 文件中添加例程 15-4 所示的代码，创建一个 Button 控件和一个 StackPanel。Button 控件用于发送下载请求，StackPanel 用来放置图片。

**例程 15-4 WebClient 示例的 XAML 代码**

```
<UserControl x:Class="WebClientSample.Page"
   xmlns="http://schemas.microsoft.com/winfx/2006/xaml/presentation"
   xmlns:x="http://schemas.microsoft.com/winfx/2006/xaml"
>
   <Grid x:Name="LayoutRoot" Background="White">
      <Button x:Name="load_btn" Content="Download Image" Margin="20,20,0,0"
            VerticalAlignment="Top" HorizontalAlignment="Left"
            Width="100" Height="30"/>
      <StackPanel x:Name="imageHolder" VerticalAlignment="Top"
               Margin="20,100,10,10" Orientation="Horizontal"/>
   </Grid>
</UserControl>
```

（4）在 Page.cs 文件中添加例程 15-5 所示的代码，在 Button 控件的 Click 事件处理函数中创建一个 WebClient 对象，将 XML 文件的 Uri 地址作为参数发送 DownloadStringAsync 下载请求，在 DownloadStringCompleted 事件处理函数中，使用 LINQ to XML 读取 XML 文档，

获取图片的地址。然后根据图片地址创建图片对象，添加到 StackPanel 中。

例程 15-5　使用 WebClient 异步获取数据

```
using System;
using System.Collections.Generic;
using System.Linq;
using System.Net;
using System.Windows;
using System.Windows.Controls;
using System.Windows.Documents;
using System.Windows.Input;
using System.Windows.Media;
using System.Windows.Media.Animation;
using System.Windows.Shapes;
using System.Windows.Browser;
using System.Xml;
using System.Xml.Linq;
using System.Windows.Media.Imaging;
using System.IO;


namespace WebClientSample
{
   public partial class Page : UserControl
   {
      public Page()
      {
         InitializeComponent();

         load_btn.Click += new RoutedEventHandler(load_btn_Click);
      }

      void load_btn_Click(object sender, RoutedEventArgs e)
      {
         Uri imageaddress = new Uri(HtmlPage.Document.DocumentUri,
                          "imageAddress.xml");
         WebClient client = new WebClient();
         client.DownloadStringAsync(imageaddress);
         client.DownloadStringCompleted += new
DownloadStringCompletedEventHandler(client_DownloadStringCompleted);
      }

      void client_DownloadStringCompleted(object sender,
```

```
                    DownloadStringCompletedEventArgs e)
        {
            XmlReader reader = XmlReader.Create(
                         new StringReader(e.Result));
            XDocument doc = XDocument.Load(reader);
            //使用LINQ to XML读取XML文档
            List<Uri> imagesUri =
              (from image in doc.Descendants("Image")
               select new Uri(HtmlPage.Document.DocumentUri,
                 image.Attribute("Address").Value)
                        ).ToList();

            //添加图片对象
            foreach (Uri uri in imagesUri)
            {
              Image image = new Image();
              image.Width = 100;
              image.Height = 100;
              image.Source = new BitmapImage(uri);
              image.Margin = new Thickness(10, 10, 10, 10);
              imageHolder.Children.Add(image);
            }

        }
    }
}
```

运行效果如图 15-7 所示，当单击“Download Image”按钮后，图片将被下载并显示出来。

Download Image

图 15-7　使用 WebClient 下载服务端的图片

**注意：** 使用 WebClient 发送下载请求，每次只能发送一次。如果在第一次使用 WebClient 发送下载请求还未获得返回数据，而立即使用该 WebClient 对象发送第二个下载请求，也就是该 WebClient 的 IsBusy 属性为 True 时，将会导致一个 NotSupportedException 的异常。

### 15.4.2 使用 OpenReadAsync 方法下载数据

使用 OpenReadAsync 方法下载数据将获得一个 Stream 形式的数据。数据资源将被异步下载，当数据下载完毕后，将触发 OpenReadCompleted 事件，此时 Stream 形式的数据流可以通过 OpenReadCompletedEventArgs 类型的事件参数的 Result 属性获得。

下面以一个示例介绍如何使用 OpenReadAsync 方法下载一个含有图片文件的 ZIP 文件包，并在下载完毕后，从数据流中读取图片，将其显示出来。具体操作步骤如下。

(1) 新建一个 Silverlight 工程，命名为 LoadImageFromZipSample，在 LoadImageFromZipSample.Web 工程下添加一个 images.zip 文件。

(2) 在 Page.cs 文件中添加例程 15-6 所示的代码，添加一个 Button 控件用于发送下载请求，一个 ProgressBar 控件用于显示下载进度，以及一个 StackPanel 控件用于放置图片。

**例程 15-6 使用进度条控件表示下载进度**

```
<UserControl x:Class="LoadImageFromZipSample.Page"
    xmlns="http://schemas.microsoft.com/winfx/2006/xaml/presentation"
    xmlns:x="http://schemas.microsoft.com/winfx/2006/xaml"
    >
    <Grid x:Name="LayoutRoot" Background="White">
        <Button x:Name="load_btn" Content="Download Image" Margin="20,20,0,0"
                VerticalAlignment="Top" HorizontalAlignment="Left"
                Width="100" Height="30"/>
        <ProgressBar x:Name="progbar"
                     Margin="20,60,0,0"
                     VerticalAlignment="Top" HorizontalAlignment="Left"
                     Width="200" Height="20"/>
        <StackPanel x:Name="imageHolder" VerticalAlignment="Top"
                    Margin="20,100,10,10" Orientation="Horizontal"/>
    </Grid>
</UserControl>
```

(3) 在 Page.cs 文件中添加例程 15-7 所示的代码，在单击按钮后创建一个 WebClient 对象，使用 OpenReadAsync 方法发送读取请求，并给 OpenReadCompleted 事件和 DownloadProgressChanged 事件添加处理函数。当下载进度发生变化时，更新进度条的当前显示进度。当下载完毕后，根据图片在 ZIP 包的相对位置获取图片数据流，并构造 BitmapImage 对象，将图片数据流转化为图片对象，显示出来。

**例程 15-7 OpenReadAsync 示例的 C#代码**

```
using System;
```

```
using System.Collections.Generic;
using System.Linq;
using System.Net;
using System.Windows;
using System.Windows.Controls;
using System.Windows.Documents;
using System.Windows.Input;
using System.Windows.Media;
using System.Windows.Media.Animation;
using System.Windows.Shapes;
using System.Windows.Browser;
using System.IO;
using System.Windows.Resources;
using System.Windows.Media.Imaging;

namespace LoadImageFromZipSample
{
   public partial class Page : UserControl
   {
      public Page()
      {
         InitializeComponent();
         load_btn.Click += new RoutedEventHandler(load_btn_Click);
         progbar.Maximum = 100;
         progbar.Value = 0;
      }

      void load_btn_Click(object sender, RoutedEventArgs e)
      {
         Uri zipUri = new Uri(HtmlPage.Document.DocumentUri, "images.zip");
         //创建WebClient对象
         WebClient client = new WebClient();
         //发送下载请求
         client.OpenReadAsync(zipUri);
         //添加下载完毕的事件处理函数
         client.OpenReadCompleted += new
            OpenReadCompletedEventHandler(client_OpenReadCompleted);
         //添加下载进度变化的事件处理函数
         client.DownloadProgressChanged += new
DownloadProgressChangedEventHandler(client_DownloadProgressChanged);
      }

      void client_OpenReadCompleted(object sender, OpenReadCompletedEventArgs e)
      {
```

```
            //从 ZIP 数据流中获取一张图片，将其显示出来
            Stream zipStream = e.Result;
            Image image = GetImageFromZip("21.jpg", zipStream);
            imageHolder.Children.Add(image);
        }

        private Image GetImageFromZip(string relativeUriString, Stream zipStream)
        {
            //根据图片在 ZIP 包的相对位置获取图片数据流
            Uri uri = new Uri(relativeUriString, UriKind.Relative);
            StreamResourceInfo zipsri = new StreamResourceInfo(zipStream, null);
            StreamResourceInfo imgsri = Application.GetResourceStream(zipsri, uri);

            //由图片数据流转化为图片
            BitmapImage bi = new BitmapImage();
            bi.SetSource(imgsri.Stream);
            Image img = new Image();
            img.Source = bi;
            return img;
        }

        void client_DownloadProgressChanged(object sender,
            DownloadProgressChangedEventArgs e)
        {
            //显示下载进度
            progbar.Value = e.ProgressPercentage;
        }
    }
}
```

运行效果如图 15-8 所示，当程序运行时，显示一个按钮和进度条。

图 15-8　使用进度条显示图片下载进度

单击“Download Image”按钮开始下载图片，进度条显示下载进度，如图 15-9 所示。

图 15-9　图片开始下载，进度条显示下载进度

当进度条显示 ZIP 包下载完毕后，图片将显示出来，如图 15-10 所示。

图 15-10　图片下载完毕

## 15.5　使用 ASMX 服务

Silverlight 客户端程序是运行在浏览器内的，通常需要访问一些外部的数据，一个典型的情景是一个服务器作为数据库存储需要访问数据，而 Silverlight 用户界面用来显示数据。另一个常见的情景是 Silverlight 用户界面发出更新数据的请求，请求被传递给服务器，从而更新服务器上数据库内的数据。这些外部的数据源通常作为 Web Service 的形式。

Web Service 服务可以是用 Windows Communiation Fundation（WCF）创建的 SOAP 服务，或者是其他基于 SOAP 的技术，也可以是 HTTP 或 REST 服务。Silverilght 客户端可以通过这些服务提供的 Metadata 生成代理，从而直接访问这些 Web Service。

本节将介绍如何创建 ASMX 服务，并通过在客户端访问该服务，进行数据交换。

### 15.5.1　创建 ASMX 服务

下面介绍如何创建一个 ASMX Web Service 服务返回服务器端当前日期和时间。具体操作步骤如下。

（1）创建一个新工程 ASMXServiceSample，并添加 ASMX Web Service 到工程，将其命

名为 DateTimeService，如图 15-11 所示。

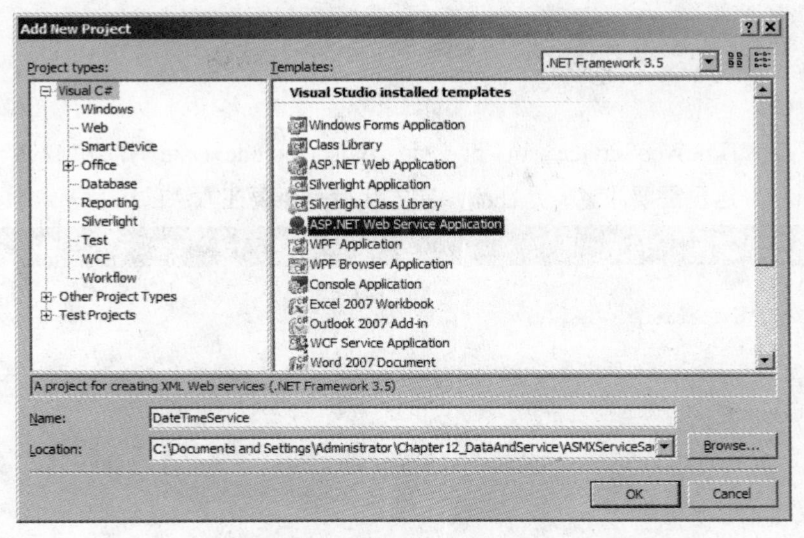


图 15-11　在工程中添加 ASMX Web Service 服务

（2）接下来需要在项目中添加一个 clientaccesspolicy.xml 文件，如图 15-12 所示。

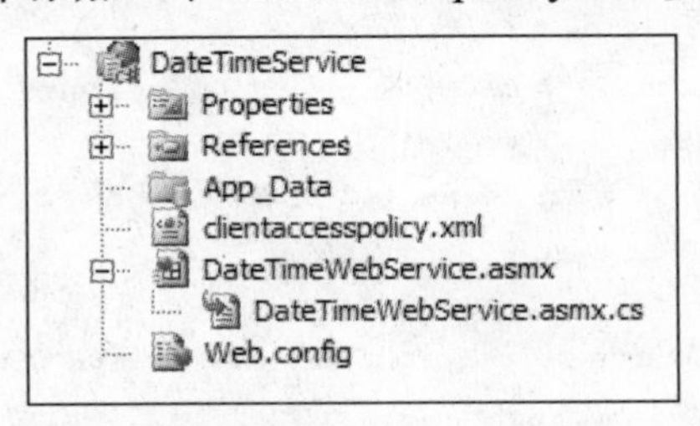


图 15-12　添加跨域策略文件 clientaccesspolicy.xml

基本上如果没有这个文件，Silverlight 客户端是无法访问这个 Web Service 的。这里为了让任何域下的 Silverlight 客户端都可以访问这个 Web Service，在 clientaccesspolicy.xml 文件中添加了下面的代码。

```
<?xml version="1.0" encoding="utf-8" ?>
<access-policy>
  <cross-domain-access>
    <policy>
      <allow-from http-request-header="*">
        <domain uri="*"/>
      </allow-from>
      <grant-to>
```

```
        <resource path="/" include-subpaths="true"/>
      </grant-to>
    </policy>
  </cross-domain-access>
</access-policy>
```

（3）打开 DateTimeWebService.asmx.cs 文件，添加 GetTodayDate 方法和 GetNowTime 方法，如例程 15-8 所示。这里需要注意的是在添加完方法后，还要在方法前添加 WebMethod 特性。

**例程 15-8　在 WebService 中添加方法**

```
using System;
using System.Collections.Generic;
using System.Linq;
using System.Web;
using System.Web.Services;

namespace DateTimeService
{
    // <summary>
    // Summary description for Service1
    // </summary>
    [WebService(Namespace = "http://tempuri.org/")]
    [WebServiceBinding(ConformsTo = WsiProfiles.BasicProfile1_1)]
    [System.ComponentModel.ToolboxItem(false)]
    // To allow this Web Service to be called from script, using ASP.NET AJAX, uncomment the
following line.
    // [System.Web.Script.Services.ScriptService]
    public class DateTimeWebService : System.Web.Services.WebService
    {

        [WebMethod]
        public string HelloWorld()
        {
            return "Hello World";
        }

        [WebMethod]
        public string GetTodayDate()
        {
            return DateTime.Today.ToString("MMM dd, yyyy");
        }

        [WebMethod]
```

```
        public string GetNowTime()
        {
            return DateTime.Now.ToString("hh:mm:ss");
        }
    }
}
```

（4）然后运行 DateTime Web Service，弹出如图 15-13 所示的对话框，单击“OK”按钮继续。

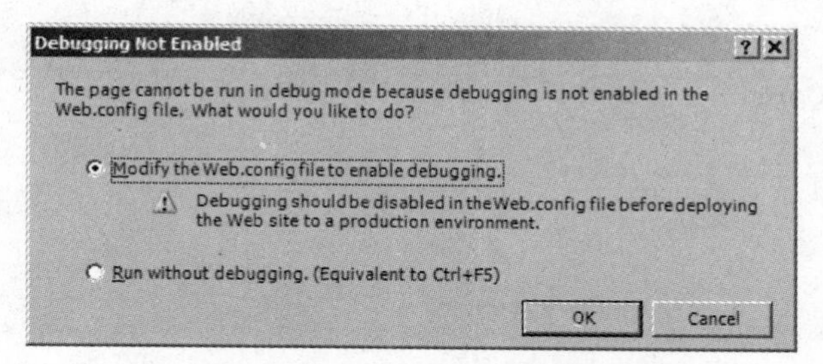


图 15-13　请求打开 Debug 模式的对话框

此时能看到 Web Service 的访问页面，如果能看到如图 15-14 所示的页面，说明 Web Service 已经正常启动了。

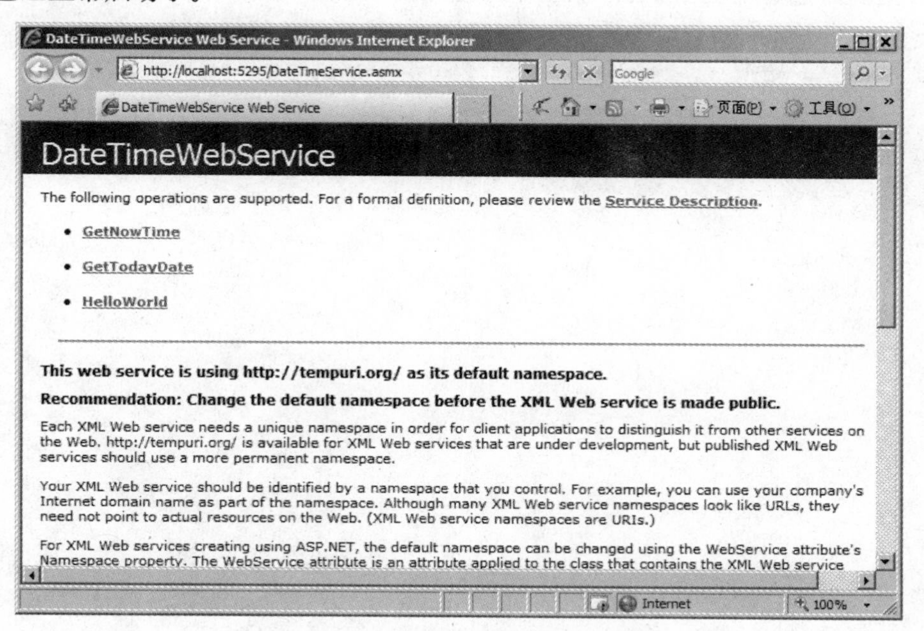


图 15-14　Web Service 启动后的页面

在图 15-15 中，可以通过选择 Web Service 方法，然后再单击“Invoke”按钮，直接获得 Web Service 的返回结果。返回结果如图 15-16 所示。

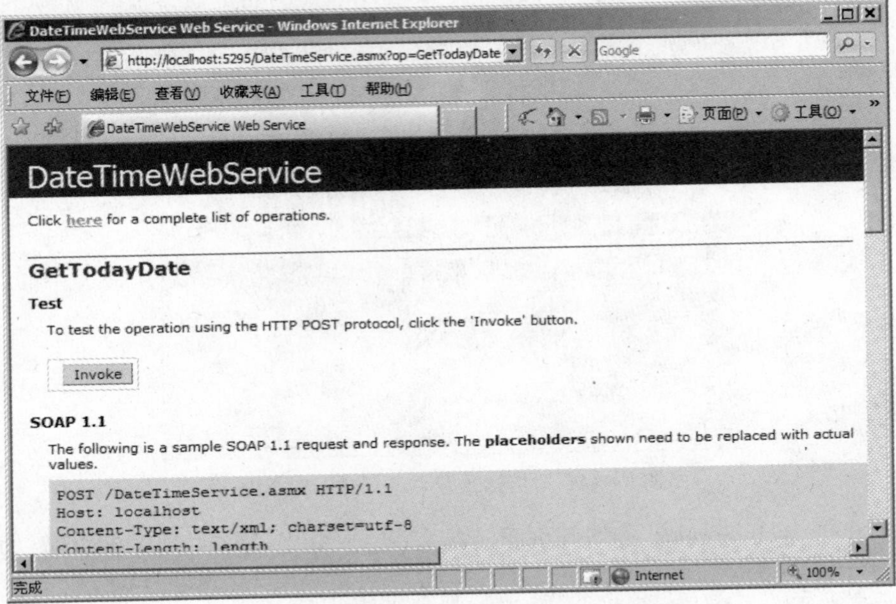


图 15-15 通过 HTTP 方式调试 Web Service

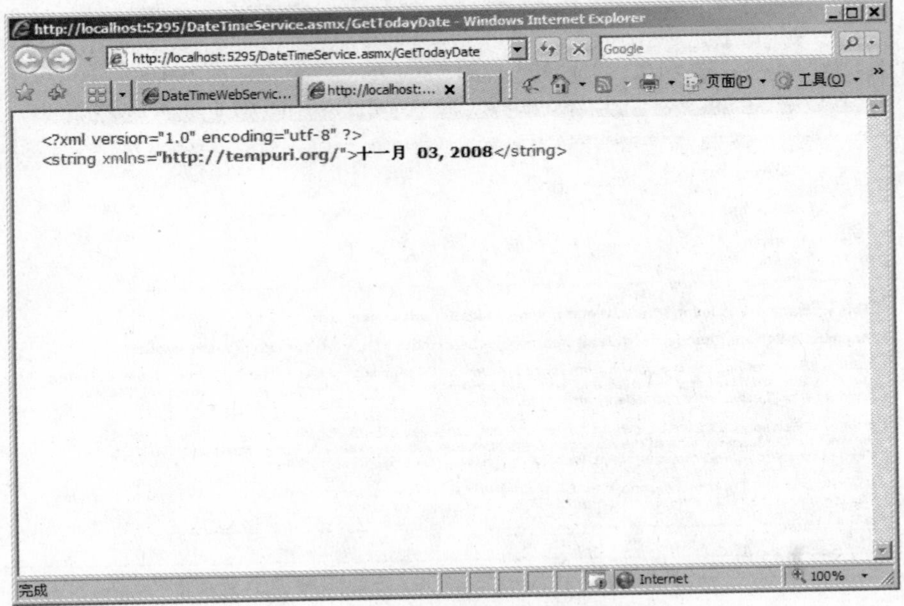


图 15-16 查看 Web Service 返回结果

### 15.5.2　访问 ASMX 服务

Web Service 创建完毕，接下来就可以在 Silverlight 客户端程序中访问这个 Web Service 了。具体操作步骤如下。

（1）打开 Page.xaml 文件，添加例程 15-9 所示的代码，建立用户界面。这里的界面由两个文本框和一个按钮组成。通过单击按钮访问 Web Service，将 Web Service 获取的数据用文本框显示。

**例程 15-9　访问 ASMX 服务示例的 XAML 代码**

```
<UserControl x:Class="ASMXServiceSample.Page"
   xmlns="http://schemas.microsoft.com/winfx/2006/xaml/presentation"
   xmlns:x="http://schemas.microsoft.com/winfx/2006/xaml"
   Width="400" Height="300">
   <Canvas x:Name="LayoutRoot" Background="White">
          <TextBlock x:Name="today_tb" FontSize="13"
              Canvas.Top="77" Canvas.Left="171" />
          <TextBlock x:Name="now_tb" FontSize="13"
              Canvas.Left="171" Canvas.Top="115"/>
          <Button x:Name="update_btn"
            Content="获取服务器时间"
            Canvas.Top="174" Canvas.Left="135"
            Width="112" Height="44" FontSize="13" />
      </Canvas>
</UserControl>
```

（2）然后在解决方案浏览器中的“References”文件夹上单击鼠标右键，在弹出的快捷菜单中选择“Add Service Reference”命令。

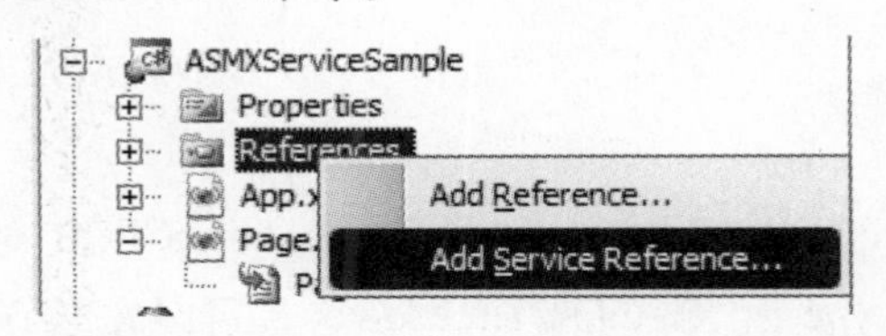


图 15-17　给 Silverlight 工程添加 Web Service 服务的引用

（3）在弹出的添加服务引用对话框中单击“Discover”按钮，找到工程中可用的 Web Service，然后将 Web Service 的引用名称改为 DateTimeService，如图 15-48 所示。Silverlight 将为这个 Web Service 添加代理。

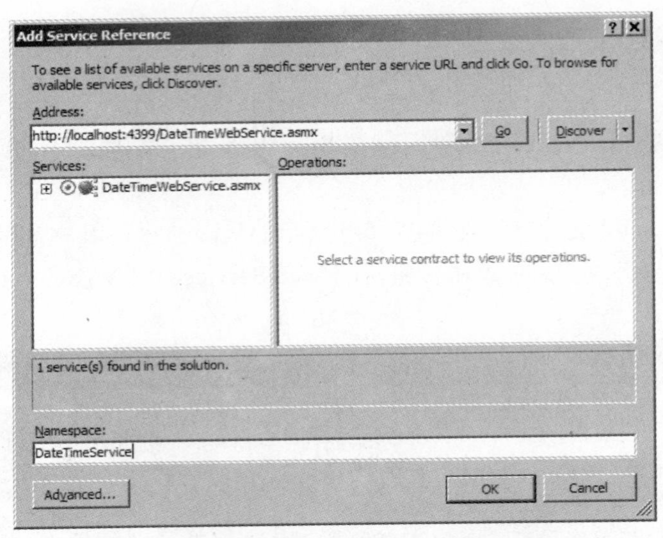


图 15-18　在添加服务引用对话框中为服务引用命名

（4）接下来给 Page.xaml 中的按钮添加 Click 事件响应，代码如下所示。

```
void update_btn_Click(object sender, RoutedEventArgs e)
{
   DateTimeService.DateTimeWebServiceSoapClient service =
      new ASMXServiceSample.DateTimeService.DateTimeWebServiceSoapClient();

   service.GetNowTimeCompleted +=
      new EventHandler<GetNowTimeCompletedEventArgs>(service_GetNowTimeCompleted);
   service.GetTodayDateCompleted +=
      new EventHandler<GetTodayDateCompletedEventArgs>(service_GetTodayDateCompleted);

   service.GetTodayDateAsync();
   service.GetNowTimeAsync();
}
```

Service 引用为 DateTimeWebService 生成了一个 SoapClient 对象，使用这个对象提供的异步方法 GetTodayDateAsync 和 GetNowTimeAsync，可以发送 Web Service 请求。同时给 SoapClient 对象添加使用到的 Web Service 方法的 Complete 事件响应，可以同时响应事件参数的 Result 属性获取返回结果。代码如下所示。

```
void service_GetNowTimeCompleted(object sender, GetNowTimeCompletedEventArgs e)
{
   now_tb.Text = "服务器当前时刻：" + e.Result;
}
```

```
void service_GetTodayDateCompleted(object sender, GetTodayDateCompletedEventArgs e)
{
   today_tb.Text = "服务器当天是：" + e.Result;
}
```

最后的运行效果如图 15-19 所示，当单击“获取服务器时间”按钮后，文本框将输出服务器当前的日期和时刻。

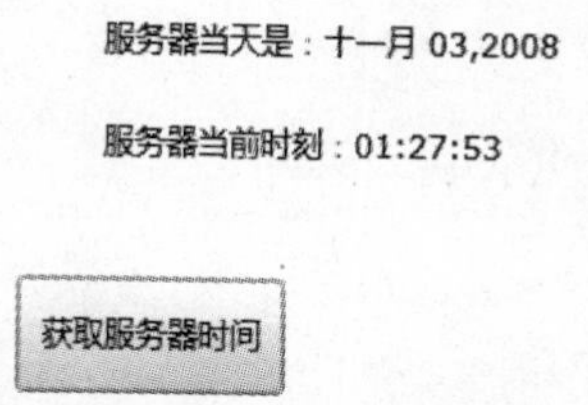

服务器当天是：十一月 03,2008

服务器当前时刻：01:27:53

获取服务器时间

图 15-19　通过调用 Web Service 服务获取服务器当前时刻

## 15.6　使用 WCF 服务

Windows Communication Foundation（WCF）是 Microsoft 为构建面向服务的应用提供的分布式通信编程框架，是.NET Framework 3.5 的重要组成部分。通过 WCF 技术可以实现服务器和客户端之间的通信。

WCF 与服务器间进行的通信通过客户端利用异步调用实现。使用 WCF 服务引用并依照服务的操作约定和数据约定来实现 Silverlight 应用程序与服务的通信。数据契约(例如 Product 或 Entity 实体类）公开了服务器端应用程序中的实体对象结构。这使得客户端的 Silverlight 应用程序可以绑定到这些实体的实例及其属性上。而操作契约定义了 Silverlight 应用程序调用 WCF 服务的方法。

### 15.6.1　创建 WCF 服务

下面以一个示例介绍如何创建一个简单的 WCF 服务。该示例建立了一个发布 WCF 服务的站点，通过在 Silverlight 客户端引用 WCF 服务调用其中的方法获取数据，并将数据显示出来，具体的操作步骤如下。

（1）新建一个 Silverlight 工程，取名为 WCFServiceSample。

（2）在工程中添加 ASP.NET Web Application，取名 DataServiceSite，如图 15-20 所示。

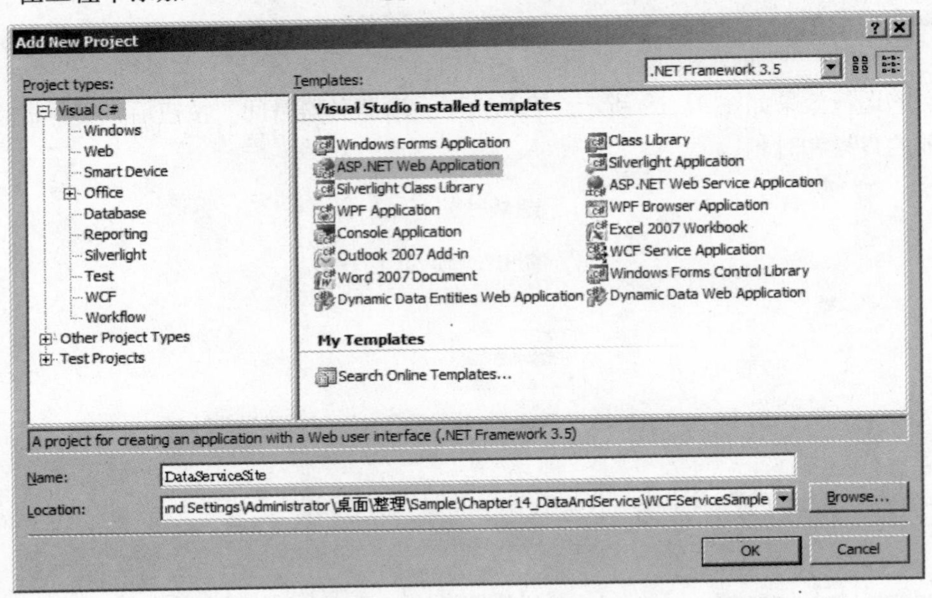


图 15-20　添加一个发布 WCF 服务的 ASP.NET Web 应用程序

（3）删除如图 15-21 所示的 Default.aspx。添加 WCF 服务，在解决方案浏览器中的 DataServiceSite 项目上单击鼠标右键，在弹出的快捷菜单中依次选择“Add”→“New Item”命令。然后在弹出的对话框中选择“Silverlight-based WCF Service”，如图 15-22 所示。

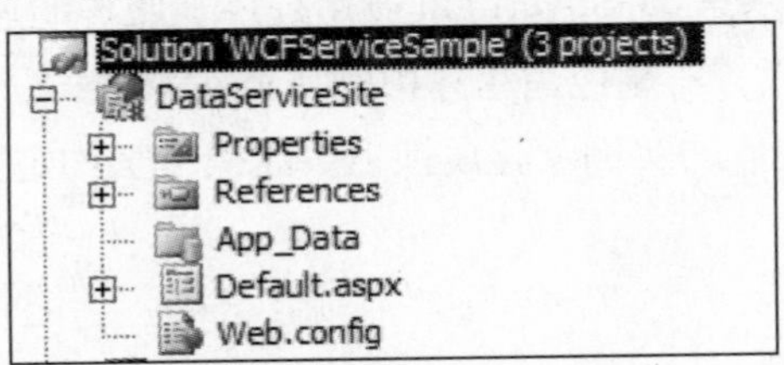


图 15-21　默认生成的 ASP.NET Web 应用程序项目文件

（4）添加跨域文件 clientaccesspolicy.xml，如图 15-23 所示。

**注意**：如果 WCF 服务的 URL 地址为 http://localhost/wcfservice1/wcfservice.svc，那么这个策略文件是放在 localhost 的主目录下，也就是 http://localhost/clientaccesspolicy.xml 下，而不是在 localhost/wcfservice1 下。

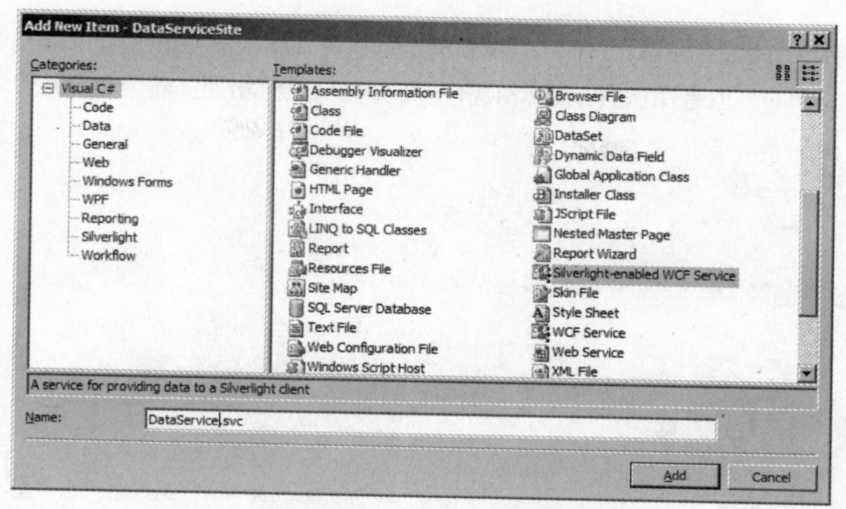


图 15-22　添加支持 Silverlight 客户端的 WCF 服务

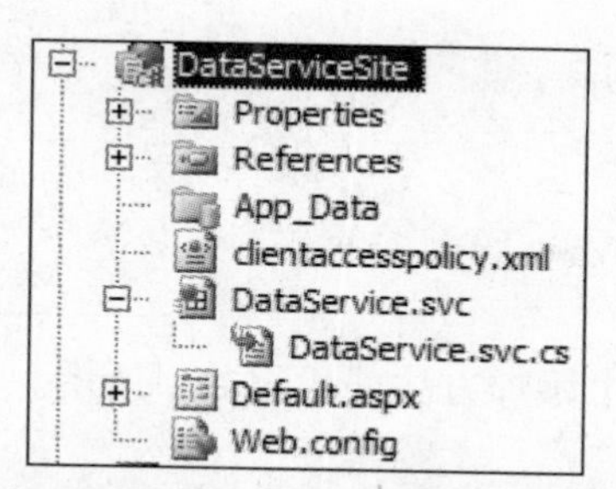


图 15-23　在发布 WCF 服务的站点项目中添加跨域策略文件 clientaccesspolicy.xml

Clientaccesspolicy.xml 文件的代码如下所示。

```
<?xml version="1.0" encoding="utf-8"?>
<access-policy>
  <cross-domain-access>
    <policy>
      <allow-from http-request-headers="*">
        <domain uri="*"/>
      </allow-from>
      <grant-to>
        <resource path="/" include-subpaths="true"/>
      </grant-to>
    </policy>
  </cross-domain-access>
</access-policy>
```

（5）打开 DataService.svc.cs，可以看到这个默认的.svc 文件中已经定义了一个操作契约 public void work()。但是该函数只是个实例，没有实现任何功能。首先定义一个数据契约，代码如下所示。

```
[DataContract]
public class Book
{
   public Book(int id, string title, string author)
   {
      ID = id;
      Title = title;
      Author = author;
   }

   [DataMember]
   public int ID { get; set; }

   [DataMember]
   public string Title { get; set; }

   [DataMember]
   public string Author { get; set; }
}
```

（6）在 DataService.svc.cs 中添加方法，代码如下所示。

```
[OperationContract]
     public Book[] GetBooks()
     {
        List<Book> lib = new List<Book>(){
           new Book(1, "你必须知道的.NET","王涛"),
           new Book(2, "WPF 揭秘", "Adam Nathan"),
           new Book(3, "ASP.NET 揭秘（第二版）", "沃尔森"),
           new Book(4, "完全手册 ASP、NET AJAX 实用开发详解", "陈冠东"),
           new Book(5, "UML 实战教程——面向.NET 开发人员", "修马克"),
        };

        return lib.ToArray();
     }
```

将该 DataServiceSite 设为启动站点，DataService.svc 设为启动页面，按“F5”键运行 DataServiceSite。运行后的效果如图 15-24 所示，说明 WCF 服务已经建设好，并且运行正常。

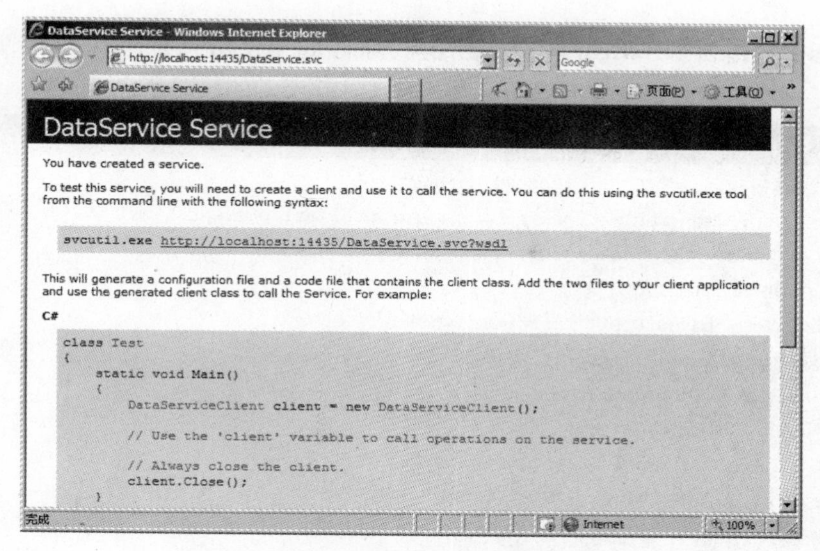


图 15-24　WCF 服务启动后的页面

## 15.6.2　访问 WCF 服务

WCF 服务创建完毕后，接下来需要在 Silverlight 客户端添加 WCF 服务的引用，具体操作步骤如下。

（1）在 WCFServiceSample 工程中的引用文件夹中单击鼠标右键，在弹出的快捷菜单中选择“Add Service Reference”命令，在弹出的对话框中单击“Discover”按钮，搜索解决方案内建立的 WCF 服务。并把命名空间改为 DataService，如图 15-25 所示。

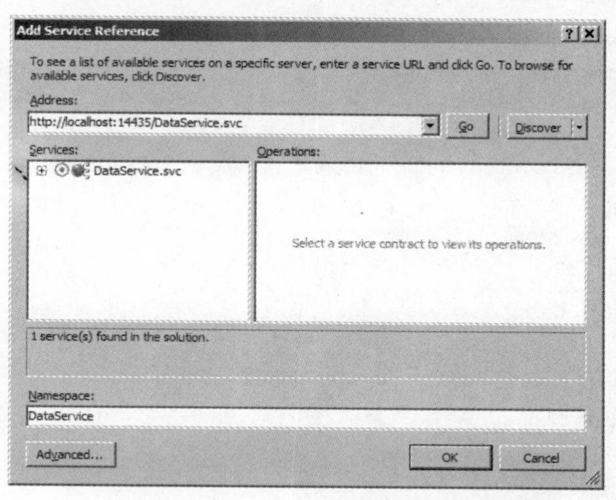


图 15-25　在 Silverlight 工程中添加 WCF 服务引用

（2）然后开始编辑 Silverlight 客户端的用户界面。这里使用一个 ListBox 控件来输出获得的每本书的信息。在 Page.xaml 代码中添加例程 15-10 所示的代码。

**例程 15-10　创建 ListBox 控件的数据模板**

```
<UserControl x:Class="WCFServiceSample.Page"
   xmlns="http://schemas.microsoft.com/winfx/2006/xaml/presentation"
   xmlns:x="http://schemas.microsoft.com/winfx/2006/xaml"
   Width="400" Height="300">
   <Grid x:Name="LayoutRoot" Background="White">
      <ListBox x:Name="listbox1" Margin="5">
         <ListBox.ItemTemplate>
            <DataTemplate>
               <StackPanel Orientation="Horizontal">
                  <TextBlock Text="{Binding ID}" />
                  <TextBlock Text=". 《"/>
                  <TextBlock Text="{Binding Title}" />
                  <TextBlock Text="》, 作者:" />
                  <TextBlock Text="{Binding Author}" />
               </StackPanel>
            </DataTemplate>
         </ListBox.ItemTemplate>

      </ListBox>
   </Grid>
</UserControl>
```

（3）在 Page.cs 中添加例程 15-11 所示的代码。

**例程 15-11　将获取的 WCF 服务结果绑定到 ListBox 控件**

```
using System;
using System.Collections.Generic;
using System.Linq;
using System.Net;
using System.Windows;
using System.Windows.Controls;
using System.Windows.Documents;
using System.Windows.Input;
using System.Windows.Media;
using System.Windows.Media.Animation;
using System.Windows.Shapes;
```

```
namespace WCFServiceSample
{
    public partial class Page : UserControl
    {
        public Page()
        {
            InitializeComponent();

            DataService.DataServiceClient client =
                new WCFServiceSample.DataService.DataServiceClient();
            client.GetBooksCompleted += (o, e) =>
            {
                listbox1.ItemsSource = e.Result;
            };
            client.GetBooksAsync();
        }


    }
}
```

（4）运行后的效果如图 15-26 所示。

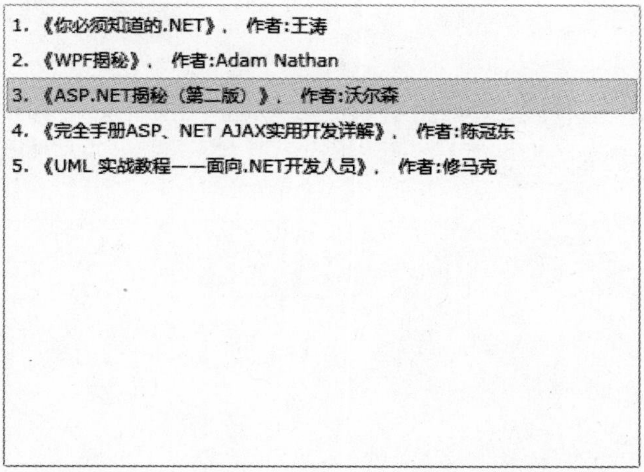

1. 《你必须知道的.NET》，作者:王涛
2. 《WPF揭秘》，作者:Adam Nathan
3. 《ASP.NET揭秘（第二版）》，作者:沃尔森
4. 《完全手册ASP、NET AJAX实用开发详解》，作者:陈冠东
5. 《UML 实战教程——面向.NET开发人员》，作者:修马克

图 15-26　Silverlight 客户端获取 WCF 服务提供的数据并显示

## 15.7 小结

本章介绍了使用 Silverlight 与服务器端通信时经常使用的数据格式，包括 XML、JSON 等。这些格式可以通过序列化组件，如 LINQ to XML、LINQ to JSON 进行序列化或反序列化。

接下来还介绍了 Silverlight 所支持的 Web 通信服务，包括 WebClient、ASMX 服务、WCF 服务等。使用这些服务，并结合各种服务所需数据格式的解析方式，可以方便地实现客户端与服务器端之间的数据交换，从而创建出基于 Web 服务的 Silverlight 交互应用程序。本章还介绍了如何使用跨域策略文件使 Silverlight 客户端可以访问 Web 站点的 Web Service 服务。

# 第 16 章 Deep Zoom

相信部分读者使用过Google的Google Earth或者微软的Live Search Map。现在，Silverlight所支持的 Deep Zoom 技术就可以帮助用户快速地创建类似于 Google Earth 或者 Live Search Map 的应用程序，并且它所创建的应用程序的浏览效果毫不逊色于前两者。

Silverlight 提供了对 Deep Zoom 技术的良好支持。Deep Zoom 技术能够帮助用户方便地查看一张高分辨率的图片，在查看过程中它仅仅将当前显示在用户屏幕上的部分发送到用户的浏览器中，用户可以对图片进行平滑的缩放和移动。

## 16.1 Deep Zoom 简介

Deep Zoom 可以把一幅分辨率比较高的图片划分成不同的部分，并根据用户的操作（缩放或拖动）将相应的图片部分发送到用户的浏览器，这样用户就可以很方便地看到一幅图片的所有细节了。并且这种缩放与拖动非常平滑，没有任何页面刷新，能给用户带来非常舒服的使用体验，并产生一种由远及近观察图片的感受。

Deep Zoom 技术有以下几点优势。

- Deep Zoom 带给用户非常流畅、平滑的使用体验。
- 由于 Deep Zoom 根据用户的操作向客户端发送相应的图片，从而有效地节省了带宽。
- 由于 Silverlight 对 Deep Zoom 提供了良好的支持，开发者可以对 Deep Zoom 项目进行修改，添加一些交互功能，使其应用范围更广。

用户能够利用Deep Zoom做些什么呢？Hard Rock Memorabilia已经为大家做了一个很好的示范，如图 16-1 和 16-2 所示，通过 Deep Zoom 技术，用户可以查看该网站所出售商品的任何细节，用户所要做的只是单击和滚动鼠标而已。

图 16-1　Hard Rock 在线网站

图 16-2　放大后图片的细节

另外，在 Silverlight 的支持下，IDVSolutions 通过 Deep Zoom 技术提供了世界地图浏览工具，如图 16-3 所示，网址为 http://silverlight.idvsolutions.com/，可见 Deep Zoom 的实力不容小觑。当然，Deep Zoom 带给我们的便捷之处不仅如此，更多有趣的功能还需要细心的读者去开发。

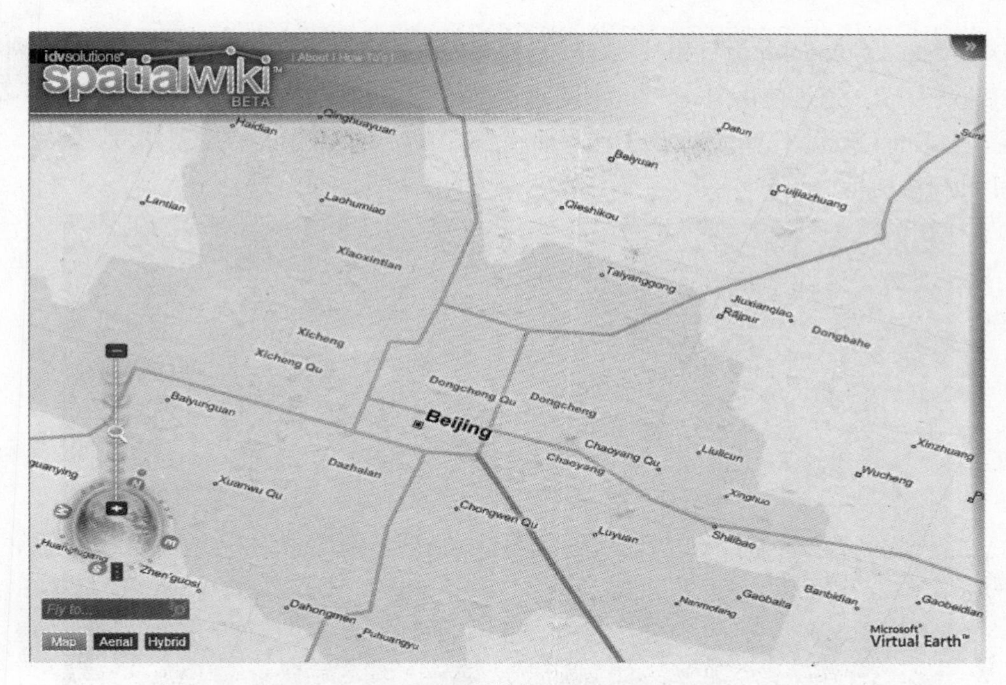


图 16-3　Silverlight 版的 Microsoft Virtual Earth

# 16.2　创建 Deep Zoom 应用程序

Deep Zoom 的实现类似于在线地图的效果，是通过将一幅高分辨率的图片按照不同分辨率切割成小图片，并在用户浏览过程中将用户要看到的图片发送到其浏览器上实现的。这种方式非常巧妙，极大地节省了用户下载图片的时间。但是要完成对图片的分割操作不是一件简单的事。为了使用户更容易地学习 Deep Zoom 技术，微软提供了名为 Deep Zoom Composer 的应用程序。使用 Deep Zoom Composer 可以在 Silverlight 中开发 Deep Zoom 应用程序，通过这一工具，用户可以轻松地对图片进行导入、组合及导出 Deep Zoom 应用项目等的操作，极大地提高了开发效率。Deep Zoom Composer 应用程序的启动界面如图 16-4 所示。

图 16-4　Deep Zoom Composer 的启动界面

Deep Zoom Composer 允许用户创建一系列高分辨率图片的集合，并按照用户的排列和组合顺序进行显示。通过使用 Deep Zoom Composer，用户可以快速地开发出一个 Deep Zoom 应用程序。Deep Zoom Composer 的工作界面相当简洁，整个工作区域被划分为 3 大块，如图 16-5 中的标注所示。

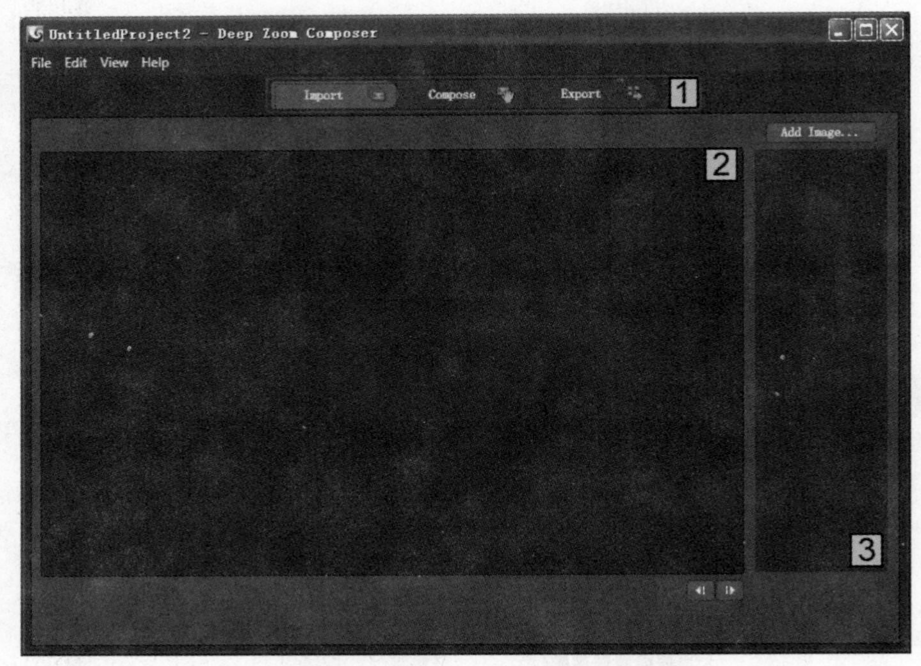


图 16-5　Deep Zoom Composer 工作布局

- 区域 1：用于切换不同的操作步骤（导入、组合和导出）。
- 区域 2：图片预览区域，在这里能够对图片进行排序、对齐等调整工作。
- 区域 3：功能操作面板，在不同的操作步骤中所显示的内容也会有所不同。

下面利用 Deep Zoom Composer 创建一个简单的 Deep Zoom 应用程序，具体的操作步骤如下。

（1）打开 Deep Zoom Compose，选择“New Project”，如图 16-6 所示。在“Name”一栏中输入项目名称，单击“OK”按钮，如图 16-7 所示。

图 16-6　新建项目

图 16-7　输入项目名称

(2) 项目创建完成后切换到“Import”（导入）选项卡，如图 16-8 所示。单击“Add Image”按钮，开始向项目中添加图片，如图 16-9 所示。

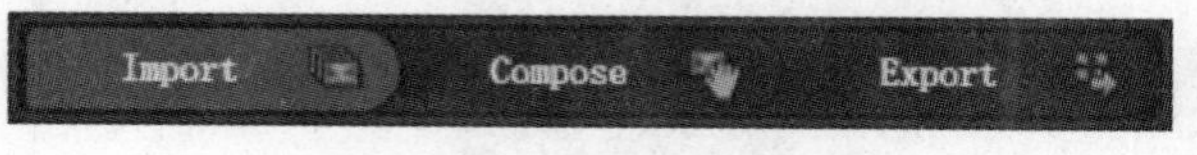


图 16-8　切换到导入步骤

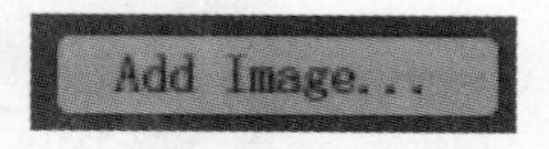


图 16-9　添加图片

如果所导入的图片较大，导入过程会相对慢一些，导入过程如图 16-10 所示。

图 16-10　导入图片的过程

图片添加完成后如图 16-11 所示。在图中标注 1 的区域中选中图片上单击鼠标右键，在弹出的快捷菜单中选择“Delete from project”命令，可以将所选择的图片从项目中删除。

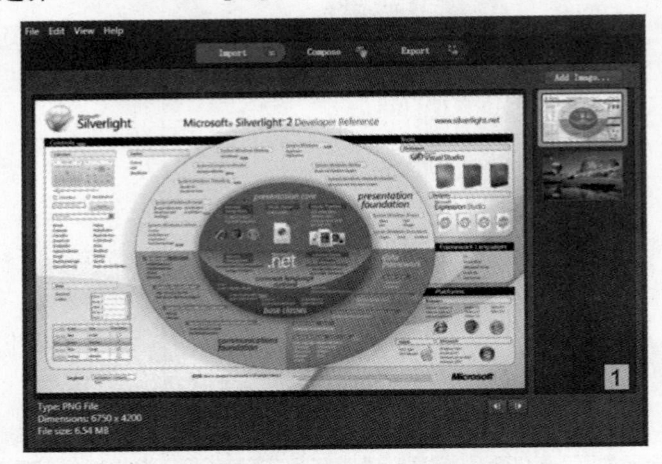


图 16-11　图片导入完成

（3）切换到“Compose”（组合）选项卡，如图 16-12 所示。在这里仍可以通过单击“Add Image”按钮继续添加图片。

图 16-12　切换到组合步骤

在如图 16-13 所示的工作区域图中，“All Images”用于显示所有的导入图片，选择一张图片拖放到左边工作区域后，右侧列表中相应图片会显示为半透明。

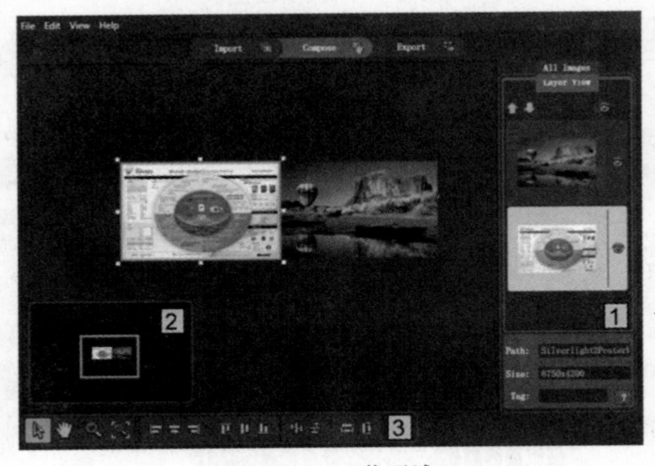


图 16-13　工作区域

在“Layer View”中，可以通过单击向上箭头和向下箭头对所导入的图片进行排序。另外还可以隐藏相应图片。

通过拖动标注 2 区域中的灰色方框，可以快速移动图片到相应的位置。

标注 3 区域是选择及排序工具，它们分别是选择、拖动、缩放、自适应屏幕大小、左对齐、左右居中对齐、右对齐、上对齐、上下居中对齐、下对齐、横向分布、纵向分布、等宽、等高。

（4）切换到“Export”（导出）选项卡，如图 16-14 所示。在右侧的“Silverlight Export”选项卡中，填写导出项目的名称、导出的路径，以及导出的图片格式等内容，如图 16-15 所示。

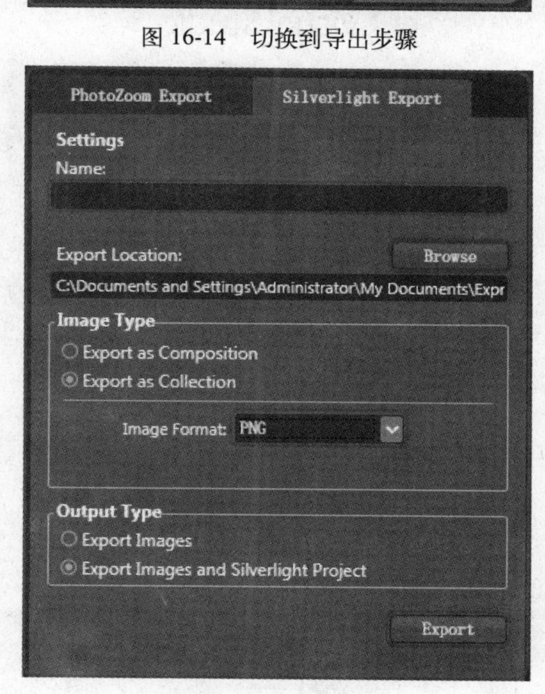


图 16-14　切换到导出步骤

图 16-15　导出设置

图片类型选项有以下两种。

- Export as Composition：将排序后的所有图片视为一张图片，以 258 像素×258 像素为单位进行分割，直到剩余图片的大小小于 1 像素×1 像素为止。
- Export as Collection：以图片集合中的每张图片为一个单位，以 258 像素×258 像素为单位对每张图片进行分割，直到剩余图片的大小小于 1 像素×1 像素为止。

最后单击“Export”按钮进行导出，导出过程如图 16-16 所示。

图 16-16　导出过程

导出完成后，打开相应的 HTML 文件，浏览效果如图 16-17 所示。

图 16-17　浏览效果

通过以上简单的步骤，就轻松地完成了一个 Deep Zoom 应用程序的创建，最终生成的整个项目目录结构如图 16-18 所示。

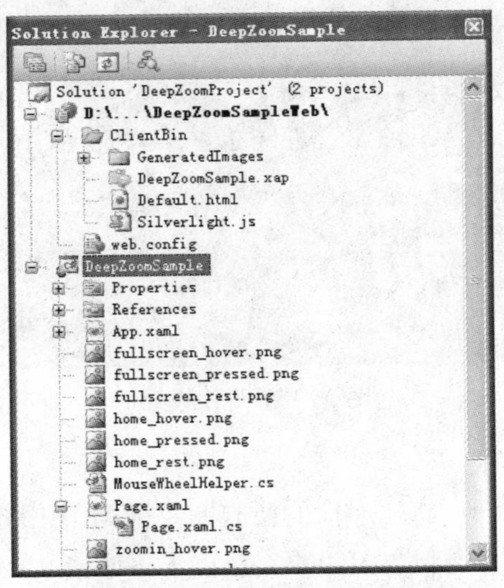


图 16-18　最终项目目录

分割好的图片文件夹如图 16-19 所示。

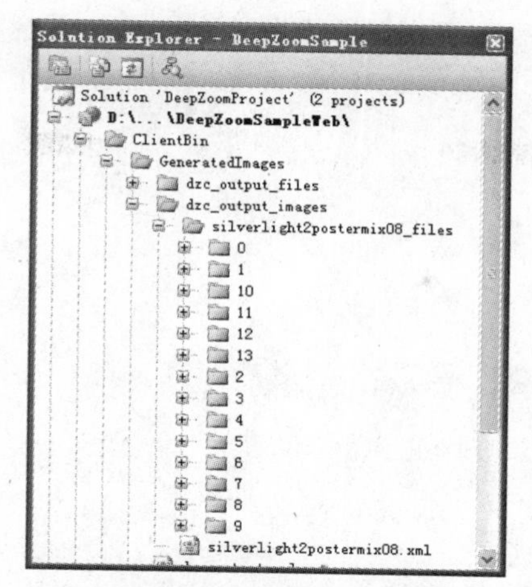


图 16-19　分割好的图片文件夹

其中 MouseWheelHelper.cs 类定义了鼠标的拖动和滚动等操作，如例程 16-1 所示。

**例程 16-1　MouseWheelHelper.cs 代码**

```
using System;
using System.Net;
using System.Windows;
using System.Windows.Controls;
using System.Windows.Documents;
using System.Windows.Ink;
using System.Windows.Input;
using System.Windows.Media;
using System.Windows.Media.Animation;
using System.Windows.Shapes;
using System.Windows.Browser;

namespace DeepZoomSample
{
 public class MouseWheelEventArgs : EventArgs
 {
    private double delta;
    private bool handled = false;

    public MouseWheelEventArgs(double delta)
    {
       this.delta = delta;
    }

    public double Delta
    {
       get { return this.delta; }
    }
```

```
        public bool Handled
        {
            get { return this.handled; }
            set { this.handled = value; }
        }
    }

    public class MouseWheelHelper
    {

        public event EventHandler<MouseWheelEventArgs> Moved;
        private static Worker worker;
        private bool isMouseOver = false;

        public MouseWheelHelper(FrameworkElement element)
        {

            if (MouseWheelHelper.worker == null)
                MouseWheelHelper.worker = new Worker();

            MouseWheelHelper.worker.Moved += this.HandleMouseWheel;

            element.MouseEnter += this.HandleMouseEnter;
            element.MouseLeave += this.HandleMouseLeave;
            element.MouseMove += this.HandleMouseMove;
        }

        private void HandleMouseWheel(object sender, MouseWheelEventArgs args)
        {
            if (this.isMouseOver)
                this.Moved(this, args);
        }

        private void HandleMouseEnter(object sender, EventArgs e)
        {
            this.isMouseOver = true;
        }

        private void HandleMouseLeave(object sender, EventArgs e)
        {
            this.isMouseOver = false;
        }

        private void HandleMouseMove(object sender, EventArgs e)
        {
            this.isMouseOver = true;
        }

        private class Worker
        {
```

```
        public event EventHandler<MouseWheelEventArgs> Moved;

        public Worker()
        {

           if (HtmlPage.IsEnabled)
           {
              HtmlPage.Window.AttachEvent("DOMMouseScroll", this.HandleMouseWheel);
              HtmlPage.Window.AttachEvent("onmousewheel", this.HandleMouseWheel);
              HtmlPage.Document.AttachEvent("onmousewheel", this.HandleMouseWheel);
           }

        }

        private void HandleMouseWheel(object sender, HtmlEventArgs args)
        {
           double delta = 0;

           ScriptObject eventObj = args.EventObject;

           if (eventObj.GetProperty("wheelDelta") != null)
           {
              delta = ((double)eventObj.GetProperty("wheelDelta")) / 120;

              if (HtmlPage.Window.GetProperty("opera") != null)
                 delta = -delta;
           }
           else if (eventObj.GetProperty("detail") != null)
           {
              delta = -((double)eventObj.GetProperty("detail")) / 3;

              if (HtmlPage.BrowserInformation.UserAgent.IndexOf("Macintosh") != -1)
                 delta = delta * 3;
           }

           if (delta != 0 && this.Moved != null)
           {
              MouseWheelEventArgs wheelArgs = new MouseWheelEventArgs(delta);
              this.Moved(this, wheelArgs);

              if (wheelArgs.Handled)
                 args.PreventDefault();
           }
        }
    }
  }
}
```

在文件 Page.xaml.cs 中定义了如何控制图像的移动、缩放等功能，以及相应的事件处理，这些代码 Deep Zoom Composer 已经帮用户写好了，如例程 16-2 所示。

例程 16-2　Page.xaml.cs 代码

```
using System;
using System.Collections.Generic;
using System.Net;
using System.Windows;
using System.Windows.Controls;
using System.Windows.Documents;
using System.Windows.Input;
using System.Windows.Media;
using System.Windows.Media.Animation;
using System.Windows.Shapes;

namespace DeepZoomSample
{
 public partial class Page : UserControl
 {
    double zoom = 1;
    bool duringDrag = false;
    bool mouseDown = false;
    Point lastMouseDownPos = new Point();
    Point lastMousePos = new Point();
    Point lastMouseViewPort = new Point();


    public double ZoomFactor
    {
       get { return zoom; }
       set { zoom = value; }
    }

    public Page()
    {
       InitializeComponent();

       this.msi.Loaded += new RoutedEventHandler(msi_Loaded);

       this.msi.ImageOpenSucceeded += new RoutedEventHandler(msi_ImageOpenSucceeded);

       //处理鼠标和键盘操作
       this.MouseMove += delegate(object sender, MouseEventArgs e)
       {
          lastMousePos = e.GetPosition(msi);

          if (duringDrag)
          {
             Point newPoint = lastMouseViewPort;
             newPoint.X  +=  (lastMouseDownPos.X  -  lastMousePos.X)  /  msi.ActualWidth  *
msi.ViewportWidth;
             newPoint.Y  +=  (lastMouseDownPos.Y  -  lastMousePos.Y)  /  msi.ActualWidth  *
msi.ViewportWidth;
             msi.ViewportOrigin = newPoint;
          }
       };
```

```
        this.MouseLeftButtonDown += delegate(object sender, MouseButtonEventArgs e)
        {
            lastMouseDownPos = e.GetPosition(msi);
            lastMouseViewPort = msi.ViewportOrigin;

            mouseDown = true;

            msi.CaptureMouse();
        };

        this.MouseLeftButtonUp += delegate(object sender, MouseButtonEventArgs e)
        {
            if (!duringDrag)
            {
                bool shiftDown = (Keyboard.Modifiers & ModifierKeys.Shift) == ModifierKeys.Shift;
                double newzoom = zoom;

                if (shiftDown)
                {
                    newzoom /= 2;
                }
                else
                {
                    newzoom *= 2;
                }

                Zoom(newzoom, msi.ElementToLogicalPoint(this.lastMousePos));
            }
            duringDrag = false;
            mouseDown = false;

            msi.ReleaseMouseCapture();
        };

        this.MouseMove += delegate(object sender, MouseEventArgs e)
        {
            lastMousePos = e.GetPosition(msi);
            if (mouseDown && !duringDrag)
            {
                duringDrag = true;
                double w = msi.ViewportWidth;
                Point o = new Point(msi.ViewportOrigin.X, msi.ViewportOrigin.Y);
                msi.UseSprings = false;
                msi.ViewportOrigin = new Point(o.X, o.Y);
                msi.ViewportWidth = w;
                zoom = 1 / w;
                msi.UseSprings = true;
            }

            if (duringDrag)
            {
                Point newPoint = lastMouseViewPort;
                newPoint.X += (lastMouseDownPos.X - lastMousePos.X) / msi.ActualWidth *
msi.ViewportWidth;
```

```
                newPoint.Y  +=  (lastMouseDownPos.Y  -  lastMousePos.Y)  /  msi.ActualWidth  *
msi.ViewportWidth;
                msi.ViewportOrigin = newPoint;
            }
        };

        new MouseWheelHelper(this).Moved += delegate(object sender, MouseWheelEventArgs e)
        {
            e.Handled = true;

            double newzoom = zoom;

            if (e.Delta < 0)
                newzoom /= 1.3;
            else
                newzoom *= 1.3;

            Zoom(newzoom, msi.ElementToLogicalPoint(this.lastMousePos));
            msi.CaptureMouse();
        };
    }

    void msi_ImageOpenSucceeded(object sender, RoutedEventArgs e)
    {
        msi.ViewportWidth = 1;

        //如果是图片的集合，可以对每一幅子图片进行相应的操作
        //foreach (MultiScaleSubImage subImage in msi.SubImages)
        //{
        //  操作代码
        //}

    }

    void msi_Loaded(object sender, RoutedEventArgs e)
    {
        //当图片载入完成时在这里进行用户自定义的操作
    }

    private void Zoom(double newzoom, Point p)
    {
        if (newzoom < 0.5)
        {
            newzoom = 0.5;
        }

        msi.ZoomAboutLogicalPoint(newzoom / zoom, p.X, p.Y);
        zoom = newzoom;
    }

    private void ZoomInClick(object sender, System.Windows.RoutedEventArgs e)
    {
        Zoom(zoom  *  1.3,  msi.ElementToLogicalPoint(new  Point(.5  *  msi.ActualWidth,  .5  *
msi.ActualHeight)));
    }
```

```
        private void ZoomOutClick(object sender, System.Windows.RoutedEventArgs e)
        {
            Zoom(zoom / 1.3, msi.ElementToLogicalPoint(new Point(.5 * msi.ActualWidth, .5 *
msi.ActualHeight)));
        }

        private void GoHomeClick(object sender, System.Windows.RoutedEventArgs e)
        {
            this.msi.ViewportWidth = 1;
            this.msi.ViewportOrigin = new Point(0, 0);
            ZoomFactor = 1;
        }

        private void GoFullScreenClick(object sender, System.Windows.RoutedEventArgs e)
        {
            if (!Application.Current.Host.Content.IsFullScreen)
            {
                Application.Current.Host.Content.IsFullScreen = true;
            }
            else
            {
                Application.Current.Host.Content.IsFullScreen = false;
            }
        }

        private void LeaveMovie(object sender, System.Windows.Input.MouseEventArgs e)
        {
            VisualStateManager.GoToState(this, "FadeOut", true);
        }

        private void EnterMovie(object sender, System.Windows.Input.MouseEventArgs e)
        {
            VisualStateManager.GoToState(this, "FadeIn", true);
        }

        public Rect getImageRect()
        {
            return new Rect(-msi.ViewportOrigin.X / msi.ViewportWidth, -msi.ViewportOrigin.Y /
msi.ViewportWidth, 1 / msi.ViewportWidth, 1 / msi.ViewportWidth * msi.AspectRatio);
        }

        public Rect ZoomAboutPoint(Rect img, double zAmount, Point pt)
        {
            return new Rect(pt.X + (img.X - pt.X) / zAmount, pt.Y + (img.Y - pt.Y) / zAmount, img.Width
/ zAmount, img.Height / zAmount);
        }

        public void LayoutDZI(Rect rect)
        {
            double ar = msi.AspectRatio;
            msi.ViewportWidth = 1 / rect.Width;
            msi.ViewportOrigin = new Point(-rect.Left / rect.Width, -rect.Top / rect.Width);
        }
    }
}
```

# 16.3 在 Silverlight 中应用 Deep Zoom

本书主要讲解在 Silverlight 中应用 Deep Zoom。

## 16.3.1 MultiScaleImage 控件

用 Visual Studio 2008 打开 Deep Zoom Composer 创建的 Deep Zoom 应用程序后，就可以看到该应用程序的操作主要基于 MultiScaleImage 控件，如下面的代码所示。

```
<MultiScaleImage Height="600" x:Name="msi" Width="800" Source="GeneratedImages/dzc_output.
xml"/>
```

MultiScaleImage 控件的主要属性和方法如表 16-1 所示。

表 16-1 MultiScaleImage 的主要属性和方法

| 属性及方法 | 说　明 |
| --- | --- |
| Source | 指向 Deep Zoom Composer 所创建的 dzc_output.xml 文件 |
| UsingSprings | 是否启用动画滑动效果，默认为 true。如果设为 false，拖动图片时，图片的那种平缓移动的效果就没有了 |
| ViewportWidth | 视线宽度 |
| ViewportOrigin | 视线源。通过调整视线宽度与视线源，载入应用程序后所看到图片的位置和大小会相应有所改变 |
| ElementToLogicalPoint | 元素坐标转换为逻辑坐标（元素坐标起点为左下角(0,0)，终点为右上角(1,1)；逻辑坐标起点为左上角(0,0)，终点为右下角(1,1)） |
| LogicalToElementPoint | 逻辑坐标转换为元素坐标 |

## 16.3.2 在 Silverlight 中应用 Deep Zoom

使用 Deep Zoom Composer 创建 Deep Zoom 应用程序非常简单，按照前面的介绍一步步执行下去就可以得到相应的项目文件。如果需要在其他 Silverlight 项目中引用该应用程序，只需要将 Deep Zoom 应用程序进行简单的修改，即可顺利完成迁移工作，具体的操作步骤如下。

（1）将 Deep Zoom Composer 所产生的 GeneratedImages 文件夹复制到你的 Silverlight 项目中，如图 16-20 所示。

（2）在项目中建立新的 Silverlight User Control 文件（这里新建文件 DeepZoomApp.xaml）。打开 Deep Zoom Composer 产生的 Page.xaml 文件，将相应的代码复制到 DeepZoomApp.xaml 文件中。同样，需要把 Page.xaml.cs 中的代码复制到 DeepZoomApp.xaml.cs 文件中。

图 16-20　复制图像文件

相应的代码如例如 16-3 和例程 16-4 所示。

**例程 16-3　DeepZoomApp.xaml 代码**

```
<UserControl x:Class="Silverlight_DeepZoom.DeepZoomApp"
    xmlns="http://schemas.microsoft.com/winfx/2006/xaml/presentation"
    xmlns:x="http://schemas.microsoft.com/winfx/2006/xaml"
    Width="800" Height="600">
    <Grid x:Name="LayoutRoot" Background="White">
        <MultiScaleImage Height="600" x:Name="msi" Width="800"/>
    </Grid>
</UserControl>
```

**例程 16-4　DeepZoomApp.xaml.cs 代码**

```
using System;
using System.Collections.Generic;
using System.Linq;
using System.Net;
using System.Windows;
using System.Windows.Controls;
using System.Windows.Documents;
using System.Windows.Input;
using System.Windows.Media;
using System.Windows.Media.Animation;
using System.Windows.Shapes;
namespace Silverlight_DeepZoom
{
    public partial class DeepZoomApp : UserControl
    {
        Point lastMousePos = new Point();
        double _zoom = 1;
        bool mouseButtonPressed = false;
        bool mouseIsDragging = false;
        Point dragOffset;
        Point currentPosition;
```

```
        public double ZoomFactor
        {
            get { return _zoom; }
            set { _zoom = value; }
        }

        public DeepZoomApp()
        {
            InitializeComponent();
    this.msi.Source = new DeepZoomImageTileSource(new Uri("GeneratedImages/dzc_ output.xml",
UriKind.Relative));
            this.msi.Loaded += new RoutedEventHandler(msi_Loaded);
            this.msi.ImageOpenSucceeded += new RoutedEventHandler(msi_ImageOpenSucceeded);
            this.MouseMove += delegate(object sender, MouseEventArgs e)
            {
                if (mouseButtonPressed)
                {
                 mouseIsDragging = true;
                }
                this.lastMousePos = e.GetPosition(this.msi);
            };

            this.MouseLeftButtonDown += delegate(object sender, MouseButtonEventArgs e)
            {
                mouseButtonPressed = true;
                mouseIsDragging = false;
                dragOffset = e.GetPosition(this);
                currentPosition = msi.ViewportOrigin;
            };

            this.msi.MouseLeave += delegate(object sender, MouseEventArgs e)
            {
                mouseIsDragging = false;
            };

            this.MouseLeftButtonUp += delegate(object sender, MouseButtonEventArgs e)
            {
                mouseButtonPressed = false;
                if (mouseIsDragging == false)
                {
                 bool shiftDown = (Keyboard.Modifiers & ModifierKeys.Shift) == ModifierKeys.
Shift;

                  ZoomFactor = 2.0;
                  if (shiftDown) ZoomFactor = 0.5;
                  Zoom(ZoomFactor, this.lastMousePos);
                }
                mouseIsDragging = false;
            };

            this.MouseMove += delegate(object sender, MouseEventArgs e)
            {
```

```
                    if (mouseIsDragging)
                    {
                     Point newOrigin = new Point();
                     newOrigin.X = currentPosition.X - (((e.GetPosition(msi).X - dragOffset.X)
/ msi.ActualWidth) * msi.ViewportWidth);
                     newOrigin.Y = currentPosition.Y - (((e.GetPosition(msi).Y - dragOffset.Y)
/ msi.ActualHeight) * msi.ViewportWidth);
                     msi.ViewportOrigin = newOrigin;
                    }
                };

                new MouseWheelHelper(this).Moved += delegate(object sender, MouseWheelEventArgs e)
                {
                    e.Handled = true;
                    if (e.Delta > 0)
                     ZoomFactor = 1.2;
                    else
                     ZoomFactor = .80;

                    Zoom(ZoomFactor, this.lastMousePos);
                };
            }

            void msi_ImageOpenSucceeded(object sender, RoutedEventArgs e)
            {

            }

            void msi_Loaded(object sender, RoutedEventArgs e)
            {

            }

            public void Zoom(double zoom, Point pointToZoom)
            {
                Point logicalPoint = this.msi.ElementToLogicalPoint(pointToZoom);
                this.msi.ZoomAboutLogicalPoint(zoom, logicalPoint.X, logicalPoint.Y);
            }
        }
    }
```

（3）在 Page.xaml 文件中添加 Deep Zoom 引用，如例程 16-5 所示。

**例程 16-5 Page.xaml 代码**

```
<UserControl x:Class="Silverlight_DeepZoom.Page"
   xmlns="http://schemas.microsoft.com/winfx/2006/xaml/presentation"
   xmlns:x="http://schemas.microsoft.com/winfx/2006/xaml"

<!—添加 DeepZoomApp 引用—>
   xmlns:UC="clr-namespace:Silverlight_DeepZoom;assembly=Silverlight_DeepZoom"
   Width="800" Height="650">
   <Grid x:Name="LayoutRoot" Background="White">
      <Canvas>
```

```
            <TextBlock Text="引用Deep Zoom" FontSize="20" />
            <Border BorderThickness="1" Width="400" Height="300"></Border>
            <UC:DeepZoomApp Canvas.Top="50"/>
        </Canvas>
    </Grid>
</UserControl>
```

最后按“F5”键运行，效果如图 16-21 所示。

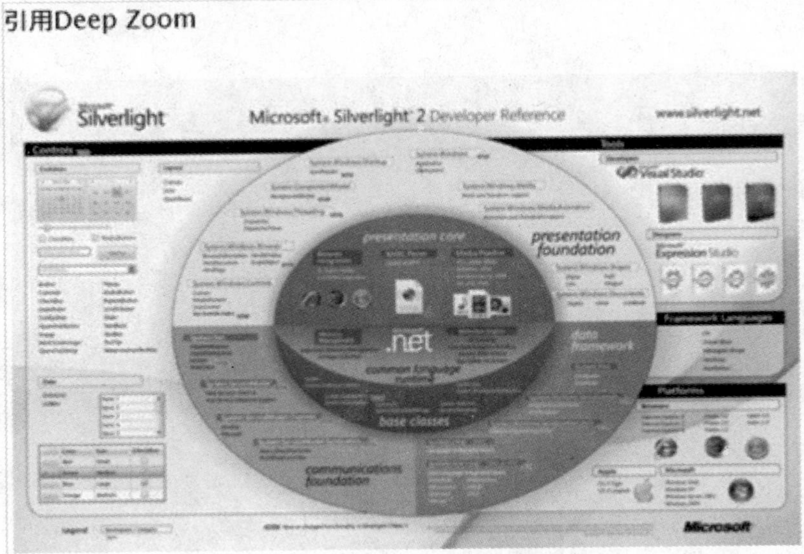

引用Deep Zoom

图 16-21　引用 Deep Zoom 应用程序

## 16.4　小结

本章首先对 Deep Zoom 这一概念进行了介绍。然后简单介绍了 Deep Zoom Composer 工具，并利用 Deep Zoom Composer 快速创建了一个 Deep Zoom 应用程序。Deep Zoom 技术主要用到了 Silverlight 里的 MultiScaleImage 对象，本章介绍了 MultiScaleImage 对象的属性和常用的方法。最后讲解了如何将 Deep Zoom Composer 工具生成的 Deep Zoom 项目引入到 Silverlight 中进行进一步开发。

# 第17章

# 综合实例

随着互联网的发展，越来越多的人选择在网上购物，各种各样的在线购物网站开始出现在人们的视野中。国内比较有名的购物网站有淘宝、当当、京东等，这些网站的用户访问量都比较大。通过网络进行在线购物是一种新的消费方式，虽然它出现的时间比较晚，但是这些网站所获得的成功使人们逐渐认识到：网上购物给人们的生活带来了极大的便利，它正逐步改变着人们的生活方式。

通过前面各个章节的学习，相信读者已经对 Silverlight 技术有了一定程度的了解。为了巩固前面各章的知识点，并展示 Silverlight 强大的开发能力，本章将使用 Silverlight 技术，以及 ASP.NET 实现一个简单的网上商店信息系统。

## 17.1 开发前的准备

在开发网上商店系统之前，开发者需要准备相应的开发环境。另外，为了使开发出的系统能够更好地满足实际应用需求，首先需要对整个系统进行需求分析和设计。这样一方面提高了系统的开发效率，另一方面也提升了系统的后期可扩展能力。

### 17.1.1 开发环境

本系统主要使用 Silverlight 技术进行开发，采用 B/S（Browser/Server）方式。在开发效率上，Silverlight 相对于其他富媒体开发技术具有极大的优势。它除了可以用于开发一些演示动画与数据图表外，也适应于开发网站与应用程序，本章讲解的网上商店将会充分展示它的强大功能。

开发者需要准备如下环境。

- Web 服务器：操作系统安装相应版本的 IIS（Internet Information Server）。

- 开发平台：Visual Studio 2008 +Silverlight+Microsoft Expression Blend。

环境的具体搭建过程请参考本书前面相应章节的内容。

### 17.1.2 网上商店体系结构

限于篇幅，本书不会实现一个现实中复杂的购物网站，而是简化和裁减购物网站的部分辅助功能，突出其中的重点部分，并以此体现利用 Silverlight 技术在实现此类功能时的优势。

信息系统开发过程的第一个环节是进行系统需求分析，这是一个非常重要的环节。由于本系统对网上商店进行了功能上的精简，所以本系统面向的对象只考虑顾客这一方。对顾客提供的服务主要包括账户登录、添加商品到购物车和购物车结算等功能。相应功能的描述如下所示。

- 账户登录

系统要求用户输入正确的用户名和密码。在用户输入用户名和密码之后，系统将到记录用户信息的 XML 文件中进行查询，如果存在该用户并且用户输入的密码正确，则使用户处于正常登录状态，并在页面右上角显示用户名进行提醒，否则系统会提示密码输入错误。当用户名或密码两者之一输入不完整时，系统会尝试登录，并会给出相应的错误提示。

- 添加商品到购物车

用户通过浏览页面选好想要购买的商品后，就可以将该商品添加到购物车中，购物完毕后可以将购物车中的商品一起结账。

- 结算

用户付款，交易结束。

经过以上需求分析，我们可以画出顾客使用本系统过程的数据流图，如图 17-1 所示。

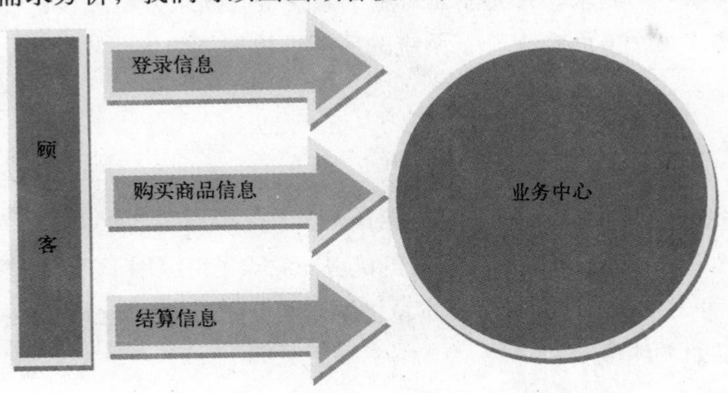


图 17-1　数据流图

本系统使用 XML 进行数据的存储，而不是使用数据库。在程序体系结构设计上，系统将会设计一个数据访问接口，使用 XML 进行数据的存储将是对这个接口的一个实现。如果读者需要将此网上商店开发成基于数据库进行的数据存储，也可以非常方便地切换到数据库模式，因为本系统接口的设计将确保业务层的数据访问只是依赖于数据访问接口，而接口该如何实现，业务层是无须知道的。

另外 Silverlight 与服务端的通信使用 Web Service，Web Service 作为一个标准的 HTTP 通信协议，目前在各个平台上都得到了广泛的支持，当然 Silverlight 也对它提供了良好的支持。

在系统的架构方面，本网上商店将采用通用的三层体系结构，如图 17-2 所示。

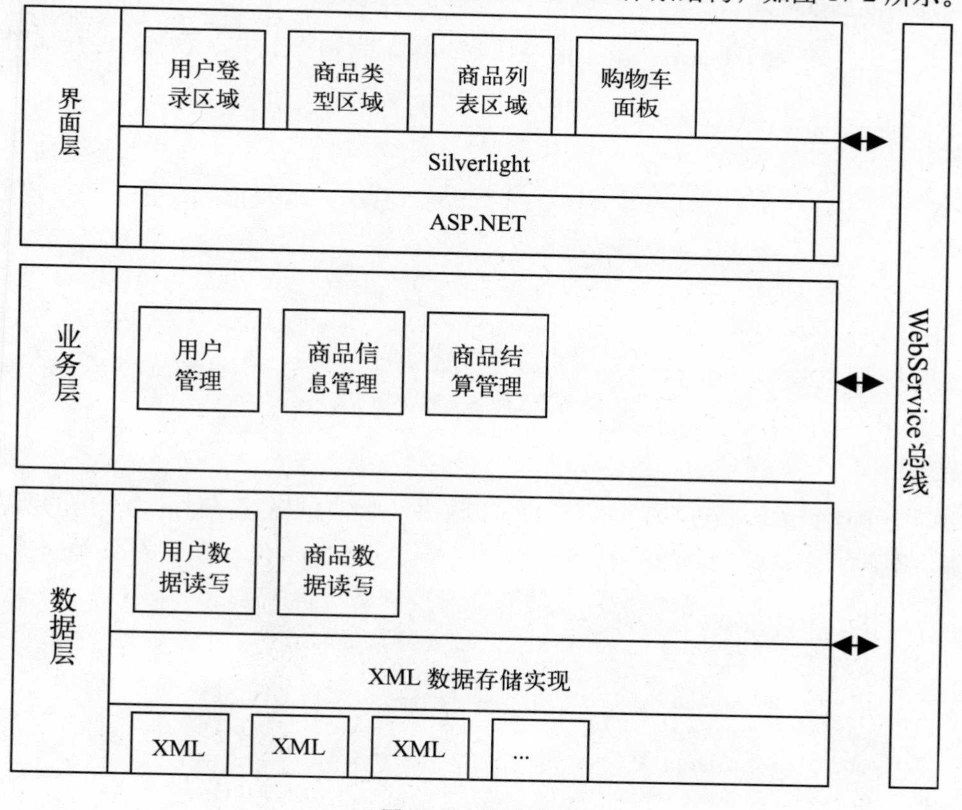


图 17-2　体系结构图

### 17.1.3　网上商店系统功能描述

通过前面对网上商店的需求进行分析，我们明确了本系统将主要实现以下几个功能。

### 1. 用户登录

系统要求用户输入用户名和密码并对其进行验证，如果存在该用户并且用户输入的密码正确，则用户登录成功，并在页面右上角显示用户名，否则会出现密码输入错误的提示，如图 17-3 所示。

图 17-3　用户登录

### 2. 添加商品到购物车

用户选好想要购买的商品后，就可以将该商品添加到购物车中，添加的过程如图 17-4 所示。

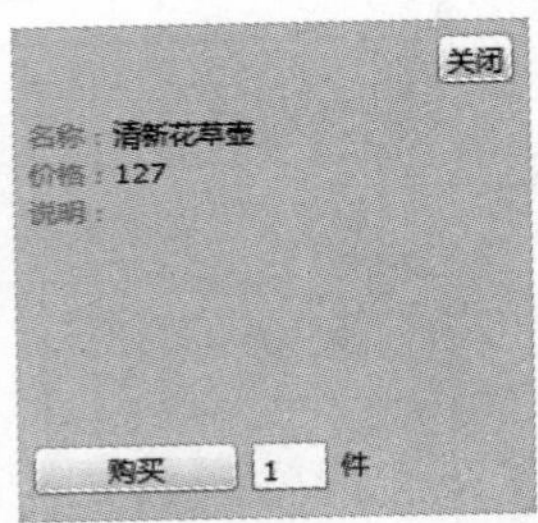


图 17-4　添加商品到购物车

### 3. 结算

顾客对想要购买的商品选择完毕之后，可以单击购物车的链接，对购物车内的所有商品进行结算。至此，交易结束，如图 17-5 所示。

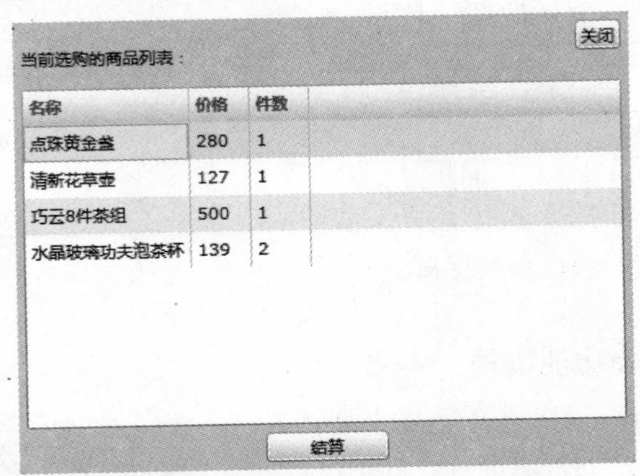


图 17-5　结算面板

## 17.2　系统设计

上一节对整个系统的需求进行了分析，并构建了相应的系统架构。本节将在系统设计方面进行规划，内容包括界面设计和实体设计。

### 17.2.1　界面设计

网上商店系统的布局如图 17-6 所示。

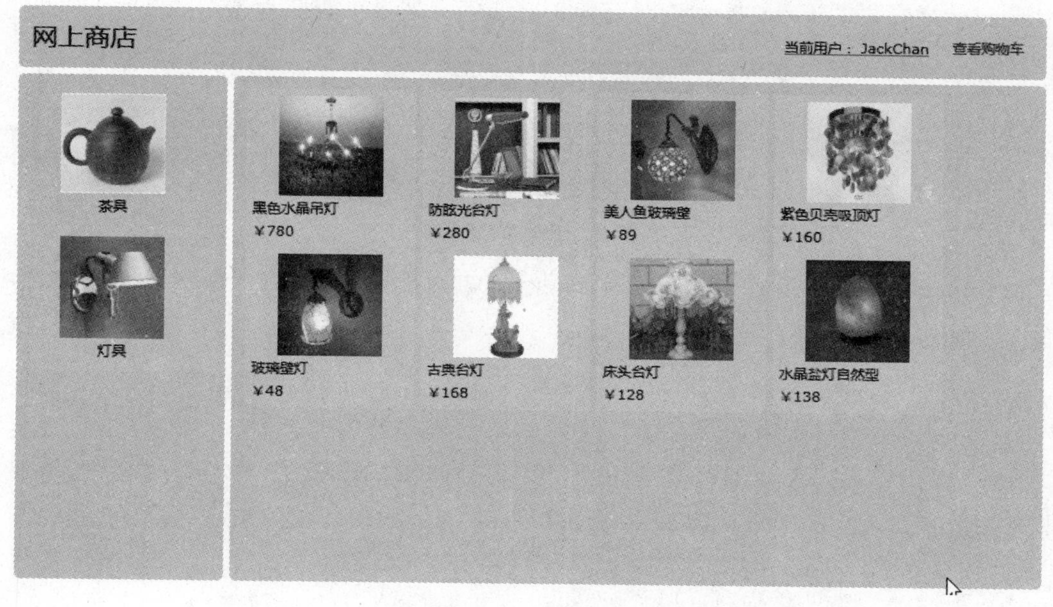


图 17-6　系统布局

可以看到，整个页面被分为如下 3 个部分。

- 顶部为标题栏，用来显示网上商店的名称、Logo、用户登录窗体，以及购物车链接。
- 左下部分为商品类型浏览面板，用以在不同商品类型之间进行切换。
- 右下部分是商品浏览面板，顾客可以在这里查看对应商品类型所包括的商品列表。

顾客在浏览具体的商品时，可以通过单击商品图片查看商品的详细信息。在弹出的商品详细信息对话框中，可以填入购买数量并将该商品加入自己的购物车中，如图 17-7 所示。

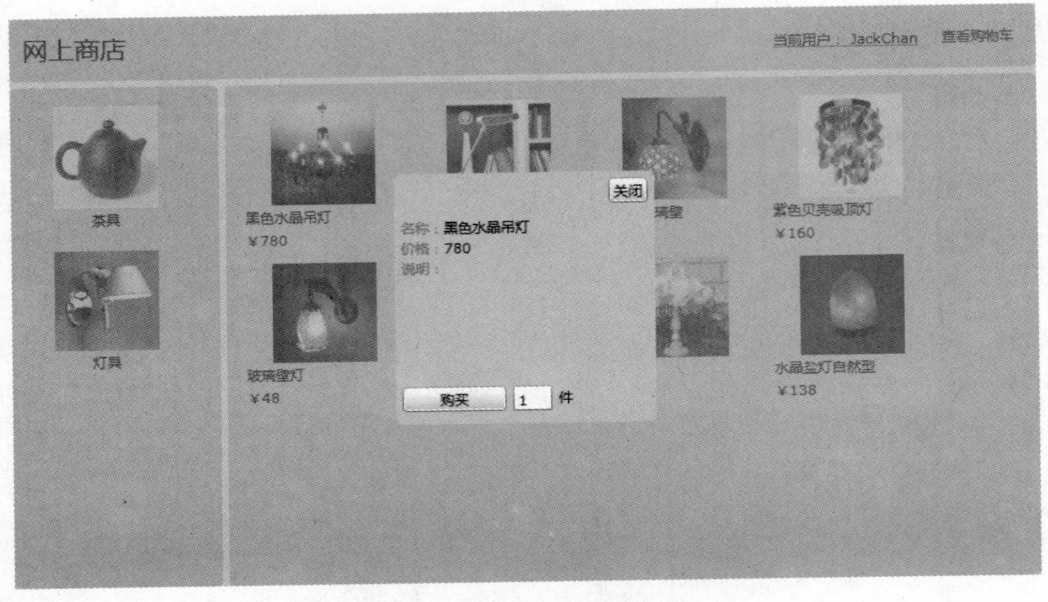


图 17-7　添加商品到购物车

顾客单击“查看购物车”链接后，会显示购物车对话框，在此对话框中可以查看已选购的商品，如图 17-8 所示。

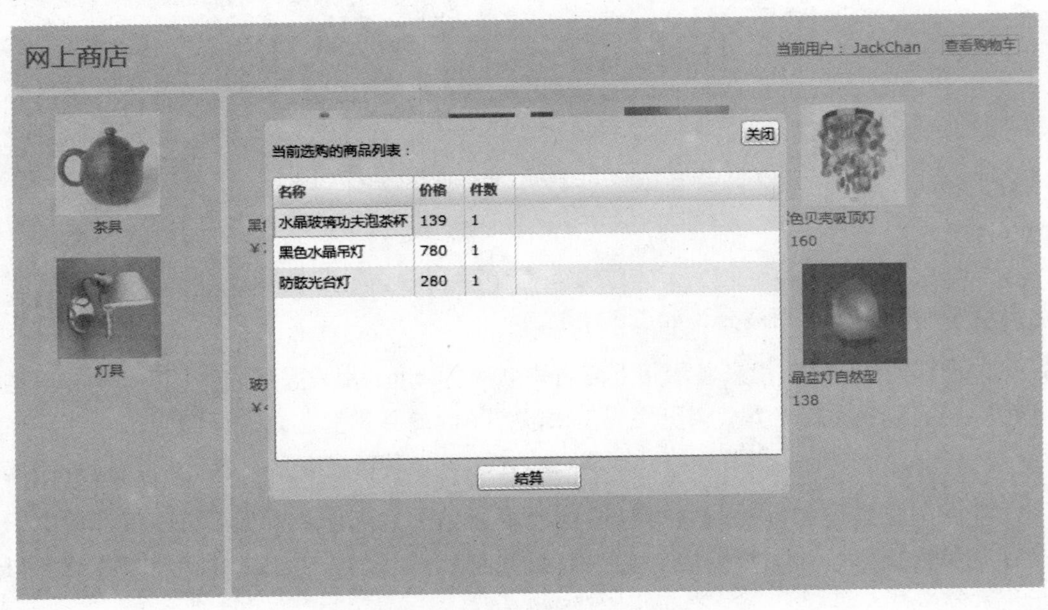


图 17-8　购物车

### 17.2.2　实体设计

根据前面对系统需求的分析及系统界面设计的相应要求，本系统主要包含以下实体。

1. 用户实体

用户实体用户实体用来标识用户信息。主要属性包括用户 ID（ID）和密码（Password）。相应的类视图如图 17-9 所示。

2. 商品信息实体

商品信息实体用来标识具体每件商品的相应信息。主要属性包括所属商品类别（CategoryID）、商品名称（Title）、商品价格（Price），以及商品所对应的图像（ImageSource）。相应的类视图如图 17-10 所示。

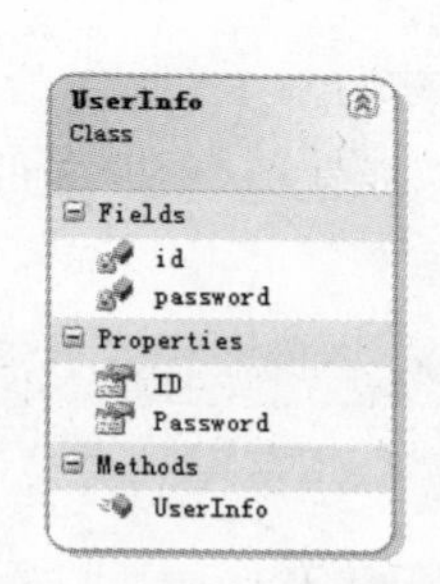


图 17-9　用户实体类视图

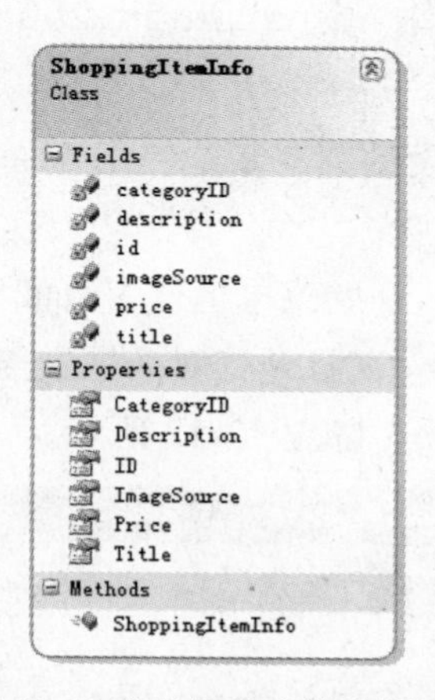


图 17-10 商品信息实体类视图

3. 商品类别实体

商品类别实体用来标识不同的商品种类。主要属性包括商品类别 ID（ID）、类别标题（Title），以及类别所对应的图像（ImageSource）。

相应的类视图如图 17-11 所示。

图 17-11　商品类别实体类视图

## 17.3　系统开发

系统分析和系统设计步骤完成之后，接下来要做的就是具体的系统开发了。Silverlight 为前台设计者与后台代码开发者的协同工作提供了一套非常好的解决方案。

使用 Silverlight 开发应用程序时，前台设计者与后台代码开发者使用的是相互配合的开发工具。比如前台设计者使用 Microsoft Expression Blend 进行前台界面的设计，设计完毕后只需将 Blend 自动生成的 XAML 代码及相关图片交给后台代码开发者即可。后台代码开发者使用 Visual Studio 2008 进行相应业务逻辑的代码开发工作。这种开发方式对于两者的协同工作非常有帮助，极大地提高了开发效率。

本节将依据这种分工的原则，分别以前台设计者与后台代码开发者的两种身份对网上商店系统进行开发。

### 17.3.1 使用 Visual Studio 2008 建立项目

系统开发的第一步是使用 Visual Studio 2008 建立项目。建立 Visual Studio 2008 项目的过程非常简单。

首先，从开始菜单运行 Visual Studio 2008 应用程序，选择菜单“File”→“New”→“New Project”命令，在打开的对话框左侧选择 Silverlight 项目类型，新建一个 Silverlight 应用程序，命名为 Eshop，如图 17-12 所示。

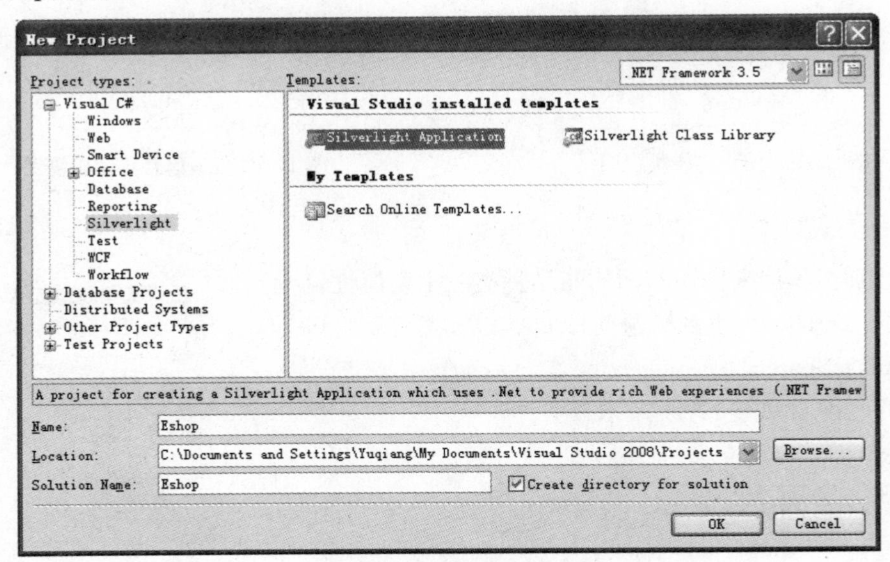


图 17-12　建立项目

单击“OK”按钮后出现“Add Silverlight Application”窗口，在这里选择“Add a new ASP.NET Web project to the solution to host Silverlight”单选按钮，即向解决方案添加新ASP.NET Web 项目以承载 Silverlight，如图 17-13 所示。

单击“OK”按钮确定后，将会创建一个包括 Silverlight 项目与 ASP.NET Web 项目的解决方案，解决方案及项目结构如图 17-14 所示。

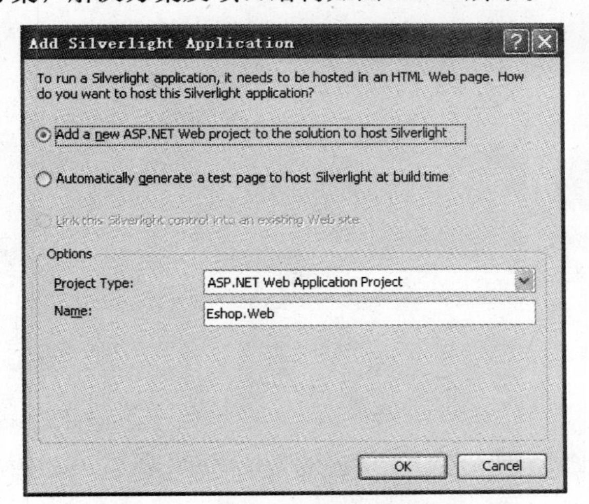


图 17-13　添加 Silverlight 应用程序

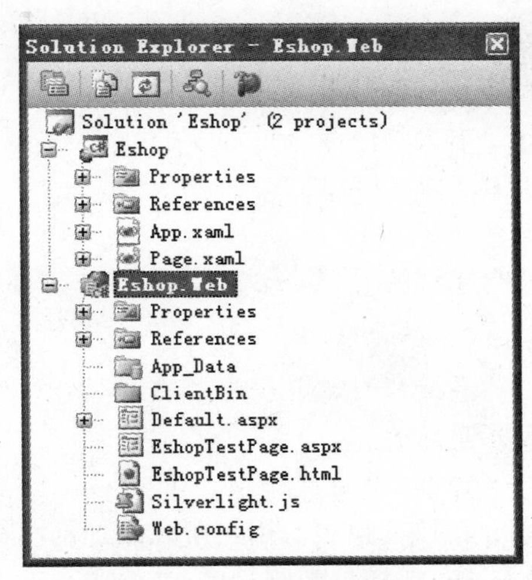


图 17-14　项目目录结构

选择 Eshop.Web 项目并选择 Properties，进入属性窗口，如图 17-15 所示。

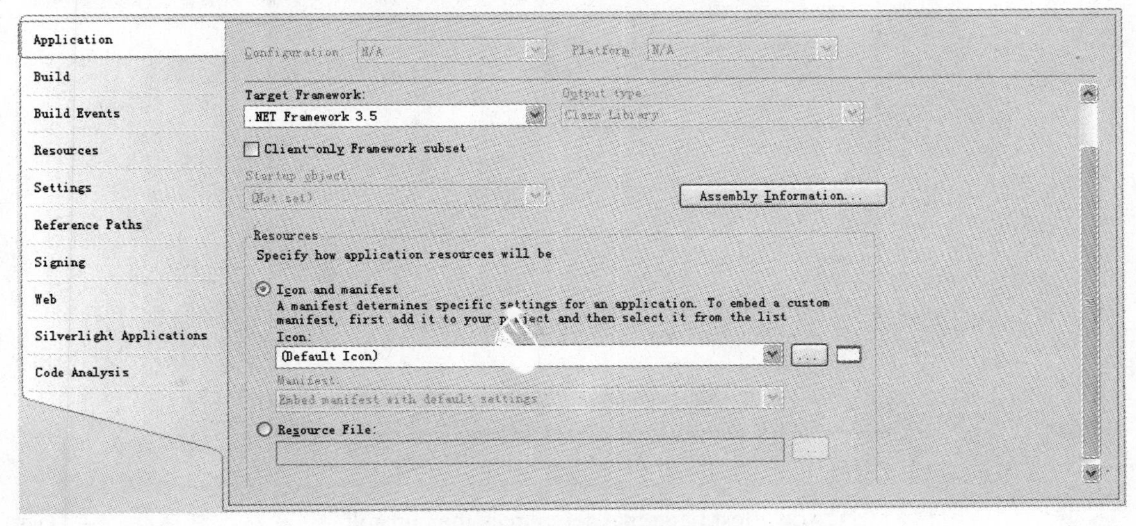


图 17-15　Web 项目属性窗口

单击属性窗口左侧的“Silverlight Applications”选项，进入 Silverlight 应用程序设置窗口，如图 17-16 所示。

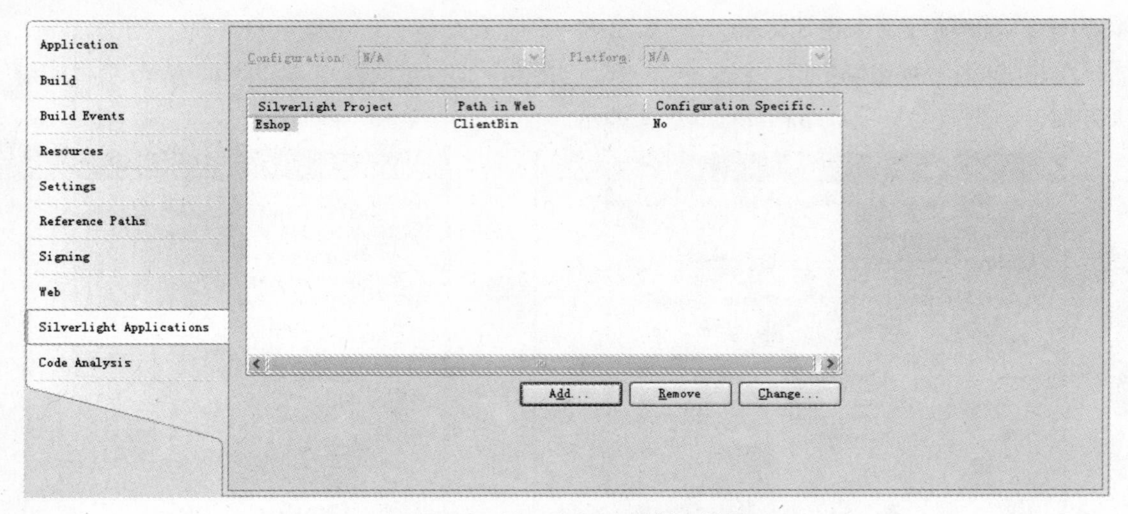


图 17-16　Silverlight 应用程序设置

在该窗口中，用户可以添加、移除及修改 Web 项目所对应的 Silverlight 项目。其中添加 Silverlight 项目关联如图 17-17 所示。

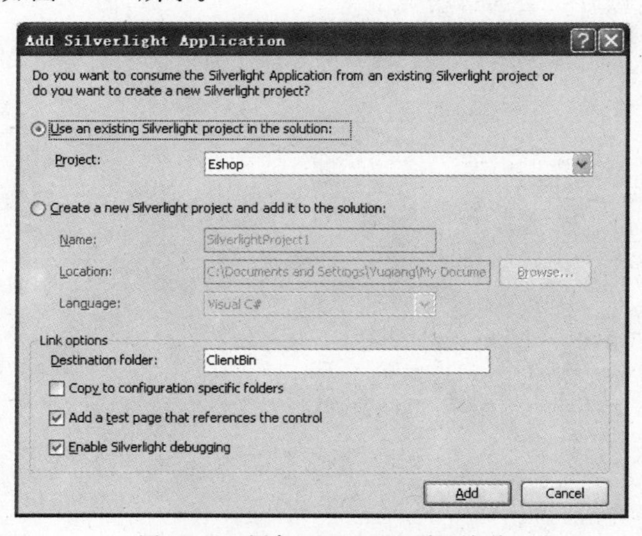


图 17-17　添加 Silverlight 项目关联

其中如果用户勾选“Add a test page that references the control”复选框，则在添加关联时自动添加 Silverlight 测试页面，用户可以取消勾选该复选框。

在 EShop.Web 项目中，生成了 Default.aspx、EshopTestPage.aspx、EshopTestPage.html 3 个 Web 页面。在本项目中将 Default.aspx 设为默认加载页面，设置方式为：用鼠标右键单击 Default.aspx，从弹出的快捷菜单中选择“Set as Start Page”命令。由于 Default.aspx 页面默认没有加入对 Silverlight 项目输出的 XAP 文件的引用，所以需要对其内容进行修改，修改后的 Default.aspx 页面代码如例程 17-1 所示。

**例程 17-1　Default.aspx 页面代码**

```
<%@ Page Language="C#" AutoEventWireup="true" CodeBehind="Default.aspx.cs"
Inherits="Eshop.Web._Default" %>
<!DOCTYPE html PUBLIC "-//W3C//DTD XHTML 1.0 Transitional//EN"
"http://www.w3.org/TR/xhtml1/DTD/xhtml1-transitional.dtd">
<html xmlns="http://www.w3.org/1999/xhtml">
    <head runat="server">
        <title>Eshop Index Page</title>
    </head>
    <body>
        <body style="height: 100%; margin: 0;">
            <form id="form1" runat="server" style="height: 100%;">
                <asp:ScriptManager ID="ScriptManager1" runat="server">
                </asp:ScriptManager>
                <div style="height: 100%;">
                    <asp:Silverlight  ID="Xaml1"  runat="server"  Source="~/ClientBin/
Eshop.xap" MinimumVersion="2.0.31005.0" Width="100%" Height="100%" />
                </div>
            </form>
        </body>
    </body>
</html>
```

修改好 Default.aspx 之后，EshopTestPage.aspx 和 EshopTestPage.html 两个页面文件就可以删除了。

### 17.3.2　显示模块开发

对于本模块的开发，本书将以前台设计者的习惯进行设计，主要借助于 Microsoft Expression Blend 工具进行开发。

**1. 网站 LOGO 及用户登录界面的设计**

该部分主要用于显示网上商店名称、商店 Logo、用户登录窗体，以及购物车链接。用户如果登录成功，则会显示用户姓名等相关信息，登录失败则会给出相应的提示。另外该部分还包括了显示购物车的链接，如图 17-18 所示。

图 17-18　用户登录及购物车

该模块分成两部分进行开发，首先定义好用户登录窗体，该部分定义为用户控件 LoginForm.xaml，效果如图 17-19 所示。

图 17-19　用户登录

使用 Blend 写好的 XAML 代码如例程 17-2 所示。

例程 17-2　LoginForm.aspx 代码

```
    <UserControl x:Class="EShop.Silverlight.Controls.LoginForm"
        xmlns="http://schemas.microsoft.com/winfx/2006/xaml/presentation"
        xmlns:x="http://schemas.microsoft.com/winfx/2006/xaml"
        Height="35">
        <Grid x:Name="LayoutRoot">
            <StackPanel Orientation="Vertical" VerticalAlignment="Center">
                <StackPanel x:Name="formPanel" Orientation="Horizontal">
                    <TextBlock Text="用户名：" TextWrapping="Wrap" FontSize="12" Height="Auto"
Width="Auto" Margin="5,0,0,0" HorizontalAlignment="Center" VerticalAlignment="Center"/>
                    <TextBox Text="" TextWrapping="Wrap" x:Name="textUserID" Height="20"
Width="100" Margin="5,0,0,0" VerticalAlignment="Center"/>
                    <TextBlock Text="密码：" TextWrapping="Wrap" FontSize="12" Height="Auto"
Width="36" VerticalAlignment="Center" Margin="5,0,0,0"/>
                    <PasswordBox x:Name="textPassword" Height="20" Width="100"
VerticalAlignment="Center" Margin="5,0,0,0"/>
                    <Button Content=" 登 录 " Width="80" Height="20" Margin="10,0,5,0"
VerticalAlignment="Center" x:Name="btnSubmit"/>
                </StackPanel>
                <TextBlock x:Name="textError" Text="用户名或密码错误！"Visibility= "Collapsed"
HorizontalAlignment="Right" Foreground="Red"></TextBlock>
            </StackPanel>
            <TextBlock x:Name="textInfo" Visibility="Collapsed" VerticalAlignment= "Center"
TextDecorations="Underline"></TextBlock>
        </Grid>
    </UserControl>
```

然后定义网站标题及购物车链接，并将上面定义的 LoginForm 用户登录控件引入。XAML 代码如例程 17-3 所示。

**例程 17-3　PageHeader.xaml 代码**

```
<UserControl x:Class="EShop.Silverlight.Controls.PageHeader"
     xmlns="http://schemas.microsoft.com/winfx/2006/xaml/presentation"
     xmlns:x="http://schemas.microsoft.com/winfx/2006/xaml"
     xmlns:EShop_Silverlight_Controls="clr-namespace:EShop.Silverlight.Controls"
     xmlns:d="http://schemas.microsoft.com/expression/blend/2008"
     xmlns:mc="http://schemas.openxmlformats.org/markup-compatibility/2006"
     mc:Ignorable="d"
     Width="Auto" Height="50">
     <Grid x:Name="LayoutRoot">
          <Grid.ColumnDefinitions>
               <ColumnDefinition Width="100"/>
               <ColumnDefinition Width="*"/>
          </Grid.ColumnDefinitions>
          <Border Margin="0,0,0,0" x:Name="backgroundBorder" Grid.ColumnSpan="2" Background=
"#FFBED3EE" CornerRadius="5,5,5,5"/>

          <TextBlock  Text=" 网 上 商 店 "  FontSize="20"  HorizontalAlignment="Center"
VerticalAlignment= "Center">
          </TextBlock>

          <Grid x:Name="gridHeader" Grid.Column="1" HorizontalAlignment="Stretch">
               <Grid.ColumnDefinitions>
                    <ColumnDefinition Width="*"/>
                    <ColumnDefinition Width="90"/>
               </Grid.ColumnDefinitions>

               <!--查看购物车链接-->
               <HyperlinkButton   x:Name="linkShoppingCart"   HorizontalAlignment="Center"
Margin="0,0,0,0"  VerticalAlignment="Center"  Grid.Column="1"  Content="查看购物车"  Foreground=
"#FF0000FF"/>

               <!--引入前面写好的用户登录控件-->
               <EShop_Silverlight_Controls:LoginForm x:Name="loginForm"
   HorizontalAlignment="Right" Margin="0,0,0,0" VerticalAlignment="Center"/>
          </Grid>
     </Grid>
</UserControl>
```

### 2. 载入提示

用户执行相关操作之后，可能会等待一段时间才能看到操作的结果。如果等待时间过长，用户很可能会关掉页面，去浏览其他的购物商店。这时就需要一个页面正在载入的相关提示。

设计效果如图 17-20 所示。

图 17-20　载入提示

XAML 代码如例程 17-4 所示。

例程 17-4　Loading.xaml 代码

```
<UserControl x:Class="EShop.Silverlight.Controls.Loading"
    xmlns="http://schemas.microsoft.com/winfx/2006/xaml/presentation"
    xmlns:x="http://schemas.microsoft.com/winfx/2006/xaml"
    Width="75" Height="18" Opacity="0.9">
    <Grid x:Name="LayoutRoot" Background="#FF34639E">
        <TextBlock  HorizontalAlignment="Center"  Text="Loading...."  VerticalAlignment=
"Center" Foreground="#FFFFFFFF"/>
    </Grid>
</UserControl>
```

### 3. 商品类型浏览面板

商品类型浏览面板主要用于在不同商品类型之间进行切换，这里会显示每个商品类型的标题及相应的图片。单击商品类型图片之后，面板右侧的商品浏览区域则会显示与该类别相关的全部商品列表。

商品类型浏览面板显示的效果如图 17-21 所示。

图 17-21　商品类型浏览面板

该面板主要使用了 ListBox 控件，这里对该控件样式进行了部分修改。

修改样式的部分代码如例程 17-5 所示。

**例程 17-5　ListBox 控件样式代码**

```
    <UserControl.Resources>
        <EShop_Silverlight_Controls:ImageSourceFormatter
x:Key="imageSourceFormatter"></EShop_Silverlight_Controls:ImageSourceFormatter>

        <Style x:Key="CategoryListBoxStyle" TargetType="ListBox">
            <Setter Property="Padding" Value="1"/>
            <Setter Property="Background" Value="#FFFFFFFF"/>
            <Setter Property="Foreground" Value="#FF000000"/>
            <Setter Property="HorizontalContentAlignment" Value="Left"/>
            <Setter Property="VerticalContentAlignment" Value="Top"/>
            <Setter Property="IsTabStop" Value="False"/>
            <Setter Property="BorderThickness" Value="1"/>
            <Setter Property="TabNavigation" Value="Once"/>
            <Setter Property="BorderBrush">
                <Setter.Value>
                    <LinearGradientBrush EndPoint="0.5,1" StartPoint="0.5,0">
                        <GradientStop Color="#FFA3AEB9" Offset="0"/>
                        <GradientStop Color="#FF8399A9" Offset="0.375"/>
                        <GradientStop Color="#FF718597" Offset="0.375"/>
                        <GradientStop Color="#FF617584" Offset="1"/>
                    </LinearGradientBrush>
                </Setter.Value>
            </Setter>
            <Setter Property="Template">
                <Setter.Value>
                    <ControlTemplate TargetType="ListBox">
                        <Border BorderBrush="{TemplateBinding BorderBrush}"
    BorderThickness="{TemplateBinding BorderThickness}" CornerRadius="2">
                            <ScrollViewer x:Name="ScrollViewer" Background="{TemplateBinding
Background}" BorderBrush="Transparent" BorderThickness="0" Padding="{TemplateBinding Padding}"
HorizontalScrollBarVisibility="Hidden">
                                <ItemsPresenter/>
                            </ScrollViewer>
                        </Border>
                    </ControlTemplate>
                </Setter.Value>
            </Setter>
        </Style>
```

```
</UserControl.Resources>
```

此外，这里还修改了 ListBox 的数据项模板，使得每个数据项包含一个图片和一个标题。其中图片的地址被绑定到了数据源中的 ImageSource 项上，标题的文本被绑定到了数据源中的 Title 项上。

修改好数据项模板后，该面板相应的 XAML 代码如例程 17-6 所示。

例程 17-6　CategoryItemsPanel.xaml 代码

```
<UserControl x:Class="EShop.Silverlight.Controls.CategoryItemsPanel"
    xmlns="http://schemas.microsoft.com/winfx/2006/xaml/presentation"
    xmlns:x="http://schemas.microsoft.com/winfx/2006/xaml"
    xmlns:EShop_Silverlight_Controls="clr-namespace:EShop.Silverlight.Controls"
    Width="150">
    <Grid x:Name="LayoutRoot">
        <ListBox  Background="{x:Null}"  BorderBrush="{x:Null}"  VerticalAlignment="Top"
x:Name="listBox" Style="{StaticResource CategoryListBoxStyle}">
            <ListBox.ItemTemplate>
                <DataTemplate>
                    <Grid Width="126" Margin="0,5,5,5">
                        <EShop_Silverlight_Controls:CategoryItemBorder/>
                        <StackPanel Orientation="Vertical">
                            <Image Stretch="Uniform" Width="125" Height="80" x:Name=
"itemImage" Source="{Binding ImageSource, Converter={StaticResource imageSourceFormatter}}"/>
                            <TextBlock  Margin="0,2,0,0"  Text="{Binding  Title}"
TextWrapping="Wrap" x:Name="itemTitle" HorizontalAlignment="Center"/>
                        </StackPanel>
                    </Grid>
                </DataTemplate>
            </ListBox.ItemTemplate>
        </ListBox>
    </Grid>
</UserControl>
```

### 4. 商品列表窗口

在单击窗口左侧的商品类型之后，右侧的商品列表窗口会显示与所选择商品类型相关的所有商品。商品列表窗口控件的 XAML 代码如例程 17-7 所示。

例程 17-7　ShoppingItemsPanel.xaml 代码

```
<UserControl x:Class="EShop.Silverlight.Controls.ShoppingItemsPanel"
    xmlns="http://schemas.microsoft.com/winfx/2006/xaml/presentation"
    xmlns:x="http://schemas.microsoft.com/winfx/2006/xaml"
    xmlns:EShop_Silverlight_Controls="clr-namespace:EShop.Silverlight.Controls"
```

```
        MinWidth="600" >
        <Grid x:Name="LayoutRoot">
            <Grid.RowDefinitions>
                <RowDefinition Height="0"/>
                <RowDefinition Height="*"/>
                <RowDefinition Height="0"/>
            </Grid.RowDefinitions>

            <Grid x:Name="topPagerGrid" Grid.Row="0">
            </Grid>
            <ScrollViewer Grid.Row="1" BorderBrush="{x:Null}" HorizontalScrollBarVisibility=
"Hidden" VerticalScrollBarVisibility="Auto">
                <StackPanel x:Name="itemsPanel" Orientation="Vertical"/>
            </ScrollViewer>

            <Grid x:Name="bottomPagerGrid" Grid.Row="2">
            </Grid>
        </Grid>
    </UserControl>
```

5. **商品信息显示**

在单击商品类型之后，商品列表窗口所显示的每件商品都包含了商品图片、商品标题，以及商品的价格，如图 17-22 所示。

图 17-22 商品信息显示

这里为每件商品相关信息的载入过程添加了淡入的动画效果：每件商品载入过程中透明度逐渐由 0 变为 1。

商品信息显示部分的 XAML 代码如例程 17-8 所示。

例程 17-8　ShoppingItem.xaml 代码

```
<UserControl x:Class="EShop.Silverlight.Controls.ShoppingItem"
    xmlns="http://schemas.microsoft.com/winfx/2006/xaml/presentation"
    xmlns:x="http://schemas.microsoft.com/winfx/2006/xaml"
    xmlns:EShop_Silverlight_Controls="clr-namespace:EShop.Silverlight.Controls"
```

```
    Width="135" Height="Auto">

    <UserControl.Resources>
        <EShop_Silverlight_Controls:ImageSourceFormatter x:Key="imageSourceFormatter">
        </EShop_Silverlight_Controls:ImageSourceFormatter>

        <Storyboard x:Name="storyForItem" Storyboard.TargetName="LayoutRoot">
            <DoubleAnimationUsingKeyFrames BeginTime="00:00:00"
Storyboard.TargetProperty="(UIElement.Opacity)">
                <SplineDoubleKeyFrame KeyTime="00:00:00" Value="0"/>
                <SplineDoubleKeyFrame KeyTime="00:00:00.1000000" Value="1"/>
            </DoubleAnimationUsingKeyFrames>
        </Storyboard>
    </UserControl.Resources>

    <Grid x:Name="LayoutRoot">
        <Border Background="#FFF0F0F0" Opacity="0.2" Margin="0,0,5,0">
        </Border>

        <StackPanel Orientation="Vertical" Margin="5,5,10,5">
            <Image   x:Name="itemImage"   Width="125"   Height="80"   Stretch="Uniform"
Source="{Binding ImageSource, Converter={StaticResource imageSourceFormatter}}">
            </Image>

            <TextBlock x:Name="itemTitle" Margin="0,2,0,0" Text="{Binding Title}">
            </TextBlock>

            <StackPanel Orientation="Horizontal" Margin="0,2,0,0">
                <TextBlock>¥</TextBlock>

                <TextBlock x:Name="itemPrice" Text="{Binding Price}"></TextBlock>
            </StackPanel>
        </StackPanel>
    </Grid>
</UserControl>
```

### 6. 商品详细信息窗口

在单击某件商品时，会弹出商品的详细信息窗口。该窗口用来显示商品的标题、价格、描述等相应信息。并且该面板还包含了添加商品到购物车中的功能。

商品详细信息窗口的效果如图 17-23 所示。

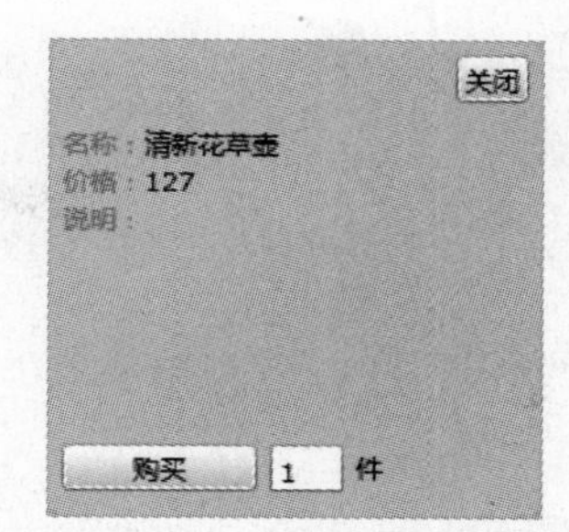


图 17-23　商品详细信息窗口

该部分的 XAML 代码如例程 17-9 所示。

**例程 17-9　ShoppingItemDetailPanel.xaml 代码**

```
<UserControl x:Class="EShop.Silverlight.Controls.ShoppingItemDetailPanel"
    xmlns="http://schemas.microsoft.com/winfx/2006/xaml/presentation"
    xmlns:x="http://schemas.microsoft.com/winfx/2006/xaml"
    xmlns:d="http://schemas.microsoft.com/expression/blend/2008"
    xmlns:mc="http://schemas.openxmlformats.org/markup-compatibility/2006"
    mc:Ignorable="d"
    xmlns:vsm="clr-namespace:System.Windows;assembly=System.Windows"
    Width="200" Height="200" MinHeight="200">
    <Grid x:Name="LayoutRoot" Background="{x:Null}">
        <Border Background="#FFBED3EE" CornerRadius="5,5,5,5" />

        <Grid Margin="5">
            <Grid.ColumnDefinitions>
                <ColumnDefinition Width="Auto"/>
                <ColumnDefinition Width="*"/>
            </Grid.ColumnDefinitions>

            <Grid.RowDefinitions>
                <RowDefinition Height="Auto"/>
                <RowDefinition Height="Auto"/>
                <RowDefinition Height="Auto"/>
                <RowDefinition Height="*"/>
                <RowDefinition Height="Auto"/>
            </Grid.RowDefinitions>

            <Button Height="20" HorizontalAlignment="Right" Margin="0,0,0,10"
  VerticalAlignment="Top" Width="30" Grid.Column="0" Grid.ColumnSpan="2" Content="关闭"
d:LayoutOverrides="VerticalAlignment" x:Name="btnClose"/>

            <TextBlock Grid.Row="1" Foreground="#FF8A7E7E"><Run Text="名称："/></TextBlock>
```

```
                <TextBlock x:Name="textTitle" Grid.Row="1" Grid.Column="1" TextWrapping= "Wrap"
MaxHeight="100" Text="{Binding Path=Title}"/>

                <TextBlock Grid.Row="2" Foreground="#FF8A7E7E"><Run Text="价格: "/> </TextBlock>

                <TextBlock Grid.Row="2" Grid.Column="1" x:Name="textPrice" TextWrapping="Wrap"
MaxHeight="100" Text="{Binding Path=Price}"/>

                <TextBlock Grid.Row="3" Foreground="#FF8A7E7E"><Run Text="说明: "/></TextBlock>

                <TextBlock Grid.Row="3" Grid.Column="1" x:Name="textDescription" TextWrapping=
"Wrap" MaxHeight="100" Text="{Binding Path=Description}"/>

                <StackPanel Grid.Row="4" Grid.ColumnSpan="2" Orientation="Horizontal"
    VerticalAlignment="Bottom" Margin="0,10,0,0">
                    <Button Width="80" Height="20" Content="购买" x:Name="btnPurchase"/>

                    <TextBox x:Name="textNumber" Width="30" Height="20" Margin="5" Text="1"/>

                    <TextBlock VerticalAlignment="Center"><Run Text="件"/></TextBlock>
                </StackPanel>
            </Grid>
        </Grid>
    </UserControl>
```

7. **购物车面板**

该面板用来显示顾客所选择的所有商品的列表。列表信息包括商品名称、商品价格，以及顾客购买的商品件数。

购物车面板显示的效果如图 17-24 所示。

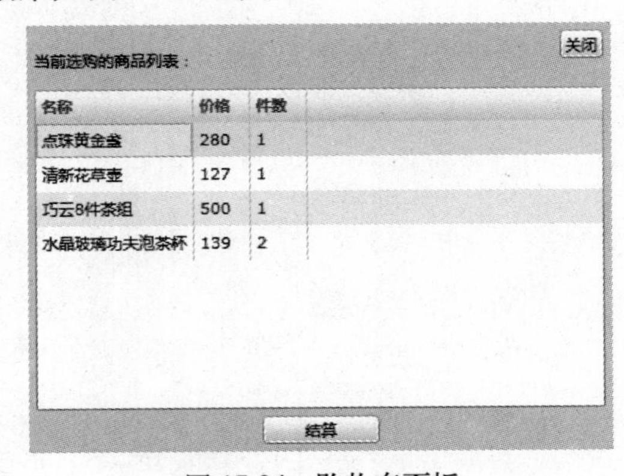


图 17-24　购物车面板

购物车面板部分的相应 XAML 代码如例程 17-10 所示。

**例程 17-10　ShoppingCartScreen.xaml 代码**

```
<UserControl x:Class="EShop.Silverlight.Controls.ShoppingCartScreen"
    xmlns="http://schemas.microsoft.com/winfx/2006/xaml/presentation"
    xmlns:x="http://schemas.microsoft.com/winfx/2006/xaml"
    xmlns:data="clr-namespace:System.Windows.Controls;assembly=System.Windows.Controls.Data"
    xmlns:d="http://schemas.microsoft.com/expression/blend/2008"
    xmlns:mc="http://schemas.openxmlformats.org/markup-compatibility/2006"
    mc:Ignorable="d"
    Width="400" Height="300">
    <Grid x:Name="LayoutRoot">
        <Border Background="#FFBED3EE" CornerRadius="5,5,5,5" />

        <Grid Margin="5">
            <Grid.RowDefinitions>
                <RowDefinition Height="40"/>
                <RowDefinition Height="*"/>
                <RowDefinition Height="20"/>
            </Grid.RowDefinitions>

            <Button    Height="20"    HorizontalAlignment="Right"    Margin="0,0,0,10"
VerticalAlignment="Top"  Width="30"  Grid.ColumnSpan="3"  Content=" 关 闭 "  d:LayoutOverrides=
"VerticalAlignment" x:Name="btnClose"/>

            <data:DataGrid   HorizontalAlignment="Stretch"   Margin="0,0,0,5"   x:Name=
"shoppingGrid" VerticalAlignment="Stretch" Grid.Row="1" AutoGenerateColumns= "False">
                <data:DataGrid.Columns>
                    <data:DataGridTextColumn Header="名称" Binding="{Binding Title} "
IsReadOnly="True"/>

                    <data:DataGridTextColumn Header="价格" Binding="{Binding Price} "
IsReadOnly="True"/>

                    <data:DataGridTextColumn   Header="  件  数  "   Binding="{Binding
PurchaseNumber}" IsReadOnly="True"/>
                </data:DataGrid.Columns>
            </data:DataGrid>

            <TextBlock Margin="0,0,0,0" Text="当前选购的商品列表: " TextWrapping="Wrap"
HorizontalAlignment="Stretch" VerticalAlignment="Center"/>
```

```
            <Button Grid.Row="2" Height="20" Width="80" Content="结算" x:Name= "btnSubmit"/>
        </Grid>
    </Grid>
</UserControl>
```

### 17.3.3 后台模块开发

对于后台模块的开发，主要借助于 Microsoft Visual Studio 2008 开发工具。本部分将对各个实体类的定义、XML 数据格式、Web Service 及相应事务处理进行详细介绍。

由前面的实体设计部分可知，本系统相关的实体主要包括用户实体、商品信息实体，以及商品类别实体。下面将对这几个实体进行重点介绍。

**1. 各实体类的定义**

1）用户实体

该实体用来标识用户的相应信息。用户实体的主要属性包括用户 ID（ID）和密码（Password）。用户实体的定义代码如例程 17-11 所示。

**例程 17-11　用户实体 UserInfo.cs 代码**

```
using System;

namespace EShop.Web.Data
{
    [Serializable]
    public class UserInfo
    {
        private string id;
        private string password;
        public string ID
        {
            get
            {
                return this.id;
            }
            set
            {
                this.id = value;
            }
        }
```

```
            public string Password
            {
                get
                {
                    return this.password;
                }
                set
                {
                    this.password = value;
                }
            }

            public UserInfo()
            {
            }
        }
    }
```

2）商品信息实体

该实体用于标识每件商品的相应信息。商品信息实体的主要属性包括所属商品类别（CategoryID）、商品名称（Title）、商品价格（Price），以及商品所对应的图像（ImageSource）。

商品信息实体的定义代码如例程 17-12 所示。

例程 17-12　商品信息实体 ShoppingItemInfo.cs 代码

```
using System;

namespace EShop.Web.Data
{
    [Serializable]
    public class ShoppingItemInfo
    {
        private string id;
        private string categoryID;
        private string title;
        private string imageSource;
        private string description;
        private double price = 0d;

        public string ID
        {
```

```
        get
        {
            return this.id;
        }
        set
        {
            this.id = value;
        }
    }

    public string CategoryID
    {
        get
        {
            return this.categoryID;
        }
        set
        {
            this.categoryID = value;
        }
    }

    public string Title
    {
        get
        {
            return this.title;
        }
        set
        {
            this.title = value;
        }
    }

    public string ImageSource
    {
        get
        {
            return this.imageSource;
        }
        set
        {
            this.imageSource = value;
```

```
            }
        }

        public double Price
        {
            get
            {
                return this.price;
            }
            set
            {
                this.price = value;
            }
        }

        public string Description
        {
            get
            {
                return this.description;
            }
            set
            {
                this.description = value;
            }
        }

        public ShoppingItemInfo()
        {
        }
    }
}
```

3）商品类别实体

该实体用于标识不同的商品种类。商品类别实体的主要属性包括商品类别 ID（ID）、类别标题（Title），以及类别所对应的图像（ImageSource）。

商品类别实体的定义代码如例程 17-13 所示。

**例程 17-13 商品类别实体 ShoppingCategoryInfo.cs 代码**

```
using System;

namespace EShop.Web.Data
```

```
{
    [Serializable]
    public class ShoppingCategoryInfo
    {
        private string id;
        private string title;
        private string imageSource;

        public string ID
        {
            get
            {
                return this.id;
            }
            set
            {
                this.id = value;
            }
        }

        public string Title
        {
            get
            {
                return this.title;
            }
            set
            {
                this.title = value;
            }
        }

        public string ImageSource
        {
            get
            {
                return this.imageSource;
            }
            set
            {
                this.imageSource = value;
```

```
                }
            }

            public ShoppingCategoryInfo()
            {
            }
        }
}
```

### 2. XML 数据格式

本网上商店系统主要以 XML 文件作为相关数据的载体。根据前面对系统需求的分析及相关实体类的设计，数据方面的要求主要有对用户信息的记录、商品类别的相关信息及每件商品信息的记录。现在只需要 3 个 XML 文件就可以实现全部功能。

下面对这 3 个 XML 文件进行简单介绍。

1）Users.xml

该文件主要用来记录用户的相关信息，包括用户登录 ID、密码，以及用户名等信息。

相应文件内容及格式如例程 17-14 所示。

**例程 17-14　Users.xml 格式**

```
<?xml version="1.0" encoding="utf-8" ?>
<Users>
     <User ID="JackChan" Name="JackChan" Password="123456"></User>
     <User ID="JennyZhang" Name="JennyZhang" Password="123456"></User>
</Users>
```

2）ShoppingCategories.xml

该文件主要用来记录商品类别。在该文件中定义了每种商品类别的 ID、标题，以及所对应的图片。

相应文件内容及格式如例程 17-15 所示。

**例程 17-15　ShoppingCategories.xml 格式**

```
<?xml version="1.0" encoding="utf-8" ?>
<Categories>
  <Category ID="1" Title="茶具" ImageSource="1_c.jpg"></Category>
  <Category ID="2" Title="灯具" ImageSource="2_c.jpg"></Category>
</Categories>
```

3）ShoppingItems.xml

该文件主要用来记录单个商品的相关信息。在该文件中定义了每件商品的 ID、所属的商品类别 ID、商品标题、商品价格、商品描述，以及商品所对应的图片。

相应文件内容及格式如例程 17-16 所示。

**例程 17-16 ShoppingItems.xml 格式**

```
<?xml version="1.0" encoding="utf-8" ?>
<Items>
    <Item ID="1" CategoryID="1" Title="水晶玻璃功夫泡茶杯" Price="139" ImageSource=
"Items\\1.jpg">
        <Description>物美价廉</Description>
    </Item>

    <Item ID="20" CategoryID="2" Title="黑色水晶吊灯" Price="780" ImageSource=
"Items_2\\1.jpg">
        <Description>美观耐用</Description>
    </Item>
</Items>
```

数据准备完毕之后，对 XML 文件的相应操作都在 DataService 类中进行了定义。该类主要包括 3 种方法：获取所有的商品类型、根据商品类型 ID 查询所对应的商品，以及用户登录处理函数。

DataService 类的代码如例程 17-17 所示。

**例程 17-17 DataService 类代码**

```
using System;
using System.Collections.Generic;
using System.Linq;
using System.Web;
using System.Xml.Linq;
using System.IO;
using System.Text;

namespace EShop.Web.Data
{
    public class DataService
    {
        //获取所有的商品类型
        public static List<ShoppingCategoryInfo> GetShoppingCategories()
        {
            List<ShoppingCategoryInfo> items = new List<ShoppingCategoryInfo>();

            //设置 ShoppingCategories.xml 文件目录
            string                                  fileName                    =
HttpContext.Current.Server.MapPath("Files\\ShoppingCategories.xml");
```

```
                using (StreamReader streamReader = new StreamReader(fileName, Encoding.UTF8))//
设置 UTF8 编码
                {
                    //载入 ShoppingCategories.xml 文件到 XDocument 实例 xDoc
                    XDocument xDoc = XDocument.Load(streamReader);

                    //Linq 语句，选择所有的 Category 信息
                    var qElements = from c in xDoc.Descendants("Category")
                          select c;

                    ShoppingCategoryInfo item;

                    //读出所有的 Category 信息
                    foreach (XElement element in qElements)
                    {
                        item = new ShoppingCategoryInfo();
                        item.ID = element.Attribute("ID").Value;
                        item.Title = element.Attribute("Title").Value;
                        item.ImageSource = element.Attribute("ImageSource").Value;
                        items.Add(item);
                    }
                    }
                return items;
                }

                //根据商品类型 ID 查询所对应的商品
                public static List<ShoppingItemInfo> GetShoppingItems(string categoryID)
                {
                    List<ShoppingItemInfo> items = new List<ShoppingItemInfo>();

                    //设置 ShoppingItems.xml 文件目录
                    string    fileName    =    HttpContext.Current.Server.MapPath("Files\\
ShoppingItems.xml");

                    using   (StreamReader   streamReader   =   new   StreamReader(fileName,
Encoding.UTF8))//设置 UTF8 编码
                    {
                        //载入 ShoppingItems.xml 文件到 XDocument 实例 xDoc
                        XDocument xDoc = XDocument.Load(streamReader);

                        //Linq 语句，选择 CategoryID 为查询值的所有 Item
                        var qElements = from c in xDoc.Descendants("Item")
```

```
                        where c.Attribute("CategoryID").Value == categoryID
                        select c;

                    ShoppingItemInfo item;

                    //将所有的商品 Item 读出
                    foreach (XElement element in qElements)
                    {
                        item = new ShoppingItemInfo();
                        item.ID = element.Attribute("ID").Value;
                        item.CategoryID = element.Attribute("CategoryID").Value;
                        item.Title = element.Attribute("Title").Value;
                        item.Price = double.Parse(element.Attribute("Price").Value);
                        item.ImageSource = element.Attribute("ImageSource").Value;
                        if (element.Element("Description") != null)
                        {
                            item.Description = element.Element("Description").Value;
                        }
                        items.Add(item);
                    }
                }
                return items;
            }

            //用户登录处理，成功返回 true，失败返回 false
            public static bool LoginUser(string userID, string password)
            {
                //设置 Users.xml 文件目录
                string    fileName    =    HttpContext.Current.Server.MapPath("Files\\
Users.xml");

                using    (StreamReader    streamReader    =    new    StreamReader(fileName,
Encoding.UTF8))//设置 UTF8 编码
                {
                    //载入 Users.xml 文件到 XDocument 实例 xDoc
                    XDocument xDoc = XDocument.Load(streamReader);

                    //Linq 语句，选择 userID 为查询值用户信息
                    var qElements = from c in xDoc.Descendants("User")
                        where c.Attribute("ID").Value == userID
                        select c;

                    foreach (XElement element in qElements)
```

```
                    {
                        if (element.Attribute("Password").Value.Equals(password))
                        {
                            return true;
                        }
                    }
                }
                return false;
            }
    }
}
```

Silverlight 通过 Web Service 来读取存储在服务器中的数据。在 Web 项目添加一个名称为 Service.asmx 的 Web 服务。

Web Service 代码如例程 17-18 所示。

**例程 17-18　Service.asmx 代码**

```
using System;
using System.Collections.Generic;
using System.Linq;
using System.Web;
using System.Web.Services;
using EShop.Web.Data;

namespace EShop.Web
{
    [WebService(Namespace = "http://w3.org/")]
    [WebServiceBinding(ConformsTo = WsiProfiles.BasicProfile1_1)]
    [System.ComponentModel.ToolboxItem(false)]

    public class Service : System.Web.Services.WebService
    {
        //调用 DataService 类中的 GetShoppingCategories 方法
        [WebMethod]
        public List<ShoppingCategoryInfo> GetShoppingCategories()
        {
            return DataService.GetShoppingCategories();
        }

        //调用 DataService 类中的 GetShoppingItems 方法。传入参数为商品类型所对应的 ID
        [WebMethod]
        public List<ShoppingItemInfo> GetShoppingItems(string categoryID)
        {
```

```
            return DataService.GetShoppingItems(categoryID);
        }

        //调用 DataService 类中的 LoginUser 方法。传入参数为用户所输入的用户名和密码
        [WebMethod]
        public bool LoginUser(string userID, string password)
        {
            return DataService.LoginUser(userID, password);
        }
    }
}
```

在 Web Service 编译通过之后，就可以在 Silverlight 项目中添加 Web Service 应用了。添加过程如下。

首先，选中 Eshop 项目，用鼠标右键单击 Eshop，如图 17-25 所示。

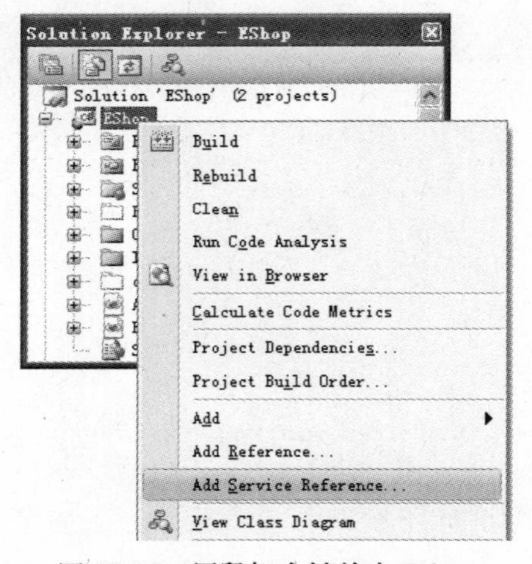


图 17-25　用鼠标右键单击 Eshop

在弹出的快捷菜单中选择“Add Service Reference”命令，弹出如图 17-26 所示的窗口。

由于本项目的 Web Service 部署在用来承载 Silverlight 的 Web 站点中，因此在这里单击“Discover”按钮，搜索本项目中的 WebService。发现 Web Service 后，将 Namespace 命名为“Remote”，如图 17-27 所示。

单击“OK”按钮完成 Web Service 的添加，添加成功后如图 17-28 所示。

Add Service Reference

To see a list of available services on a specific server, enter a service URL and click Go. To browse for available services, click Discover.

Address:

Go　Discover

Services:　Operations:

Namespace:

ServiceReference1

Advanced...　OK　Cancel

图 17-26　添加 Web Service

Add Service Reference

To see a list of available services on a specific server, enter a service URL and click Go. To browse for available services, click Discover.

Address:

http://localhost:4984/Service.asmx

Go　Discover

Services:　Operations:

Service.asmx

Select a service contract to view its operations.

1 service(s) found in the solution.

Namespace:

Remote

Advanced...　OK　Cancel

图 17-27　重命名 Web Service

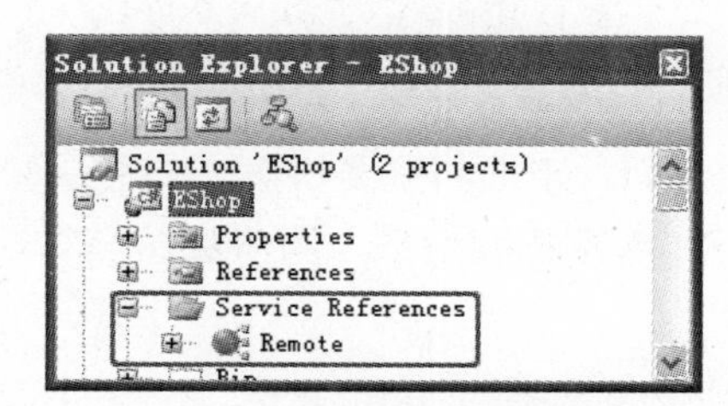


图 17-28　Web Service 添加成功

在图片的显示方面，程序通过调用 Web 页面读取服务器上存放的图片，实现方法如下。

在 Web 项目中添加名称为 GetImage.aspx 的 Web 页面，代码如例程 17-19 所示。

例程 17-19　GetImage.aspx 代码

```
using System;
using System.Collections.Generic;
using System.Linq;
using System.Web;
using System.Web.UI;
using System.Web.UI.WebControls;
using System.IO;

namespace EShop.Web
{
    public partial class GetImage : System.Web.UI.Page
    {
        protected void Page_Load(object sender, EventArgs e)
        {
            string imageFile = this.Request["ImageFile"];
            Response.Clear();
            if (!string.IsNullOrEmpty(imageFile))
            {
                string fileName = this.MapPath("Files\\Images\\" + imageFile);
                if (File.Exists(fileName))
                {
                    Response.ContentType = "image/jpeg";
                    Response.WriteFile(fileName);
                }
            }
        Response.End();
        }
    }
}
```

### 3. 其他业务和逻辑的处理

在其他业务和逻辑的处理方面，下面将主要讲解用户登录验证、商品类型显示、商品信息显示、添加商品到购物车，以及查看购物车内的所有商品等功能。

1）用户登录验证

与用户登录验证相关的控件主要有 LoginForm，用来处理用户登录所填写的用户 ID 和密码。

代码如例程 17--20 所示。

例程 17-20　LoginForm.aspx.cs 代码

```
using System;
using System.Collections.Generic;
using System.Linq;
using System.Net;
using System.Windows;
using System.Windows.Controls;
using System.Windows.Documents;
using System.Windows.Input;
using System.Windows.Media;
using System.Windows.Media.Animation;
using System.Windows.Shapes;

namespace EShop.Silverlight.Controls
{
    public partial class LoginForm : UserControl
    {
        public event EventHandler<LoginFormSubmitEventArgs> LoginUser;

        public LoginForm()
        {
            InitializeComponent();
            this.btnSubmit.Click += new RoutedEventHandler(btnSubmit_Click);
        }

        //按钮事件处理函数
        void btnSubmit_Click(object sender, RoutedEventArgs e)
        {
            if (this.IsFormValid() && this.LoginUser != null)
            {
                LoginFormSubmitEventArgs eventArgs = new LoginFormSubmitEventArgs(
                this.textUserID.Text.Trim(),
                this.textPassword.Password.Trim());
                this.LoginUser(this, eventArgs);
            }
        }

        //验证用户输入信息的合法性
        private bool IsFormValid()
        {
```

```
                if (this.textUserID.Text.Trim().Length == 0 || this.textPassword. Password.
Trim().Length == 0)
                {
                    this.textError.Visibility = Visibility.Visible;
                    this.textError.Text = "用户名或密码为空! ";
                    return false;
                }
                return true;
            }

            //登录结果通知接口，供外部调用
            public void NotifyLoginResult(string userID, bool success)
            {
                if (success)
                {
                    this.formPanel.Visibility = Visibility.Collapsed;
                    this.textError.Visibility = Visibility.Collapsed;
                    this.textInfo.Visibility = Visibility.Visible;
                    this.textInfo.Text = string.Format("当前用户: {0}", userID);
                }
                else
                {
                    this.formPanel.Visibility = Visibility.Visible;
                    this.textError.Visibility = Visibility.Visible;
                    this.textError.Text = "用户名或密码错误! ";
                    this.textInfo.Visibility = Visibility.Collapsed;
                }
            }
        }
    }
```

其中以上代码所使用的 LoginFormSubmitEventArgs 为用户自定义的事件。

该事件的代码定义如例程 17-21 所示。

**例程 17-21　LoginFormSubmitEventArgs.cs 代码**

```
using System;
using System.Net;
using System.Windows;
using System.Windows.Controls;
using System.Windows.Documents;
using System.Windows.Ink;
using System.Windows.Input;
using System.Windows.Media;
```

```
using System.Windows.Media.Animation;
using System.Windows.Shapes;

namespace EShop.Silverlight.Controls
{
    public class LoginFormSubmitEventArgs: EventArgs
    {
        public string UserID
        {
            get { return this.userID; }
            set { this.userID = value; }
        }

        public string Password
        {
            get { return this.password; }
            set { this.password = value; }
        }

        public LoginFormSubmitEventArgs(string userID, string password)
        {
            this.userID = userID;
            this.password = password;
        }

        private string userID;
        private string password;
    }
}
```

LoginFormSubmitEventArgs.cs 代码主要定义了用户 ID 及密码等属性，当触发该事件时就可以将用户 ID 和密码传递到相应的控件进行验证了。

2）商品类型显示

与商品类型显示相关的控件主要有 CategoryItemsPanel 控件和 ImageSourceFormatter 类。这里对 CategoryItemsPanel.xaml 中 ListBox 控件的数据项模板进行了修改，模板中的图片项 XAML 代码如下：

```
<Image  Stretch="Uniform"  Width="125"  Height="80"  x:Name="itemImage"  Source="{Binding
ImageSource, Converter={StaticResource imageSourceFormatter}}"/>
```

图片源属性被绑定到了数据源的 ImageSource 字段上，并设置了一个数据绑定格式转换器 ImageSourceFormatter，用于将数据源字段转换为需要的图片地址。数据绑定格式转换器在使用之前，需在控件 XAML 中的 Resources 节点处加入。

代码如下：

```
<UserControl.Resources>
    <EShop_Silverlight_Controls:ImageSourceFormatter x:Key="imageSourceFormatter">
</EShop_Silverlight_Controls:ImageSourceFormatter>
</UserControl.Resources>
```

这里定义的 ImageSourceFormatter 是一个继承自 IValueConverter 接口的类，代码如例程 17-22 所示。

**例程 17-22　ImageSourceFormatter 类**

```
using System;
using System.Net;
using System.Windows;
using System.Windows.Controls;
using System.Windows.Documents;
using System.Windows.Ink;
using System.Windows.Input;
using System.Windows.Media;
using System.Windows.Media.Animation;
using System.Windows.Shapes;
using System.Windows.Data;
using System.Windows.Browser;

namespace EShop.Silverlight.Controls
{
    public class ImageSourceFormatter: IValueConverter
    {
        public object Convert(object value, Type targetType, object parameter, System.
Globalization.CultureInfo culture)
        {
            if (value != null)
            {
                string imageUrl = "GetImage.aspx?ImageFile=" + value.ToString();
                Uri uri = new Uri(HtmlPage.Document.DocumentUri, imageUrl);
                return uri.AbsoluteUri;
            }
            return null;
        }

        public object ConvertBack(object value, Type targetType, object parameter,
System.Globalization.CultureInfo culture)
```

```
            {
                throw new NotImplementedException();
            }
        }
    }
```

在进行数据绑定的过程中，运行环境将会检查绑定设置中是否包含了格式转换器，如果包含了，则会将绑定字段的值作为 Value 参数传给格式转换器的 Convert 方法，将 Convert 方法的返回结果赋给绑定到的控件。

在这里，格式转换器将会把图片地址转换为指向 Web 项目下 GetImage.aspx 页面的地址，绑定数据字段将作为页面地址的参数。GetImage.aspx 页面根据传入的参数读取对应的图片，并将图片写入到输出流。

商品列表显示处理主要在 CategoryItemsPanel .xaml.cs 中体现，代码如例程 17-23 所示。

例程 17-23　CategoryItemsPanel .xaml.cs 代码

```
using System;
using System.Collections.Generic;
using System.Linq;
using System.Net;
using System.Windows;
using System.Windows.Controls;
using System.Windows.Documents;
using System.Windows.Input;
using System.Windows.Media;
using System.Windows.Media.Animation;
using System.Windows.Shapes;
using System.Collections;
using EShop.Silverlight.Remote;

namespace EShop.Silverlight.Controls
{
    public partial class CategoryItemsPanel : UserControl
    {
        public IEnumerable ItemsSource
        {
            get
            {
                return this.listBox.ItemsSource;
            }
            set
            {
```

```
                this.listBox.ItemsSource = value;
            }
        }

        public int SelectedIndex
        {
            get
            {
                return this.listBox.SelectedIndex;
            }
            set
            {
                this.listBox.SelectedIndex = value;
            }
        }

        public event EventHandler<CategoryItemClickEventArgs> ItemClick;

        public CategoryItemsPanel()
        {
            InitializeComponent();
            this.listBox.SelectionChanged +=
new SelectionChangedEventHandler(listBox_SelectionChanged);
        }

        void listBox_SelectionChanged(object sender, SelectionChangedEventArgs e)
        {
            if (e.AddedItems != null && this.ItemClick != null)
            {
                ShoppingCategoryInfo itemInfo = (ShoppingCategoryInfo)e.AddedItems[0];
                this.ItemClick(this, new CategoryItemClickEventArgs(itemInfo.ID));
            }
        }
    }
}
```

CategoryItemsPanel.xaml.cs 主要定义了单击某个商品类别图片时获取相应的 ID，以及在选择另一种商品类别时触发 void listBox_SelectionChanged 事件，相应的 CategoryItemClickEventArgs 事件参数的定义如例程 17-24 所示。

**例程 17-24　CategoryItemClickEventArgs.cs 代码**

```
using System;
using System.Net;
```

```
using System.Windows;
using System.Windows.Controls;
using System.Windows.Documents;
using System.Windows.Ink;
using System.Windows.Input;
using System.Windows.Media;
using System.Windows.Media.Animation;
using System.Windows.Shapes;

namespace EShop.Silverlight.Controls
{
    public class CategoryItemClickEventArgs: EventArgs
    {
        public string CategoryID
        {
            get { return this.categoryID; }
            set { this.categoryID = value; }
        }

        private string categoryID;
        public CategoryItemClickEventArgs(string categoryID)
        {
            this.categoryID = categoryID;
        }
    }
}
```

该事件参数用来传递商品类别的参数 CategoryID。

3）商品信息显示

与商品信息显示相关的控件主要有 ShoppingItem。

ShoppingItem.xaml.cs 代码如例程 17-25 所示。

**例程 17-25　ShoppingItem.xaml.cs 代码**

```
using System;
using System.Collections.Generic;
using System.Linq;
using System.Net;
using System.Windows;
using System.Windows.Controls;
using System.Windows.Documents;
using System.Windows.Input;
using System.Windows.Media;
```

```
using System.Windows.Media.Animation;
using System.Windows.Shapes;
using EShop.Silverlight.Remote;

namespace EShop.Silverlight.Controls
{
    public partial class ShoppingItem : UserControl
    {
        public event EventHandler<EventArgs> LightCompleted;
        public event EventHandler<ShoppingItemClickEventArgs> Click;

        public ShoppingItem()
        {
            InitializeComponent();
            this.storyForItem.Completed += new EventHandler (storyForItem_ Completed);
            this.MouseLeftButtonUp +=
 new MouseButtonEventHandler(ShoppingItem_MouseLeftButtonUp);
        }

        void ShoppingItem_MouseLeftButtonUp(object sender, MouseButtonEventArgs e)
        {
            if (this.Click != null)
            {
                ShoppingItemInfo itemInfo = (ShoppingItemInfo)this.DataContext;
                this.Click(this, new ShoppingItemClickEventArgs((ShoppingItemInfo)this.
DataContext));
            }
        }

        void storyForItem_Completed(object sender, EventArgs e)
        {
            if (this.LightCompleted != null)
            {
                this.LightCompleted(this, null);
            }
        }

        public void Hide()
        {
            this.LayoutRoot.Opacity = 0;
        }

        public void Light()
```

```
            {
                this.storyForItem.Begin();
            }
        }
    }
```

ShoppingItem.xaml.cs 中主要定义了在商品信息透明度由 0 变为 1 时触发 LightCompleted 事件，单击商品图片时触发 Click 事件，以及传递的参数。传递参数所用的 ShoppingItemClickEventArgs 的定义如例程 17-26 所示。

**例程 17-26　ShoppingItemClickEventArgs.cs 代码**

```
using System;
using System.Net;
using System.Windows;
using System.Windows.Controls;
using System.Windows.Documents;
using System.Windows.Ink;
using System.Windows.Input;
using System.Windows.Media;
using System.Windows.Media.Animation;
using System.Windows.Shapes;
using EShop.Silverlight.Remote;

namespace EShop.Silverlight.Controls
{
    public class ShoppingItemClickEventArgs: EventArgs
    {
        public ShoppingItemInfo ItemInfo
        {
            get { return this.itemInfo; }
            set { this.itemInfo = value; }
        }

        private ShoppingItemInfo itemInfo;

        public ShoppingItemClickEventArgs(ShoppingItemInfo itemInfo)
        {
            this.itemInfo = itemInfo;
        }
    }

    public class s : EventArgs
    {
```

```
        public ShoppingItemInfo ItemInfo
        {
            get { return this.itemInfo; }
            set { this.itemInfo = value; }
        }

        private ShoppingItemInfo itemInfo;

        public s(ShoppingItemInfo itemInfo)
        {
            this.itemInfo = itemInfo;
        }
    }
}
```

4）添加商品到购物车

与添加商品到购物车相关的控件主要有 ShoppingItemDetailPanel。

ShoppingItemDetailPanel.xaml.cs 代码如例程 17-27 所示。

例程 17-27　ShoppingItemDetailPanel.xaml.cs 代码

```
using System;
using System.Collections.Generic;
using System.Linq;
using System.Net;
using System.Windows;
using System.Windows.Controls;
using System.Windows.Documents;
using System.Windows.Input;
using System.Windows.Media;
using System.Windows.Media.Animation;
using System.Windows.Shapes;

namespace EShop.Silverlight.Controls
{
    public partial class ShoppingItemDetailPanel : UserControl
    {
        public int PurchaseNumber
        {
            get
            {
                int purchaseNumber = 0;
                int.TryParse(this.textNumber.Text.Trim(), out purchaseNumber);
                return purchaseNumber;
```

```
            }
            set
            {
                this.textNumber.Text = value.ToString();
            }
        }

        public event EventHandler<EventArgs> CloseClick;
        public event EventHandler<EventArgs> PurchaseClick;

        public ShoppingItemDetailPanel()
        {
            InitializeComponent();
            this.btnClose.Click += new RoutedEventHandler(btnClose_Click);
            this.btnPurchase.Click += new RoutedEventHandler(btnPurchase_Click);
        }

        void btnClose_Click(object sender, RoutedEventArgs e)
        {
            if (this.CloseClick != null)
            {
                this.CloseClick(this, null);
            }
        }

        void btnPurchase_Click(object sender, RoutedEventArgs e)
        {
            if (this.PurchaseClick != null)
            {
                this.PurchaseClick(this, null);
            }
        }
    }
}
```

ShoppingItemDetailPanel.xaml.cs 定义了添加商品到购物车、输入商品件数，以及关闭当前窗口等功能的实现。

5）查看购物栏内的商品

与查看购物栏内的商品相关的控件主要有 ShoppingCartScreen 和 PageHeader。

ShoppingCartScreen.xaml.cs 主要定义了查看当前购物车内商品列表信息及关闭购物车等功能。

ShoppingCartScreen.xaml.cs 代码如例程 17-28 所示。

例程 17-28　ShoppingCartScreen.xaml.cs 代码

```
using System;
using System.Collections.Generic;
using System.Linq;
using System.Net;
using System.Windows;
using System.Windows.Controls;
using System.Windows.Documents;
using System.Windows.Input;
using System.Windows.Media;
using System.Windows.Media.Animation;
using System.Windows.Shapes;
using System.Collections;

namespace EShop.Silverlight.Controls
{
    public partial class ShoppingCartScreen : UserControl
    {
        public IEnumerable ItemsSource
        {
            get
            {
                return this.shoppingGrid.ItemsSource;
            }
            set
            {
                this.shoppingGrid.ItemsSource = value;
            }
        }

        public event EventHandler<EventArgs> CloseClick;
        public event EventHandler<EventArgs> SubmitClick;

        public ShoppingCartScreen()
        {
            InitializeComponent();

            this.btnClose.Click += new RoutedEventHandler(btnClose_Click);
            this.btnSubmit.Click += new RoutedEventHandler(btnSubmit_Click);
        }

        void btnClose_Click(object sender, RoutedEventArgs e)
        {
```

```
                if (this.CloseClick != null)
                {
                    this.CloseClick(this, null);
                }
            }

            void btnSubmit_Click(object sender, RoutedEventArgs e)
            {
                if (this.SubmitClick != null)
                {
                    this.SubmitClick(this, null);
                }
            }
        }
    }
```

PageHeader.xaml.cs 主要定义了对用户登录控件传入参数的相应处理，以及单击购物车链接时触发的事件。

PageHeader.xaml.cs 代码如例程 17-29 所示。

**例程 17-29　PageHeader.xaml.cs 代码**

```
using System;
using System.Collections.Generic;
using System.Linq;
using System.Net;
using System.Windows;
using System.Windows.Controls;
using System.Windows.Documents;
using System.Windows.Input;
using System.Windows.Media;
using System.Windows.Media.Animation;
using System.Windows.Shapes;

namespace EShop.Silverlight.Controls
{
    public partial class PageHeader : UserControl
    {
        public event EventHandler<LoginFormSubmitEventArgs> LoginUser;
        public event EventHandler<EventArgs> ViewShoppingCart;

        public PageHeader()
        {
            InitializeComponent();
            this.loginForm.LoginUser +=
```

```
    new EventHandler<LoginFormSubmitEventArgs>(loginForm_LoginUser);
                this.linkShoppingCart.Click   +=   new   RoutedEventHandler(linkShoppingCart_
Click);
            }

            void loginForm_LoginUser(object sender, LoginFormSubmitEventArgs e)
            {
                if (this.LoginUser != null)
                {
                    this.LoginUser(this, e);
                }
            }

            void linkShoppingCart_Click(object sender, RoutedEventArgs e)
            {
                if (this.ViewShoppingCart != null)
                {
                    this.ViewShoppingCart(this, null);
                }
            }

            public void NotifyLoginResult(string userID, bool success)
            {
                this.loginForm.NotifyLoginResult(userID, success);
            }
        }
    }
```

各个模块完成之后，最后在 Page 中引用各个功能模块及对相应的事件进行关联。

相应的代码如例程 17-30 和 17-31 所示。

**例程 17-30　Page.xaml 代码**

```
    <UserControl x:Class="EShop.Page"
        xmlns="http://schemas.microsoft.com/winfx/2006/xaml/presentation"
        xmlns:x="http://schemas.microsoft.com/winfx/2006/xaml"
        xmlns:d="http://schemas.microsoft.com/expression/blend/2008"
        xmlns:mc="http://schemas.openxmlformats.org/markup-compatibility/2006"
        mc:Ignorable="d"
xmlns:EShop_Silverlight_Controls="clr-namespace:EShop.Silverlight.Controls"
        MinHeight="300"
        MinWidth="600"
        Width="Auto" Height="Auto" >

        <Grid x:Name="LayoutRoot" Margin="5">
```

```
        <Grid x:Name="gridMain">
            <Grid.RowDefinitions>
                <RowDefinition Height="50"/>
                <RowDefinition Height="*"/>
            </Grid.RowDefinitions>

            <EShop_Silverlight_Controls:PageHeader x:Name="pageHeader" Grid.Row= "0"/>

            <Grid Margin="0,5,0,0" Grid.Row="2" x:Name="gridContent">
                <Grid.ColumnDefinitions>
                    <ColumnDefinition Width="Auto"/>
                    <ColumnDefinition Width="*"/>
                </Grid.ColumnDefinitions>

                <Border Margin="0,0,0,0" x:Name="leftBackgroundBorder" CornerRadius=
"5,5,5,5" Background="#FFBED3EE"/>

                <Border    Margin="5,0,0,0"    Grid.Column="1"    Background=    "#FFBED3EE"
CornerRadius="5,5,5,5"/>

                <EShop_Silverlight_Controls:CategoryItemsPanel Margin="5,5,5,5" x:Name=
"categoryItemsPanel"></EShop_Silverlight_Controls:CategoryItemsPanel>

                <EShop_Silverlight_Controls:ShoppingItemsPanel Margin="10,5,5,5" Grid.Column=
"1" x:Name="shoppingItemsPanel"/>
                </Grid>
            </Grid>

            <Grid x:Name="gridDialog" Visibility="Collapsed">
            、<Border x:Name="screenMask" Margin="0,0,0,0" Background="#FFAFACAC" Opacity=
"0.5"/>
            </Grid>

            <EShop_Silverlight_Controls:Loading x:Name="loadingLabel" VerticalAlignment=
"Top" HorizontalAlignment="Center" Visibility="Collapsed"></EShop_Silverlight_Controls:Loading>
        </Grid>
    </UserControl>
```

**例程 17-31　Page.xaml.cs 代码**

```
using System;
using System.Collections.Generic;
using System.Linq;
using System.Net;
```

```
using System.Windows;
using System.Windows.Controls;
using System.Windows.Documents;
using System.Windows.Input;
using System.Windows.Media;
using System.Windows.Media.Animation;
using System.Windows.Shapes;
using EShop.Silverlight.Controls;
using EShop.Silverlight.Remote;

namespace EShop
{
    public partial class Page : UserControl
    {
        public Page()
        {
            InitializeComponent();
            this.Loaded += new RoutedEventHandler(Page_Loaded);

            //设置标题栏的查看购物车事件处理函数
            this.pageHeader.ViewShoppingCart +=
  new EventHandler<EventArgs>(pageHeader_ViewShoppingCart);

            //设置标题栏的用户登录事件处理函数
            this.pageHeader.LoginUser +=
  new EventHandler<LoginFormSubmitEventArgs>(pageHeader_LoginUser);

            //设置商品类型浏览面板数据项，单击事件处理函数
            this.categoryItemsPanel.ItemClick +=
  new EventHandler<CategoryItemClickEventArgs>(categoryItemsPanel_ItemClick);

            //设置商品浏览面板数据项，单击事件处理函数
            this.shoppingItemsPanel.ItemClick +=
  new EventHandler<ShoppingItemClickEventArgs>(shoppingItemsPanel_ItemClick);

            //定义Web Service客户端
            this.serviceClient = new ServiceSoapClient();

            //通过Web Service读取商品类型数据，当返回读取结果时，更新商品类型浏览面板
            this.serviceClient.GetShoppingCategoriesCompleted +=
  new
EventHandler<GetShoppingCategoriesCompletedEventArgs>(serviceClient_GetShoppingCategoriesComple
ted);
```

```
                //通过Web Service读取商品数据，当返回读取结果时，更新商品类型浏览面板
                this.serviceClient.GetShoppingItemsCompleted +=
     new
EventHandler<GetShoppingItemsCompletedEventArgs>(serviceClient_GetShoppingItemsCompleted);

                //通过Web Service进行用户登录，当返回登录结果时，更新用户登录窗体
                this.serviceClient.LoginUserCompleted +=
     new EventHandler<LoginUserCompletedEventArgs>(serviceClient_LoginUserCompleted);
            }

            void Page_Loaded(object sender, RoutedEventArgs e)
            {
                //读取商品类型数据
                this.ShowLoadingLabel();
                serviceClient.GetShoppingCategoriesAsync();
            }

            void serviceClient_GetShoppingCategoriesCompleted(object sender,
    GetShoppingCategoriesCompletedEventArgs e)
            {
                //商品类型数据读取结束，更新商品类型浏览面板
                this.categoryItemsPanel.ItemsSource = e.Result;
                if (e.Result.Count() > 0)
                {
                 this.categoryItemsPanel.SelectedIndex = 0;
                }
                this.HideLoadingLabel();
            }

            void categoryItemsPanel_ItemClick(object sender, CategoryItemClickEventArgs e)
            {
                //单击商品类型，读取属于此类型的商品数据
                this.ShowLoadingLabel();
                serviceClient.GetShoppingItemsAsync(e.CategoryID);
            }

            void serviceClient_GetShoppingItemsCompleted(object sender,
    GetShoppingItemsCompletedEventArgs e)
            {
                //商品数据读取结束，更新商品浏览面板
                this.shoppingItemsPanel.ItemsSource = e.Result;
                this.HideLoadingLabel();
            }
```

```
void pageHeader_LoginUser(object sender, LoginFormSubmitEventArgs e)
{
    //进行用户登录
    this.ShowLoadingLabel();
    serviceClient.LoginUserAsync(e.UserID, e.Password, e.UserID);
}

void serviceClient_LoginUserCompleted(object sender, LoginUserCompletedEventArgs e)
{
    //用户登录返回结果，更新用户登录窗体
    this.pageHeader.NotifyLoginResult((string)e.UserState, e.Result);
    this.HideLoadingLabel();
}

void pageHeader_ViewShoppingCart(object sender, EventArgs e)
{
    //显示购物车对话框
    this.ShowShoppingCartScreen();
}

void shoppingCartScreen_SubmitClick(object sender, EventArgs e)
{
    //单击购物车对话框结算按钮
    this.purchasedShoppingItems.Clear();
    this.HideShoppingCartScreen();
}

void shoppingCartScreen_CloseClick(object sender, EventArgs e)
{
    //关闭购物车对话框
    this.HideShoppingCartScreen();
}

void shoppingItemsPanel_ItemClick(object sender, ShoppingItemClickEventArgs e)
{
    //单击商品记录，显示商品详细信息对话框
    this.ShowShoppingItemDetailScreen(e.ItemInfo);
    this.shoppingItemsPanel.DataContext = e.ItemInfo;
}

void shoppingItemDetailScreen_PurchaseClick(object sender, EventArgs e)
{
    //将商品加入到购物车
    int purchaseNumber = this.shoppingItemDetailScreen.PurchaseNumber;
```

```
                ShoppingItemInfo shoppingItemInfo = (ShoppingItemInfo)this.
shoppingItemDetailScreen.DataContext;
                this.PurchaseShoppingItem(shoppingItemInfo, purchaseNumber);
                this.HideShoppingItemDetailScreen();
            }

            private void PurchaseShoppingItem(ShoppingItemInfo shoppingItemInfo, int
purchaseNumber)
            {
                //更新当前用户已加入到购物车的商品列表
                ShoppingCartItemInfo pItem = null;
                foreach (ShoppingCartItemInfo item in this.purchasedShoppingItems)
                {
                 if (item.ID.Equals(shoppingItemInfo.ID))
                 {
                  pItem = item;
                  return;
                 }
                }

                if (pItem == null)
                {
                 pItem = new ShoppingCartItemInfo();
                 pItem.ID = shoppingItemInfo.ID;
                 pItem.Title = shoppingItemInfo.Title;
                 pItem.Price = shoppingItemInfo.Price;
                 this.purchasedShoppingItems.Add(pItem);
                }

                pItem.PurchaseNumber += purchaseNumber;
            }

            void shoppingItemDetailScreen_CloseClick(object sender, EventArgs e)
            {
                //关闭商品详细信息对话框
                this.HideShoppingItemDetailScreen();
            }

            private void HideShoppingCartScreen()
            {
                this.gridDialog.Visibility = Visibility.Collapsed;
                if (this.shoppingCartScreen != null)
                {
                 this.shoppingCartScreen.Visibility = Visibility.Collapsed;
```

```
            }
        }

        private void ShowShoppingCartScreen()
        {
            this.gridDialog.Visibility = Visibility.Visible;
            if (this.shoppingCartScreen == null)
            {
             this.shoppingCartScreen = new ShoppingCartScreen();
             this.shoppingCartScreen.CloseClick +=
new EventHandler<EventArgs>(shoppingCartScreen_CloseClick);
             this.shoppingCartScreen.SubmitClick +=
new EventHandler<EventArgs>(shoppingCartScreen_SubmitClick);
             this.gridDialog.Children.Add(this.shoppingCartScreen);
            }
            this.shoppingCartScreen.Visibility = Visibility.Visible;
            this.shoppingCartScreen.ItemsSource = null;
            this.shoppingCartScreen.ItemsSource = this.purchasedShoppingItems;
        }

        private void HideShoppingItemDetailScreen()
        {
            this.gridDialog.Visibility = Visibility.Collapsed;
            if (this.shoppingItemDetailScreen != null)
            {
             this.shoppingItemDetailScreen.Visibility = Visibility.Collapsed;
            }
        }

        private void ShowShoppingItemDetailScreen(ShoppingItemInfo itemInfo)
        {
            this.gridDialog.Visibility = Visibility.Visible;
            if (this.shoppingItemDetailScreen == null)
            {
             this.shoppingItemDetailScreen = new ShoppingItemDetailPanel();
             this.shoppingItemDetailScreen.CloseClick +=
new EventHandler<EventArgs>(shoppingItemDetailScreen_CloseClick);
             this.shoppingItemDetailScreen.PurchaseClick +=
new EventHandler<EventArgs>(shoppingItemDetailScreen_PurchaseClick);
             this.gridDialog.Children.Add(this.shoppingItemDetailScreen);
            }
            this.shoppingItemDetailScreen.DataContext = itemInfo;
            this.shoppingItemDetailScreen.PurchaseNumber = 1;
            this.shoppingItemDetailScreen.Visibility = Visibility.Visible;
```

```
            }

            private void ShowLoadingLabel()
            {
                this.loadingLabel.Visibility = Visibility.Visible;
            }

            private void HideLoadingLabel()
            {
                this.loadingLabel.Visibility = Visibility.Collapsed;
            }

            private     List<ShoppingCartItemInfo>     purchasedShoppingItems     =     new
List<ShoppingCartItemInfo>();
            private ShoppingCartScreen shoppingCartScreen = null;
            private ShoppingItemDetailPanel shoppingItemDetailScreen = null;
            private ServiceSoapClient serviceClient = null;
        }
    }
```

# 17.4　发布并部署项目

系统开发完成之后，开发者需要将项目进行发布并将其部署到服务器上。本节将简要介绍 Silverlight 项目的发布和部署过程。

## 17.4.1　在操作系统中安装 IIS（Internet Information Server）

同其他 Web 项目一样，网上商店系统的部署需要 IIS 的支持。本节以 Windows XP 专业版操作系统为例（注意：家庭版 Windows XP 不能安装 IIS），讲解如何在系统中安装 IIS。

Windows XP 操作系统默认是不带 IIS 的，用户需要自己另行安装。安装过程如下。

(1) 单击“开始”菜单，选择“设定程序访问和默认值”，弹出“添加或删除程序”窗口，如图 17-29 所示。

(2) 单击“添加或删除程序”窗口左侧的“添加/删除 Windows 组件”，将出现“Windows XP 安装程序”对话框，开始检测系统中所安装的组件，如图 17-30 所示。

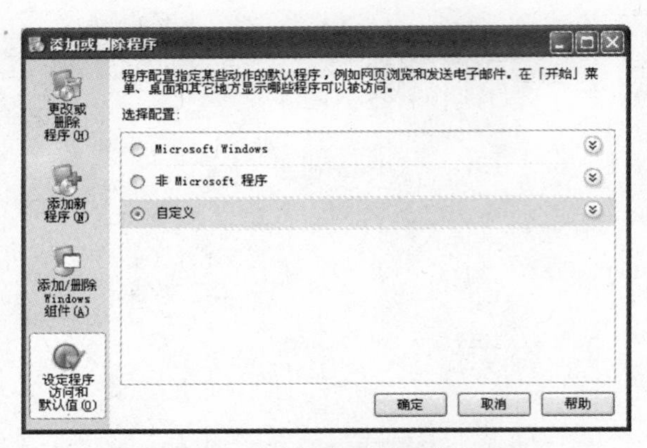


图 17-29 “添加或删除程序”窗口

图 17-30 检测系统组件

检测完成之后，将进入到“Windows 组件向导”对话框，如图 17-31 所示。

勾选“Internet 信息服务（IIS）”复选框，然后单击“详细信息”按钮，进入到“Internet 信息服务（IIS）”对话框。勾选“FrontPage 2000 服务器扩展”复选框，单击“确定”按钮，如图 17-32 所示。

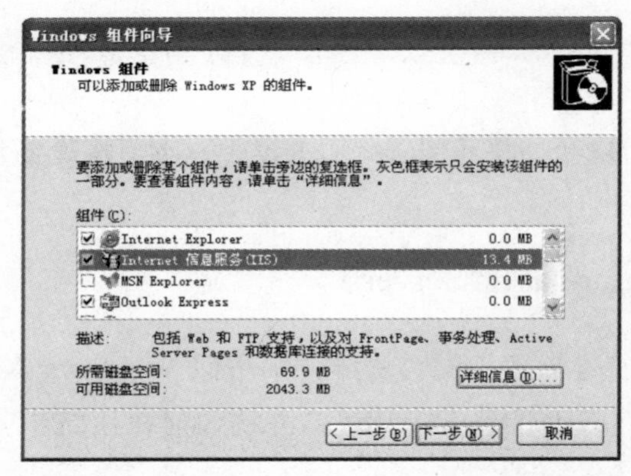


图 17-31 “Windows 组件向导”对话框

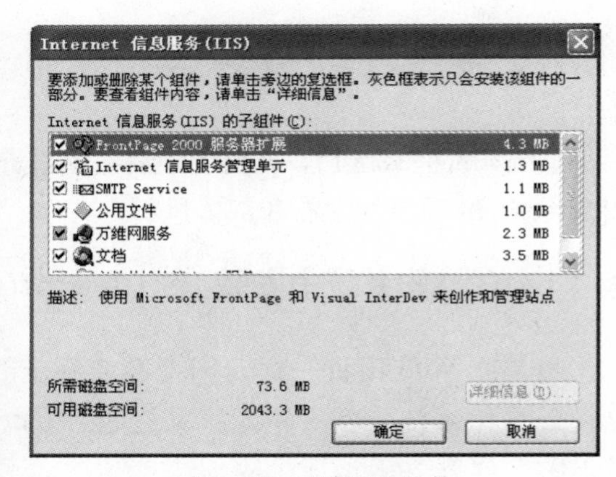


图 17-32 设置 IIS 组件

（3）返回到“Windows 组件向导”对话框后单击“下一步”按钮，如果此时计算机内没有插入操作系统光盘，将会出现如图 17-33 所示的提示。

单击“确定”按钮后开始安装 IIS，如图 17-34 所示。

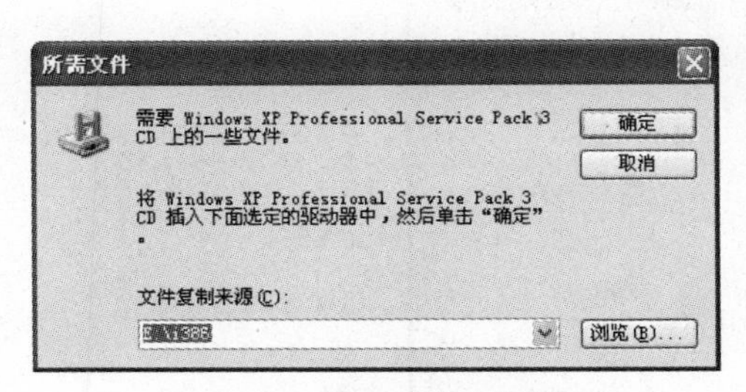


图 17-33 插入系统光盘提示

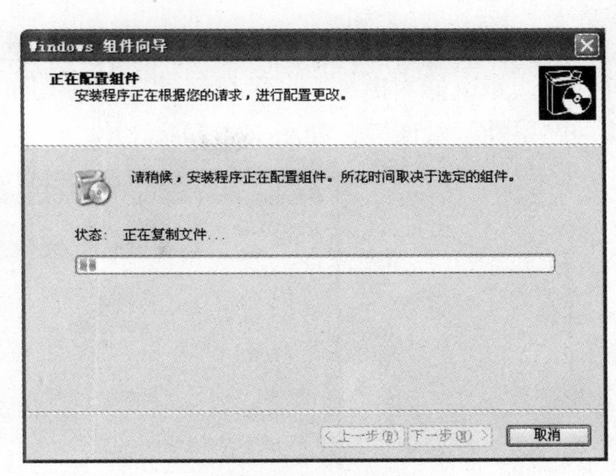


图 17-34 安装 IIS

安装完成后，单击“完成”按钮结束安装。

## 17.4.2 设置 IIS

IIS 安装完成之后，需要对其进行相应的设置以使其支持 Silverlight 项目，具体的操作步骤如下。

(1) 在桌面上选中“我的电脑”，单击鼠标右键，从弹出的快捷菜单中选择“管理”命令，如图 17-35 所示。

选择“管理”命令之后，进入“计算机管理”窗口，如图 17-36 所示。

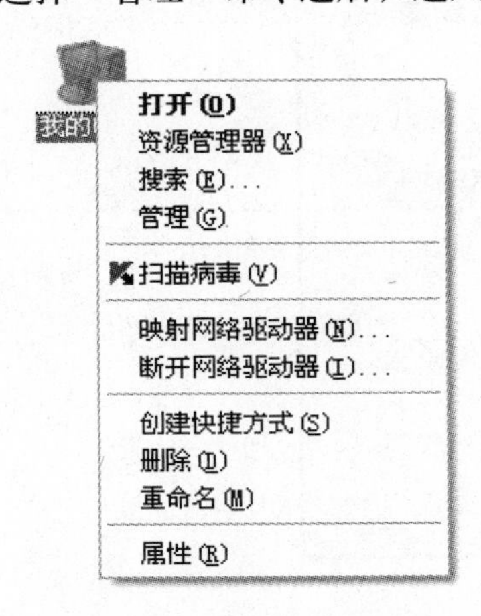


图 17-35 用鼠标右键单击“我的电脑”

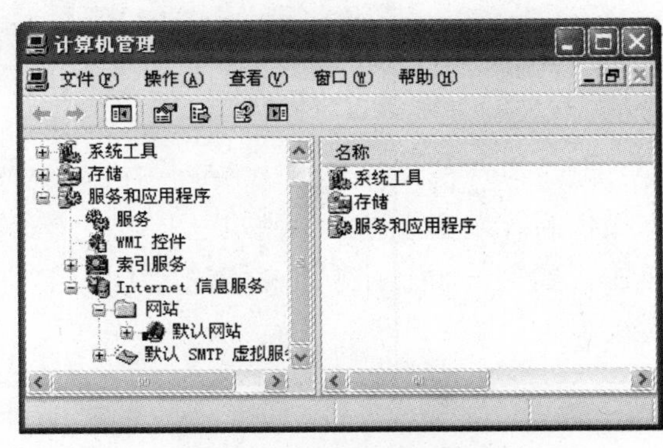


图 17-36 “计算机管理”窗口

（2）依次展开"计算机管理（本地）"→"服务和应用程序"→"Internet 信息服务" →"网站"。用鼠标右键单击"默认网站"，从弹出的快捷菜单中选择"属性"命令，进入"默认网站属性"对话框，如图 17-37 所示。

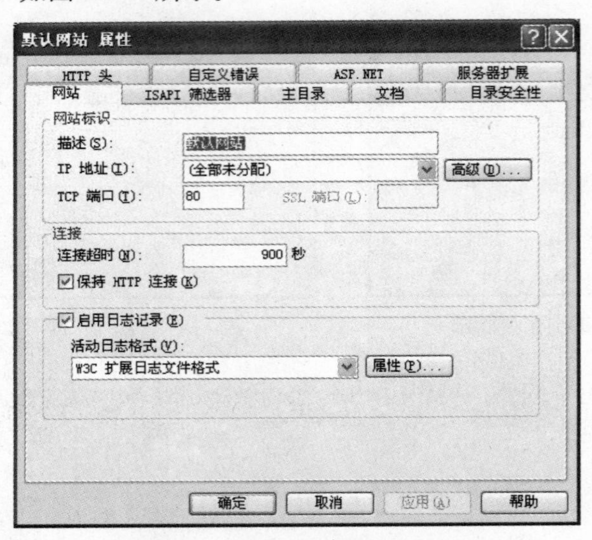

图 17-37 "默认网站属性"对话框

（3）在"默认网站属性"对话框中选择"HTTP 头"选项卡，如图 17-38 所示。

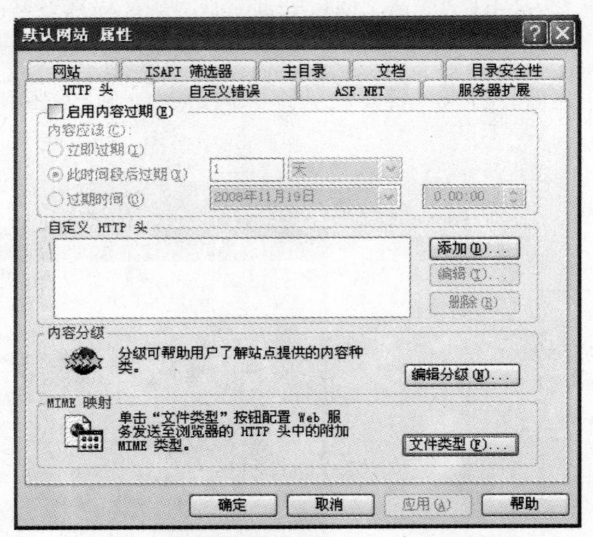

图 17-38 选择"HTTP 头"选项卡

单击"文件类型"按钮，弹出"文件类型"对话框，如图 17-39 所示。

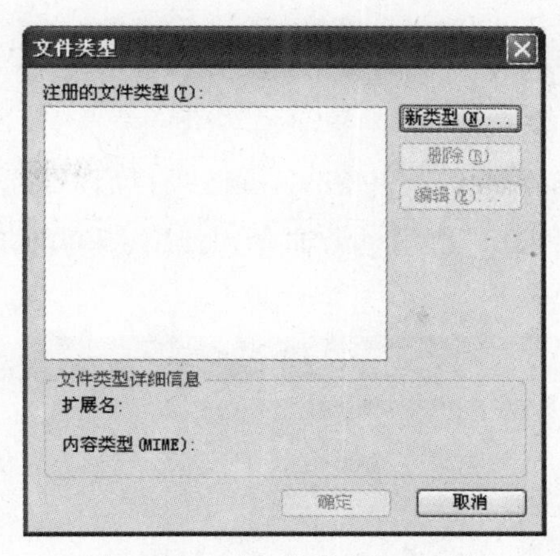


图 17-39　“文件类型”对话框

单击“文件类型”对话框中的“新类型”按钮，依次添加如表 17-1 所示的两种文件类型。

表 17-1　添加的文件类型

| 关联扩展名 | 内容类型 |
| --- | --- |
| .xaml | text/xml |
| .xap | application/x-silverlight-app |

把“关联扩展名”和“内容类型”输入到如表 17-40 所示的对话框中。

图 17-40　添加文件类型

这样做是为了指定解析 Silverlight 文件的方法。添加完成以后，单击“确定”按钮完成 IIS 的设置。

### 17.4.3 发布 Silverlight 项目

用 Microsoft Visual Studio 2008 打开 Silverligth 项目后，用鼠标右键单击“Eshop.Web”项目，从弹出的快捷菜单中选择“Publish”命令，弹出“Publish Web”对话框，如图 17-41 所示。

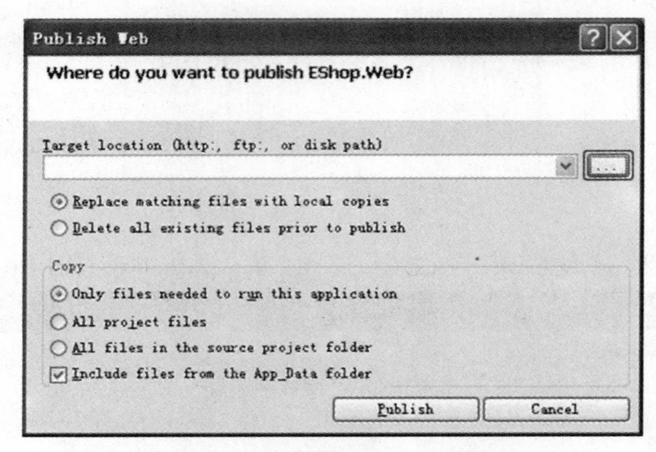


图 17-41 “Public Web”对话框

单击上图圈中的按钮，弹出“Open Web Site”对话框，如图 17-42 所示。

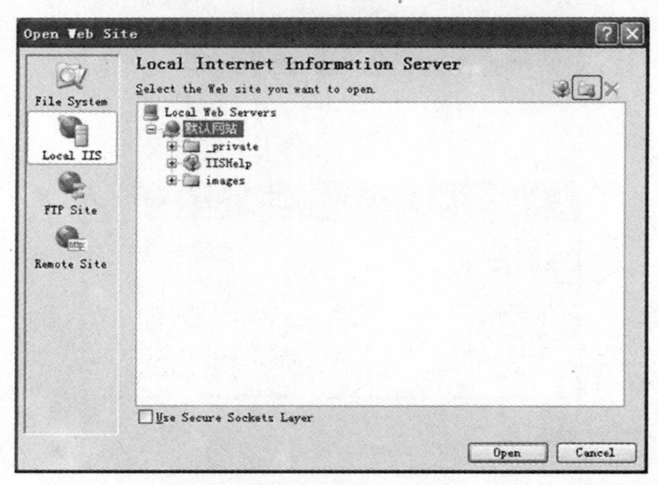


图 17-42 “Open Web Site”对话框

单击上图圈中的按钮，开始创建虚拟路径。在图 17-43 的“Alias name”中输入“Eshop”并选择相应的路径，选择的路径如图 17-44 所示。

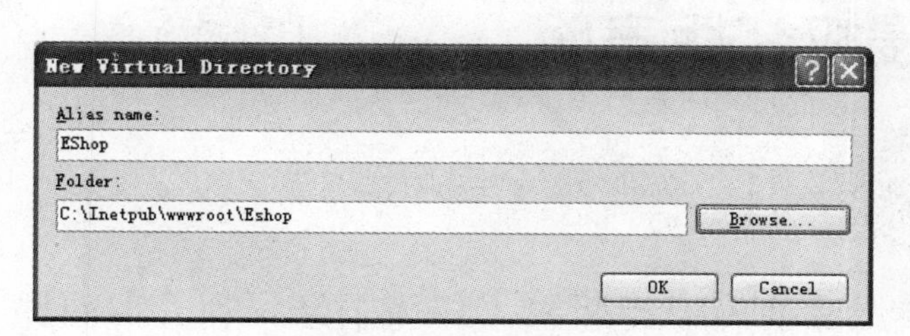


图 17-43　添加虚拟路径

图 17-44　选择路径

完成之后，单击“Publish”按钮发布项目，如图 17-45 所示。

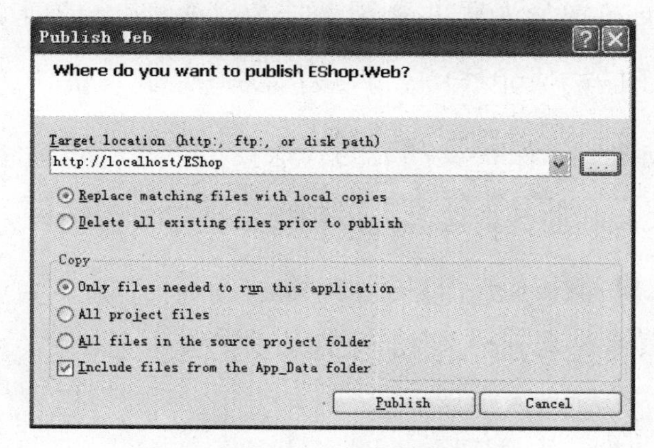


图 17-45　发布项目

## 17.5　小结

本章以目前流行的网上商店为例，综合利用前面各章节讲述的内容，完成了一个简单的在线商店的系统制作。实现了用户登录、商品类别浏览、商品信息查看，以及购物车等相应功能，展示了 Silverlight 的强大开发能力。

本章最后还简单介绍了如何在操作系统中部署 Silverlight 项目，以便网络用户进行浏览。

# 反侵权盗版声明